飞机部总装生产线智能管控及集成技术

主　编　赵安安
副主编　李红卫　林　伟　杨　锋

西北工業大學出版社
西　安

【内容简介】 本书以大型飞机研制为背景，系统地介绍了基于数据支撑的部总装生产线智能管控及集成技术(其中包括生产线的内涵、发展历史与趋势)，研究了多源装配数据驱动的装配工艺技术、数据驱动的装配产线多维度智能管控技术及系统、智能化多级仓储协同与区域配送管控及系统、飞机部装智能化技术与关键装备以及数据驱动的飞机部总装协同脉动生产线技术及应用等关键技术和关键装备，并进行了应用验证与分析。

本书可作为从事飞机装配工作的技术人员的参考书，也可作为高等院校相关专业的教学参考书。

图书在版编目(CIP)数据

飞机部总装生产线智能管控及集成技术 / 赵安安主编. — 西安 ：西北工业大学出版社，2023.10

ISBN 978-7-5612-9084-2

Ⅰ. ①飞… Ⅱ. ①赵… Ⅲ. ①飞机-装配(机械)-智能技术 Ⅳ. ①V262.4

中国国家版本馆 CIP 数据核字(2023)第 225740 号

FEIJI BUZONGZHUANG SHENGCHANXIAN ZHINENG GUANKONG JI JICHENG JISHU

飞机部总装生产线智能管控及集成技术

赵安安 主编

责任编辑：胡莉巾 **策划编辑**：胡莉巾

责任校对：王玉玲 **装帧设计**：李 飞

出版发行：西北工业大学出版社

通信地址：西安市友谊西路 127 号 邮编：710072

电 话：(029)88491757，88493844

网 址：www.nwpup.com

印 刷 者：西安五星印刷有限公司

开 本：787 mm×1 092 mm 1/16

印 张：19.125

字 数：477 千字

版 次：2023 年 10 月第 1 版 2023 年 10 月第 1 次印刷

书 号：ISBN 978-7-5612-9084-2

定 价：218.00 元

如有印装问题请与出版社联系调换

前言

飞机部总装主要包含部件模块化装配、大部件对接、系统性能测试、管路电缆安装及检测，以及机载系统安装及测试等工作，具有专业性强、工作量大、精度要求高、任务复杂等特点，其装配质量与装配效率直接影响飞机的研制周期。随着“德国工业4.0”“美国工业互联网”和“中国制造2025”中智能制造相关概念的提出，新一代航空工业制造技术迎来了时代的变革。

围绕飞机部总装的主要业务特点和需求，将物联网、云计算、大数据以及人工智能等新一代信息技术与航空制造技术深度融合，研发飞机部总装生产线智能管控及集成技术，建设具有自感知、自决策、自执行、自适应以及自学习的飞机智能生产线，是航空智能制造创新发展的时代命题，也是推动国家制造业实现工业转型的关键举措。

本书全面、系统地阐述了飞机部总装生产线智能管控及集成技术的有关理论、方法、技术和系统的开发及应用。全书共6章内容：第1章绪论，主要介绍飞机生产线的基本概念、发展历史与趋势以及关键技术组成；第2章主要介绍多源装配数据驱动的装配工艺技术；第3章主要介绍数据驱动的装配产线多维度智能管控技术及系统；第4章主要介绍智能化多级仓储协同与区域配送管控及系统；第5章主要介绍飞机部装智能化技术与关键装备；第6章主要介绍数据驱动的飞机部总装协同脉动生产线技术及应用。

编写本书意在为从事飞机装配工作的技术人员从实现飞机智能装配过程的工艺、装备到系统测试全过程的互联互通、自主决策和集成管控提供具体可实施的技术参考。同时，本书亦可作为高等院校相关专业的教学参考书，使学生掌握飞机部总装生产线智能管控及集成技术的基本概念、核心技术，理解飞机智能制造的发展路径，培养学生学习、探索和创新的能力。

本书共分为6章，具体编写分工如下：第1章由郑炜、王望编写，第2章由杜坤鹏、李辉编写，第3章由李红卫、周盛、郑玮编写，第4章由梁青霄、梁泽明编写，第5章由罗群、王明磊、刘博峰、王东、胡铮、韩汪涛、李斌编写，第6章由刘贡平、张磊磊、黄慧萍、王萍编写。全书由赵安安、林伟、杨锋统稿。

写作本书曾参阅相关文献、资料，在此，谨向其作者深致谢忱。

鉴于相关的研究工作还有待继续深入，书中难免存在不足之处，在此恳请读者予以批评指正，以不断推动飞机部总装生产线智能管控及集成技术的持续发展。

编　者

2023 年 4 月

目　　录

第 1 章　绪论

生产线是按对象原则组织起来，完成产品工艺过程的一种生产组织形式。随着产品制造精度、质量稳定性和生产柔性化要求的不断提高，制造技术线正在向自动化、数字化和智能化的方向发展。随着航空工业高速发展，飞机的需求量在不断增长，为满足市场需求，航空制造业需要建立高效、精准的生产体系。飞机部总装生产线就是一个高效、精准的生产体系，已成为当前飞机装配中最常见的组织模式。

此外，随着网络技术的不断进步和人工智能水平的不断发展，国内外的主流航空制造企业正在数字化生产线的基础上，探索智能制造生产线的建设，谋求生产技术与管理创新发展，稳步提高飞机产品的生产技术水平。

1.1　飞机部总装生产线基本概念

飞机部总装生产线是一个专门生产飞机的复杂且高度专业化的生产系统，是保证飞机生产质量和产量的关键。

1.1.1　飞机部总装生产线的定义

随着全球航空运输市场的不断扩大，飞机的需求量也在不断增长。为了满足市场需求，航空制造业需要建立高效、精准的生产体系来保证飞机的质量和数量。飞机部总装生产线就是这样一个高效、精准的生产体系，它是现代航空制造业的重要组成部分，也是保证飞机质量和数量的关键所在。

飞机部总装生产线由多个生产工段组成，以完成整架飞机的制造和组装，是一个非常复杂、高度专业化的生产系统，需要大量的技术和管理方法来确保飞机的质量和安全性。

在飞机部总装生产线上，制造人员会根据特定的设计图纸和生产计划，利用各种机械设备和工具进行零部件制造、装配和测试。生产线的各个环节都是紧密关联的，必须有序、高效地进行，以确保飞机的质量和安全性。根据装配阶段的不同，飞机部总装可分为部件装配（部装）和总装配（总装）两部分，如图 1－1 所示。

飞机部件装配是指将各种飞机零件和设备按照设计要求进行组装，装配成为具有一定复杂结构和一定功能的部件的过程。飞机部装解决的主要问题有：根据飞机构造、生产、使用和维护的要求，将飞机结构划分成许多独立的较小的结构装配单元，再通过合理的装配过程，使用相应的装配工装，将其依次装配成复杂的装配件；规划合理的装配定位方法，以确定零件、组件和部件正确的相互位置，保证整个装配单元的尺寸和外形的准确度要求；选择合适的连接方法（如铆接、螺接、胶接或焊接等）和工艺参数，使零件之间的相互位置保持得准确、牢靠，形成稳定的整体结构或具有确定相对运动的机构，有效地传递载荷或进行运动转换。

(a)

(b)

图 1－1　飞机部总装生产线现场图

(a)部装生产线；(b)总装生产线

飞机总装配是部件装配过程的延续，是将已经制造好的各种子系统、部件和设备进行组装和集成，形成一架完整飞机的过程。飞机总装配的任务是根据飞机图纸、技术条件及生产使用说明书的规定和要求，将部件装配车间移交的各段、部件对接成完整的飞机，将各专业厂提供的发动机、各种仪表、设备和附件等安装在飞机上，用各种导管、线缆、拉杆等连接成系统，进行调整、试验和检验。最后将飞机送交工厂试飞车间，作地面及空中试飞。飞机总装的过程包括但不限于以下几个主要阶段：①主体结构总装：将机身结构、机翼、尾翼等主体部分进行组装和集成。②引擎安装：将发动机和推进系统安装到主体结构中。③航电设备安装：将航电系统、通信设备、导航设备、飞行控制系统等安装到飞机中。④内饰装配：将客舱内饰、座椅、洗手间、厨房等内部设施安装到飞机中。⑤测试和调试：对飞机进行各种测试和调试，以确保飞机符合设计要求和质量标准。

此外，为了满足飞机装配的高质量和高效率要求，飞机部总装生产线还包括飞机生产进度管理、生产线物流管理以及总装生产线管控。

飞机生产进度管理是指对飞机制造的各个环节和过程进行计划、组织、协调和控制，以保证生产进度按照计划进行，并且保证生产过程中的质量和效率。在飞机的进度计划管理中，可以实行多个加工工作站之间的分级化管理，使得不同的工作站位之间协调配合同时又相互制约，通过多个工作站的分级化管理能够让分工更加明确。同时，飞机的生产周期通常较长，涉及众多制造和装配环节，如果在生产过程中发生延误或质量问题，会导致生产周期延长、成本增加、质量降低等问题。因此，对于飞机制造企业而言，实施有效的生产进度管理是保证生产效率和质量的重要手段。

飞机生产线物流管理是一个涉及采购、生产、仓储、配送、发运等过程的系统性工作。飞机物件的物流配送首先要满足快速、及时的要求，其次还要根据飞机生产装配的速率、飞机物料的存储等因素对配送量进行规划，以利于对物件的管理以及存储的成本控制等。在飞机装配生产现场还要配置对应的物料放置架、飞机组件托架以及标准件架和物流发运车。对于物件的储存运输也要制定相应的管理计划，以保证物料的时效性，便于操作人员按需取用。对智能生产物流管理体系建设方法进行探索，以先进物流管理理念结合智能制造技术方法，提升物流系统的信息化、柔性化、智能化水平，降低产品生产成本，缩短研制周期，这对飞机部总装生产线的建设具有非常重要的意义。

飞机部总装生产线管控是飞机生产过程管理的关键。飞机部总装生产线是一个高度协调和管理的系统，需要严格的计划和协调，以确保每个工作站都能在正确的时间和地点完成其任务。对于飞机部总装生产线来说，生产线智能管控系统以主生产流程模型为驱动，以多源信息感知网络采集的数据为输入，通过计划自动分解与下达、调度派工管理、装配现场管理、物料管理、工具管理、设备管理、人员管理和质量管理等一系列功能，使部总装现场能够按照要求有序运行。此外，所有参与生产线的工人都需要接受专业的培训和教育，确保他们能够正确地操作和使用设备，并遵守所有安全规定和程序。

1.1.2 飞机部总装生产线的基本特征

飞机部总装生产线是具有高度技术集成的制造生产线，复杂度高、制造难度大、精度要求高。因此，生产线需要高度自动化的生产设备和智能化的生产管理系统，以确保生产出高质量的产品。飞机部总装生产线基本特征如图 1-2 所示，其主要包括以下几个方面：

过程自动化：生产线上采用了大量的自动化设备，如机器人、自动化输送系统、智能仓储系统等，以实现高效、准确的零部件和系统组装。此外，还通过三维模型，将飞机各结构的二维制造信息转换为三维的数字模型，将现有机器人辅助制造技术纳入总装生产线，逐步实现手工装配模式向自动化、数字化装配模式转变，减少人为操作失误带来的产品故障，减轻装配劳动强度。

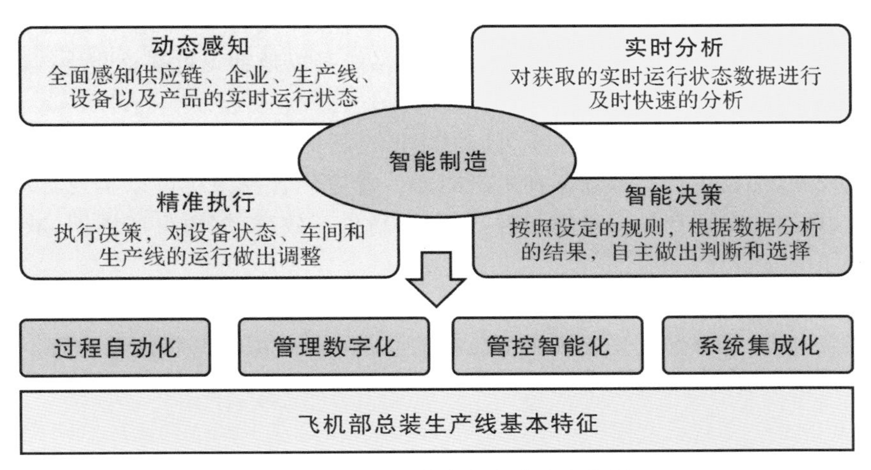

图 1-2 飞机部总装生产线基本特征

管理数字化：飞机生产线通过信息化技术实现生产过程的数字化管理，提高了生产效率和产品生产质量。数字化管理对飞机生产过程进行实时监控和数据分析，以实现对飞机生产过程的自动化管理，通过及时发现和解决问题，提高生产效率和生产质量。此外，数字化管理还可以实现生产资源(包括设备、人力资源和原材料等)的优化配置，提高生产效率和降低生产成本。

管控智能化：智能化管控通过智能化的技术手段对飞机生产线进行管理和控制，以实现生产过程的优化和改进。它的实现需要依靠现代化的信息技术和先进的智能化设备，使得生产过程更加高效、精确和智能化。通过对生产过程中的数据进行分析和挖掘，结合机器学习和人工智能等技术手段，对生产过程进行预测和优化，实现生产过程的自我调整和自我优化。

系统集成化：飞机部总装生产线通常由多个系统组成，包括生产设备、机器人、机械手臂、自动化控制系统、供应链管理系统等，每个系统都有自身的生产任务和质量要求，各种不同的系统、设备和技术集成到一个完整的生产线系统中，以实现生产过程的协调和高效。这种集成化通常需要在多个系统之间实现无缝连接和数据共享，以及对整个生产线的全面监控和管理。

综上所述，飞机部总装生产线具有过程自动化、管理数字化、管控智能化和系统集成化等独特的基本特征。这些特征，为生产线的高效率、高质量和高智能化提供了坚实的基础，推动航空制造业的发展和进步。

1.1.3 飞机部总装生产线智能管控的意义

飞机部总装生产线是一个高度复杂的系统，需要各种各样的技能和专业知识来保证生产效率和产品质量。飞机部总装生产过程的复杂程度越来越高，生产过程控制涉及大量的设计、工艺、生产、质量等数据，并且对信息处理手段和及时性也有很高的要求。随着科技的不断发展和进步，智能管控系统逐渐应用到生产线的管理中，为生产线的运行带来了全新的模式。

智能管控系统可以通过物联网、云计算、大数据等技术手段，实现生产过程中的实时监控、自动化控制和数据分析。具体来说，智能管控系统可以帮助飞机部总装生产线实现以下几个方面的优化：

(1)提高生产效率。智能管控系统可以对生产过程中的各个环节进行实时监控和管理，通过自动化控制，提高生产线的效率和生产能力。智能化管控系统可以实现自动化生产和智能化调度，可以在保证产品质量的同时，大幅提高生产效率，缩短生产周期，减少成本，提高整个生产线的竞争力。

(2)提高产品质量。智能化管控系统可以实现对生产过程中各个环节的实时监控和分析，以确保生产质量符合要求。智能化管控系统可以实现数据共享和信息沟通，不同环节之间可以通过系统实时交流，快速发现和解决生产质量问题，提高整个生产线的产品质量和产品可靠性。

(3)降低生产成本。智能化管控系统可以通过自动化控制和优化调度，最大限度地降低生产成本。自动化生产可以减少人工干预和误差，提高生产效率和生产精度，降低生产成本。智能化调度可以实现资源共享和优化分配，减少生产线上的物料闲置和浪费，降低生产成本，提高生产效率和生产利润。

(4)提升产线安全性。智能化管控系统可以对生产过程中的各个环节进行实时监控和安全管理,以确保生产过程的安全性。通过对生产环节的实时监控,可以及时发现生产安全隐患,减少生产事故的发生,提升产品稳定性。

(5)提高信息化水平。智能化管控系统可以实现生产过程中数据和信息的实时采集和共享,提高生产线的信息化水平。通过对数据的分析和挖掘,可以发现生产过程中的规律和问题,实现对生产过程的优化和改进,提高生产线的效率和质量。同时,智能化管控系统也可以实现企业经营管理信息化,提高企业的管理水平和决策效率。

综上所述,智能管控系统对于飞机部总装生产线的意义在于,提高生产效率和质量,降低生产成本和风险,提升产品竞争力。

1.2　飞机生产线的发展历史与趋势

飞机装配是飞机制造过程中最为重要的环节之一,其装配技术和装配质量直接影响产品的性能及可靠性。随着航空工业高速发展,传统固定站位式装配模式由于装配效率低、劳动强度大、作业管理困难,已无法满足现代飞机装配周期短、节奏快、精度高的生产作业需求。鉴于固定站位式装配存在的种种问题,飞机制造业逐渐引进脉动生产线这一最新装配方式。脉动式装配生产线逐渐成为目前飞机产品装配过程中最常见的生产线组织模式。

本节主要阐述国内外飞机生产线的发展历史及其发展应用情况,并对其逐渐从飞机向其他产品发展,从总装向部件延伸,从制造向维修延伸,以及向自动化、集成化、智能化发展的发展趋势进行综述。

1.2.1　国外飞机生产线的发展历史

传统上飞机总装通常采用以飞机为中心,工装、设备等围绕飞机布局,装配人员再根据总装工作内容,在飞机不同位置完成装配工作的固定站位式装配模式。固定站位式总装生产线,以尽量减少总装期间占用空间、解决复杂生产任务为目的,但付出的代价是生产速度和效率低下。在现代飞机生产过程中,往往会将飞机各子系统分成不同的模块,以便于统筹安装流程,而在固定站位总装过程中,会不可避免地出现一定程度的流程重复和时间浪费,且总装过程以人工为主,检测设备和测试手段落后,排障困难,劳动强度大,严重影响生产效率和装配质量。

随着航空业的蓬勃发展,飞机需求量大幅增长,以固定工位配置刚性工装为主的工作环境,以手工定位、制孔、装配操作为主的操作方法,同时采用模拟量进行协调量传递的传统固定站位式装配生产线,已无法满足飞机装配需求,在此背景之下,飞机脉动装配生产线应运而生。

飞机脉动装配生产线,最初从福特(Ford)公司的移动式汽车生产线衍生而来,是按节拍移动的一种装配线,其运用精益制造思想,对装配过程进行流程再设计、优化和平衡,完善人员配置与工序过程,把装配工序均衡地分配给相应作业站位,让飞机以固有的节拍在站位上进行脉冲式移动,操作人员则需要在固定站位完成飞机生产装配工作。其典型特征是产品移动时不进行装配作业,装配作业进行时产品不移动。其核心思想是分站位、柔性化管理与装配。整条生产线包括脉动主体、物流供给系统、可视化管理系统、技术支持四部分。脉动装配的模式改变了传统的飞机装配的生产模式，有效缩短了装配生产周期，提高了装配质量和效益，满足客户要求。

波音公司在2000年建立了航空领域的第一条脉动生产线，并将其成功应用于阿帕奇直升机总装。脉动生产线技术带来的变革使得阿帕奇AH－64D武装直升机产能实现了前所未有的突破，脉动总装的优势得到了验证。在此之后的短时间内，波音公司就将其波音系列客机、C－17战略运输机、F/A－18舰载战斗机的生产线全部更换为脉动生产线。

随着飞机脉动生产线的优势日益明显，波音公司进一步扩大了对它的应用，在B737、B757、B777等机型移动式装配生产线的基础上，为B787建立了脉动式总装线。如图1－3所示，基于并行工程的思想，波音公司将B787的总装生产线按照工作内容划分为零号工作区、一号工作区、二号工作区、三号工作区、四号工作区等五个工作区。其中，零号工作区是预装配区，进行机翼部件（如襟翼、副翼等）的安装及其运动测试等工作，形成整体部件；一号工作区完成前机身，中机身，后机身，左、右机翼和尾段六大部件的对接总装配；二号工作区安装起落架、发动机等，还有地板、绝缘毯、次结构件安装及管路、液压系统的收尾工作；三号工作区装饰飞机内部，安装辅助动力装置并对其进行初步试验；四号工作区则进行液压系统、起落架收放测试以及航空电子试验和飞行控制试验等。

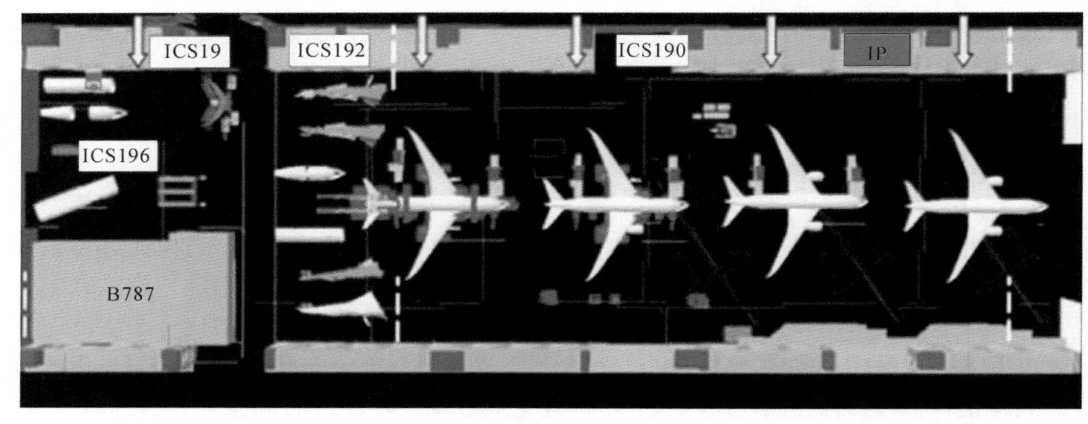

图1－3　B787脉动生产线

波音公司在飞机生产线中成功地使用了脉动生产线，这一创造性的应用带动了其他飞机制造商对脉动生产线的应用。继波音之后，洛克希德·马丁公司迅速意识到这一技术蕴含的巨大价值，其核心技术团队于2002年前往波音AH－64D生产线进行参观，并将此技术迅速应用到F－22A隐身战斗机的生产制造过程。F－22战斗机的装配生产线经过改进后，一架战斗机生产周期由2004年的16个月缩短到2005年的12个月，年产量由2003年的11架增加到2007年的32架，极大地提高了装配效率。洛克希德·马丁公司正在全力生产的F－35隐身战斗机（其脉动生产线见图1－4），年产量高达120余架。从理论上讲，对F－35，最快可以做到每2～3天生产一架，每年最多可以生产158架。脉动生产线的巨大价值可见一斑。

此外，空客公司 A320 总装中也都采用了脉动生产线，使交付周期缩短了 45%，生产效率提高了 35%；2011 年意大利的阿古斯特维斯特兰(Agusta Westland)公司在英国的约维尔工厂建立了 W159 型武装直升机脉动生产线；2016 年加拿大庞巴迪公司建立了 C100 系列新机脉动生产线。

图 1-4　F-35 脉动生产线

随着脉动生产线在飞机总装领域研究、运用的不断深入，航空工业的多个领域应用了脉动装配线，并从飞机向其他产品发展，从总装向部件延伸，从制造向维修延伸，以及向自动化、集成化、智能化发展。

波音公司是第一个尝试将脉动生产线运用到军工制造其他领域的企业。波音公司在 2008 年为美国军方新一代 GPS 制造卫星建成了脉动装配线，成功实现了在极小批量、极复杂的产品生产中运用脉动生产线。法国赛峰航空发动机公司于 2011 年在 CFM56 发动机上用脉动装配代替了传统的在立式固定机架上“穿糖葫芦”式的总装，装配周期缩短了 35%。之后这条脉动生产线还运用在 LEAP 发动机的装配过程中，2015 年 3 月，赛峰与 eXcent 签订了 LEAP 发动机的三个版本[即 LEAP-1A(空客 A320neo)、LEAP-1B(B737 MAX)和 LEAP-1C(中国飞机 C919)]设计和生产双链组件的合同。此外，巴部科克国际公司建立了由 12 个站位组成的豺式巡逻车脉动生产线并为其配备了脉动生产管理系统，达到日产 1 辆巡逻车的水平。脉动生产线的广泛应用彻底使航空等复杂军工领域摆脱了无法进行流水线生产的制约，为航空工业生产力的进一步提高提供了可能。

脉动生产线除了在总装过程中的广泛应用外，在部件装配甚至是维修过程也同样展现出优势，并且由于部件在采用脉动装配时受外部供应链影响较小，相较于脉动总装更易于成功、见效更快。采用脉动生产线使得波音在生产 C-17 运输机发动机悬架装配周期缩短了 20%，成本降低了 10%，波音 B787 复合材料结构的水平尾翼和垂直尾翼的脉动生产线、空客 A350 的复合材料机身蒙皮壁板的脉动生产线均是其在部件装配中的典型应用。此外，脉动生产线在飞机修理、维护中也得到了应用：2003 年英国空军和英国宇航 BAE 公司采用脉动生产线对“鹞”式飞机进行修理和维护，极大地节省了周转时间和维护成本；2010 年德国汉莎航空公司建成了 CFM/V2500 发动机精益脉动线，用它来分解、检修和重装发动机，将发动机大修周期从 60 多天减少到 45 天。

近年来随着 MBD(Model Based Definition)数字化制造技术的突破性进展，MBD 模型在产品全生命周期的贯彻，制造、测量和检验、数据采集的过程得到了简化，脉动生产线得以向自动化、集成化、智能化发展。智能脉动式装配生产线是集合工业以太网、智能物流、传感器、电子看板等技术的集成管理控制系统，是高效的、具有高水平生产管理系统的新型智能生产线。

智能装配生产线可通过对全线生产计划、产品、材料、质量、设备等信息的收集和分析，实现实时状态监控、过程指导、材料管理、质量控制、设备和人员管理、生产数据管理等功能。通过对产品数据的查询、跟踪和统计分析，生产线管理人员可以实时监控生产过程的状态，解决生产线平衡问题，降低生产成本，提高生产效率，进一步提高车间管理水平。

智能装配生产线的信息化集成过程就是将物理对象(智能装配装备、产品)等与信息系统(如 MES 和 ERP)进行集成，再通过计算机集成控制产品的装配过程。通过智能人机交互将机器和人的优势充分发挥，实现产品装配过程的智能化、高效化。智能装配生产线系统的硬件设备是实现智能制造的核心载体，相比于传统的制造装配而言，智能化装备具有自我感知、自适应与优化、自我诊断与维护、自主规划与决策等能力，智能化装备的发展水平是衡量一个国家工业现代化程度的重要标志。智能装配生产线系统典型的硬件设备包括智能机器人、智能传感器、柔性工装、智能装配装备等。

智能装配生产线融合智能装备、智能配送、物联网、人工智能、数据挖掘、信息系统集成、计算机仿真等先进技术，由生产线智能管控系统、物料精准配送系统、智能工具管理系统、飞机部件智能装配系统、飞机装配生产线智能健康监测等子系统组成。

(1)生产线智能管控系统。在实际应用过程中，广义的企业智能管控业务主要指由企业的 ERP、PLM、SCM 和 MES 系统等共同完成市场分析、经营计划、物料采购、产品制造以及订单交付等各环节的控制与决策。对于飞机总装生产线来说，生产线智能管控系统以主生产流程模型为驱动，以多源信息感知网络采集的数据为输入，通过计划自动分解与下达、调度派工管理、装配现场管理、物料管理、工具管理、设备管理、人员管理和质量管理，使总装现场按照订单要求有序运行。通过该系统，企业决策者能够掌握企业自身的生产能力、生产资源以及所生产的产品，调整产品的生产流程与工艺方法，并能够根据市场、客户需求等动态信息做出快速、智能的决策。

(2)物料精准配送系统。为了保障总装脉动生产线平稳、顺畅运行，物料精准配送系统必不可少。系统硬件主要包括物品吊装机构、物料运输小车、装配执行机构、手工作业机构、物料分拣装置等。系统运行过程中，以物料配送主流程模型为驱动，以生产管控系统数据为输入，通过物料配送系统实时自动监控管理，实现物料仓储补给、现场配送预警，保证生产线物料按需、定时、定点精准配送。在物料标识方面，系统首先给各个产品及流动辅助物体贴上可识别的 RFID 码，然后采用条码自动读写技术将条码符号所代表的数据转变为计算机可读写的数据，在物料与计算机之间形成数据通信。

(3)智能工具管理系统。飞机总装作业使用的工具数量大、种类多。飞机总装生产中利用 RFID 技术开发智能工具管理系统,系统可使借还人通过身份识别打开工具柜,对工具状态信息有效管理而言可极大节省人力、物力。在工具借用时,可经阅读器处理分析将结果传输至计算机,免去了以手写登记的方式记录工具借存状态的环节,同时这也对工具的清点定位起到重要作用,如在查找遗忘、丢失工具时,工具的主动式 ID 可发出信号,使用检测设备进行扫描定位,可以快速、准确地找到丢失工具。

(4)飞机部件智能装配系统。飞机部件智能装配单元是以部件装配和检测仿真模型为驱动,以数字化测量数据为输入,采用大部件对接误差实时测量与自适应控制系统,实现部件数字化装配与测量的闭环工作模式。在飞机智能总装生产线中包含智能柔性工装系统、智能自动钻铆系统、智能机器人系统、智能对接装配系统等,通过各个智能装配单元的相互联系、相互配合,最终可建设、形成高度集成的智能生产线。

(5)飞机装配生产线智能健康监测。生产线健康监测管理是通过对设备运行状态的监控、诊断、预测和维护来管理设备,以保证设备利用率能够达到最大值的。在装配过程中,随着不断地生产加工,设备磨损和腐蚀程度也会不断递增,若没有采取相应的设备维护,则该设备有可能会进一步衰退甚至会发生故障。因此,对设备的健康状态预测在设备健康管理中占据重要的地位,其主要内容包括预测设备的健康等级、剩余使用寿命以及需要维护的时间节点等,通过及时向企业生产人员以及管理者发出预防警告,从而在设备故障造成装配线停机之前开展设备维护,尽可能将企业的损失降到最低,控制企业设备维护成本,提高生产效率。

自引入智能制造技术以来,智能生产线已成为航空企业的重点发展方向。航空企业纷纷引进大量自动化柔性设备,为发展数字化、自动化、柔性、智能化生产线做准备。

为了跟进发展步伐,以柔性自动化生产线为代表的飞机生产已经开始大量应用,其中具有代表性的是洛克希德·马丁公司在 F-35 的研制和生产过程中,采用柔性装配技术,应用激光定位和电磁驱动等新技术组成模块化、智能化柔性自动化装配系统,一次性完成了制孔、锪窝、铆接等多项装配工作,极大提高了工作效率与整机质量。该公司在对复杂型面的复合材料零件的检测工作中(如大型油箱、大梁、复合材料进气道、机翼蒙皮等位置)采用先进的激光超声检测技术,自动检测范围几乎达到 100%。此外,还建立了基于测量技术和加工一体化技术的座舱生产线,实现了大型复杂军用零部件的自动化生产。

2015 年,空客公司采用这种柔性装配技术开发出电磁铆接动力头和行列式高速柱阵的柔性装配工装,历史性地实现了每月生产 38 套机翼的高效率,尤其在机翼翼盒自动装配过程中,柔性装配技术充分应用于柔性装配单元中,可完成测量、定位、加紧、送料、机器人钻孔等多种复杂工作。此外,德国 AER-OTECH 公司建立了柔性生产线,实现了多品种、大批量民用飞机零部件的柔性生产。

1.2.2 我国飞机生产线的发展历史

国内飞机总装传统上采用的也是固定站位式装配方式,其最典型的特征是,在厂房内分布不同数量的总装站点,每个站点都对应一架飞机的生产,总装过程中,由负责不同装配工艺的操作人员按照预定技术手册对飞机进行相应的装配操作,完成相关子系统的搭建。在这个过程中，往往是“飞机纹丝不动，工人忙碌不已”，会导致资源与时间的浪费。因此，在见证到脉动式生产线的巨大优势后，国内各企业迅速对该技术进行了跟踪研究及应用。

我国航空工业第一条飞机总装脉动生产线——“飞豹”飞机脉动生产线由中航西安飞机工业集团股份有限公司（简称西飞）建造，这条脉动生产线2006年开始调研论证，2008年正式立项，2009年开动工建设，2010年5月基本建设完成，其以流程优化为主导，以均衡生产为核心，以信息化建设为载体，以高效率、高质量、高信息化精益制造为目标的改革计划，力求完成全方位、多角度的飞机装配生产线战略转型。2010年5月28日，该脉动生产线在中航西飞总装厂正式投入使用。目前，歼-10、歼轰-7、“猎鹰”高教机和运9等军民用飞机已经全面采用了这种新生产模式，大大提高了生产效率。

2012年11月，洪都航空工业集团有限责任公司（简称洪都集团）L15脉动生产线（见图1-5）顺利通过阶段验收评审，标志着L15脉动生产线已经处于待运行状态，随时可以投入使用。该脉动生产线借鉴现在高效的流水线作业方式，改变了传统飞机装配模式，使飞机以固有的节拍在5个站位之间移动，操作人员在固定区域进行装配作业，可实现单架飞机总装45天的装配周期，即第一架飞机45天内完成总装，后续每隔9天可交付一架飞机。同时对现有生产资源进行合理规划和配置，通过飞机脉动式移动提高总装装配效率、改善产品质量，并且能降低工人劳动强度、改善装配现场环境，从而实现飞机低成本、高质量和快速响应制造，并通过生产线的优化，改进公司的生产管理模式，提高公司的生产管理水平。

图1-5　L15脉动生产线

2015年，西飞为新一代战略运输机运-20搭建的脉动生产线正式完工，宣告“鲲鹏”开启批量生产。2016年，成都飞机工业（集团）有限责任公司（简称成飞）宣布为新一代战斗机生产准备的数字化脉动生产线建设完毕，正式投入运营。到2017年，脉动生产线的应用更是取得了新一轮突破，包括沈飞歼-16、陕飞运-9以及哈飞直-20在内的多款型号配套的脉动生产线均投入使用。这表明脉动生产线技术已经在国内各型军机上实现基本覆盖。

当前，国内在飞机总装脉动生产线研究应用上处于快速发展阶段。随着脉动生产线不断向自动化、集成化、智能化发展，国内也在逐步构建智能脉动生产线，如以C919为代表的飞机部装车间的4条生产线（水平尾翼、中央翼、中机身及全机对接生产线）均采用了自动化设备及柔性工装。C919飞机的研制采用MBD技术建立面向三维数字化工艺设计和应用的一体化集成体系。采用分散式柔性装配工装，可对各机体零、组件稳定支撑，实现空间六自由度调姿，具有较高的定位精度；结合平尾、中央翼、中机身部件的不同结构特点及装配工艺流程要求，配置不同的钻铆装置；采用激光跟踪仪搭载空间分析仪（SA）测量软件组成数字化测量系统实现自动测量，将测量数据传递给控制系统，实现测量数据的数模交互；采用自主引导运输车（AGV）设备进行物流运输，具备万向运动功能，运动灵活、精度高，可通过位置传感器自动感应与周围环境物体的距离，计算安全距离进行避障运动或报警。

总装脉动生产线包含导引驱动系统、机体承载系统、动力源（气、电、液）的传导部分、装配工作平台、安全监测系统、控制系统软件及与制造执行系统的集成接口等。整条脉动生产线采用导引驱动系统牵引机体承载系统，带动飞机和工装沿预定路线行进；采用地上与地下相结合的方式为生产线提供能源供给；配备生产控制系统及在线安全监控系统，保证生产线稳定可控。总装脉动生产线能够实现机身内部填充、全机系统件安装、电缆导通/分系统测试、最终功能试验、内饰系统安装、水平测量和客户检查等，能够满足100架/年的产能要求。

1.2.3 我国飞机生产线的发展趋势

当前，国内航空企业仅取得了数字化装配技术与关键装备“点”的突破，还没有形成精细化的总装现场控制能力，装配生产能力分析、生产任务分配和作业资源调度仍按传统方式运作，计划与实际生产进度脱节、作业任务失衡和产能与规划不匹配等状况时有发生。

当前，我国飞机制造企业的脉动生产线正处于起步阶段，很多技术和管理方法都并未形成统一的体系。近年来，随着大量飞机型号进入批量生产阶段，飞机总装脉动生产线作为国内新型生产组织模式，其相关技术研究尤为迫切，尤其是数字化、智能化、网络化等技术的发展，给脉动生产线的设计、建设和运行提出了新的要求，同时也带来了新的机遇。为了研制出适合中国飞机制造的脉动式生产线，必将从以下技术入手不断提高国内的技术研究及应用水平：

（1）数字化检测技术。随着数字化装配技术的应用，数字化测量技术逐渐在国外飞机制造企业用于飞机装配过程。如波音公司在B787客机装配过程中利用了IGPS、激光追踪仪等数字化测量技术，准确测量了飞机部件的重要控制点和关键位置信息，实现部件精准对接。而国内对精密测量技术及系统的应用相对国外还较为落后，缺乏对各种数字化测量技术及系统的深入研究，因此，加强对数字化检测技术的研究应用对促进国内脉动生产线的发展有重要意义。

（2）柔性装配工装技术。国内大部分航空企业在飞机装配过程中仍广泛采用传统的刚性结构专用工装，工装数量多且通用性差，导致成本高、研制周期长。针对该问题，采用柔性工装技术（其是基于产品数字量尺寸的协调体系），利用可重组的模块化、数字化、自动化工装系统，可以免除或减少设计和制造各种零部件装配所需的专用固定型架、夹具，从而缩短飞机装配的制造时间，提高质量，减少工装数量，实现“一型多用”的制造模式，并有效降低制造成本。

(3)精准移动技术。精准移动技术满足飞机在脉动生产线上的移动、装配所需物料的配送以及路径选择需求。国内外航空企业非常重视这方面的研究,并且研制开发了一些实用、新颖的移动设备。在飞机总装脉动式生产线上主要应用飞机牵引车、AGV、气垫运输系统、嵌入式轨道移动系统等。牵引设备精确移动定位与集成控制技术、移动设备优化设计技术等是实现精准移动的关键。

(4)物料精益配送技术。物料准时准确配送是保证飞机总装脉动生产线顺利运行的基本要求。以精益理念为宗旨,通过对飞机装配作业合理调度,进行物流配送再设计、厂房布局合理规划,在提高资源利用率的同时减少工人重复劳动,缩短物料运输距离,降低物料配送成本,合理配置装配需要的各种资源,进而使物料配送和飞机脉动节拍保持一致,全方位提高生产水平。

1.3 生产线智能管控及集成

1.3.1 生产线智能管控及集成总体体系

航空工业飞机的研制、生产作为知识、技术、资本高度密集的战略性高技术产业,是衡量国家工业基础、科技领先水平、综合国力以及国防现代化程度的重要方面,是体现国家综合实力、军事威慑能力和国际影响力的战略性高科技产业,对于提高国防建设能力、国民经济发展水平、应急救援能力等具有重要意义。国家重大战略、国防重大安全和巨大航空市场等引领着我国航空制造技术的发展,在航空科研院所、飞机制造企业的持续探索与研究下,基于模型的设计、基于数字量的装配协调、测量辅助装配(MAA)等一系列先进技术在飞机制造领域得以应用,有力地提高了我国飞机制造能力。

脉动部总装生产线作为一种先进的、高效的飞机生产组织模式,在国内外多个型号飞机的研制生产中得到了应用,为产能提升、准时化交付奠定了坚实基础。但与国外相比,我国的飞机脉动生产线还处于起步阶段,在流程及站位设计、关键技术装备、物料仓储配套、生产线管控等方面水平依然较低,尚需立足国情进一步开展研究,不断建设更高水平的数字化、柔性化、智能化的飞机部总装集成脉动生产线,助力国产飞机产业的高速发展。

“十四五”期间,国防现代化建设、国民经济的发展对飞机的生产制造效能提出了更高的要求,航空科研院所和航空制造企业把“领先创新力”作为航空制造业发展的战略支撑,突破了数据驱动的智能装配工艺设计、多源异构装配数据在线精准测控、增强现实环境下装配仿真与引导、生产线实时感知与仿真优化技术等装配工艺技术,构建了基于分布式计算管理的云平台和基础环境及支撑飞机装配智能化管控的大数据技术和基础环境,研发了智能多级仓储协同管控系统、无人配送装备与调度系统、智能分拣技术与装备系统,以及机翼部件模块化装配智能测试关键装备、机身部件模块化装配智能测试关键装备、飞机部件模块化装配辅助装备,构建了新时代以数据驱动的飞机部总装协同脉动生产线智能管控及集成技术与装备体系(见图 1-6)。

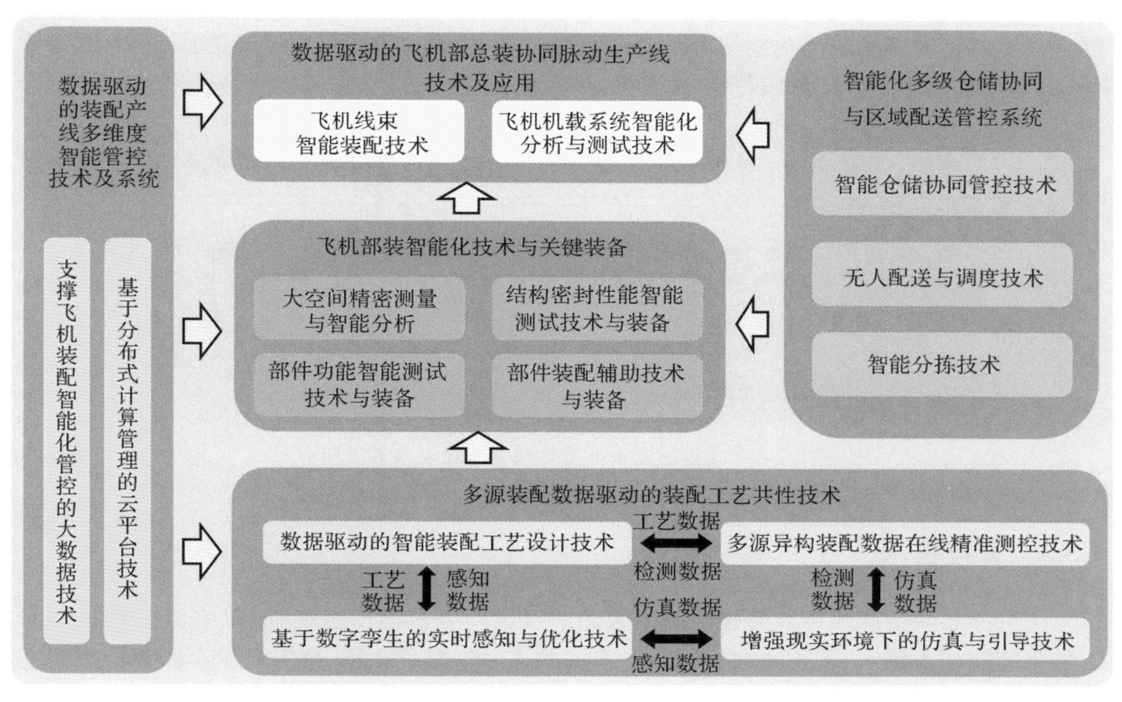

图1-6 飞机部总装协同脉动生产线智能管控及集成技术与装备体系

1.3.2 工艺技术

飞机具有零件数量巨大、外形结构复杂、内部空间紧凑、协调关系复杂、可靠性要求高、研制周期长等特点。作为整个飞机制造过程中的关键和核心的装配工作，直接影响飞机研制的周期和飞机产品最终的质量。装配工艺是飞机设计和生产制造的桥梁。传统的装配过程中存在工艺数据分布离散、非结构化、无法被生产管控系统读取和识别，现场生产状态不透明、数据采集和利用不充分，工艺设计与现场实际状态脱节、数据传递效率低，工艺设计不直观、无知识支持、设计效率低、质量无保证等问题，成为飞机装配过程中提高生产效益和产品质量的瓶颈。

随着数字化、虚拟化、可视化技术的协同发展及其在飞机研制、生产过程中的广泛应用，数据驱动的装配工艺技术已经成为航空制造业从飞机数字化装配向智能化装配转变的关键技术之一，如图1-7所示。

其核心内容包括：数据驱动的智能装配工艺设计技术，即将现场实测数据结构化输出及组织协调管理，分别从装配工艺性分析、装配工艺规划、装配工艺设计及工艺任务管理等方面开展装配工艺优化调整，实现装配工艺设计与管理能力的提升；多源异构装配数据在线精准测控技术，即对装配过程中的数据进行多层级空间测量场的在线动态感知，将其汇聚到数据处理中心的集成系统，并进行统一的数字化处理，实时分析装配状态，实现飞机产品的高质量、高精度装配；增强现实环境下的装配仿真与引导技术，即将增强现实技术应用到飞机装配过程，引导工人实现装配工艺执行过程的精准执行、过程管理与监测、可视化检测；基于数字孪生的实时感知与优化技术，即充分利用装配相关物理模型、传感器更新、运行历史等数据，全面感知装配生产线运行状态，实现多物理量、多尺度、多概率的现场仿真优化。

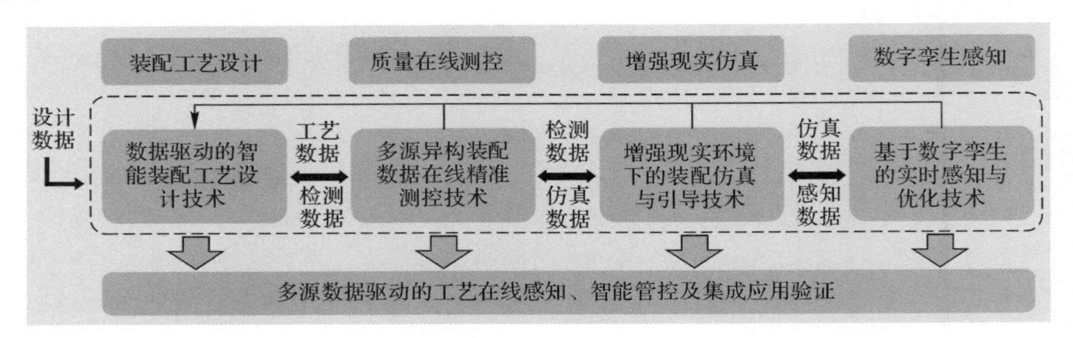

图 1－7　多源装配数据驱动的智能管控及集成技术

1.3.3　管控技术

飞机部总装生产线智能管控系统以装配产线风险分析模型为驱动，以多源信息感知网络采集的数据为输入，基于大数据技术对相关的人、机、料、法、环、测等海量多源异构数据进行全局性统一采集、存储、处理及分析，掌控产线顺利运行的风险及所需零件相关的设备加工能力、工装工具需求、人员综合能力、零部组件加工周期、各生产要素关联性等，借此协调全公司诸要素及相关生产资源围绕装配产线需求及计划有序协同配合，并解决传统产线管控系统对海量设计、工艺、生产、质量、设备运行状态等数据难以及时系统性统筹管理和利用的难题。

数据驱动的装配产线多维度智能管控系统如图 1－8 所示。

基于云平台和大数据的关键技术及应用验证主要包含：基于微服务＋云平台的开发运维一体化环境，完成生产管控系统、采购系统核心模块微服务改造和云部署工作，通过云资源池提高系统资源的整体利用率；通过大数据分析工具和方法，统筹结合人、机、料、法、环产线数据，构建基于逻辑和规则并融入数据挖掘技术的飞机风险预测模型；搭建以大数据风险分析为驱动的多系统三维动态协同的装配产线多维度智能管控系统，向生产现场动态推送生产管控策略，实现大飞机装配进度的精确预测与协同，满足现场动态调整和优化装配生产拉动节拍的迫切需求。通过对云平台和大数据的关键技术的应用验证，形成基于“云-边-端”三栖部署协同的应用软件体系架构、跨网数据安全传输机制与技术架构的应用软件微服务划分原则、上云原则等的体系规范，基于大数据分析的飞机装配进度预测技术报告。

支撑飞机装配智能化管控的大数据技术及基础环境主要结合 Hadoop 体系组件，建立支撑飞机装配智能化管控的大数据平台环境，应用数据管理、任务调度、资源监控和大数据分析算法工具集等基础功能组件，构建产线级数据仓库，并面向飞机产线多种数据应用场景提供高效数据传输、分钟级千万数据量批处理，大规模数据搜索引擎、数据建模分析和数据服务能力，全面支撑产线运行各领域大数据分析与应用的业务需求。

基于分布式计算管理的云平台和基础环境主要基于云计算的新一代 IT 技术对 IT 软

硬件基础资源进行整合，对外统一提供计算、存储、网络、安全和各类 SaaS 等丰富的云服务能力，应用系统可以共享基础架构资源池，实现高利用率、高可用性、低成本、低能耗目标，并且通过云平台层的自动化管理，实现应用系统快速部署、易于扩展、智能管理等功能。

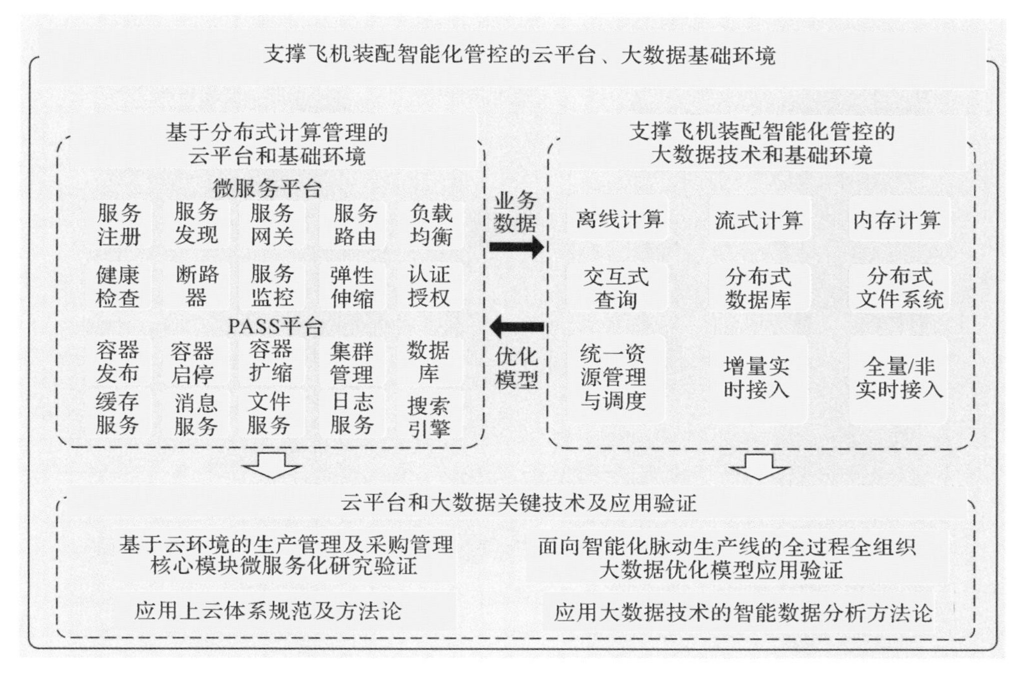

图 1-8　数据驱动的装配产线多维度智能管控系统

1.3.4　仓储与配送技术

飞机装配过程中涉及的材料、零件、标准件达数千种、数万件，部分零件生产周期长，标准件采购周期长，部分材料存量小，缺件及废补已成为制约飞机总装配周期的瓶颈。同时，我国飞机普遍具有多品种、小批量的生产特点，不同状态、不同架次之间的物料配套差异性大，难以实现批次性管理，这进一步增加了物料配套的复杂程度和难度。如图 1-9 所示，在飞机总装生产线上构建非结构环境下的智能仓储与无人配送技术系统，解决现场保密通信技术难题，实现飞机装配物料的准确、安全、自主、可靠配送，减少企业库存量与仓储占地面积，降低装配过程物料配送错误率，降低生产成本，提高生产效率，是飞机脉动式智能化装配的有力支撑与保障。

通过现代制造信息化技术、机器人技术、人机共融操作技术的研究，建立智能化多级仓储协同与区域配送管控及系统，是实现智能管控、精准化配送，完成传统“集中存储、即用即领、人工配送”的物流管控向“信息在平台、物料在工位、上班即开工”转变的关键技术之一。其核心内容包括：无人配送与调度技术，即通过信息技术、装备技术与机器人技术三个领域的共同研发，开发无人配送装备和调度系统，实现飞机装配过程物料的智能、准确配送；智能分拣技术，即开发基于深度学习的物料姿态辨识与拣选技术和基于目标识别的柔性抓取技术和装置，借助位于配送平台的智能机器人实现装配物料的智能识别与分拣。

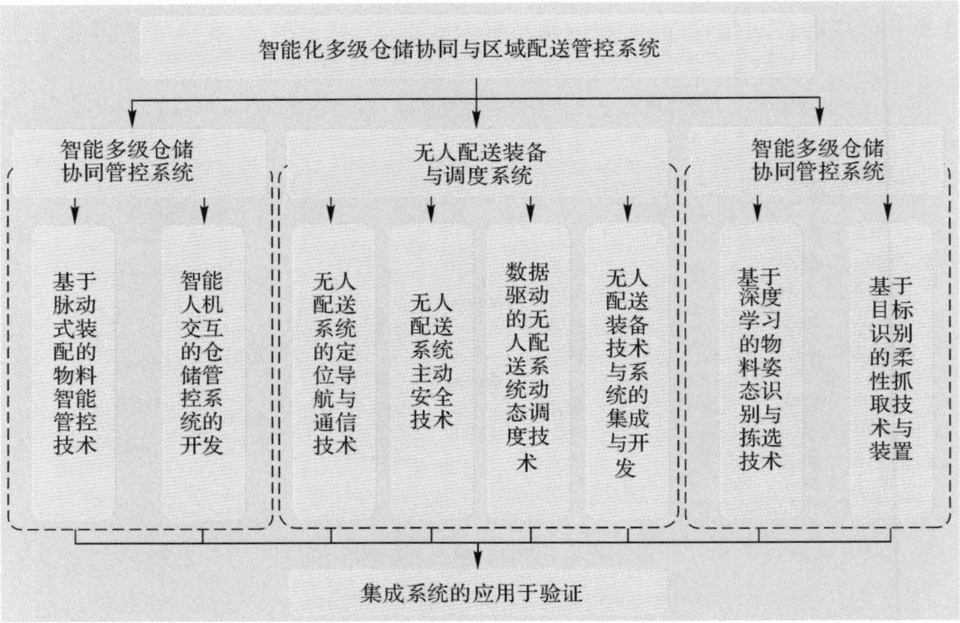

智能化多级仓储协同与区域配送管控系统

智能多级仓储协同管控系统
基于脉动式装配的物料智能管控技术
智能人机交互的仓储管控系统的开发

无人配送装备与调度系统
无人配送系统的定位导航与通信技术
无人配送系统主动安全技术
数据驱动的无人配送系统动态调度技术
无人配送装备技术与系统的集成与开发

智能多级仓储协同管控系统
基于深度学习的物料姿态识别与拣选技术
基于目标识别的柔性抓取技术与装置

集成系统的应用于验证

图 1-9　智能化多级仓储协同与区域配送管控系统

1.3.5　部装技术与装备

部件装配是整个飞机制造过程的重要组成部分，是影响飞机气动性能和整体质量的关键生产环节，决定着飞机的制造质量、制造成本和交货周期。数字化智能装配测试技术作为飞机部件智能装配生产过程中的关键技术之一，既为飞机装配过程提供了实时数据保障，又为飞机装配质量提供了判断依据。由于误差具有“过程性”，现代制造环境下的关于装配质量控制的研究不仅涉及产品质量本身，而且更重视对产品装配过程中装配误差的监控。在飞机部装智能制造技术中，建立部件装配误差的实时测量和自适应控制机制尤为重要。

本书面向飞机机翼/机身部件机载、管路、液压、飞控、环控系统以及活动翼面、起落架等功能系统的智能测试与辅助装备，展开对飞机部装智能化技术与关键装备的介绍，如图 1-10 所示。其核心内容包括：部件装配大空间精密测量与智能分析，即采用空间测量机器人对装配大空间开展动态跟踪测量和对缝间隙阶差测量；部件结构密封性能智能测试技术与装备，即利用多种传感器对液压管路或气体管路开展密封性测试，智能检测漏点和漏量；部件功能智能测试技术与装备，即利用自动化、模块化的检测技术和装备实现对机翼电缆、飞控系统和机载系统的功能检测；飞机部件装配辅助技术与装备，即将机器人、机械外骨骼等现代化技术和设备引入传统的装配过程，实现工人减负、效率提升。

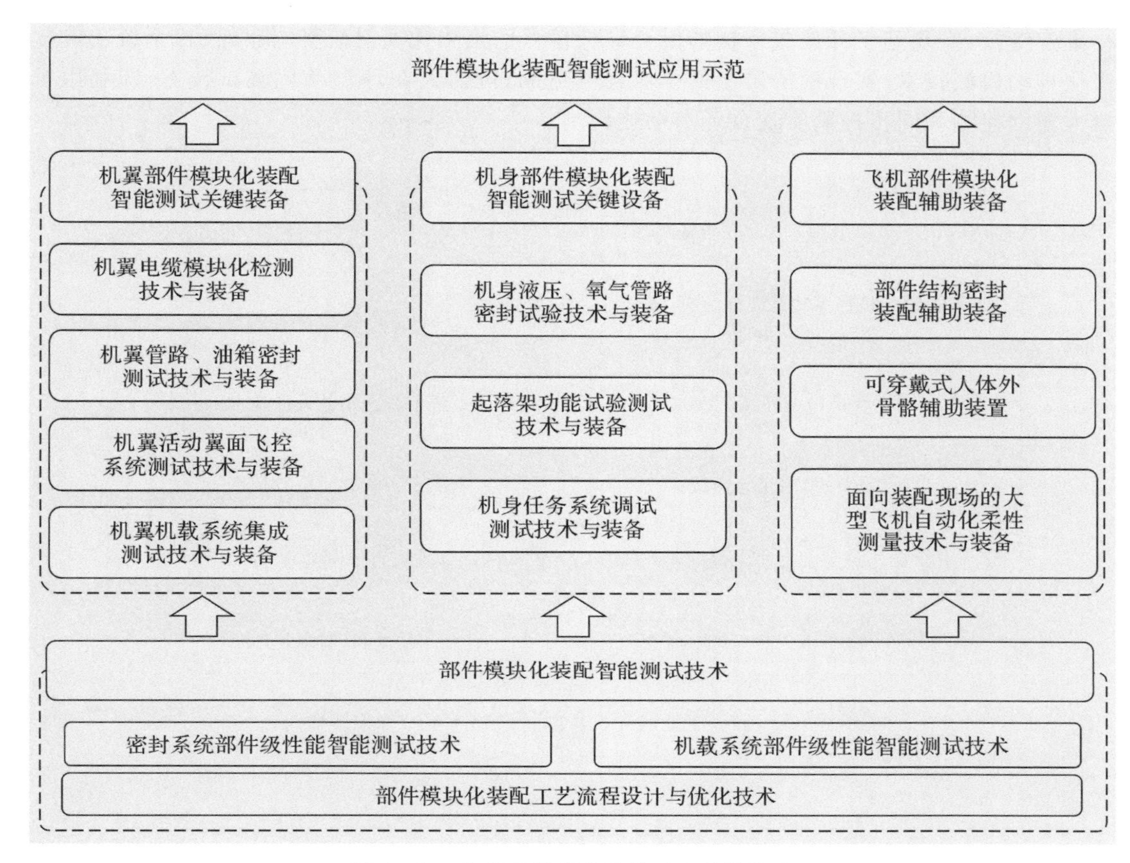

图1-10　飞机部装智能化技术与关键装备

1.3.6　总装技术与装备

飞机总装过程是飞机制造的最后一个环节，其装配质量、装配速度会直接影响产品的性能与交付周期。飞机线束是飞机的中枢神经系统，连接着机载电气、航电等系统，其向飞机各系统输送动力，传递控制信号和数据信息。线束的安装调试具有典型的手工作业特点，线缆数量多、种类多、识别困难，电缆导通、绝缘及阻抗测量质量要求高、测量数量多、检测部位分散，线束系统的智能化装配、机载电气系统和航电系统的智能化分析和测试是飞机机械电力和信息管理控制稳定运行的有力保证，是飞机总装的主要工作量。机载系统功能检测中手工检测效率低且存在人为差错、检测过程无法追溯等弊端，是飞机总装配的瓶颈。

本书以飞机装配过程中具有代表性的航空线束装配和机载系统分析、测试为例开展飞机总装阶段智能化装配、分析、测试技术与装备的介绍，如图1-11所示。其核心内容包括：飞机线束智能装配技术，即利用飞机线束信息建立数字化模型，实现布线路径的自动识别，利用光学信息引导技术引导智能布线，利用自动执行末端和柔性绑扎技术实现线束的快速装配；飞机总装机载系统智能化分析与测试技术，即建立多构型飞机机载系统程序化自动测试全流程架构，实现系统功能测试全生命周期的流程管理，对各类型多状态、多模式信号进行集中管控，实现基于开放式架构的混合异构信号的集中化实时感知，借助飞机系统功能程序化自动检测技术，实现检测质量的全流程可追溯；机器人在环自动化测试技术，即利用机器人辅助检测和同步控制实现在环自动化检测。

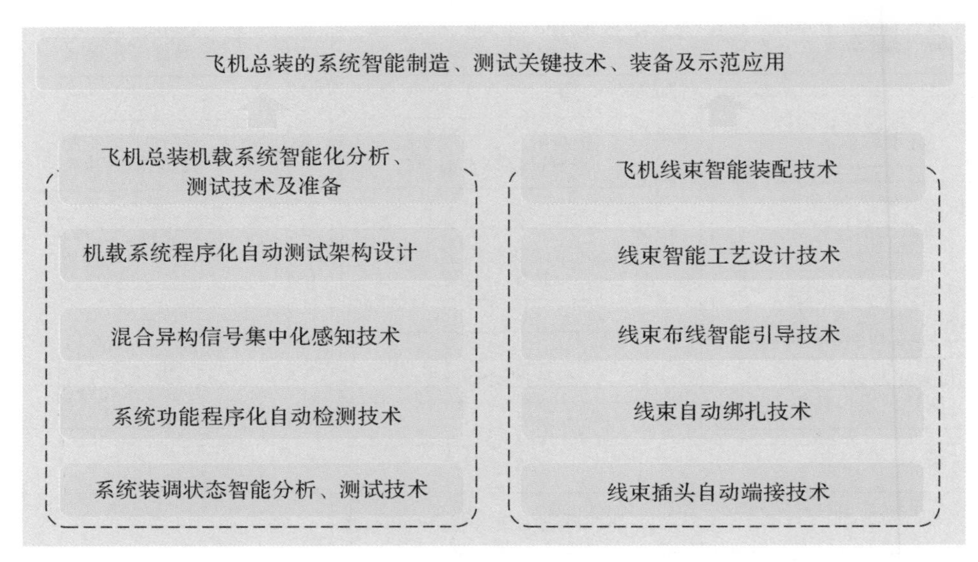

图 1-11　数据驱动的飞机总装协同脉动生产线示范应用

参考文献

[1] 蒋慧翔. 大型飞机总装生产线规划设计与管理[M]. 北京：高等教育出版社，2019.

[2] 张毅，高峰，刘秋根. 大飞机总装生产线智能制造技术应用研究[J]. 机械工程师，2019，40(6)：786-790.

[3] 郭启栋. 大飞机总装生产线设计与仿真[J]. 机电工程与自动化，2018，47(1)：67-70.

[4] 刘海波，张杰. 大飞机总装生产线技术手册[M]. 北京：机械工业出版社，2016.

[5] 刘颖.站位式飞机装配柔性生产线研究[J].科技创新与应用，2021，11(17)：121-123.

[6] 李金龙，杜宝瑞，王碧玲，等.脉动装配生产线的应用与发展[J].航空制造技术，2013，437(17)：58-60.

[7] 王婷.飞机脉动装配生产线关键技术应用及发展[J].科技创新导报，2018，15(35)：86-87.

[8] 徐宏聚.数字化装配工艺技术研究应用[J].机电产品开发与创新，2022，35(5)：58-60.

[9] 苌书梅，杨根军，陈军.飞机总装脉动生产线智能制造技术研究与应用[J].航空制造技术，2016(16)：41-47.

[10] 杨锋，穆志国，范军华，等.大型飞机总装集成脉动生产线技术研究[J].航空制造技术，2022，65(12)：48-55.

第2章 多源装配数据驱动的装配工艺技术

在飞机数字化装配数据检测技术的基础上，多源装配数据驱动的装配工艺技术主要包括数据驱动的智能装配工艺设计、多源异构装配数据在线精准测控、增强现实（AR）环境下的装配仿真及引用引导、基于数字孪生的装配生产线实时感知与仿真优化等共性关键技术（见图2-1），覆盖飞机装配过程中装配工艺设计、质量在线测控、增强现实装配仿真及产线感知与管控等过程，实现针对产品模型、结构化工艺数据和现场采集数据的双向数据传递链路，形成虚拟产品模型与物理产品实体映射的“信息物理融合”模型，通过数据采集、实时监控、工艺优化、闭环管理，确保飞机产品的装配过程符合设计要求。

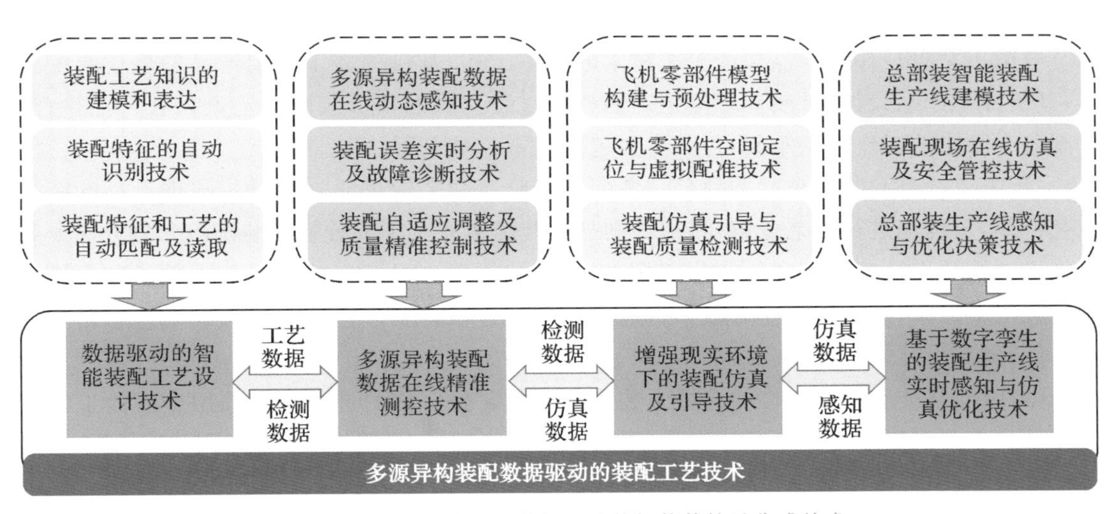

图2-1 多源异构装配数据驱动的智能管控及集成技术

2.1 多源装配数据驱动的装配工艺技术的组成

多源装配数据主要包含从研发和决策端到生产现场和设备端的“下行”的工艺与计划数据，以及来自生产现场的生产管控系统和自动化生产与测控设备采集获取、反馈到工艺和决策端的“上行”的生产、物流、设备、质量等方面的状态和实测数据。

在飞机装配过程中，三维结构化工艺数据通过大数据中心发送到ERP/MES及物流系统、现场作业AR引导装置、智能总装/部装自动化设备、现场测控设备，形成产品模型→工艺模型与结构化工艺规程→装配、加工、测量控制代码→现场作业管理与设备运行的正向数据驱动链路，实现对现场作业的直观引导、对生产管控系统和自动化装备的运行控制。同时，ERP/MES及物流系统将生产计划和物流指令执行状态、装配数据在线精准测控系统将实物产品测控数据、智能设备将实时运行状态传递到大数据中心，经分析、比对后再反馈给生产线数字孪生系统和工艺端，形成工况状态和实测数据→生产线虚拟模型运行监测→误差模型和修正工艺的反馈数据驱动链路，实现生产线运行状况实时监控和工艺动态优化调整。

2.1.1 装配工艺技术

装配工艺是工艺部门根据产品结构、技术条件和生产规模制定的各个装配阶段所运用的基准、方法及技术的总成。通过将零组件的装配过程和操作方法以文件或数据(三维模型)的形式做出明确规定而形成的装配工艺规程，是组织生产和指导现场操作的重要依据。装配工艺技术保证了产品的装配精度、物理指标以及服役运营指标，是决定产品质量的关键基础，其主要内容包括装配工艺设计、装配工艺基准以及装配工艺方法等。

2.1.1.1 装配工艺设计:产品装配的工艺技术准备

装配工艺设计作为产品装配工艺技术的准备工作，其目的在于确定产品的最优装配方案，其贯穿于产品设计、试制和批量生产的整个过程。虽然部件装配工艺设计在产品生产、研制各个阶段的工作重点不同，但其主要包括以下6个方面。

(1)工艺分解和装配单元的划分。装配工艺分解和装配单元划分是指根据产品的结构工艺特征，合理地进行工艺分解，将部件划分为装配单元。工艺分解和装配单元划分主要利用飞机结构的设计分离面和工艺分离面，将飞机基体划分成若干独立的装配单元。其旨在扩大装配工作面，使装配工作分散平行进行，缩短工作周期，改善装配工作的实施通路和劳动条件，提高生产效率。

(2)装配基准和装配定位的选择。装备基准和装配定位的选择是指采用合理的工艺方法和工艺装备来保证装配基准的实现，根据适当的装配基准，确定装配过程中对零部件等的定位方法，以保证整个装配过程的顺利进行。

(3)装配准确度、互换性和装配协调方案的制定。为保证部件的准确度和互换协调要求，必须制定合理的工艺方法和协调方法。其内容包括:制定装配协调方案，确定协调路线，选择标准工艺装备，确定工艺装备之间的协调关系，利用设计补偿和工艺补偿(即在尺寸链内加入一个特定的补偿环节以抵消零件制造误差、型架制造误差、定位误差、装配变形、温度影响等引起的封闭环尺寸误差，从而达到装配准确度要求)的措施等。

(4)装配元素工艺技术状态的确定。装配元素供应技术状态是对装配单元中各组成元素在符合图样规定外而提出的其他要求，是对零件、组件、部件提出的工艺状态要求。

(5)工序、工步组成和构造元素装配顺序的确定。装配过程中的工序、工步包括:装配前的准备工作，零件和组件的定位、夹紧、连接，系统和成品的安装，互换部位的精加工，各种调试、试验、检查、清洗、称重和移交工作，工序检验和总检等。装配顺序是指装配单元中各构造元素的先后安装次序。

(6)工作场地工艺布置的规划。工艺布置是依据工艺流程、产量及一定的原则对设备、工艺装备、工作场地、仓库等进行合理安排。工艺布置设计是充分利用生产面积来合理安排生产线，确定产品生产周转路线的工艺文件，是工艺准备工作的主要内容之一。

2.1.1.2　装配工艺基准

基准分为设计基准和工艺基准。设计基准是设计时用来确定零件外形或决定结构相对位置的基准，一般是不存在于结构表面的点、线、面，在生产中往往无法直接利用设计基准，因此在装配过程中要建立装配工艺基准。

装配工艺基准是指存在于零件、装配件上具体的点、线、面。在工艺过程中使用装配工艺基准可以确定结构件的装配位置。根据功用不同，装配工艺基准可以分为定位基准、装配基准、测量基准与混合基准。

(1)定位基准：用来确定结构件在设备或工艺装备上的相对位置。一般确定装配元件的定位方法有划线、制作装配孔、使用基准零件、利用工装定位件等。

(2)装配基准：用来确定结构件之间的相对位置。

(3)测量基准：用于测量结构件装配位置尺寸的起始尺寸位置。一般用于衡量产品关键协调特征是否满足设计要求。

(4)混合基准：在数字量协调技术中，为减少误差累积，尽量保证定位基准、装配基准和测量基准的统一，大量应用 K 孔作为零件制造过程和装配过程共用的基准。

2.1.1.3　装配工艺方法

(1)装配定位方法。装配定位方法是指确定装配单元中各元素相互位置的方法。其目的在于保证零件之间的相互位置准确，是在装配以后能满足产品图样和技术条件要求的前提下，综合考虑操作简便、定位可靠、质量稳定、开敞性好、工装费用低和生产准备周期短等因素之后选定的。常用的定位方法有划线定位法、基准件定位法、定位孔定位法和装配夹具定位法，如表 2 - 1 所示。

表 2 - 1　传统装配定位方法

类别	方法	特点	适用范围
划线定位法	1.用通用量具或划线工具来划线； 2.用专用样板划线； 3.用明胶模线晒相方法	1.简便易行； 2.装配准确度较低； 3.工作效率低； 4.节省工艺装备费用	1.成批生产时，简单的、易于测量的、准确度要求不高的零件定位； 2.作为其他定位方法的辅助定位

续表

类别	方法	特点	适用范围
基准件定位法	以产品结构件上的某些点、线来确定待装件的位置	1.简便易行,节省工艺装备,装配开敞,协调性好; 2.基准件必须具有较好的刚性和位置准确度	1.有配合关系且尺寸或形状一致的零件之间的装配; 2.与其他定位方法混合使用; 3.刚性好的整体结构件装配
定位孔定位法	在相互连接的零件(组合件)上,按一定的协调路线分别制出孔,装配时零件以对应的孔定位来确定零件(组合件)的相互位置	1.定位迅速、方便; 2.不用或仅用简易的工装; 3.定位准确度比装配夹具定位的低,比划线定位的高	1.内部加强件的定位; 2.平面组合件非外形零件的定位; 3.组合件之间的定位
装配夹具定位法	利用型架(如精加工台)定位确定结构件的装配位置或加工位置	1.定位准确度高; 2.致装配变形或强迫低刚性结构件符合工艺装备; 3.能保证互换部件的协调; 4.生产准备周期长	应用广泛的定位方法,能保证各类结构件的装配准确度的要求

(2)装配连接方法。当各个零件完成定位后,需要根据零件的材料、结构及装配件的使用性能等选择恰当的装配连接方法,从而实现产品的可靠连接。产品装配中常用的连接方法包括机械连接、胶接和焊接等。

1)机械连接技术。机械连接是一种采用紧固件将零件连接成装配件的方法,常用的紧固件有螺栓、螺钉、铆钉等。机械连接作为一种传统的连接方法,在装配过程中应用最广泛,具有不可替代的作用。其主要特点有:连接质量稳定可靠;工具简单,易于安装,成本低;检查直观,容易排除故障;强度被削弱,易产生应力集中,造成疲劳破坏可能性大。

2)胶接技术。胶接是通过胶黏剂将零件连接成装配件的方法。通常情况下,胶接可作为铆接、焊接和螺栓连接的补充;在特定条件下,胶接可根据设计要求提供所需要的功能。与传统连接方法相比,胶接具有如下特点:充分利用被黏材料的强度,不会破坏材料的几何连续性;无局部应力集中,接头的疲劳寿命提高;胶接构件重量有效减轻;可根据使用要求选取相应的胶黏剂,实现密封、抗特定介质腐蚀等功能;胶接工艺简单,但质量不易检查;胶接质量易受很多因素影响,存在老化现象。

3)焊接技术。焊接是通过加热、加压或两者并用,使得分离的焊件形成永久性连接的工艺方法。焊接结构的应用领域越来越广泛,如航空航天、汽车、船舶、冶金和建筑等。焊接的主要特点如下:节省材料,减轻重量;生产效率高,成本低,劳动条件显著改善;可焊范围广,连接性能好;可焊性受材料、零件厚度等因素的影响;质量检测方法复杂。

2.1.2　智能化装配工艺

飞机装配是飞机制造各环节中的核心，其技术难度大、涉及面广，在很大程度上决定了飞机的装配质量、制造成本和生产周期。技术的革新推动飞机装配技术发生了根本性的变革与发展，使飞机装配工艺从手工装配、机械化装配，转变为自动化、数字化装配，并逐渐形成了智能化的装配工艺技术体系。

2.1.2.1　手工装配：以模拟量协调为基础，主要依靠人工操作的装配

在航空工业发展初期，飞机以木质胶合板结构为主，零件数量较少，装配精度要求低，依靠少量简单的装配工艺技术和完全人工的装配方式即可完成整体飞机的装配工作。尽管手工装配（见图2-2）仅需借助少量工具，并仅依靠工人的经验就几乎可以实现各类型飞机的装配工作，但是由于手工装配对工人的素质和技能的要求较高，且其装配质量的随机性较大，生产效率低，劳动强度大，难以有效保证飞机的装配进度与质量。

图2-2　飞机手工装配现场

随着工业革命的发展以及战争对飞机性能要求的不断提高，以轻质、高强、易加工的铝合金为代表的金属材料被逐渐应用于飞机的制造。金属材料的应用提高了飞机的结构强度，然而由于钣金件的尺寸大、刚性小等问题，也对飞机的装配质量和装配精度提出了更高的要求。

为进一步提高飞机的装配质量，以苏联飞机厂商为代表的企业逐渐形成了一套系统的基于“模线”“样板”等模拟量为协调依据的飞机装配工艺技术。在传统飞机装配过程中，模线样板技术被称为“飞机设计与制造的工艺桥梁”，是保障飞机装配质量的重要依据。然而，以模线样板-标准样件为制造协调依据的制造模式，在生产过程中会产生各环节传递的人为误差、各制造依据的协调误差、各专用工装的制造误差等，影响了飞机整体的装配精度。同

时，市场对大型、专用飞机需求的不断增加，模拟量传递技术下的装配工装逐年增加，大大增加了飞机的研制周期与生产成本。

2.1.2.2 数字化装配：以数字量协调为基础，数字化与传统技术相结合的装配

随着飞机性能需求的不断提升，新型飞机逐渐形成了以铝合金为主、钛合金和复合材料为辅的材料应用模式。传统装配中存在人工钻铆误差大、铆接装配结构件精度低、专用工装数量多等问题，使飞机的装配连接质量、装配效率和生产成本受到了极大的影响，难以满足新型飞机的高精度要求。因此在新型飞机的生产制造过程中，各航空公司更加注重开发研究自动钻铆精度控制、整体结构件优化、柔性工艺装备开发、计算机辅助设计技术应用等的数字化装配工艺体系。

数字化装配技术其实质是面向数字化装配的结构设计技术、数字量装配协调与容差分配技术、数字化装配工艺规划与仿真技术、数字化柔性定位技术以及数字化测量技术等与传统装配技术交叉融合的综合技术。同时，数字化装配技术的尺寸传递体系以数字量为基础，在取消理论模线、结构模线、样板和标准工装的基础上，实现了装配协调路径的简化，并减少了人为因素对装配质量的影响。

飞机数字化装配技术兴起于 20 世纪 80 年代，其在西方航空工业中的应用，经历了数字化技术单项应用、数字化系统集成应用、数字化设计制造系统应用的发展历程，并在西方航空工业领域获得了迅速的普及。在数字量传递技术的支持下，F－22、F－35、B787、B737、A350 和 A380 等新型军民机大量地应用柔性工装、自动钻铆系统、数字化测量系统、自动控制系统等进行数字化装配，使飞机装配全过程的数据能从研制工作的上游通畅地向下游传递，有效地提高了产品的生产效率和装配质量，并缩短了研制周期，减少了工装数量。数字化装配系统应用下的飞机装配现场如图 2－3 所示。

图 2－3 数字化装配系统应用下的飞机装配现场

2.1.2.3 智能化装配：多智能学科与传统装配技术交叉融合的装配

材料科学的突破为航空科技注入了新的动力，新一代航空材料——复合材料，凭借其在

轻量化、低成本和长寿命等方面的优势在航空领域赢得了越来越多的关注(见图 2－4)。以 B787 和 A350 为例,其复合材料用量占比已高达 50%以上,这不仅减轻了结构重量,降低了飞机能耗,而且大幅提升了其服役性能。

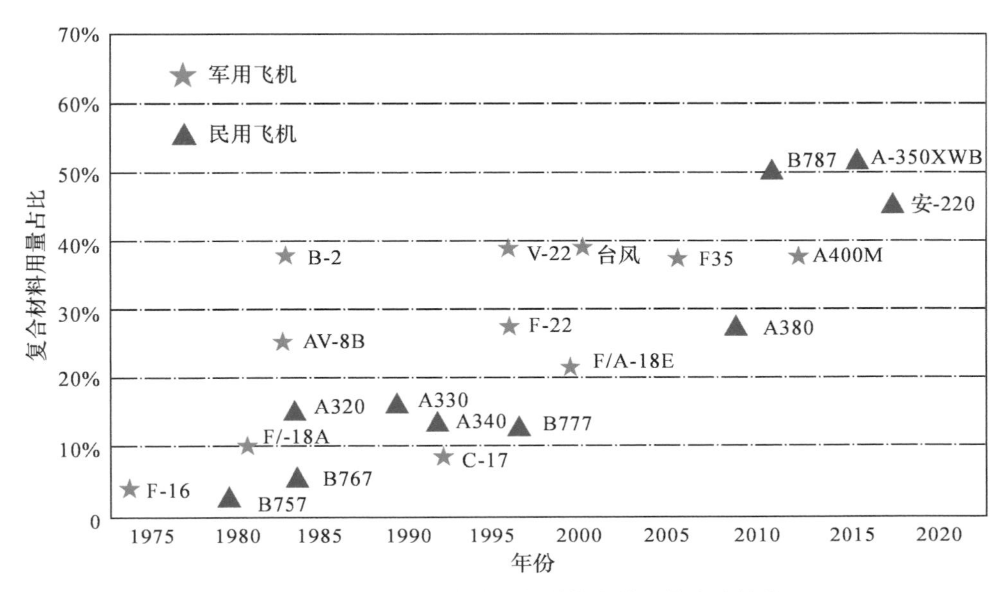

图 2－4　国外复合材料在飞机结构上的用量占比趋势

以 CFRP 为代表的复合材料以其质轻、高强等优点被广泛使用,其与钛合金、铝合金等,通过制孔、连接、装配形成全新的复合材料/金属叠层薄壁结构,已应用于新一代航空航天重大装配的关键结构。然而,复合材料/金属叠层薄壁结构装配接头与金属同质叠层结构相比,复合材料异质叠层结构的弹性模量、热膨胀系数等差异大,在连接处极易出现应力集中,造成分层、脱胶等损伤。同时与金属合金相比,由于碳纤维增强材料是不可重塑的,必须保证加工的准确性,因此需要使用在线实时测量技术对其进行监控和反馈。

依据以尺寸链、公差分配为核心的装配理论和以数字量为协调基础的数字化装配体系,建立了工艺参数与误差的映射关系,保证了复合材料制孔和结构精度,但并不能表征装配过程中结构误差和应力的动态变化情况。以智能传感器、射频识别技术、智能机器人、信息智能处理等一些装配基本单元和技术为基础的智能化装配技术能有效监测装配过程中的工艺数据和工艺偏差情况,并实现对设备、产品及其参数——质量匹配关系的在线精准检测及自适应反馈调整,满足新型飞机产品的高质量、高精度装配要求。

随着以网络化智能制造为核心的第四次工业革命的发展,智能化装配工艺技术已逐渐成为世界各国航空工业领域技术的战略高地。飞机智能装配是将飞机装配过程中的零部件、工装夹具、机器设备、物流体系、人机交互等深度融合,将智能化装配系统模型构建为面向复杂应用对象的数据驱动的飞机装配智能管控系统。智能化装配涉及传感器技术、网络技术、自动化技术等先进技术,是自动控制、计算机、人工智能等多学科交叉融合的实施。通过逐次构建智能化的装配单元、装配车间,基于信息物理融合系统,进行装配系统的智能感知、实时分析、自主决策和精准执行。当前,智能制造作为新一轮工业革命的核心技术,正在引发制造业的发展理念、制造模式等方面重大而深刻的变革，智能化装配作为能够实现可控、可测、可视的科学装配，必将成为飞机装配工艺技术的战略高地，也是装配技术向更高阶段发展的必然产物。

目前，我国与西方国家在航空工业的智能制造和智能装配领域仍然存在一定的差距。智能化装配工艺体系代表了未来飞机制造领域的发展方向，是实现未来飞机多型号、变批量、低成本、高质量、快速研制的必然选择。开展以信息化和工业化深度融合为基础的智能化装配工艺体系研究，并逐步形成飞机智能化装配应用系统，能有效推进我国装配工艺的智能化进程，有利于克服我国飞机制造中的薄弱环节，为我国飞机制造提供技术保障。

2.1.3 多源装配数据驱动的装配工艺技术

随着新型飞机需求和产量不断提升，传统飞机装配生产线逐渐暴露出工艺设计与现场数据传递效率低、工艺数据分布离散、工艺偏离难以及时发现和现场装配指导性差等问题，因此应在传统飞机数字化装配检测技术的基础上，搭建一套面向飞机部总装典型复杂应用对象的数据驱动飞机智能管控装配工艺系统，覆盖飞机装配过程中装配工艺设计、质量在线测控、增强现实装配仿真及产线感知与管控等过程，并形成相关规范，实现对典型装配工艺过程的智能引导，加强装配过程中工艺设计与现场数据传递，有效提高飞机装配质量和效率。

多源装配数据驱动的装配工艺技术通过数据驱动的智能装配工艺设计技术，实现自主可控的三维智能化工艺设计，并在现场以 AR 方式进行装配引导，通过装配在线精准测控和数字孪生技术，根据生产、物流、设备等方面的状态和实测数据实现工艺优化，并实时、直观地掌握生产线运行状况。多源装配数据驱动的装配工艺技术的内容主要包括：数据驱动的智能装配工艺设计技术、多源异构装配数据在线精准测控技术、增强现实环境下的装配仿真与引导技术、基于数字孪生的装配生产线实时感知与优化技术。

(1)数据驱动的智能装配工艺设计技术。装配工艺技术是飞机设计到生产制造的关键，智能装配工艺技术是飞机数字化装配到智能化装配的支撑基础，随着设计端向基于模型系统工程的研发模式、生产制造向智能化的方向发展，智能化装配工艺能够充分利用模型信息、工艺知识和现场实测数据开展工艺设计及工艺优化工作，使装配工艺充分融于飞机部总装协同脉动生产线智能管控及集成技术体系中。与传统飞机装配工艺设计技术相比，数据驱动的智能装配工艺设计技术实现了从基于二维文本的装配工艺指令文件和二维图像的工艺设计方式向三维立体可视化的工艺设计方式转变，从输出人工调节静态指示文件向输出结构化、组织化工艺数据方式转变。此外，智能装配工艺设计技术解决了传统装配工艺过程中存在的智能化设计应用少、装配工艺设计规划能力差、装配任务管理效率低、装配验证与优化方法单一等问题。

(2)多源异构装配数据在线精准测控技术。多源异构装配数据在线精准测控技术在装配过程中使数据信息经过多层级空间测量场的采集和传输，汇集到数据处理中心的集成系统中；处理中心将对来自不同来源、不同结构的数据信息进行统一的数字化处理，并对产生的误差数据进行自适应反馈控制，实现多源异构数据读取与管理、加工数据可视化展示、加工质量预测模型构建参数设置、工艺参数优化模型参数设置功能开发；最终完成用户信息管理、装配过程状态数据查看、质量检测查看、质量预测，满足工艺参数决策业务需求，确保飞机产品的高质量、高精度装配。此外，该技术突破了传统飞机装配过程中多元异构装配数据在线动态感知、装配状态实时分析及故障诊断、装配参数自适应调整及质量精准控制等技术，并解决了飞机装配现场生产状态不透明、装配状态分析滞后及缺乏等问题。

(3)增强现实环境下的装配仿真与引导技术。增强现实环境下的装配仿真与引导技术是基于沉浸式人机交互与虚拟装配引导的智能装配技术，通过模型轻量化处理、装配场景渲染、装配动画制作、虚实模型注册以及空间定位等手段，建立一个面向飞机装配过程中典型复杂场景的实时装配引导系统。在实际生产过程中，该技术可以快速、准确地将装配工艺、零件数据等信息利用虚拟显示功能呈现在工作人员面前，引导他们完成复杂的装配任务。这项技术很好地解决了当前桌面式装配仿真无法考虑装配现场状态和空间约束的问题，以及纸质装配指令难以理解、操作指导性差且易出现二义性等问题，提升了飞机装配质量以及批量生产效率。

(4)基于数字孪生的装配生产线实时感知与优化技术。基于数字孪生的装配生产线实时感知与仿真优化技术是集成采用三维快速重构技术、现场数据驱动的装配线仿真优化技术、三维视觉和仿真模型自动化装配监控技术、基于视频的装配现场安全管控技术、生产线感知与决策技术等，充分利用装配相关物理模型、传感器更新、运行历史等数据，全面感知装配生产线运行状态，进行多物理量、多尺度、多概率的现场仿真优化，将运行状态与仿真过程映射至虚拟空间，反映了装配生产线的产品全生命周期过程，极大地提高了飞机的装配制造工艺及管控水平。此外，该技术有效地解决了装配现场制造工艺及环境复杂、产线状态监测及仿真优化难度大，装配过程中过于依赖人工经验、难以快速获取现场装配状态、装配数据未能充分利用等问题。

2.2　数据驱动的智能装配工艺设计技术

当前，对计算机辅助工艺规划(Computer Aided Process Planing，CAPP)在产品加工工艺方面的应用和研究较多，这部分研究主要集中在单个零件加工工艺方案的制定上。加工CAPP系统经过多年的发展，经历了检索式CAPP、派生式CAPP、创成式CAPP、混合式CAPP阶段，随着零件加工工艺CAPP技术的逐渐成熟，对装配工艺CAPP系统的研究也逐步兴起。

产品制造流程中的重要一环是装配工艺设计，但是对计算机装配工艺设计系统的研究却十分滞后。装配工艺方案设计初期的系统模型，受限于系统整体智能化程度不高，难以摆脱传统的工艺设计模式或提高设计效率。

因此，以数据驱动的智能装配工艺设计技术为对象，突破装配工艺知识的建模和表达、装配特征的自动识别、装配特征与工艺知识的自动匹配和推送式快速获取等技术，研发数据驱动的智能装配工艺设计系统，是实现高效智能化工艺设计的关键。

2.2.1　装配工艺知识的建模和表达

装配工艺知识库管理是指用户对知识库的增、删、改操作以及系统对该操作的判断。当用户对知识库进行修改时，系统需要为用户提供对应于不同知识类型的不同修改接口，以使用户能够更方便、直观地更改数据库中的数据。在输入或修改完成后，系统需要对新知识或修改后的知识进行判断，查看新知识是否与现有知识冲突或重复。对于知识的冲突和重复需要有一定的判定策略，该策略是保证工艺知识库内知识准确性的关键，也是保障系统推理准确性的关键。

装配工艺方案承载的信息一般有以下三个方面：

(1)装配序列信息。装配序列信息是指装配工序的先后顺序，例如“泵站安装”工序优先于“管路安装”工序。该信息类型描述了装配工序的顺序，装配序列的判断标准一般来自于工艺人员经验或者工艺规范手册。

(2)装配资源信息。装配资源是指每一道装配工序作业时所需要的装配资源。例如某道工序需要安装螺栓，安装时所需 120 N·m 的力矩扳手，力矩扳手即为该工序所需装配资源，装配资源的判断标准一般来源于技术要求。

(3)装配指令信息。装配指令是工序内容的组成部分，它详细描述工序内某一个工步的具体操作细节，例如“将 1 根 5 t 吊带连接在油缸 1/2 处，再连接天吊，天吊应不小于 10 t”。装配指令信息一般来自于工艺规范手册。

上述三类信息可以组成完整的装配工艺方案，装配指令与装配资源结合构成了工序内容，装配序列信息对工序进行合理排布，最终形成完整装配工艺方案。因此推理上述信息为系统的最终目标。

装配工艺知识源于装配工艺方案编制过程以及编制的结果。一般地，系统编制工艺方案的流程如图 2-5 所示。

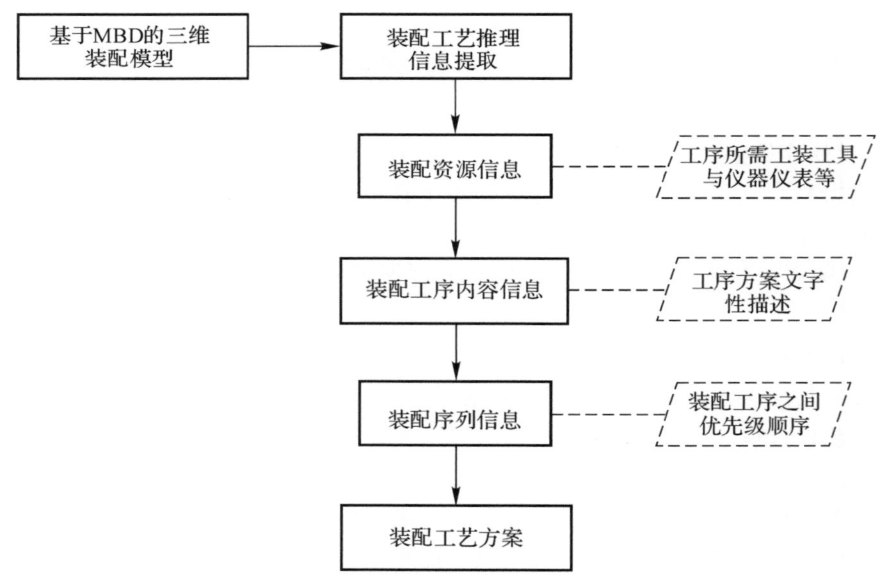

图 2-5 装配工艺方案编制流程

对产品的三维装配模型进行分析，得到每道工序需要装配的零件，依据这些零件基本属性信息(如重量、零件类型等)判断所需的装配资源;然后利用装配资源信息编写工序内容,即每道工序的详细操作内容;最后判断装配工序的优先级,按照优先级排布,得出最终的工艺方案。

经过对装配工艺方案的解析,对应地提出以下三类知识类型:

(1)装配工序优先级知识。装配工序优先级知识即为推理装配序列所需知识。该知识类型用于判断各个工序之间的前后顺序。该知识的匹配条件应为工序名称或内容,输出结论应为工序的前后顺序。

(2)装配资源判断知识。装配资源判断知识即为完成该道工序作业所需的装配资源。该知识用于判断工序内所需的装配资源。该知识的匹配条件应为工序内零件的类型、名称或代号,输出结论为工序所需装配资源的名称或编号。

(3)工序内容模板。工序内容即为装配指令组成的文字性描述。装配工艺方案的文字性描述相似度较高,将文字总结成为标准化、结构化的装配操作细节描述,再根据判断依据得出相应的文字性描述。工序内容模板主要包括工序作业进行前的检验工作、零部组件安装操作、工序作业完成后的收尾工作,这些内容都是以文字形式描述的,将这类信息整理得到合适的工序内容模板。

2.2.1.1 知识库建模

知识模型是知识信息存储的格式。装配工艺知识包含了两部分信息:一是用于知识检索和匹配的条件信息,它决定了知识适用于哪些情况,例如“零件质量:$W \geqslant 50$ kg”,当零件质量达到 50 kg 及以上时,可以使用该条知识。二是知识的输出结论,该部分决定了推理的结果,例如“装配资源:钻头、风钻”。将两者结合即得到具有满足条件信息的事实,可使用该条知识得出相应的结论。

装配工艺知识的三大类型:装配工序优先级知识、装配资源判断知识、工序内容模板。这些知识均包含上述两部分信息。此外,不同的知识类型之间两部分知识形态各有不同,为保证知识的准确性和高效性,需要对三部分知识建立各自适宜的知识模型。

1. 基于有向无环图的装配工序优先级知识

有向图是一种由顶点(Vertex)和边(Edge)构成的图形,其中每一条边 E_i 都对应一个顶点 V_i。有向图可以用其邻接矩阵 $\boldsymbol{A}$ 表示,对于顶点 V_i 与 V_j,若存在边 E_{ij} 从顶点 V_i 指向顶点 V_j,则矩阵 $\boldsymbol{A}$ 中元素 $a_{ij}=1$;若不存在,则 $a_{ij}=0$。有向图及其邻接矩阵如图 2-6 所示。

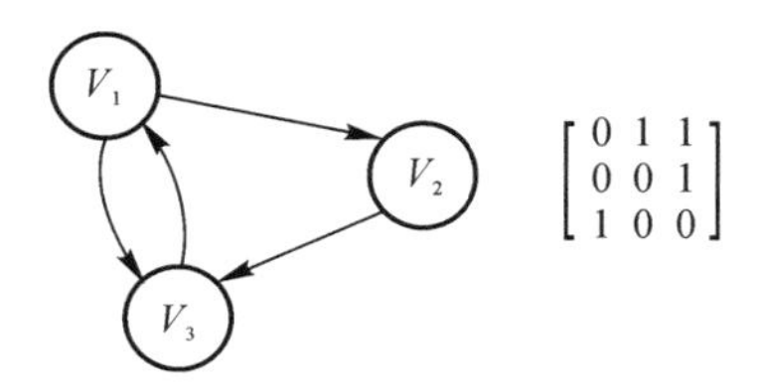

图 2-6 有向图及其邻接矩阵

图 2-6 中有向图三个顶点是存在环的,即从某一个顶点出发,可以再回到该顶点,例如

$V_1 \to V_2 \to V_3 \to V_1$，依照该路径可从顶点 V_1 出发，并返回该顶点，而装配序列是一个单向链式结构，如图 2-7 所示。

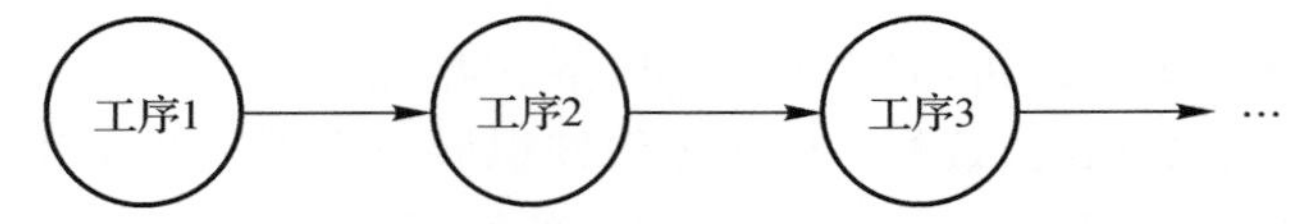

图 2-7　基于装配工艺知识的单向链式有向无环图

装配工序优先级信息是单向链式的有向图，仅有 $V_i \to V_{i+1}$ 存在边，即元素 $a_{ii}+1=1$，其余元素皆为 0，因此其邻接矩阵 $\boldsymbol{A}$ 应该满足以下条件：

$$\boldsymbol{A}=\begin{cases}a_{ij}=1, j=i+1\\ a_{ij}=0, j\neq i+1\end{cases} \tag{2-1}$$

即

$$\begin{bmatrix}0 & 1 & 0 & \cdots & 0\\ 0 & 0 & 1 & \cdots & 0\\ 0 & 0 & 0 & & \vdots\\ \vdots & \vdots & & & 1\\ 0 & 0 & \cdots & 0 & 0\end{bmatrix} \tag{2-2}$$

矩阵 $\boldsymbol{A}$ 即为装配工序优先级知识的邻接矩阵形式，此为知识的输出结论，装配工序优先级知识的输入条件应当存储在顶点 V 中，其输入条件可以为工序名称、工序中主装配件代号等。以工序“钻孔”和“扩孔”为例，其顶点信息如图 2-8 所示。

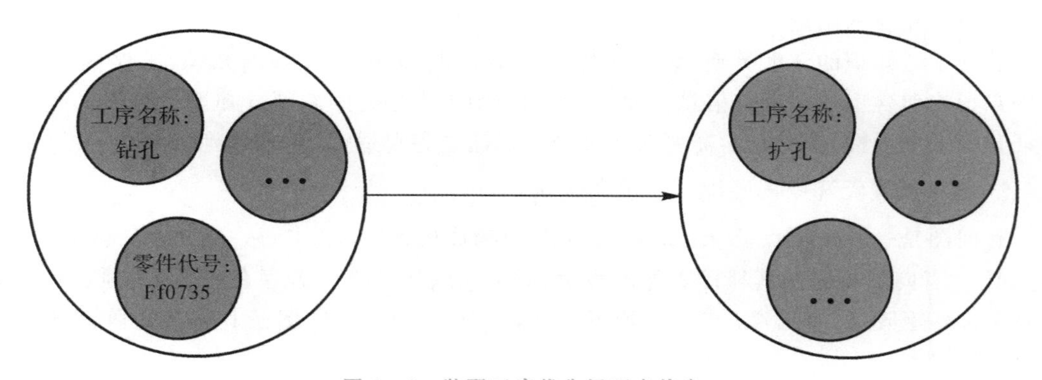

图 2-8　装配工序优先级顶点信息

“钻孔”工序应优先于“扩孔”工序，当工序名称或主装配件名称与顶点内判断条件相符时，则可以使用该条知识。

装配工序优先级知识是为了判断工序的先后顺序，有向图是一种记录顶点以及顶点间路径关系的图，因此系统采用有向无环图的方式记录装配工序优先级知识。

2. 基于产生式规则的装配资源判断知识

产生式表示法是一种用 IF-THEN 形式表达因果关系的知识表达方法，1934 年由数学家 E. L. Post 提出，其基本形式为 IF P THEN Q，其中 P 代表条件，Q 代表满足条件后执行的操作。产生式规则是系统普遍应用的一种知识表达方法，很多系统都是基于产生式规则建立的，例如彭华亮等研发的发射车故障诊断系统。产生式规则贴近人类求解问题的思考方式，并且也是一种适合计算机逻辑的表达方法。其形式如下：

IF P1 AND P2 AND P3 AND … THEN Q

其中，P_i 代表前件及匹配使用该条知识所需满足的条件之一，AND 代表计算机中的“与”计算符，即当判断事实满足 P1、P2、P3、…、P_n 时，执行操作 Q。

装配资源判断知识是基于对产品模型信息进行条件判断的知识，在工艺方案编制过程中，工艺人员常常需要通过多方面的信息来确定装配资源的配置，即在满足多个事实的条件下，才能确定装配资源的具体属性。以装配指令“装配对象质量不超过 10 t，吊点数量为 4 个，吊装形式为吊钩式时，使用 R01 - 5 t 的吊带”为例，其产生式规则描述应当如图 2 - 9 所示。

由图 2 - 9 可知，装配资源也是以 IF - THEN 的形式确定的，当对 P1、P2、P3、…、P_n 多个条件求解的结果进行“与”计算结果为“TRUE”时，得出结论 Q。

装配资源是由许多确定的数值条件推导出来的，这一点十分符合产生式规则的使用场景。此外，装配资源知识因实际生产环境不同而有非常大的差异，系统内此类知识常需要依照实际生产条件进行适配。产生式规则具有易于存储和更改的特点，其知识的冲突与重复判断效率也比较高。

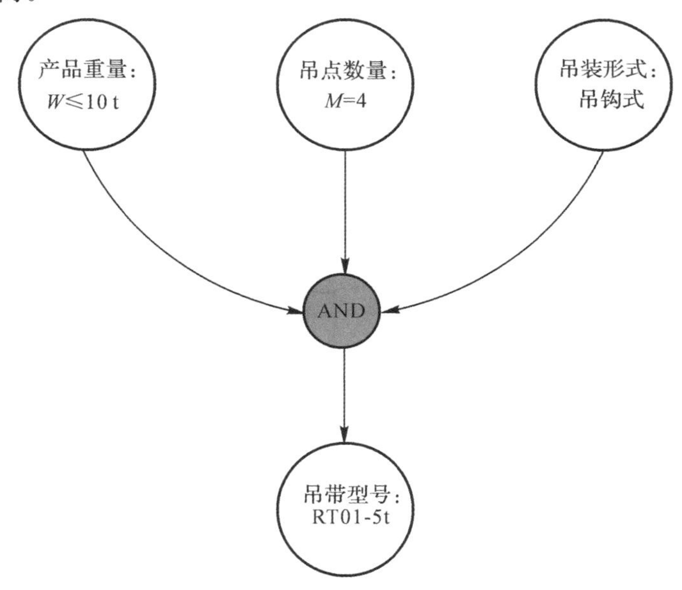

图 2 - 9　产生式规则示例

3. 基于框架的工序内容模板

框架表示法是一种结构性较强的知识表达方法，它适用于表达经验性较强、结构化程度较高的知识。框架表示法是最贴近人类思考问题方式的知识表达方法。框架表示法将庞杂的知识联系起来，以一定结构表现这些知识之间的关系，呈现出很强的结构性。

框架由描述事物各个方面的槽组成，槽又有所属的多个侧面，侧面可拥有一个或多个值，其基本形式如图 2-10 所示。

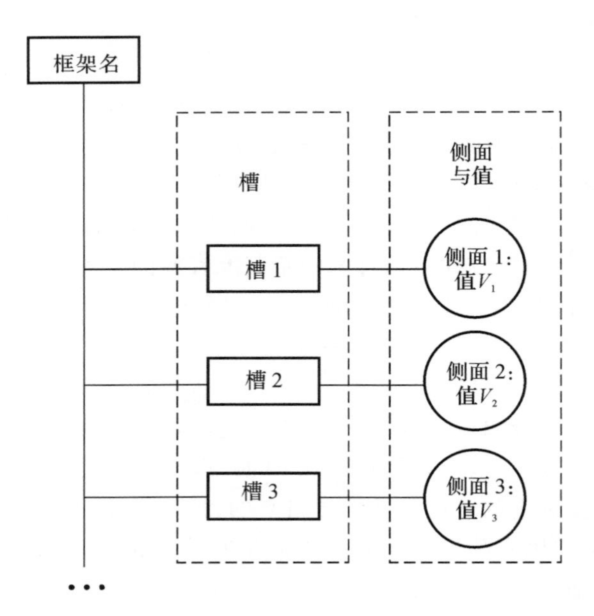

图 2-10　框架知识结构图

工序内容模板是结构化工艺中装配指令的总结和抽象。装配指令描述常有大段文字重复，且装配指令常引用企业内部自制生产规范手册或典型工艺。框架表示法允许在值内引用其他框架知识，且将重复的文字性描述作为框架值存储，覆盖一道工序内的多个装配指令，并将装配指令之间的架构表现出来。

图 2-11 以钻孔工序的部分工序内容为例，阐述了框架表示法在系统中的具体使用。

装配工序内容模板的使用判断条件是框架名，框架名可以是工序名称或者工序主装配件名称，工序模板的输出结论即为框架中侧面的值。例如图 2-11 中，侧面检验的值为"钻孔到 ϕ8 mm，使用钻头牌号为×××，风钻牌号为×××"，由此将装配工序内容模板以框架表示法存储，使得相似的结构化装配工艺得以复用。

2.2.1.2　装配工艺知识的统一数据模型

装配工艺知识存储和检索均利用数据库技术完成，系统在进行推理时，需要以输入的装配工艺信息为事实，对数据库内知识进行检索和匹配。2.2.1.1 小节介绍了不同类型知识的知识模型，本小节将介绍三类知识在数据库中存储的数据模型。

1. 数据库技术介绍

数据库技术是信息科技领域最为重要的技术之一。数据库技术是一种按照文件结构存储信息的方法，类似于使用文件柜分类存放文件，数据库按照文件信息结构和分类存放数据信息。数据库依赖数据库管理系统(DataBase Management System，DBMS)进行数据的获取、存储、检索和修改等操作。

主流关系数据库的基本组成要素是二维数据表(Table)。表由行和列组成,表的行(Row)为表的横排,也被称作表的一条记录(Record),表的列(Column)是表的纵列,又称字段(Field)。

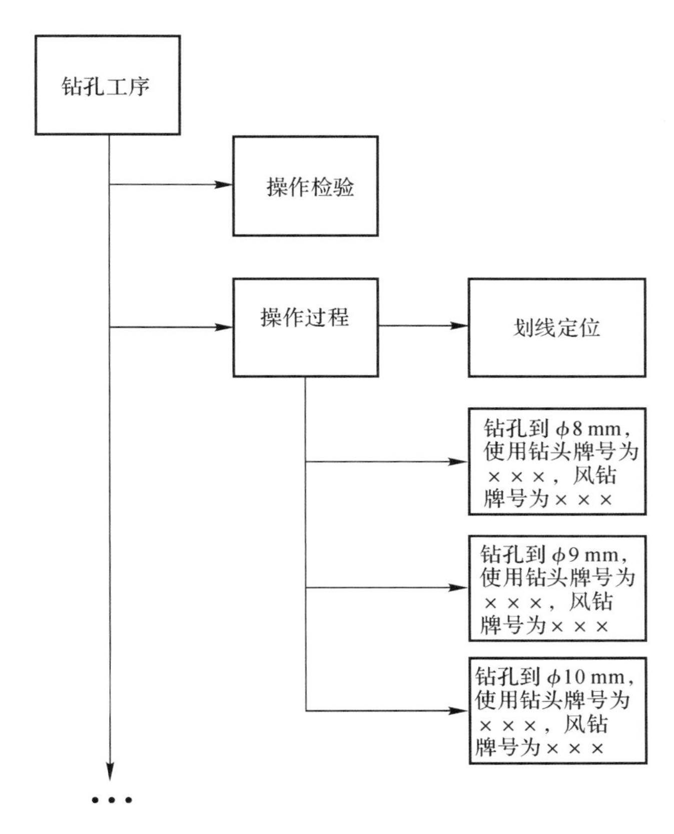

图2-11　钻孔安装工序内容模板

2. 数据模型需求分析

装配工艺知识在数据库内的存储形式即为二维表。三类知识模型都以统一的数据结构存储在数据库中。

系统在将知识存储到数据库内时,需要选择合适的数据模型,对于数据模型的要求有以下两点:

(1)知识模型信息的全覆盖。上述三种知识模型需要以二维表的形式存储在数据库中,因此数据模型需要满足将三类知识模型信息全部存储的要求。

(2)知识检索的高效率。系统在推理过程中需要处理大量事实数据和知识数据,期间需要对知识库进行多次检索,数据模型直接影响知识的检索速度,因此建立检索效率高的知识模型也是必要的。

3. 知识数据模型的构建

装配工艺知识由两部分组成:判断条件与输出结论。判断条件是指计算机推理时对某条知识是否适用于该事实的判定依据，当事实满足该知识的所有判断依据时，才可以使用该条知识；输出结论即为满足判断条件的情况下，系统可以得出的推理结果。

对于装配工序优先级知识，判断条件有两个集合，分别代表了两道工序的判断条件，当输入事实中的两道工序分别满足某条工序优先级知识的两个判断条件集合时，可以推理出两道工序的优先级顺序，即为该条知识的输出结论。对于装配资源判断知识，其判断条件是一个集合，当多个事实同时满足集合内的判断条件时，可以得出该条知识的输出结论，即该工序内的装配资源配置。对于工序内容模板，该知识的知识模型基于框架表示法，其判断条件也为一个集合，可以为框架名或者框架内的部分槽或侧面值等，输出结论为工序内容，工序内容也以框架的槽或侧面值存储。

根据上述分析可知装配工序优先级知识、装配资源判断知识、工序内容模板都具有判断条件和输出结论，结合数据库二维表的存储方式，提出以下统一化数据模型，用于存储两类信息：

$$K=\{T,P,P',Q\} \tag{2-3}$$

其中：K 表示装配工艺编制知识；T 表示知识的类型；P、P' 表示知识的判断条件；Q 表示知识的输出结论。

系统装配工艺知识共有三种类型，T 即表示知识 K 的类型。在知识中加入类型的目的是提高知识检索效率，另外也方便后期对知识进行增、删、改、查等操作。

P 为知识当中的判断条件。知识有其适用的范围，判断条件即为知识适用的情景，对于装配工艺知识而言，需要对事实进行多方面判断才能确定，因此判断条件 P 常有多个判断依据。对于判断条件 P 中的任何一个判断依据 p_i，有

$$p_i \in P,\quad p_i=\{r_i,o_i,i_i\} \tag{2-4}$$

其中：r_i 表示判断事实的名称或属性；o_i 表示判断事实的运算符；i_i 表示判断事实的取值区间。

r_i 为判断事实的名称或属性。例如装配资源判断知识中的吊装判断，当零件质量大于 50 kg 时采用吊装操作，此时“零件重量”即为知识判断事实的名称，表明该判断事实适用的场景。

o_i 为判断事实的运算符。以“装配件质量大于 5 t 而不超过 10 t，吊点数量为 4，采用 5 t 吊带”为例，“大于 5 t”即为“$>$5 t”，不超过 10 t 即为“$\leqslant$10 t”，其中的“$>$”和“$\leqslant$”即为运算符，“5 t”与“10 t”为取值区间 i_i，取值区间可以是单个数值，也可以是数值区间。运算符及取值区间的适用情形如表 2-2 所示。

表 2-2　运算符及取值区间

序号	运算符	取值区间类型
1	$=$、$\neq$	单个数值
2	$>$、$<$、$\geqslant$、$\leqslant$、$\subseteq$、$\not\subset$	数值区间
3	$\in$	单个元素或字符串

特别地，对于装配工序优先级知识，需要对两组判断依据进行判断，因此在类型 K 为装配工序优先级知识时，存在第二组判断事实 P'，此时 P' 中的判断依据与 P 相似，都为确定某一道工序的判断依据，当判断事实分别满足 P 与 P' 时，才能使用该条知识，当知识类型为其他两类知识时，则 P' 为空，仅需要对 P 进行判断。

Q 为知识的输出结论，三类知识各不相同。装配工序优先级知识的输出结论为工序 1 先于工序 2，或工序 2 先于工序 1。此时，Q 取值仅有两种，将其设置为 0 或 1。当 Q 为 0 时，满足判断条件 P 的工序优先于满足判断条件 P' 的工序，反之则 P' 优先于 P，即此时 Q 为布尔(BOOL) 型变量(用 0 和 1 分别代表“是” 和“否”)。

对于装配资源判断知识的输出结论，其形式与统一数据格式中的判断条件 P 相似，其输出结论也可能有多条，这些输出结论一般由名称代号及取值区间构成，即

$$q_i \in Q, \quad q_i = \{r_i^*, i_i^*\} \tag{2-5}$$

其中：r_i^* 表示输出结论的名称或属性；i_i^* 表示输出结论的取值区间。

不同于判断条件 P 的是，输出结论 q_i 没有运算符，因为运算符是判断事实是否与条件符合时使用的，而输出结论是用于描述装配资源名称代号以及规格的，因此不需要运算符。

对于框架结构的工序内容模板知识，其输出结论为文字性描述，但框架是具有结构性的知识，数据库中二维表之间常有联系，可以采用二维表引用的方式存储框架类结构，因此 Q 为文字性描述或引用的存有框架槽、侧面、值的另一个二维表数据。

综上所述，针对不同知识模型，对输出结论 Q 的总结如表 2－3 所示。

表 2－3　不同知识模型的输出结论

序号	知识类型	输出结论
1	装配工序优先级知识	BOOL 型变量
2	装配资源判断知识	$Q = \{ q_i \mid i \in \mathbf{N}^+ \}$
3	工序模板内容	文字性描述或二维表链接

2.2.1.3　装配工艺知识的冲突与重复判断

知识是对装配工艺方案进行推理与决策的唯一依据，当产品类型或生产环境等发生改变时，用户需要对装配工艺知识库进行更新和修改，此时新输入的知识或修改后的知识与当前知识库内的某些知识可能存在冲突或重复现象，容易引起推理结果错误。因此，系统需要对知识更新和修改操作进行把控。

一般在两种情况下知识不能直接输入到知识库：一是两条知识所表达的信息之间存在包含或者完全相同的情况，称作知识的重复；二是两条知识在判断条件相同的情况下，其输出结论存在不同的情况，称作知识的冲突。

1. 知识的重复及判断

知识的重复是指两条知识之间存在包含关系，在判断事实相同的情况下，使用其中一条知识与使用另一条知识可以推导出相同的结论，此时称两条知识重复。将重复的知识导入知识数据库，一是会影响系统知识检索效率，二是会出现推理结果不准确，因此对重复知识

的判断非常必要。

对于两条知识 K_i 与 K_j，当 $K_i \subseteq K_j$ 时，则两条知识可能存在重复现象，依据系统的知识数据模型，当 $K_i \subseteq K_j$ 时，应有

$$T_i = T_j,\quad P_i \supseteq P_j,\quad P'_i \supseteq P'_j,\quad Q_i \subseteq Q_j \tag{2-6}$$

其中，T_i、T_j，P_i、P_j，P'_i、P'_j，Q_i、Q_j 分别代表知识K_i 和K_j 的类型、判断条件和输出结论。由式(2-6)可以看出，知识重复的判断首要前提是在知识类型 T 相同的情况下，若知识K_j 的判断条件不多于K_i，而K_j 的输出结论不少于K_i，则可以判断该条知识包含另一条知识。

知识重复的所有情况如表 2-4 所示。

表 2-4　知识重复

序号	知识承载信息之间的关系	解释
1	$T_i = T_j, P_i = P_j, P'_i = P'_j, Q_i' = Q_j$	两条知识完全相同
2	$T_i = T_j, P_i \supset P_j, P'_i \supset P'_j, Q_i = Q_j$	知识 K_j 用更少的判断条件得出了相同的输出结论
3	$T_i = T_j, P_i = P_j, P'_i = P'_j, Q_i \subset Q_j$	知识 K_j 用相同的判断条件得出了更多的输出结论
4	$T_i = T_j, P_i \supset P_j, P'_i \supset P'_j, Q_i \subset Q_j$	知识 K_j 用更少的判断条件得出了更多的输出结论

2. 知识的冲突及判断

知识除了重复情况外，还可能存在冲突。知识冲突是指当两条知识的所有判断条件相同时，其输出结论出现部分相同或完全不同的情况。依据前述知识数据模型，当知识 K_i 与 K_j 满足以下条件时，可以判定知识存在冲突：

$$\left.\begin{array}{c} T_i = T_j \\ P_i = P_j \\ P'_i = P'_j \\ u = Q_i \cap Q_j \\ Q_i \neq u \text{ 且 } Q_j \neq u \end{array}\right\} \tag{2-7}$$

式中，前三式表示知识类型和判断条件相同，u 为知识 K_i 与 K_j 的输出结论的交集。u 可以为空集，但 u 不能与 Q_i 或 Q_j 中任何一个集合相等，即知识的输出结论出现部分相同($u \neq \varnothing$)。但两条知识之间的输出结论没有包含关系($Q_i \not\subset Q_j$ 且 $Q_j \not\subset Q_i$)，此时可以判断两条知识存在冲突关系；又两条知识输出结论完全不同($u = \varnothing$)，此时也可以判断两条知识存在冲突关系。

特别地，对于装配工序优先级知识，需考虑整个装配工序优先级顺序的邻接矩阵是否符合链式单向有向无环图的标准邻接矩阵形式，即

$$\begin{bmatrix} 0 & 1 & 0 & \cdots & 0 \\ 0 & 0 & 1 & \cdots & 0 \\ 0 & 0 & 0 & \cdots & \vdots \\ \vdots & \vdots & & & 1 \\ 0 & 0 & \cdots & 0 & 0 \end{bmatrix} \tag{2-8}$$

若不满足上述矩阵形式，则可以判断知识之间存在冲突；加入一条新知识后，若矩阵对角线下方有元素不为 0，根据邻接矩阵的定义，则装配工序优先级知识中存在环，系统在推理过程中会出现“工序 1 优先于工序 2，且工序 2 优先于工序 1”的矛盾推断。若矩阵对角线上方除 a_{ii+1} 外有元素不为 0，则说明该工序优先级知识存在岔路，会造成“工序 1 后有工序 2、工序 3 并列的现象”，该情况目前系统不做考虑，仍按照知识冲突判断。

判断知识冲突的意义在于使得同一组事实仅能得出相同的输出结论，使知识管理更加方便，知识之间关系更加清晰，也能提高系统的知识检索效率。

2.2.2　装配特征自动识别

装配工艺设计过程是知识积累的过程，所涉及的范围广，包含的信息量大，是一种经验性非常强的过程。在设计过程中对工艺知识进行建模并构建知识库，可以实现工艺知识的共享和重用，提高设计质量，缩短设计周期，以及避免设计资源的浪费。

2.2.2.1　模型数据分离组织

三维模型包含了大量的属性信息、几何信息和标注信息，这些信息为工艺设计和产品制造提供了依据。在特征识别阶段，围绕三维模型的数据成分与结构形态，对三维模型数据信息进行分类定义，为后续的数据提取与解析提供依据。

根据全三维模型技术，产品全三维模型包含标注、设计模型、属性等信息，其关系如图 2－12 所示。

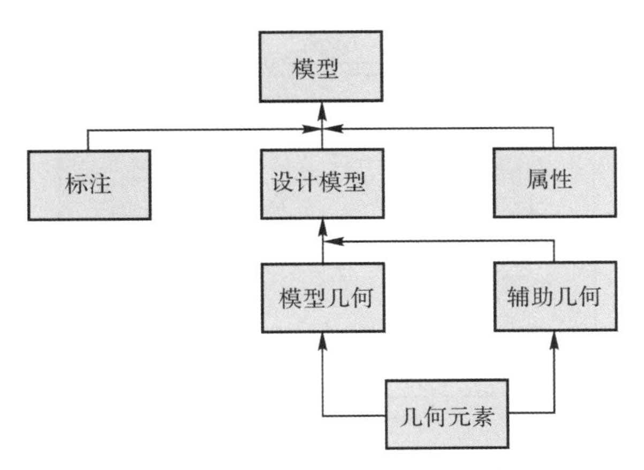

图 2－12　基于全三维模型的模型内容

全三维模型中设计模型的底层数据由面、边、点等几何元素构成。几何元素构成模型的设计特征。设计中包含两类几何信息：一类为用于表达产品外形的模型几何，另一类是表达产品的设计要求而不表达产品物理部分的辅助几何。一般情况下辅助几何与模型几何之间存在着一定的关系。

标注是用于表达产品设计要求的可见的尺寸、公差、注释、文本和符号，一个完整的广义上的标注还包含标注平面、关联实体等信息。

属性是用于表达产品定义或模型特征的不可见的尺寸、公差、注释、文本和符号，这些可通过其他操作查询得到。属性通常用于驱动模型特征生成及表达模型特征的默认信息。

计算机辅助设计(CAD)模型的数据以模型文件形式存储。在工艺规划的过程中，为了有效地利用模型数据，并且保证数据的一致性，需要在工艺规划过程中将模型中的信息转化为中间文件数据。本系统采用基于混合表达法对模型进行重新表达，并用面向对象的半结构化数据存储方式(XML 格式文件)对模型数据进行集成。其信息集成方案如图 2－13 所示。

根据混合表达法，模型分为体、特征、面、环、边五层结构，提取出模型中的模型特征(具有明显制造意义的部分特征)及几何体素等信息，然后按重新定义的类结构形式保存模型的所有几何体素信息。

在新的结构形式中，最顶层的数据类是实体。对于单个模型来说，实体由所有的实体面或特征组成。对象面分为多种类型的面，面上包含多个环，单个环由边首尾相连组成；对象边分为多种类型，对于边，新增部分边的属性，便于在后续工艺规划中处理；对象特征也是由实体面组成的，新结构中主要包含具有明显制造意义的模型特征。

标注可以关联到点、直线、面等几何体素上，但作为工艺设计的数据源，标注在加工面或基准面(轴)上才有意义，因此，在新的结构中，需要将模型中的标注关联体转换到加工面或基准面(轴)上。

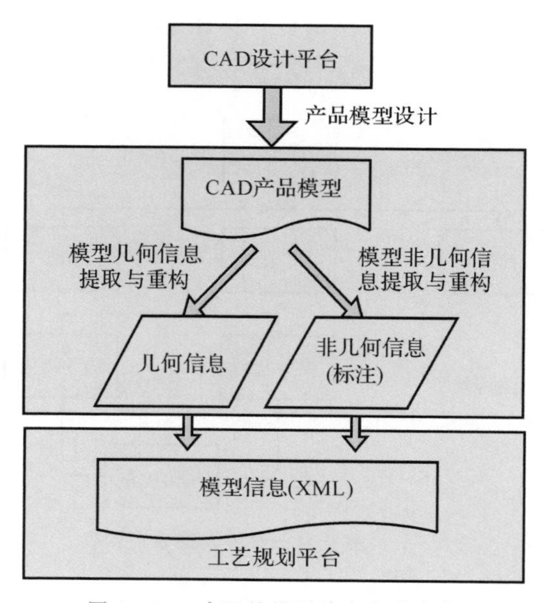

图 2－13　全三维模型信息集成方案

2.2.2.2　三维模型数据提取

设计三维模型是一种精确的边界描述(BRep)模型，含有大量的几何、拓扑信息及其他设计信息。为了提高三维工艺设计过程中的计算机处理效率，需要从设计三维模型中提取几何数据和显示数据，去除造型特征和历史等非几何数据，重构为量化模型。进行轻量化处理主要有下面几个步骤：

(1)读取 BRep 信息，分解显示三角面片。

(2)建立多边形网格。普通的多边形网格包含坐标位置、颜色、顶点法向量以及纹理坐标等信息，也就是通常说的拓扑信息(多边形网格中各顶点和三角面片之间的相互连接关系及从属关系等)、几何信息(各顶点的位置坐标、法向量等)、属性信息(颜色、纹理等)。

(3)非几何数据过滤，包括造型特征信息、设计历史信息、各类拓扑信息、其他的设计信息、属性信息等。

(4)三角面片简化，主要包括三角片的合并及优化，最大限度地减少数据信息。

(5)数据压缩，采用哈夫曼编码算法对数据进行无损压缩，缩减文件大小。

在零件数据中完整地记录了零件在自身相对坐标系下所有显示信息和几何拓扑信息。零件数据包括两个部分：用于快速显示的显示数据和用于几何信息查询的几何数据。三角面片是保证零件在系统中快速显示的前提条件，因此在显示数据中利用三角面片来实现。模型显示数据包括三角化面、三角化边和点信息。三角化面和三角化边实际上是对几何模型中的面和边进行三角化之后的结果。三角化面和三角化边以几何模型中的面和边为单位进行组织，实现显示数据与零件几何数据的一一对应，有利于在图形区进行交互选择和显示，这种数据分解方式解决了在 VRML，STL 等三角面片模型文件中不能正确区分零件几何表面、轮廓线的问题，可方便地对零件几何属性(如面的颜色、可见性、透明性、材质等)进行修改和设置。

在三角化面和三角化边中不包含零件几何信息，无法判定面类型(平面、柱面或二次曲面等)或线类型(直线、圆弧、B 样条等)，因此还需要利用另外一个链表来记录与三角化面和三角化线对应的几何信息。线的几何信息包括线的类型，对直线还包括直线的起点和终点，对圆弧包括圆心、起点、终点等，对参数曲线包括曲线类型和控制点坐标等；面的几何信息同样包括面类型，平面包括平面的法矢和定位点坐标，圆柱面包括圆柱轴线、半径等。在面几何信息中包含了对构成面边界的边的三角化边的引用，在边几何信息中记录了对边端点的引用。

这样就将零件的显示信息和几何信息关联起来，形成了零件完整的几何拓扑结构，实现了零件的显示数据和几何数据的完美结合，既可快速显示零件的几何模型，还保留了零件的几何和拓扑信息。另外，以显示数据为主、几何数据为辅的数据组织方式，也是为企业数据保密而设计的，当用户不希望其他人员精确查询几何信息时，只需将辅助几何信息删除，这不影响三维模型的显示。

2.2.2.3　装配工艺信息提取

装配工艺信息的来源是零部件的 MBD 装配模型，在企业高度信息化的今天，装配模型可以由产品数据管理(Product Data Management,PDM)系统获取。PDM是一门用来管理所有与产品相关信息(包括零件信息、配置、文档、CAD文件、结构、权限信息等)和所有与产品相关过程(包括过程定义和管理)的技术。

一般来讲,装配工艺方案推理的信息来源以及所需信息如图2-14所示。

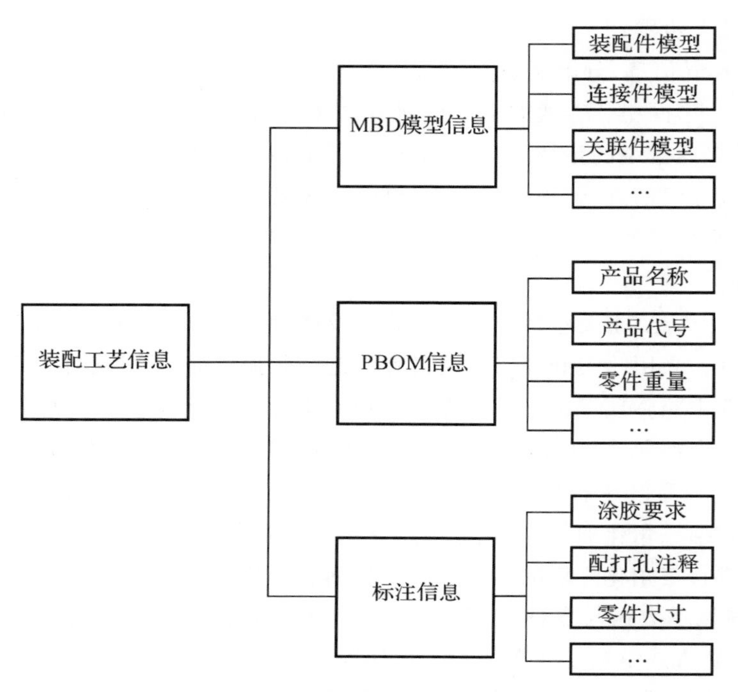

图2-14 装配工艺信息来源及组成

装配工艺信息的主要来源有三大部分:MBD模型信息、PBOM信息、标注信息。这三类信息涵盖了装配工艺方案编制需要的所有事实类信息。以下将对三类信息进行详细介绍。

1. MBD模型信息

在产品装配生产过程中,可将所有装配件分为两类:一类是在产品中起功能性作用的零部组件,这类零件在产品工作过程中有一定的功能性,称之为主装配件;另一类是为固定主装配件,起到连接其他主装配件或连接件作用的零部组件,称之为连接件。主装配件和连接件通过主装配件和连接件清单区分开,连接件代号与主装配件代号命名形式不同,通过命名形式可以区分开功能性的主装配件和连接件。

包围盒技术是在CAD软件中进行碰撞检测的常用技术手段,它利用形状较为简单的几何体代替零件三维模型进行碰撞检测。将连接件包围盒与主装配件的包围盒存在重合部分的连接件称为主连接件,将与主连接件包围盒存在重合部分的连接件称为副连接件。这样区分的目的在于将主装配件及其连接件划分到同一道工序当中,以便后期的推理。

系统对MBD模型的信息提取主要体现在包围盒信息上,系统需要通过包围盒信息得出装配件与连接件之间的从属关系,并根据这些关系对装配件和连接件进行工序划分。

定义主连接件为包围盒与主装配件存在重合现象的连接件，因此，设计主连接件的判断步骤如下：

(1)根据装配件和连接件的命名规则，得出所有装配件和连接件清单。

(2)开始遍历连接件清单中的所有连接件，选择其中一个连接件，获得该连接件的最小包围盒。

(3)以该连接件的包围盒为标准，遍历装配件清单中的装配件，依次查看连接件包围盒与装配件包围盒是否存在重合。

(4)对装配件清单中的所有装配件遍历完成后，记录所有与该连接件包围盒存在重合现象的装配件。

(5)装配件遍历完成后，开始对下一个连接件进行同样的操作。

(6)连接件遍历完成后，则判断结束。

主连接件判断流程如图 2 - 15 所示。

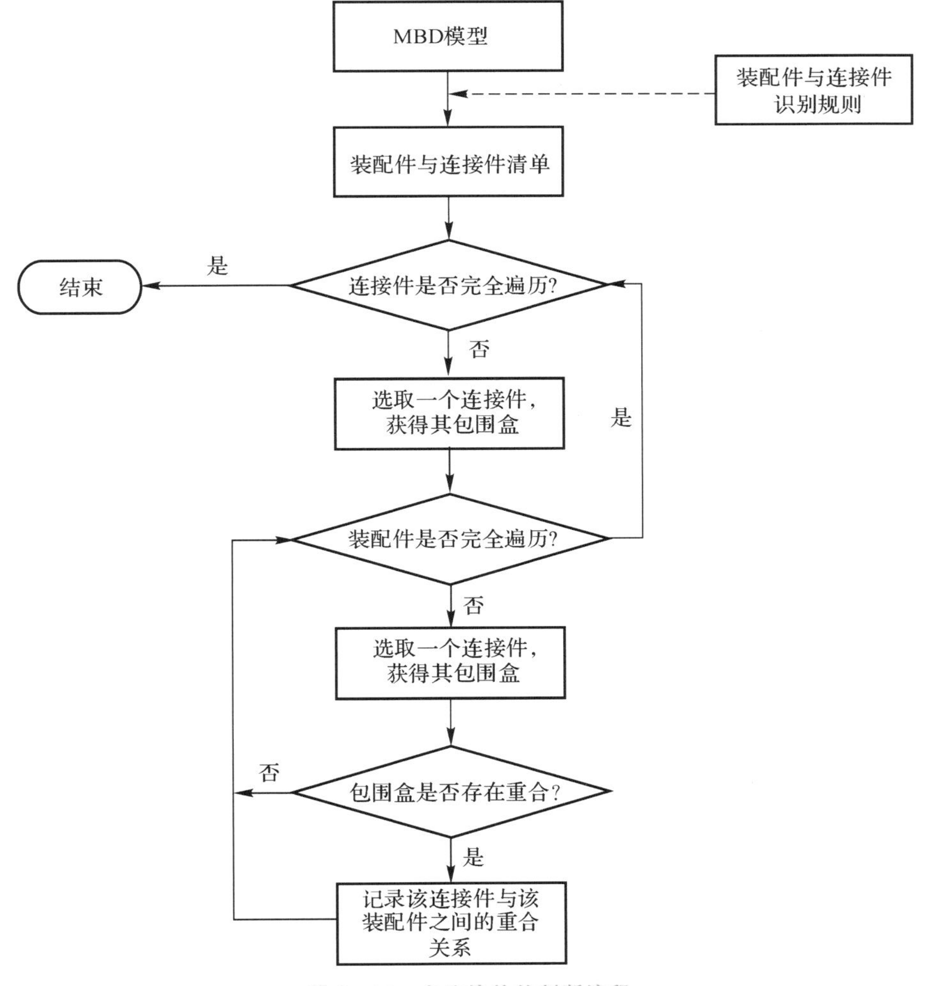

图 2 - 15　主连接件的判断流程

副连接件的包围盒与装配件的包围盒没有直接重合关系，但仍需要对副连接件的工序归属进行判断；主连接件直接与装配件包围盒重合。副连接件的定义是与主连接件直接相关，但与装配件包围盒不重合的连接件。因此与主连接件的判断相似，副连接件主要是通过包围盒与主连接件包围盒是否存在重合关系判断的。

其判断流程如下：

（1）根据获取到的连接件清单，及主连接件判断结果，将其分为主连接件清单与其他连接件清单。

（2）开始遍历主连接件清单中的连接件，并获取其包围盒。

（3）以该主连接件的包围盒为标准，遍历其他连接件清单，依次查看该主连接件包围盒与其他连接件包围盒是否存在重合。

（4）对其他连接件清单遍历完成后，记录所有与当前主连接件包围盒重合的连接件，即为副连接件。

（5）其他连接件清单遍历完成后，开始对下一个主连接件进行同样操作。

（6）所有主连接件遍历完成后，则判断结束。

副连接件的判断流程如图 2－16 所示。

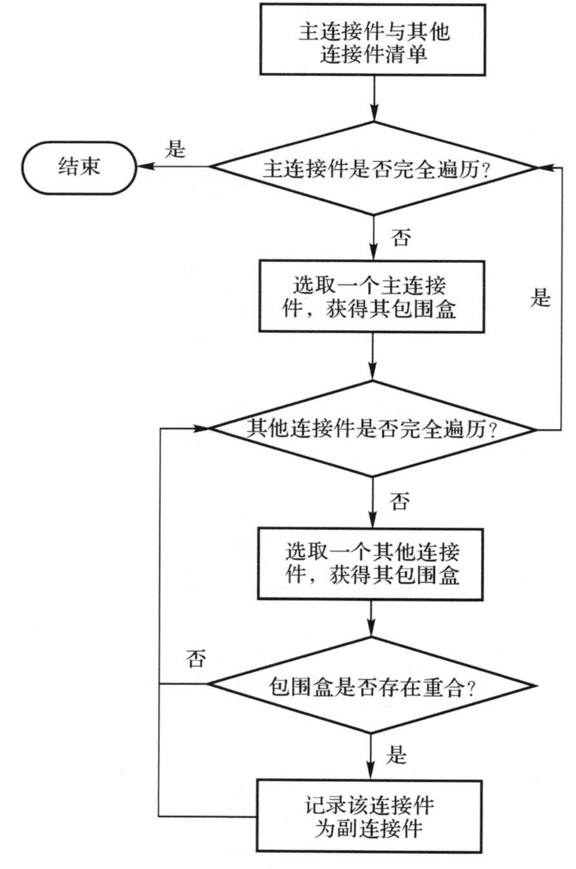

图 2－16　副连接件的判断流程

2. PBOM 信息

PBOM(Process Bill Of Material)为工艺物料清单，是工艺方案编制的重要信息来源。PBOM 中记录了所有的装配所需零件，以及这些零件的基本属性信息，零件清单与属性信息都是系统推理的事实来源。

根据某系列特种车辆装配零件的 PBOM 信息，可以将其读取并存储为表 2-5 所示的形式数据。

表 2-5　PBOM 零件信息示例

序号	属性名称	参数名称	参数类型
1	产品名称	szName	字符串
2	产品代号	szIndex	字符串
3	产品规格	szSpec	字符串
4	产品重量	iWeight	数值
5	所属类型	enumType	枚举
6	制造标准	szStandard	字符串
7	零件材料	szMaterial	字符串
⋮	⋮	⋮	⋮

PBOM 信息在 PDM 系统中可以很方便地读取到，应用计算机中相应的数据结构进行存储即可。

3. 标注信息

标注信息是模型信息和 PBOM 信息的补充。为使标注信息更加容易识别，系统规定了设计时标注信息必须按照格式填写，其形式为

标注名称:标注描述

具体如图 2-17 所示。

图 2-17　标注信息格式

该条标注说明了“配孔形式”为“通孔”，可以读取为“配孔形式＝通孔”，即“判断事实运算符＝值”的形式。

通过确定标注信息的格式，系统可以将标注信息读取到计算机中，许多标注信息是与零

件相关联的，对于这类标注信息，可以将其与零件信息存储在相同的数据结构当中。

2.2.3 装配特征和工艺知识的自动匹配和推送式快读获取技术

装配工艺方案的推理是系统智能化的体现，依据 2.2.1 节提出的知识数据模型，知识都是依赖于已经划分好的工序单元进行判断的，因此系统的方案推理首先要对装配工序单元进行划分。其次，在所有装配工艺信息提取完成的前提下，按照工序单元对知识进行匹配检索，利用基于分组策略和相似度策略的知识匹配策略来构建装配工艺卡片的流程。

2.2.3.1 装配工序单元划分

装配工序单元是指该道装配工序中所需要完成装配零部组件的集合。依据 2.2.2.3 小节提取识别主装配件和主、副连接件的信息，结合装配工序优先级知识，可以得出装配工序单元的零件划分。其判断流程如图 2-18 所示。

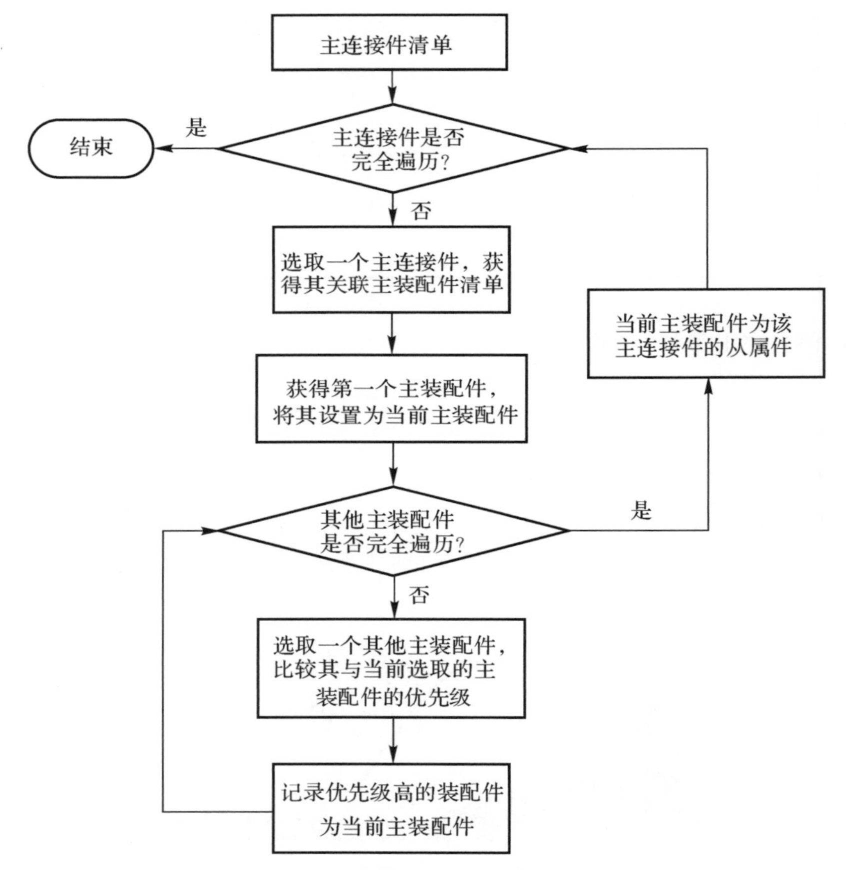

图 2-18 主装配件及其附属连接件划分

流程解析如下：

(1)由信息提取部分得出的主连接件清单及其关联的主装配件清单，选取一个主连接件，并获取与其相关的主装配件清单。

(2)在步骤(1)中得到的主装配件清单中选取一个主装配件,将其设定为当前主装配件。

(3)查看剩余主装配件清单,若清单中无其他未曾遍历过的主装配件,则当前主连接件就与当前主装配件在同一工序单元,并返回步骤(2)。若清单中还有其他未曾遍历过的主装配件,则进行下一步骤。

(4)对当前主装配件与下一个未曾遍历的主装配件利用装配工序优先级进行知识比较,将主装配件所在工序优先级较高的设置为当前主装配件,并返回步骤(3)。

(5)上述流程判断的标准为主装配件所述工序的优先级顺序。与主连接件有关联的所有主装配件中,主连接件应当从属于优先级最高的主装配件所在的装配工序。另外,所有与该主连接件存在关联关系的副连接件,与主连接件相同,也从属于该道工序。

2.2.3.2　装配工艺知识检索策略

装配工艺知识库内数据量庞大,且在生产过程中随着产品型号增加、生产环境改变等因素影响,装配工艺知识数量也增加。系统推理时需要对知识数据库进行多次检索,若对知识内的判断事实进行逐个匹配,势必会影响检索效率。装配工艺知识检索是装配工艺方案推理当中最耗时的部分,合适的知识检索策略将大大减少知识检索的时间。因此装配工艺知识的检索策略对系统推理效率的提高起着关键作用。

系统采用分组匹配与相似度匹配相结合的策略,对于任意一条知识 K 中的判断条件 P,为其判断依据 p_i 加入置信度条件 s_i,即

$$P=\{(p_i,s_i)\mid i\in \mathbf{N}^+\} \tag{2-9}$$

判断依据置信度 s_i 的取值如表 2-6 所示。

表 2-6　置信度取值

序号	影响程度	影响系数	备注
1	决定性依据	1	不满足该判断依据则该知识一定不适用
2	高程度	0.8	在该判断依据满足的情况下知识适用可能性较高
3	中程度	0.7	在该判断依据满足的情况下知识适用可能性一般
4	低程度	0.6	该判断依据满足与否同知识是否适用关系较小

在知识的数据模型中,知识 K 有知识类型 T,在分类检索知识时,T 相当于一个决定性依据,当系统需要推理不属于该知识类型输出结论的结果时,则不需要这条知识。相似地,对于判断条件 P 中具有决定性因素的判断依据 p_i,系统在推理过程中将优先进行判断,若不满足决定性因素,则知识的其他判断依据不再一一读取或判断,直接开始对下一条知识的判断。

通过对决定性判断依据的处理逻辑,系统实现了分组策略,即将判断事实是否满足决定性判断依据作为分组的规则,只对满足决定性判断依据的判断事实进行进一步的处理,对不满足的则认定该知识不适用。

对于已经满足判断条件 P 中的所有决定性判断依据的判断事实来讲,系统需要对其他非决定性的因素进行判定,这些因素无论满足或不满足,都要继续对其他因素进行判断。对

全部非决定性因素进行判断后，得出整条知识的置信度 S，其计算方式为

$$\left.\begin{array}{l} w_i=\begin{cases}1-s_i, & \text{当事实不满足 } p_i \text{ 时}\\ s_i, & \text{当事实满足 } p_i \text{ 时}\end{cases} \\ S=\prod_{i=1}^{n} w_i \end{array}\right\} \tag{2-10}$$

整条知识的置信度 S 为 w_i 的乘积。当判断事实满足判断依据时，$w_i=s_i$；当判断事实不满足判断依据时，$w_i=1-s_i$。对所有判断依据遍历完后，即可得出置信度 S 的值。

计算置信度之后，继续对知识进行检索，计算其他知识的置信度，并选取置信度最高的知识作为最终的匹配知识。

置信度的计算策略即为知识的相似度匹配策略，通过采取计算置信度的方式，使知识检索更加精确，也避免了事实难以匹配到知识的情况。在置信度计算结束后，将知识检索结果按照置信度从高到低的方式排列，给用户进行查看，对比较复杂的情况，用户可以从给出的知识列表里选择合适的知识进行推理。具体流程如图 2－19 所示。

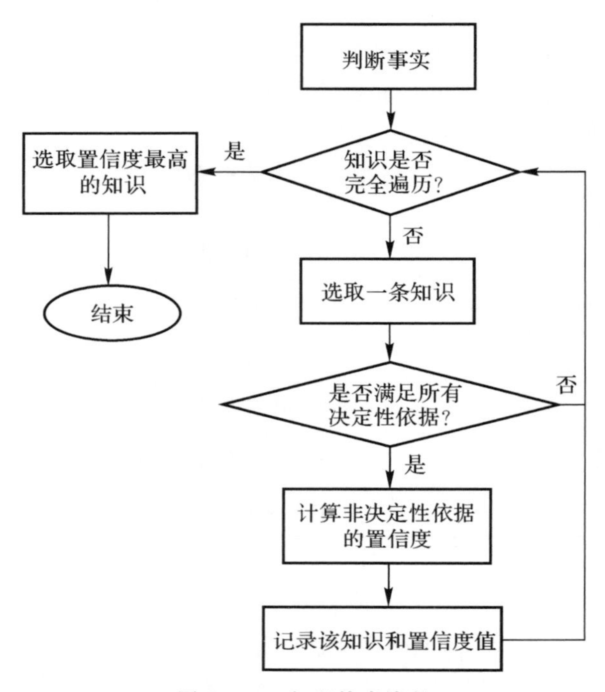

图 2－19　知识检索流程

对流程作如下解释：

(1)从读取到的装配工艺信息获取判断事实；

(2)依据所需的推理结果选取相应类型的知识，开始对知识库中该类型知识进行遍历；

(3)选取一条知识，判断该事实是否满足所有决定性判断依据，若不满足则返回步骤(2)，若满足则继续下一步骤；

(4)对其他非决定性判断依据进行一一判断，并计算置信度；

(5)置信度计算完成后记录,并返回步骤(2);

(6)所有知识遍历完成后,选取置信度最高的知识为该事实的匹配知识。

2.2.3.3　推理结论整理与工艺卡片生成

系统的解释模块承担将计算机信息转换为用户可以理解的信息的功能。系统具有完善的解释功能,在装配工艺方案生成所需的三大要素(装配序列、装配资源、工序内容)的推理完成后,系统将以工艺卡片的形式将结果展现给用户,用户将工艺卡片和装配序列相结合,即得到完整的装配工艺方案编制信息。

推理的最后步骤是装配工艺卡片的生成,通过上述介绍,可知整个系统推理机的流程如图 2 - 20 所示。

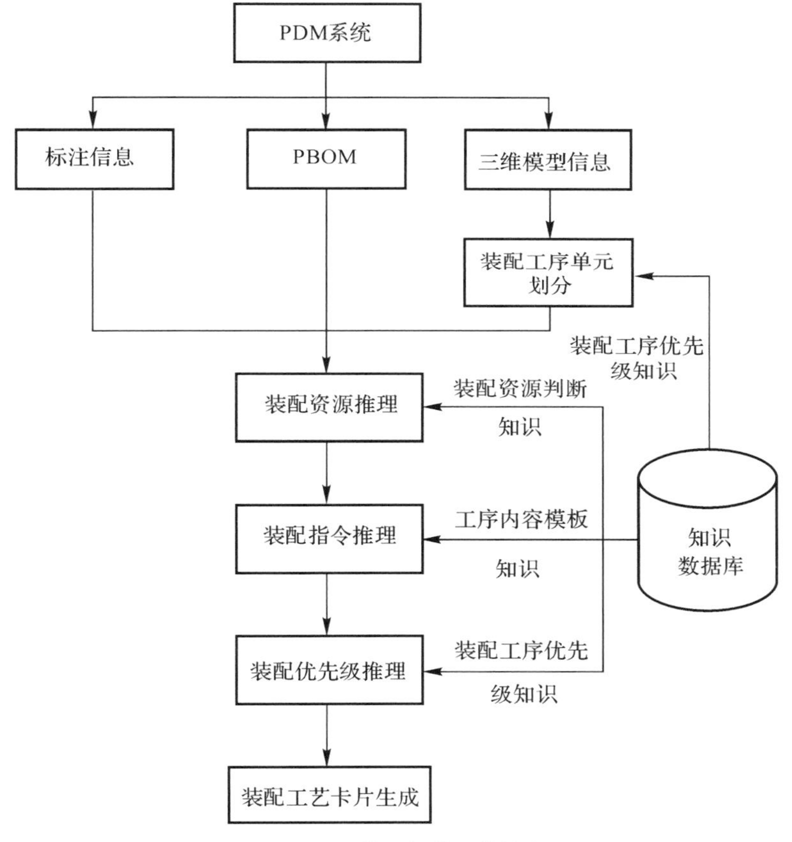

图 2 - 20　推理机的工作流程

将事实与知识匹配完成后,对知识的输出结论进行整理,构建结构化装配工艺。结合知识的输出结论类型,设计装配工艺卡片的生成流程如下:

(1)基于装配工序优先级知识中装配工序的名称,构建装配工序;

(2)基于推理出的装配工序单元信息,将零件分组到指定的装配工序中;

(3)由装配工序单元内零件信息推理得出装配工艺资源,将装配工艺资源分到指定的装配工序当中;

(4)由装配工序单元内零件信息以及装配资源信息推理得出零件和装配资源操作方法，将其指定到对应的装配工序中；

(5)根据工艺规范手册或其他典型工艺，在工序内容中加入零件检验或装配资源检验指令；

(6)根据装配工序优先级知识推理出的装配工序优先级，对上述所有信息完整的装配工序进行排序，整理并生成工艺卡片。

由推理流程可知，推理时根据三大类型知识，分步推理出各自的输出结论，最后一步为整理这些输出结论，对其进行解释，并通过工艺卡片的方式展示给用户。工艺卡片的构建流程如图 2-21 所示。

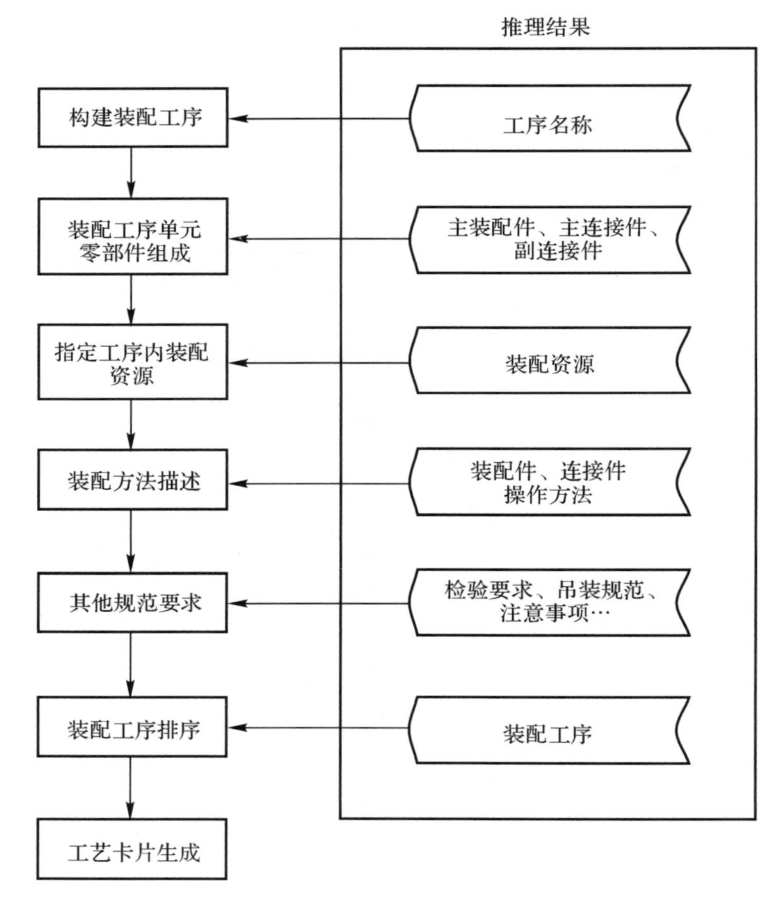

图 2-21　工艺卡片构建流程

2.2.3.4　可视化工艺多媒体化输出

将工艺规划要求以及动态工艺仿真过程输出至 3D PDF(一种可以包含三维模型的 PDF 文件格式)作业指导书中，作业指导书模板可定制。3D PDF 不仅可以将动态可视化过程展示出来，也可以将工艺数据输出至所见即所得的卡片中，实现图文并茂的可视化输出效果(见图 2-22)。

实现 3D PDF 文件的生成，首先需要实现定义输出模板。其中包括各种文本域、图片、按钮、表格框架。然后通过开目 ConvertPdf 组件产生需要插入 3D PDF 文件中的数据，包括文本、3D 模型、脚本等。最后利用 Adobe PDF Library 将准备好的数据生成 3D PDF 文件。

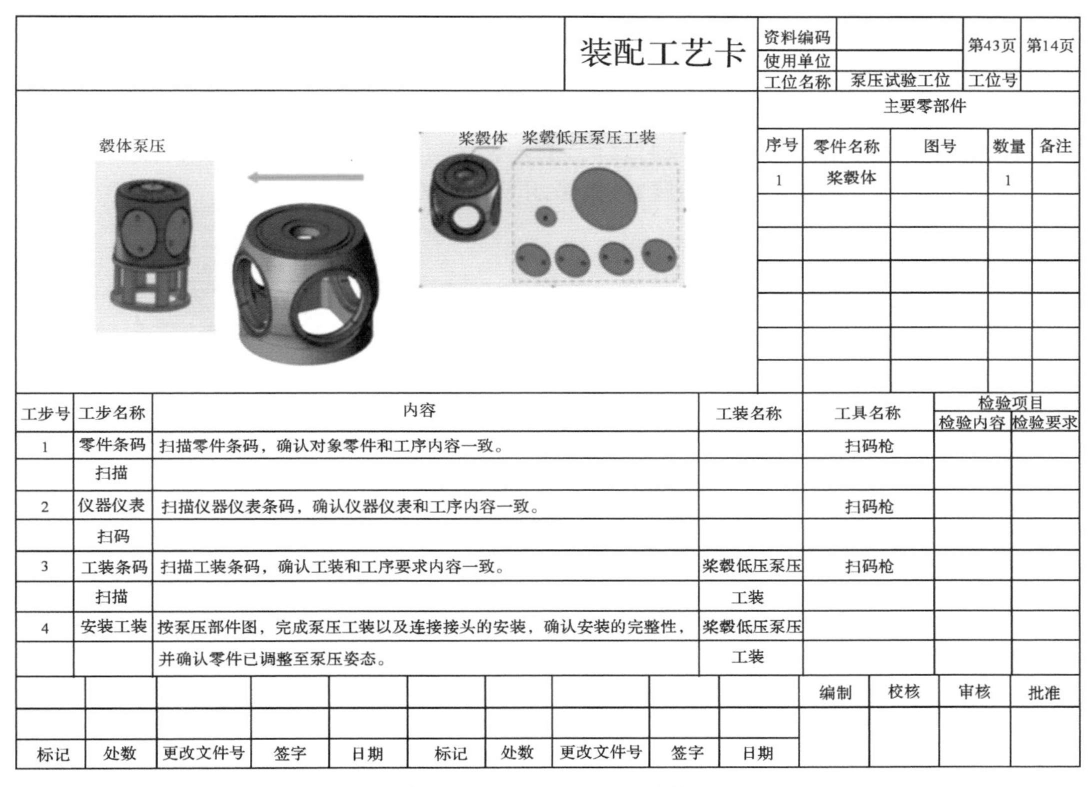

装配工艺卡	资料编码		第43页	第14页
	使用单位			
	工位名称	泵压试验工位	工位号	

主要零部件

序号	零件名称	图号	数量	备注
1	桨毂体		1	

工步号	工步名称	内容	工装名称	工具名称	检验项目	
					检验内容	检验要求
1	零件条码扫描	扫描零件条码，确认对象零件和工序内容一致。		扫码枪		
2	仪器仪表扫码	扫描仪器仪表条码，确认仪器仪表和工序内容一致。		扫码枪		
3	工装条码扫描	扫描工装条码，确认工装和工序要求内容一致。	桨毂低压泵压工装	扫码枪		
4	安装工装	按泵压部件图，完成泵压工装以及连接接头的安装，确认安装的完整性，并确认零件已调整至泵压姿态。	桨毂低压泵压工装			

										编制	校核	审核	批准
标记	处数	更改文件号	签字	日期	标记	处数	更改文件号	签字	日期				

图 2-22 装配工艺卡示例

2.3 多源异构装配数据在线精准测控技术

多源异构装配数据在线精准测控技术面向飞机装配系统的实际生产需求，目的是解决飞机装配现场生产状态不透明、数据分析实时性不佳、装配状态分析滞后、工艺偏离难以及时发现、工艺设计与现场实际状态脱节、制造执行缺乏问题处理与调整能力等问题。

本技术能够广泛采集装配现场数据，完成装配数据的优化存储并将其用于数据分析，构建由实测数据到工艺决策信息的转换途径，并将工艺决策信息有效地反馈给现场工人，由现场工人进行工艺调整，或通过程序逻辑将工艺决策信息直接地反馈到现场设备，最终实现飞机装配质量和装配效率的提高。总体技术模块分解如图 2-23 所示。

2.3.1 多源异构装配数据在线动态感知技术

2.3.1.1 问题和需求

飞机装配现场数据种类繁多,若要实现全面智能化控制,需实现现场数据的应采尽采,但是其也面临着诸多困难,主要包括:数据来源多样、分布离散,给数据的集中采集带来了额外的困难;飞机装配现场检测设备多样、通信协议各异、数据格式不尽相同,给数据的统一表示、存储带来了不便。除了装配数据的应采尽采存在阻碍外,部分采集来的数据并没有得到充分利用,这两者共同导致了飞机装配现场生产状态不透明、数据分析实时性不佳、装配误差与质量分析滞后、工艺偏离难以及时发现、工艺设计与现场实际状态脱节、制造执行缺乏问题处理与动态补偿调整能力等问题,严重影响了飞机的高质量装配。

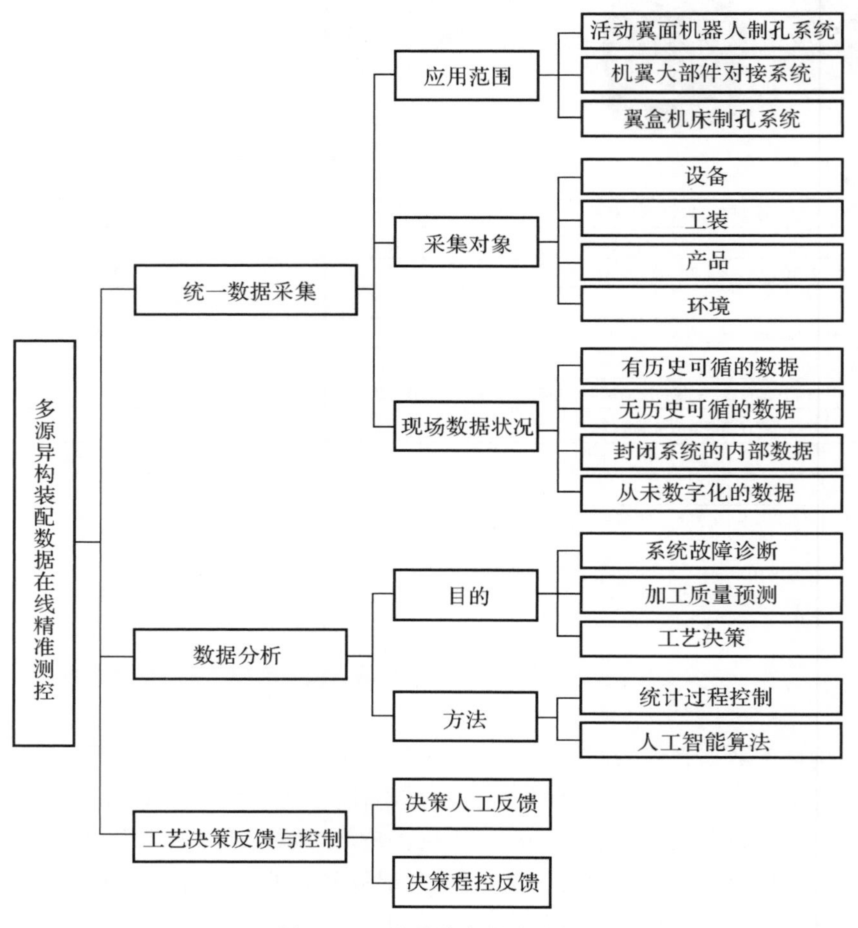

图 2-23 总体技术模块分解

多源异构装配数据在线动态感知技术,能根据各项检测要求,对每个检测项目设计相应的检测方案,并且配置多个传感器和高精度接触传感器辅助元件的检测系统硬件设备,为最终实现实测数据到装配状态的转换提供基础。

2.3.1.2　解决方案

为了实现现场数据的充分利用，从而提高数据分析能力，需要实现数据采集、数据中转和数据存储等。除此之外，还要对获取的实时数据和历史数据进行装配过程数据可视化。

1. 数据采集

数据采集是数据分析的基础。当前现场装配数据采集软件种类繁多、不具备系统性，在一定程度上导致采集的数据存储分散，没有得到有效整合。同时还存在着采集不充分的问题，部分关键数据没有得到有效的采集和存储，无法基于数据开展有效的数据分析。

为实现飞机装配现场状态的在线动态感知，首先应该做到对装配现场设备、工装、产品、环境数据的充分采集，并保证数据的实时性和可靠性。

当前待采集数据的状态为：一部分数据有相应的数据库用于存储历史数据；一部分数据存储在可编程逻辑控制器(Programmable Logic Controller, PLC)中，用于实时显示，但无相应历史数据库；一部分数据被封闭在设备之中，用于设备内部计算；还有一部分数据从未被数字化。针对以上各种不同状态下的待采数据，“统一数据采集”的任务是以一种统一的方式实现系统中多源异构装配数据的应采尽采。数据采集基于过程控制的对象链接和嵌入式统一架构(Object Linking and Embedding for Process Control Unified Architecture, OPC UA)，这是智能制造未来的趋势，如图 2－24 所示。

OPC UA 服务器用于向下读取设备数据，如 PLC、分布式控制系统(Distributed Control System, DCS)中的数据等，服务器通过设备私有协议读取设备数据，OPC UA 规范并不规定数据读取细节，只要求服务器采集到所需设备数据即可。然后，OPC UA 服务器程序把这些读到的数据按规范要求开放在网络上，供其他 OPC 客户端程序远程读取。可以将 OPC 服务器看作是协议转换器，OPC 服务器使用设备的专用协议与设备通信，然后使用 OPC 经典架构和 OPC UA 规范定义的标准化格式提供对该数据的访问。

现有部分数据由专门的采集软件采集，并存储于相应的数据库之中。对于此类数据，应根据飞机装配现场实际数据分布情况，以统一的方式尽可能地实现数据的集中采集。现还有部分数据仅存放在 PLC 中，用于实时数据显示，没有相应的历史数据库，不可回溯。对于此类数据，应将其从 PLC 中读取出来，以统一的方式实现数据的集中采集。

部分数据被封闭于设备之中，仅用于设备内部计算，外部不可达。对于此类数据，应从原设备提供方处获取帮助，利用其提供的特定二次开发接口读出数据，以统一的方式实现数据的集中采集。另外，需要注意的是，此类数据的读取不应对原设备的运行有明显不利影响，要避免因数据采集而明显降低设备运行效率。

为充分获取飞机数字化装配生产线实时状态，有必要按需对已有飞机数字化装配系统进行检测能力升级改造，添加相应传感设备以获取所需的数据，包括对数字化装配系统的机械结构改造、相应检测模块安装、电气系统升级等。例如在外翼翼盒数字化装配系统中，采用接触式测量原理对法向测量硬件模块进行了改造升级，构建了基于多传感器的实时在线测量平台，以实现对法向位姿、主轴振动以及断刀监测等设备状态数据的实时感知；然后基于线激光传感器实时检测分析孔径精度、锪窝深度、垂直度以及钉头齐平度的产品质量数据；在此基础上，面向接触式法向测量进行主轴模块改造，优化主轴行程；最后进行整体结构的优化设计，并进行关键零部件力学性能的校核。改造升级后，数据采集覆盖率可达到95%。在试验条件下孔径等数据的实时状态监测如图 2-25 所示。

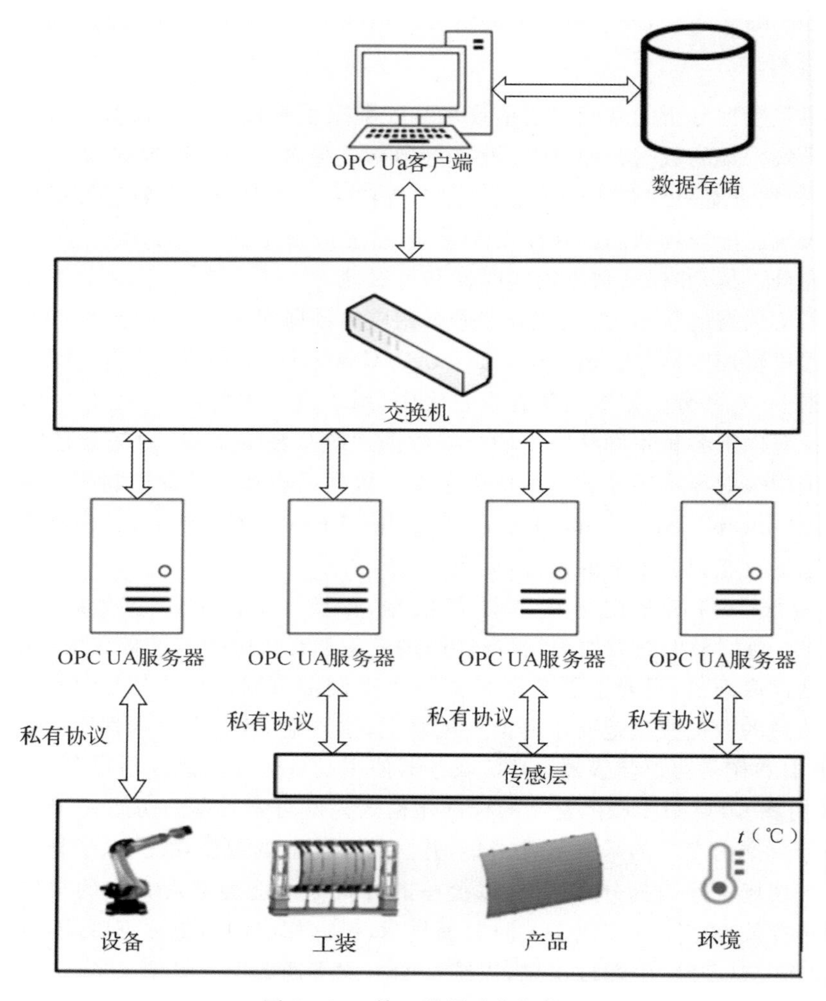

图 2-24　统一数据采集架构

2. 数据中转

数据中转处理模块连接多个加工系统对应的源数据获取模块，两者的关系是数据中转处理模块作为数据采集服务器，而源数据获取模块作为数据采集客户端，将其分别简称为“服务器”及“客户端”。服务器管理通过与各个客户端、数据库及云平台的连接，接收封装数据，解析封装数据并存入相应的数据库表单当中。数据采集流程：服务器开启 Socket 连接许可，客户端向服务器发送握手请求，在成功建立与服务器的连接后以规定的频率向服务器传输数据，而服务器对数据进行解析，验证完整性等后，将数据存储至备份数据库，在与云服务器保持连接时更新数据至云平台中 MySQL 数据库的各个对应表单及其子表中。

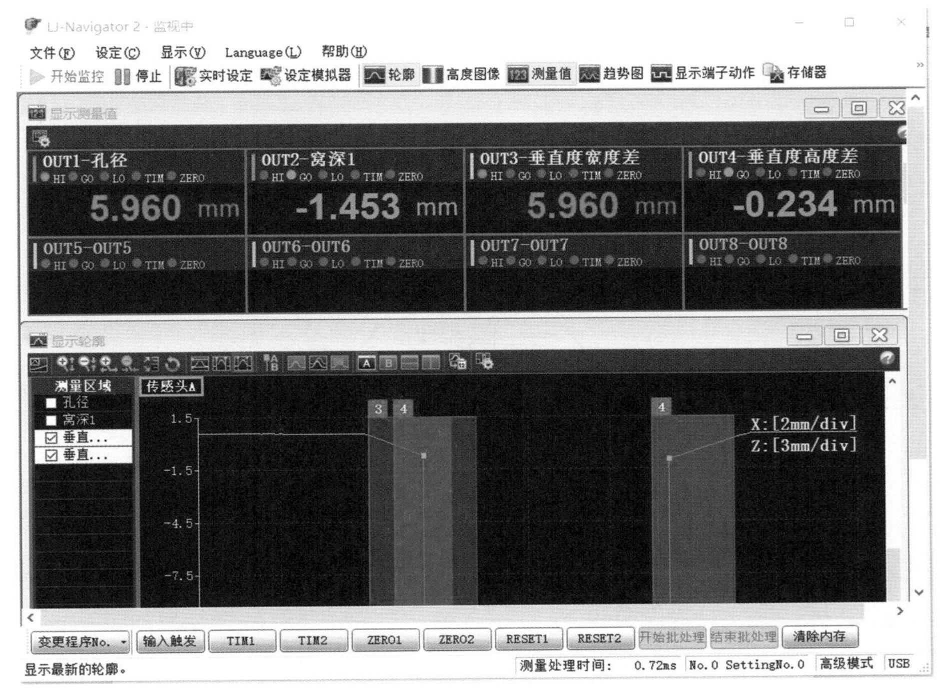

图 2-25　孔径等数据实时监测功能验证

3. 数据存储

数据存储模块是数据缓存备份及持久化的方案。在服务器端配置数据库作为缓存及备份，而在云平台中进行数据持久化。数据库主要按照系统/子系统/集成设备/数据源设备/数据的结构进行数据库表单的层次划分，以时间顺序与架次顺序由存储服务器解析得到的数据词条。解析后的数据存入服务器端数据库，该数据库作为传输至云平台数据库的缓存，并在与云平台断开连接后作为备份，数据库存储设定时间的数据，体积较小；而云平台数据库作为数据应用所使用的数据库存储所有数据，体积较大。具体实现为，在 OPC UA 客户端处，实现装配数据的集中上云，借助企业的数据存储云平台，将同一时间的多种装配现场状态数据关联存储，按系统、架次进行整合。数据传输网络拓扑图如图 2-26 所示。

4. 数据可视化

装配过程数据可视化的内容包括数据采集获取的实时数据和历史数据，以设备为单元进行组织，其功能在各个设备的详情页中提供，旨在与多源异构装配数据集成与分析系统分析所得结果配合使用，以更好地帮助用户感知生产状态。数据可视化功能设计的主要原则包括：定时异步刷新，保证实时数据可视化的实时性；必要时，数据显示结合二维图形，辅以颜色表示状态，满足直观易读的需求；数字量的显示尽可能以不同颜色表示不同状态，减少文字的使用，如图 2-27 所示。

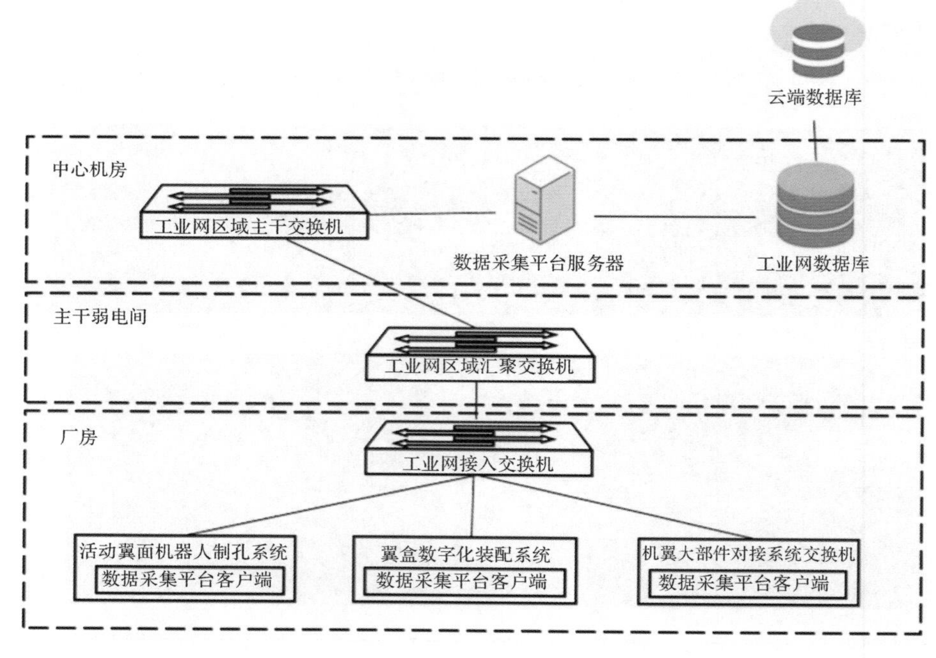

图 2-26　数据传输网络拓扑图

图 2-27　装配过程数据可视化

2.3.2　装配过程误差实时分析及故障诊断技术

2.3.2.1　问题和需求

飞机数字化装配现场会存在生产状态不透明、数据分析实时性不佳、装配误差与质量分析滞后、工艺偏离难以及时发现等问题。比如在制孔质量测量上，在生产状态透明与生产效率提升发生矛盾的情况下，该系统的孔径探测功能长期关闭，生产现场无法实时获得当下加工的制孔孔径。另外，当设备出现故障时，需要设备厂商派专人到现场，通过查看各种数据实时显示内容，定位故障并进行维修。如果装配现场的计算机系统拥有足够的数据分析能力，那么便可以将原本由设备厂商技术人员负责的数据分析工作交给计算机完成，从而给装配现场人员赋能，使得现场人员解决大部分现场问题，这将大大减少故障停机时间。

系统分析能力不足还带来了关于现场反馈的问题：用分析反馈结果指导现场工人的作业无法实现。

基于机器学习和统计过程控制的方法，可提供装配数据分析功能：以数据采集获得的现场数据为输入，以装配质量、装配系统整体状态、设备及其内部组成的运行状态为输出。而且平台还应能够根据分析结果给出相应的调整意见。

现场数据进行分析的结果主要通过可视化的方式反馈到装配现场，辅助现场人员判断并由现场人员进行必要的调整。在特定分析功能经现场验证稳定且必要的情况下，后续可调整活动翼面制孔系统、机翼大部件对接系统、外翼翼盒数字化装配系统等装配系统的控制逻辑，由控制系统调用平台对外暴露的接口，获得最新决策，并用于系统的程控反馈。

2.3.2.2　解决方案

1. 构建可扩展数据分析平台

构建可扩展数据分析平台，该分析功能以可扩展模块的形式植入该平台，从数据存储模块读取数据并进行分析。分析的内容主要包括装配过程综合分析、设备状态分析。

装配过程综合分析的对象一般是整个数字化装配系统，以装配质量预测为主要的分析内容，以数字化装配系统为单位，通过判断当前加工、装配质量是否超差来评价该数字化装配系统的整体状态，分系统集中显示通过装配过程综合分析获得的分析结果及相应的调整意见。

设备状态分析的对象为数字化装配系统中的某个独立设备及其内部组成。以实施对象中常见的数控定位器为例，可通过球窝中的三向力传感器数据对该设备的状态进行判断，还可以通过数控定位器内部电机的电压电流转速等数据来判断电机的运行状态，以更进一步地定位故障。

软件主体基于Java语言，采用Browser/Server架构结合Web Service开发。Browser和Server之间采用传输控制协议/网际协议(Transmission Control Protocol/Internet Protocol, TCP/IP)进行通信。系统采用基于Java开发企业级应用的工业标准(Java 2 Platform Enterprise Edition, J2EE)架构进行开发，在前端采用超文本标记语言(Hyper Text Markup Language 5, HTML5)+层叠样式表(Cascading Style Sheets 3, CSS3)+脚本语言(JavaScript, JS)，可以支持比较丰富的界面展示和交互功能，后端采用SpringBoot+SpringCloud框架。

2. 智能模型支持数据分析与决策

智能模型支持构建多个数据-质量/故障关联模型和统计过程控制模块，广泛研究飞机数字化装配过程中的数据-质量/故障关联关系，以生产实际中的问题解决为导向，确定与生产需要相关的数据-质量/故障关联关系,并将所构建的多个模型植入可扩展数据分析平台。此外,可以将统计过程控制模块植入可扩展数据分析平台,为分析平台提供常用的统计过程控制功能。

在可扩展数据分析平台上,数据分析支持模块用于后端逻辑之中。考虑到与可扩展数据分析平台的适配性,统计过程控制模块的功能逻辑采用 Java 语言编写;而基于人工智能算法的数据-质量/故障关联模型,其构建和使用依赖于一些成熟的编程框架,与语言环境直接相关。以机器学习常用框架 Scikit - learn 为例(这是最经常被使用的一个机器学习框架),该框架基于 Python 语言;以深度学习常用框架 Tensorflow 为例,该框架中的所有工具库都是用 C/C++编写的,并提供了用 Python 来编写的接口封装。所以,在可扩展数据分析平台及其数据分析支持模块的构建中,跨语言环境的功能调用是最需要深入思考的一个点。本研究采用基于 Flask 的超文本传输时协议(Hyper Text Transfer Protocol, HTTP)接口技术。

3. 分析内容及结果展示

为确定具体深入开展的分析内容,需要广泛研究飞机数字化装配过程中的数据-质量/故障关联关系,以生产实际中的问题解决为导向,从而确定与生产需要相关的数据-质量/故障关联关系,后续以此为方向进行模型构建。图 2 - 28 为机器人加工系统设备状态监控数据分析界面。

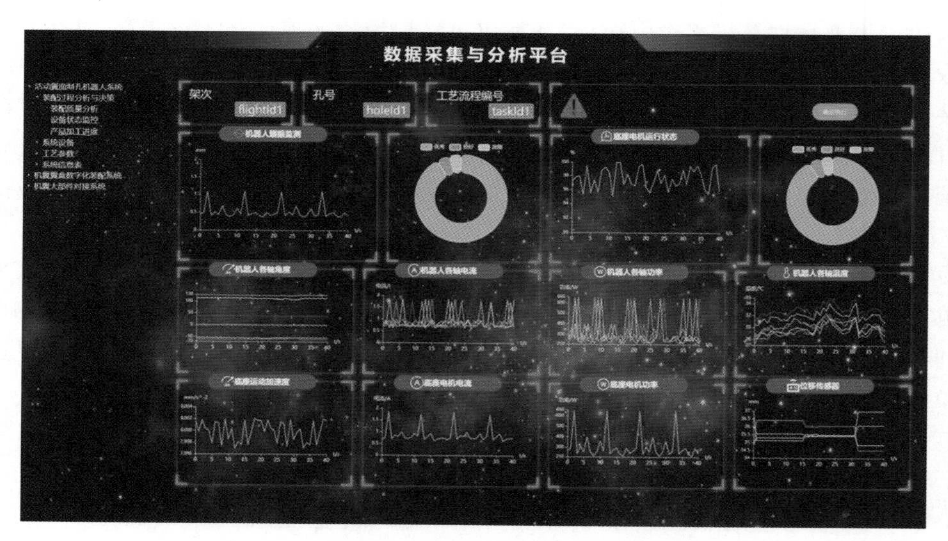

图 2 - 28 机器人加工系统设备状态监控数据分析

(1)制孔质量预测。采集不同工艺参数组合下各一批的装配过程数据(如当前刀具制孔数,工位切换托板振动加速度,压脚组件气压,制孔单元主轴电压、电流、转速、转矩、振动加速度,制孔单元进给电机电压、电流、转速,制孔切削温度、切削力,制孔进给量、进给率等)和制孔孔径,以此为样本数据(工艺参数组合、装配过程数据、制孔孔径)构建机器学习模型。模型训练成熟后,后续架次装配时就不用额外花费时间来采集制孔孔径,而是利用模型,以易采集的工艺参数组合和装配过程数据为输入，通过计算获得制孔孔径。图 2－29 为基于 PSO－SVR 算法的制孔尺寸偏差预测值与实际值对比，从图中可以看出，拟合预测结果与实际值仍有小范围偏差，但预测的趋势基本一致。

(2)机器人颤振监测/预测。在活动翼面机器人制孔系统中构建机器人颤振预测/监测模型，利用机器人各杆振动加速度，机器人各轴电机电压、电流、转速，以及压脚组件气压等数据，通过模型计算，监测颤振情况，预测颤振趋势。

(3)刀具磨损监测/预测。活动翼面机器人制孔系统和外翼翼盒数字化装配系统中都存在刀具磨损预测/监测的问题。考虑利用当前切削力，切削温度，当前刀具制孔数，主轴电压、电流、转速、转矩、振动加速度，进给电机电压、电流、转速等数据构建刀具磨损监测/预测模型，及时地发现刀具磨损/破损的问题，甚至提前对其进行预测。

(4)数控定位器故障诊断。对于机翼大部件对接系统和外翼翼盒数字化装配系统中常见的数控定位器而言，可通过球窝中的三向力传感器数据结合设备故障日志，构建数控定位器状态分析模型，对该设备的状态进行判断，还可以通过数控定位器内部 x、y、z 方向三个电机的电压、电流、转速等数据来判断电机的运行状态，以更进一步地定位故障。

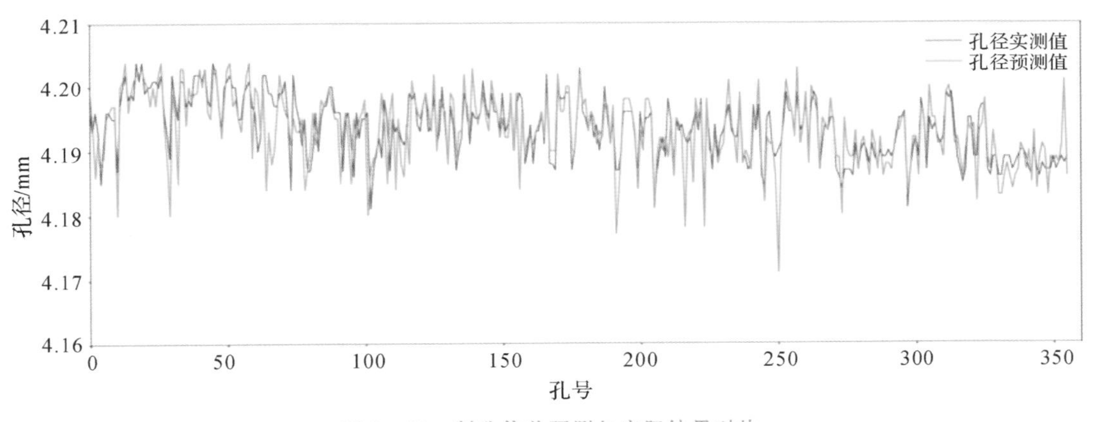

图 2－29　制孔偏差预测与实际结果对比

(5)操作平台移动电机状态分析。操作平台颤振同样是现场可能出现的问题，而且在从实施对象现场获得的故障记录文档中可以看到，该故障属于紧急情况且缺乏明确的解决措施。可以构建平台移动电机状态分析模型，以电机的电压、电流、转速等数据为依据对电机状态进行实时分析，分析结果可为操作平台颤振的故障定位提供参考。

2.3.3　装配工艺自适应调整及质量精准控制技术

2.3.3.1　问题和需求

飞机数字化装配现场的设备一旦出现故障，通常需要设备厂商派专人到现场，通过查看各种数据实时显示内容定位故障并进行维修。如果装配现场的计算机系统拥有足够的数据分析能力，那么便可以将原本由设备厂商技术人员负责的数据分析工作交给计算机完成，从而给装配现场人员赋能，使得现场人员解决大部分现场问题，这将大大减少故障停机时间。

为实现从装配现场到装配现场的闭环管理，还需要充分利用多源异构装配数据在线动态感知、装配状态实时分析及诊断两项技术所得到的成果，在数据采集、数据存储、数据分析的基础上增加分析结果反馈环节，从而给现场人员与设备赋能，改善制造执行缺乏问题处理与补偿调整能力的不足。

装配工艺自适应调整及质量精准控制技术旨在研究基于装配状态的装配工艺调整计算的一般模式。另外，设计可视化反馈方式，为数据集成与分析平台之外的外部系统（包括设备的控制系统、软件系统等）提供服务，以便外部其他系统调用本平台提供的接口，从而调用相应功能、获取数据、获取分析结果等，实现为设备及系统赋能。

其实现的主要功能有：设计装配工艺调整计算算法流程，支持根据现场情况重新计算工艺参数；设计可视化反馈方式，提供更友好的人机接口；设计数据集成与分析平台为外部提供服务的方式，为其他系统赋能。

2.3.3.2 解决方案

1. 装配工艺调整计算

在工艺自适应调整方面，构建了制孔工艺质量智能预测模型和智能决策模型，建立了装配数据-关键特征/设备状态关联关系，突破了装配工艺自适应调整及质量精准控制技术难题，实现了孔径窝深偏差、刀具磨损、机器人颤振等智能预测。基于预测结果给定主轴、进给、材料厚度可行解空间，并基于预测结果形成决策方案（NC 代码等），使机器自动执行，实现从数据采集、数据分析、方案确定到决策执行的完整闭环，如图 2-30 所示。

在装配状态实时分析及故障诊断技术研究部分（见 2.3.2 小节）介绍了质量预测模型的构建，以装配工艺参数组合、装配过程数据为输入，通过模型计算，获得装配质量数据。可利用此类质量预测模型，结合最优化的思想，形成装配工艺参数调整计算算法，如图 2-31 所示。

【实例】 面向制孔孔径的工艺参数调整

查看工艺参数文件可知相关的工艺参数主要包括主轴转速、进给速度、刀具编号、压脚压力等。此外，相关的数据还包括其他装配过程数据，如主轴振动加速度、切削温度、切削力等。收集过程工艺参数，进行数据清洗和特征工程，获取数据之间的相关性、统计特征和时间序列特征等。选择机器学习模型，构建数据-孔径关联模型，其中以工艺参数和其他装配过程数据为输入，以制孔孔径为输出。通过网格搜索、随机搜索或贝叶斯优化等方法对模型进行超参数调优。将训练好的模型部署到实际制孔过程中，根据预测结果调整工艺参数以优化制孔孔径。

在以上分析模型的基础上，引入最优化的思想可以进一步提高机器模型学习效果：以孔径分析结果和孔径分析模型为目标函数，以工艺参数、孔径公差等约束为边界条件，构成一个面向制孔孔径调优的工艺参数最优化模型。将装配过程数据值固定（即表示除工艺参数外的其他数据保持当前状态），利用粒子群优化算法等常用的寻优算法，对最优工艺参数及其解空间以及最优可行参数组进行求解。（由于装配过程数据与工艺参数组合间存在一定的耦合，可能还需要引入控制系统建模的思想，具体视情况而定。）

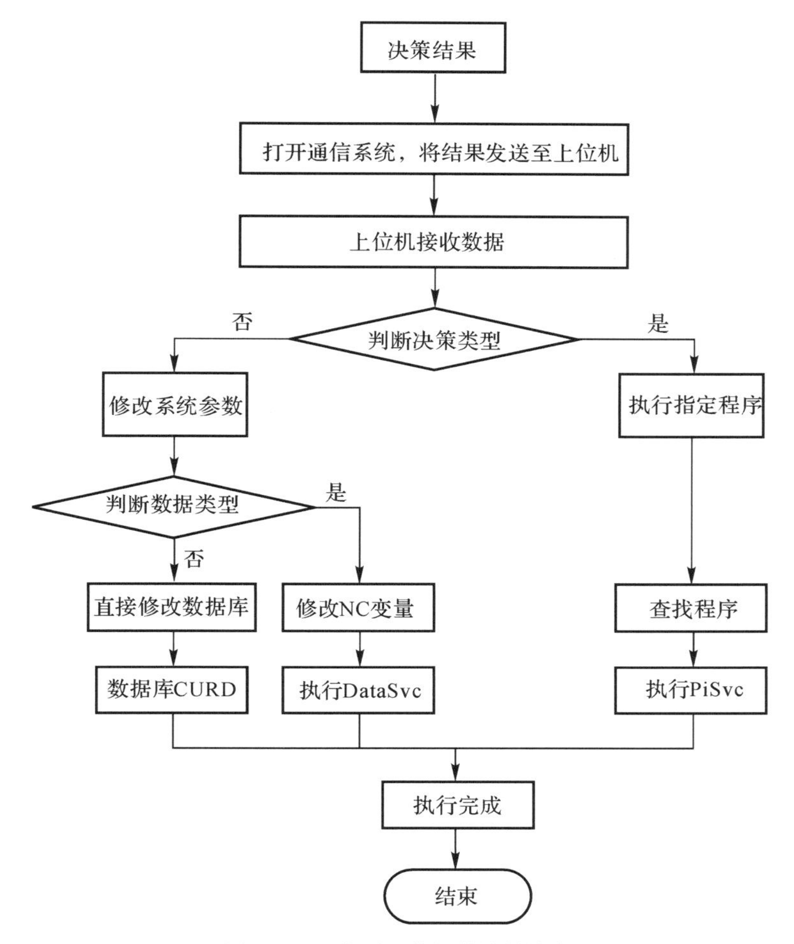

图 2-30　装配工艺调整计算流程

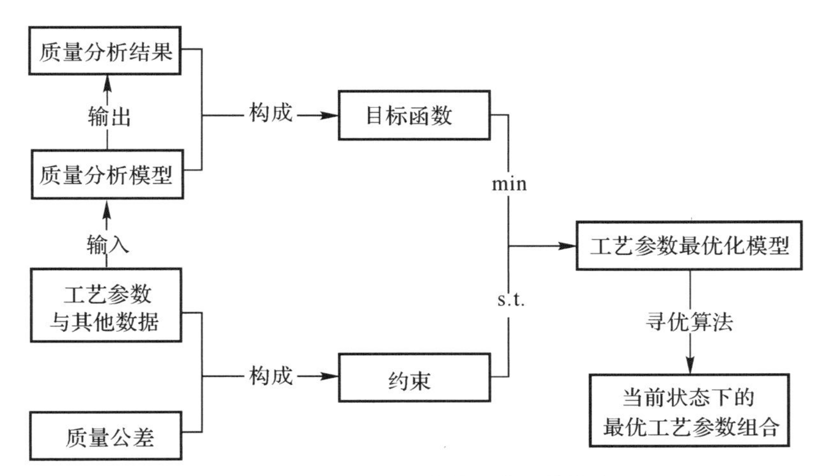

图 2-31　装配工艺参数调整计算算法

（min 表示最小值；s.t.表示“受…约束”）

2. 可视化反馈方式

内容上，实现相关采集数据与分析结果的集成；形式上，实现装配系统综合分析结果及现场工艺数据以数字化装配系统为单元的集中显示，实现设备状态分析结果及设备运行数据以设备为单元的集中显示。同时，合理采用图、表、颜色、三维可视化等表达形式相结合的方式保证可视化展示内容的可读性和易读性以及必要信息的显著性。可视化功能设计的主要原则包括：定时异步刷新，保证实时数据可视化的实时性；必要时，数据显示与二维、三维图形结合，辅以颜色表示状态，满足直观易读的需求；数字量的显示尽可能以不同颜色表示不同状态。

构建决策人工反馈模块和决策程控反馈模式。决策人工反馈模块即工艺决策信息的可视化，如图 2-32 所示，用于集中显示通过数据分析获得的工艺决策信息，同时该可视化功能还用于集中显示飞机装配现场设备的报警信息和现场数据。数据分析平台实现实测数据到决策信息的转换，并进行决策存储。决策程控反馈由各数字化装配系统的控制系统轮询决策存储，基于决策信息进行相应程控反馈。

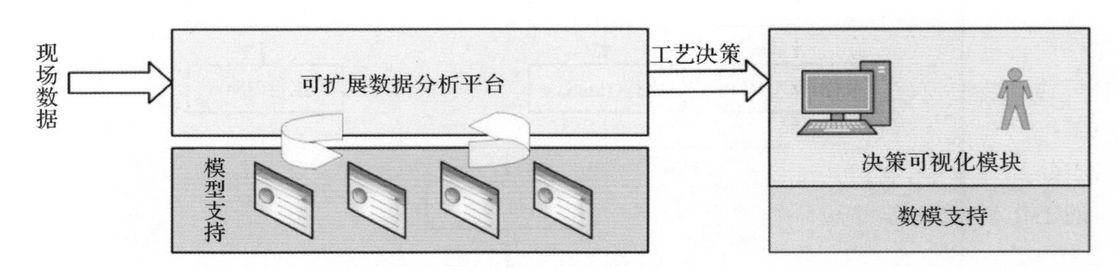

图 2-32 决策可视化

3. 为外部系统提供服务的方式

数据集成与分析平台的开发基于 Java 微服务架构，可以对外提供 Web 服务。软件开发时将提供一系列接口供外部调用，从而调用数据集成与分析平台的相应功能、获取采集数据的分析结果等。

只要外部系统和数据集成与分析平台网络互通，且开发语言具备一定的开放性，并可以进行 Web 交互(Socket 通信、网络层 IP 协议、传输层 TCP 协议、应用层 HTTP 协议)，即可调用本专题数据集成与分析平台对外暴露的接口。如此，本专题便可为其他外部系统(包括设备的控制系统或上位机、软件系统等)提供支撑。

2.4 增强现实环境下的装配仿真与引导技术

增强现实环境下的装配仿真与引导技术是借助增强现实(AR)或虚拟现实(VR)技术来模拟装配过程的技术。通过对装配对象(包括工装、夹具)的建模，环境搭建以及碰撞和干涉分析等，可以对整个装配过程进行模拟仿真，验证整个装配过程的可行性，对产品制造过程进行工艺验证，利用仿真结果制定更为精确的制造计划，加快产品生产。同时，此技术可以为工人提供岗前装配操作培训而无需现场实操，即通过可穿戴设备与虚拟装配环境，真实地模拟装配过程，进而减少因操作失误造成的安全问题和质量问题，提高生产效率与产品质量。

增强现实环境下的装配引导技术是一种将虚拟元素与真实世界环境相结合的技术。它可以将虚拟图像、文字、视频和3D模型添加到真实世界中，从而使用户能够在现实环境中体验虚拟内容。AR在工业领域的应用十分广泛，它可以实时提供信息与指导，引导工人进行装配、检测、管理等一系列任务，在提高生产效率的同时极大地减少出错的可能，从而提高产品产量与质量。

产品的装配在产品的整个生产过程中占据很大部分，同时对产品的质量也有直接的影响。以飞机生产为例，在飞机的整个研制过程中，飞机装配占了整个飞机制造劳动量的40%～50%，装配周期长，工作量大。由于飞机产品本身的特点(零件数量多、尺寸大、外形结构复杂，工装与零部件协调线路复杂，批量小，改型快等)，无法采用像汽车装配那样的全自动生产流水线，而是需要大量人工参与装配。而增强现实技术可以将图纸、模型、工艺信息等以虚实融合的方式实时呈现在操作员面前，省去了大量翻阅图纸再根据图纸内容对零部件进行标记、装配的时间，极大地提高了工人的装配效率，可以节省大量的人工操作时间，缩短整个装配流程。同时，通过虚实注册，可以将虚拟的模型注册到实物上，在装配的过程中不再需要进行测量与标记，不仅提高了效率，还减少了装配误差，提高了产品质量。在装配引导的过程中，利用三维模型与现实的比照，可以实现实时的装配质量检测，减少后期验收的工作量，进一步缩短研制周期。

2.4.1　增强现实环境下的飞机零部件模型构建与预处理技术

将增强现实技术用于飞机零部件装配引导，对虚实配准的精度提出了更高的要求，因此选用数模和实际零件的尺寸误差越小越好。零件一般是按照数模来进行数控加工，且在飞机制造领域，制造误差和装配误差较小，因此用现有的数模来虚实配准，符合实际的应用需求。

刚性零件的制造误差比较小，但对于柔性的零件，如飞机内部的电缆，很难构建精确的数模，加上由于用来固定柔性零件的固定件位置的不确定性，给后续基于增强现实的装配引导工作带来了挑战。

通常飞机的大多数零部件都有数模，这给虚实配准带来了很大的方便。虚实配准，首先计算出相机和待配准零件的位置关系，然后按照求出的位置关系将虚拟的数模实时注册到真实的零件上面。

2.4.1.1　技术难点与应用

为了解决飞机线缆安装过程中线缆固定件与设计数模的安装位置的误差问题，首先通过扫描仪采用逆向建模技术对零件进行扫描(获取点云文件)，然后对点云预处理构建精确数模。针对航空零部件结构复杂、模型数据量大的特点，采用轻量化算法和模型预处理技术对数模进行轻量化处理，最终获取轻量化数模。

(1)逆向建模。针对飞机线缆、卡箍、蒙皮等柔性零件,采用逆向建模的方式进行三维重建,即首先采用三维扫描仪对零件的部分表面或者整体进行扫描,生成点云文件,再进行滤波、分割等前期预处理操作,只留下有用的点云,然后将其转成面片,最后将其转成 fbx、obj 等 unity 三维渲染引擎可以使用的格式。逆向建模的方法主要用在飞机电缆等形状、位置不固定的场景中,可以事先选择一个标准的场景进行三维重建,之后相同的场景都以这个场景为参考,进行增强现实装配引导。逆向建模效果如图 2-33 所示。

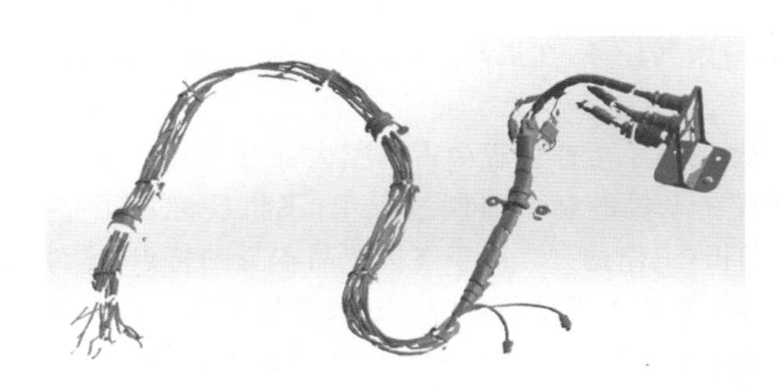

图 2-33 电缆三维扫描生成的面片数据

(2)正向建模。在实际的应用中,针对飞机管路、梁、肋、桁条等刚性零件,采用正向建模的方式获取数模,即通过 CATIA 等三维机械建模软件进行建模。在建模的过程中,注意局部零部件和整体部件之间的坐标系关系,并以现场的实际工作场景为准,以方便后续手势注册的虚实配准。

利用 CATIA、SolidWorks、UG 等建模软件从立方体、球体、圆柱体等基本几何体开始建模,后续进行倒角、曲面等细化步骤,最终设计出需要的数模。之后制作装配体,形成所需的数模文件。

(3)模型预处理。增强现实技术应用于引导现场装配作业的首要环节是对增强装配内容信息进行编辑。由于航空零部件具有产品结构复杂、三维模型数据量大等特点,加上目前增强现实硬件设备数据处理能力有限,所以为了保证在增强现实装配引导平台编辑 AR 装配引导工艺信息内容和 AR 设备引导装配操作过程中的流畅度和实时性,需要对导入增强现实装配引导平台的航空零部件三维数模进行轻量化处理,从而减少零件数模中的不可见物体、参数节点和面片化后产生的巨量多边形。通过轻量化算法对数据层次结构进行合并、抽取、重组织、减面、修复等操作,最终在确保零件基本特征的前提下导出轻量化三维数模。

2.4.1.2 实施效果

针对刚性零件,采用 CATIA 软件进行三维建模,将生成的数模按照计算好的跟踪注册矩阵实时配准到真实的零件上,效果如图 2-34 所示。

针对柔性零件,采用三维激光扫描设备进行逆向扫描,获取点云数据,将处理后的零件面片数据与实际电缆配准,效果如图 2-35 所示。

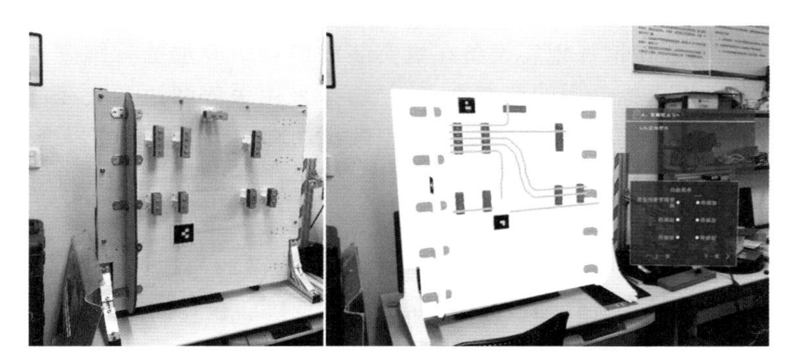

图 2-34　真实零部件与基于三维建模软件获取的数模虚实配准效果

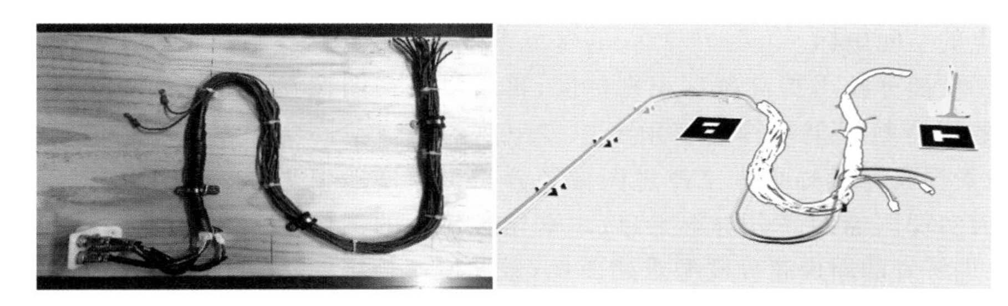

图 2-35　三维重建的电缆点云(精度比建模的精度高)

2.4.2　增强现实环境下的装配过程虚实注册和空间定位技术

在飞机零部件装配场景下，由于零部件的数模尺寸大且结构复杂，传统的基于单个靶标注册的方法，在近距离注册精度较高，但是距离远的情况下，只能保证左右 2～3 m 范围内注册精度较高，在这一范围外的模型虚实注册误差会比较大。如何保证面向飞机管路、线缆等大尺寸零件装配的虚实注册精度，成了亟待解决的一个问题。

在飞机大型零部件装配场景下，通过增强现实技术引导零部件装配的过程中存在叠加的虚拟模型信息抖动、漂移的问题，极大地影响了工人的装配。因此需要解决大型复杂装配场景下 AR 设备空间定位难题，从而稳定、精确地辅助用户借助增强现实设备高效地完成飞机管路装配工作。

2.4.2.1　技术难点与应用

1. 精准虚实配准

针对国产 AR 眼镜空间定位精度不高且稳定性较差的问题，采用精准虚实注册技术将增强现实设备在装配场景中叠加的虚拟三维数模与实际航空零部件位姿高度重合，从而解决了传统增强现实设备虚实注册精度低的问题；采用大场景同时定位与建图(Simultaneous Localization And Mapping，SLAM)空间定位技术通过识别场景中的自然特征点来辅助增强现实设备进行跟踪定位，从而实时估计相机在真实世界坐标系中的位姿变换关系，实现大场景精准空间定位。

(1)手势注册。为了使增强现实设备在真实装配场景中叠加的三维虚拟数模与真实航空机械产品两者在世界坐标系中的位姿高度一致，拟采用手势和语音交互的方式对三维虚拟数模进行旋转和平移微调操作，实现三维虚拟数模和真实零部件虚实融合，从而基于真实装配环境给现场操作人员提供“所见即所操作”的实时智能引导。首先将手指发出的虚拟射线的圆环端点停留在三维虚拟数模上，保持拇指和食指捏合动作移动手臂，从而对虚拟三维数模进行平移，完成粗调操作；然后通过语音呼唤方式将微调面板调到视野正前方，在操作面板上选择合适的平移量和旋转角度；最后点击平移或旋转按钮完成虚实注册工作。

(2)多点靶标注册。基于图像超分与空间锚点的多点靶标注册技术，设计一个靶标探针支架(见图 2－36)，将靶标探针支架的尖点接触到真实零件的待测量点上，再通过靶标识别程序计算出尖点的空间坐标，即为真实零件上点的空间坐标。

图 2－36　靶标探针支架

通过图像超分技术提高靶标识别精度，再通过真实图像与合成图像的混合数据集来构建多角度、多距离的图像空间集合；采用像素损失与感知损失来改进图像超分辨率模型的损失函数，从而实现图像的高分辨率重建；丰富靶标轮廓的图像细节，利用已训练好的图像超分模型重建图像；最后使用传统的检测算法识别与定位靶标，将目标定位误差达到 3 像素以内，如图 2－37 和图 2－38 所示。

通过读取靶标在虚拟空间中的位置以及计算靶标尖端点 O 在靶标探针支架坐标系下的位置(见图 2－39)，得到尖端点 O 在增强现实设备初始坐标系(即世界坐标系)下的位置。通过选取四组这样的点，可以精确地得到数模坐标系到真实零件坐标系的坐标变换。同时结合 World Locking Tools 和空间锚点功能实现四组点的精确虚实空间锁定，同时可以实现锚点、地图数据导出，以及数模位置的记忆功能，保证下次打开软件时数模依旧处于原来注册好的位置。

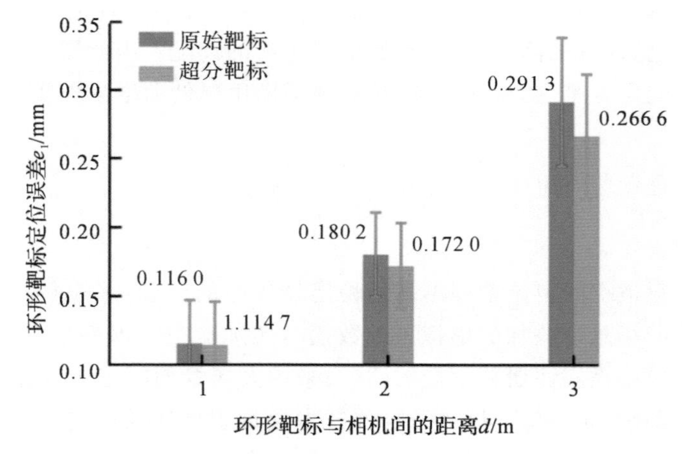

图 2－37　不同距离下原始靶标与超分靶标的定位误差对比

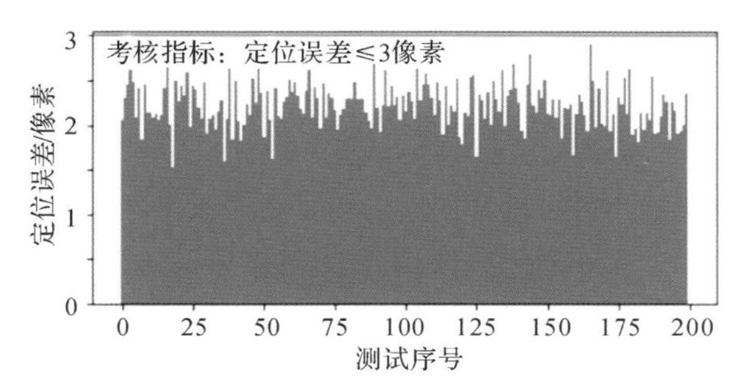

图2-38　多次测试后的定位误差

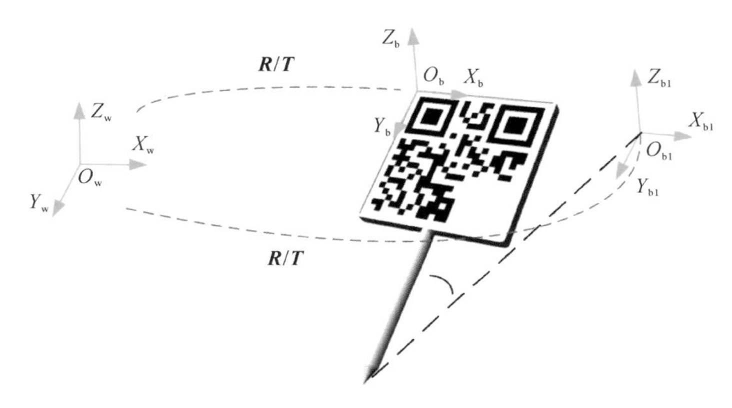

图2-39　靶标探针支架标定坐标转换关系图

R—旋转矩阵；***T***—平移矩阵

2. 大场景SLAM空间定位

采用基于多特征融合的SLAM空间定位技术，通过跟踪线程、局部建图线程和回环检测线程三个线程并行运行，实时定位相机；计算初始相机位姿与地图点，对接收跟踪线程的信息进行局部优化并构建局部地图；最后检测相机是否来过当前位置，消除累计误差，实现对全局地图的维护与优化。

该技术能实时计算出相机的轨迹及对场景进行稀疏三维重建。单目SLAM系统基于特征点匹配的定位过程：首先对两张相邻图像进行ORB(Oriented FAST and Rotated BRIEF)提取和匹配，通过计算两个特征点的汉明距离来判断特征点的匹配程度，若汉明距离小于指定阈值则认为两个特征点匹配成功；然后根据匹配到的特征点对对极几何模型或单应性矩阵估计两张图像相机的运动，得到相机的旋转矩阵 $\boldsymbol{R}$ 和平移向量 t；通过三角测量法求解获取特征点的对应三维空间坐标，便能得到一维图像1的相机坐标系下三维空间点的位置和该组空间点在二维图像1上对应的特征点，再估算特征点对应的空间点在图像2的相机坐标系下的坐标，最后获得分别在两个相机坐标系下的三维空间点的位置；通过迭代最近点(Iterative Closest Point，ICP)算法求解出相机的运动。

通过优化ORB特征提取算法解决在光照变化明显、纹理特殊场景下特征点提取不稳定的问题，为后面准确获得实时计算相机位姿变化提供有效的特征点。计算出注册矩阵并根据 SLAM 实时解算出的相机位姿信息，使用增强现实设备的渲染模块将虚拟模型信息渲染到指定位置。基于多特征融合的 SLAM 空间定位原理图如图 2-40 所示。

3. 实施效果

通过单目相机识别场景中的自然特征点来实时获取相机在空间中的准确位姿，然后通过平面检测算法求得平面的坐标和法向量，最后通过渲染模块将虚拟模型投射到指定平面上。经过多次试验测试，能够解决目前增强现实过于依赖标识进行空间定位的问题，试验效果如图 2-41 所示。

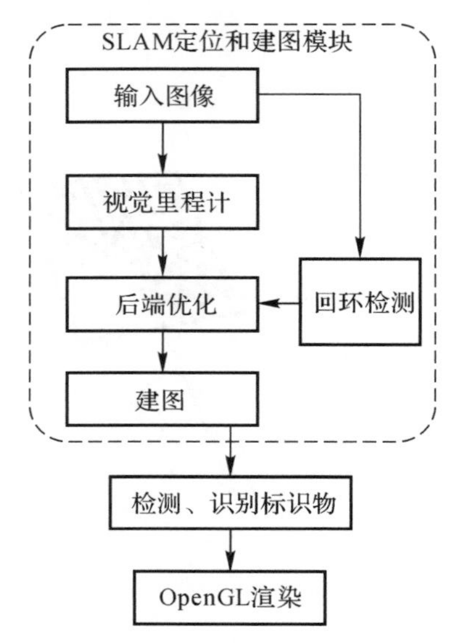

图 2-40　基于多特征融合的 SLAM 空间定位原理图

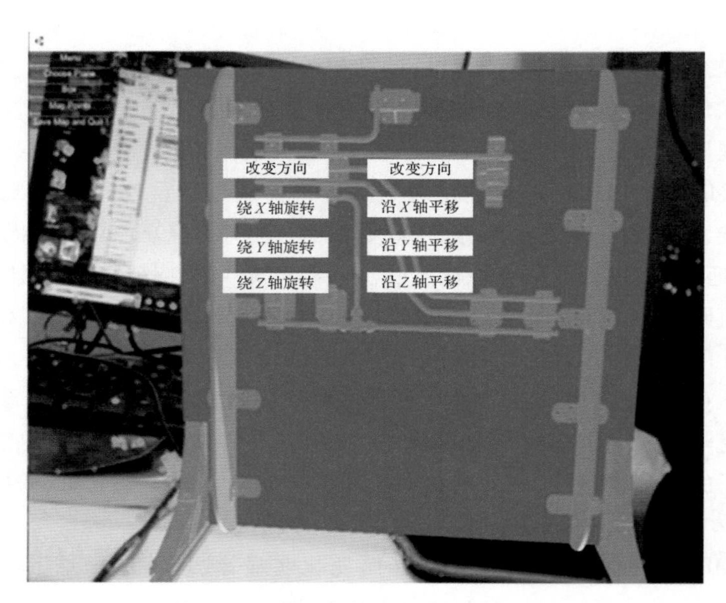

图 2-41　基于自然特征跟踪注册效果

借助靶标探针，选取四组模型特征点，通过奇异值分解(Singular Value Decomposition，SVD)位姿变换求解出数模到真实零件的坐标变换，对数模进行变换，利用空间锚点技术实现当前数模位置与环境特征的记忆，实现首次注册之后的“即开即用”，这提高了虚实配准的精度，有效地解决了大型零部件虚实配准精度低的问题。实施效果如图 2-42 所示。

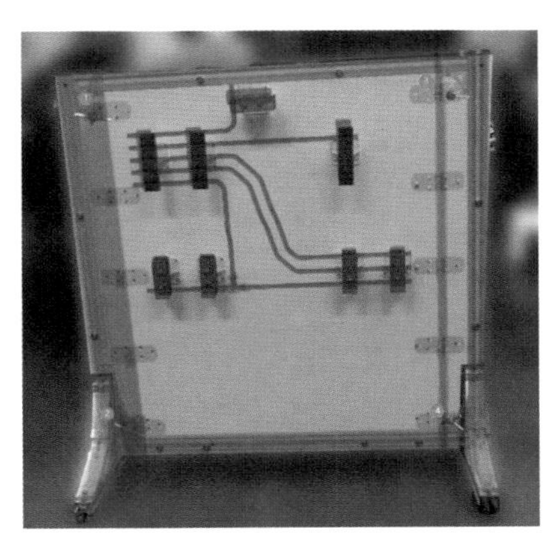

图 2-42　基于多点注册的配准效果

2.4.3　增强现实环境下的飞机零部件装配仿真引导与装配质量检测系统开发

针对飞机管路、线缆装配存在的装配与空间约束的局限性、纸质装配指令较难理解且指导性差等问题，利用增强现实技术将虚拟装配引导信息叠加到现实装配场景中，操作人员只需佩戴 AR 眼镜就可以实现获取装配工作的指导，并且可以和虚拟信息沉浸式交互，这提高了飞机管路与线缆装配效率。

不同于一般的民用场景(交互可以通过单一的语音、手势、触摸等方式实现)，在飞机装配的过程中，由于装配环境的复杂多样(光源不充足、环境嘈杂)，同时装配步骤烦琐，需要多次发送指令来调整显示信息，因此需要采取多种交互方式融合的方法。

由于飞机零部件数量巨大、装配关系复杂，完全依赖人工逐个检查零部件的装配质量存在检查周期长、出错率高的问题，因此基于 AR 眼镜相机拍摄装配后区域图像，利用结构相似度等对比技术检测识别装配漏装的情况，可以达到准确评估装配质量的目的。

2.4.3.1　技术难点与应用

为了采用增强现实技术解决传统二维装配指令指导性差的问题，开发一套增强现实装配引导仿真通用性平台，通过将虚拟三维数模和真实航空零部件虚实融合来实现装配操作流程的简便化、直观可视化；采用语音、手势、凝视等虚实交互技术实现工作人员与增强现实设备和虚拟信息之间的交互，从而方便工作人员高效地进行装配工作。

1. AR 装配引导仿真平台

增强现实装配引导仿真平台，是采用 Java、JavaScript 等编程语言并基于 WebGL 图形库和 Visual Studio 平台开发的，能够部署在微软 HoloLens 混合现实眼镜和平板等硬件设备上。该平台包含模型处理模块、三维注册模块、虚实融合模块、人机交互模块、系统管理模块等。操作人员在现场装配过程中穿戴增强现实设备，由于该增强现实装配引导系统能通过在真实的机械产品装配环境中叠加CAD三维模型、文字等提示信息达到对现场装配引导工作进行辅助引导的目的，所以能够解决工人装配时对固定式工艺看板的依赖问题。

(1)功能设计。该装配引导系统由模型处理模块、三维注册模块、虚实融合模块、人机交互模块、系统管理模块等部分组成。

AR增强显示装配引导原理(见图2-43)如下：

1)模型处理模块：可实现模型轻量化处理；

2)三维注册模块：可实现目标与场景的空间状态识别与分析；

3)虚实融合模块：可显示数模、装配指令等信息；

4)人机交互模块：可语音识别、手势识别，响应人员操作。

5)系统管理模块：可存储和管理不同装配任务，具有数据存储和提取等功能。

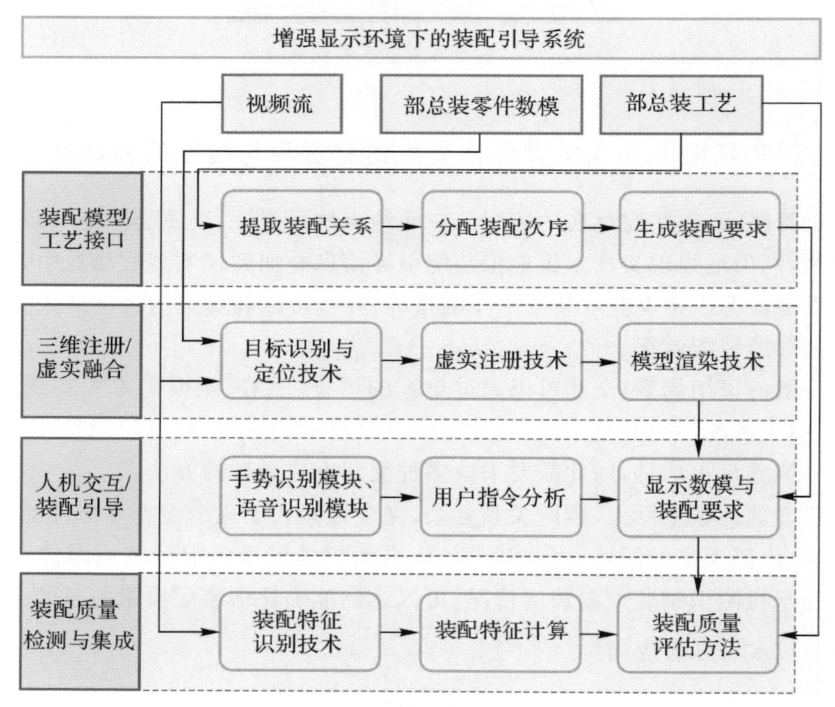

图2-43 AR增强显示装配引导原理

(2)系统设计。本软件平台从指导书编辑、场景编辑、动画编辑和配置导出四大服务层面进行开发。指导书编辑服务主要负责项目管理和模型库管理，包括新建指导书项目、编辑指导书项目相关信息、删除指导书项目、添加指导书项目资料、新建模型库类别、添加新模型、删除模型库等功能。场景编辑服务主要负责模型导入之后的场景设置和场景配置文件导出等过程管理，包括：调整模型的位置、光源的类型和位置、靶标的大小和位置，导入模型库常用模型，导出场景相关配置文件等。动画编辑服务主要负责动画编辑过程的管理，包括添加动画操作，设置平移、旋转、视点变化、工艺信息的输入，视点切换，导出 AR 动画文件等功能，实现快捷的动画制作输入。配置导出服务主要负责配置文件的管理。主要的配置文件包括动画操作文件、场景模型文件、总配置文件、标定文件等。该服务将管理各配置文件之间的关系，使系统高效、有序地运行。AR 装配引导仿真平台微服务系统划分服务图如图 2-44 所示。

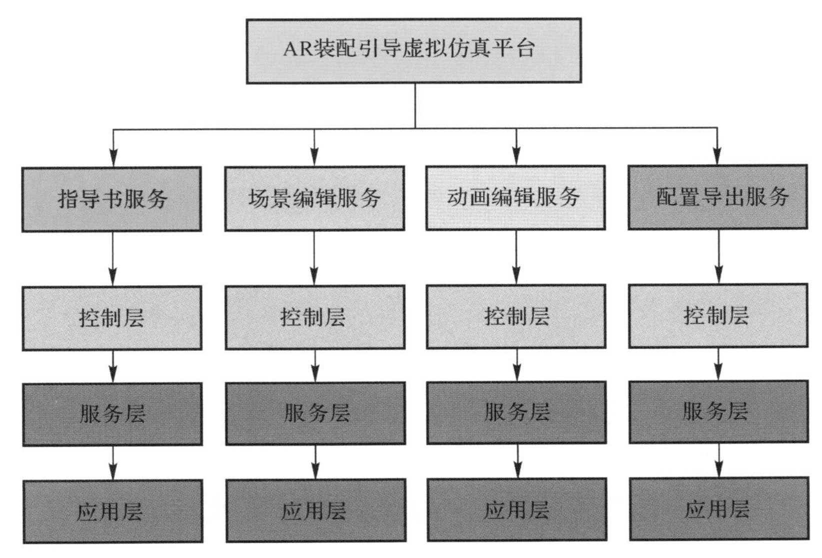

图 2-44　AR 装配引导仿真平台微服务系统划分服务图

2. 虚实交互方法(语音、手势、视线)

(1)语音交互。语音子系统发出语音命令，语音识别模块通过识别用户指令触发图形生成系统加载对应的辅助信息。使用微软的 SAPI(SpeechAPI)(一种语音开发引擎，它提供了语音识别应用程序与语音引擎之间的数据交换接口，可以帮助用户实现语音识别所涉及的各类语音引擎调动和管理)。利用 SAPI 函数库实现了整个语音识别程序的各项功能，包括麦克风调整、语音训练以及指令语音识别。

(2)手势交互。在技术实现方式上，采用基于深度学习的手势识别或采用硬件的手势识别技术。在 Mask R-CNN 目标检测算法基础上对其进行优化改进，然后采用改进后的 Mask R-CNN 目标检测算法对自然手势进行分割和识别(Mask R-CNN 算法结构如图 2-45 所示)，最终实现对复杂手势的准确识别。三种交互手势含义：伸手实现点定位、双指捏住实现点确定、双指实现放大缩小。

(3)视线跟踪。Hololen 自带眼球追踪设备，可以检测用户视线的位置，实时获取用户的凝视点，配合 SLAM 技术完成相关指令的传达。视线跟踪原理图如图 2-46 所示，跟踪方法流程图如图 2-47 所示。

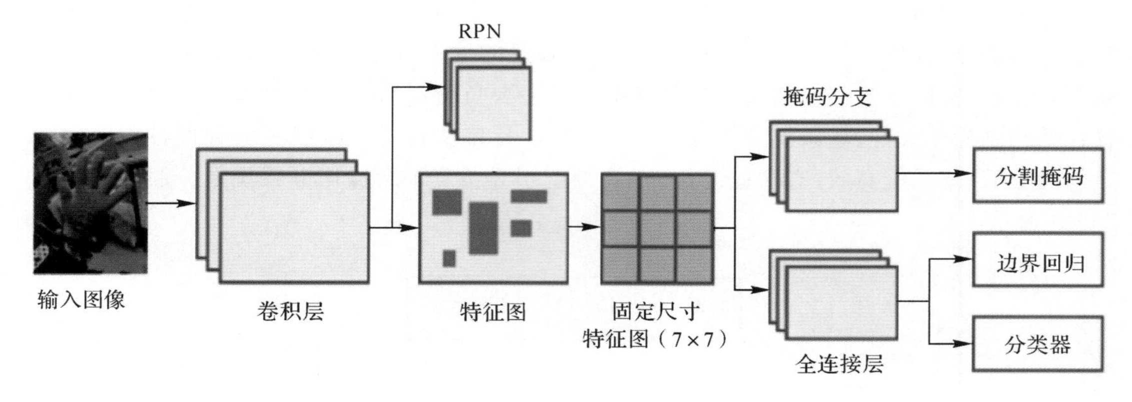

图 2-45 Mask R-CNN 算法结构

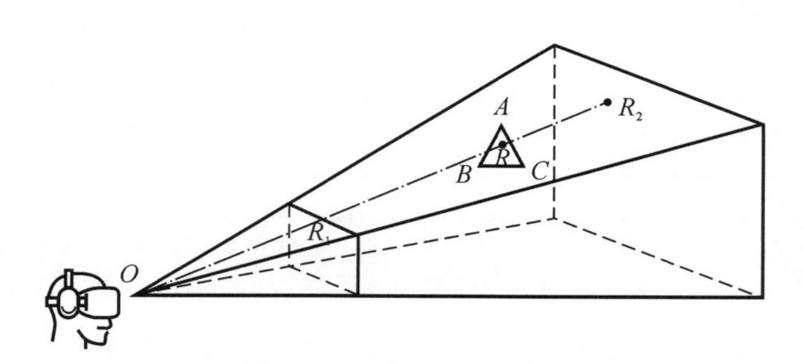

图 2-46 视线跟踪原理图

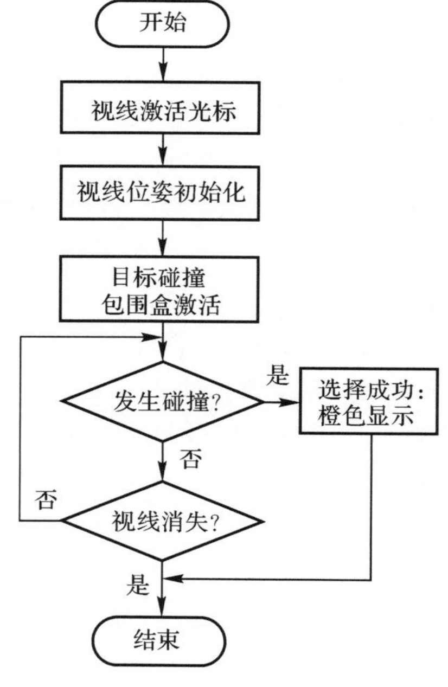

图 2-47 视线跟踪流程图

3. 装配质量检测

以支架安装为例。通过目标检测模型检查零件的图像位置与类别，如图 2－48(a)所示。当检测到零件后，通过图像转换模型由目标感兴趣区域(Region Of Interest，ROI)获得UVW贴图，然后根据零件类别与非合作目标位姿计算方法解算该零件的位姿矩阵。由于已知相机、环形标志物、模拟壁板之间的位姿关系，故可将零件数模通过已求得的位姿矩阵投影到图像中，如图 2－48(c)所示。根据求得的位姿矩阵可得到已安装零件的原点在模拟壁板坐标系中的位置，此原点为零件的测量点。由于位姿矩阵的存在，零件的测量点与理论点不重合，以测量点为球心画半径为该零件尺度 0.5 倍(该半径称为误差半径)的球，找寻球体包裹空间内是否有理论点。若有，则通过分类信息判断该零件是否和理论点代表的零件为相同种类，由此可判断零件种类是否装错了。若无，则认为该零件位置装错。由于零件可能存在方向安装错误的问题，故通过求得的位姿矩阵找出该零件的测量主方向与理论主方向之间的夹角，若大于 45°则认为安装方向错误，如图 2－48(d)所示。

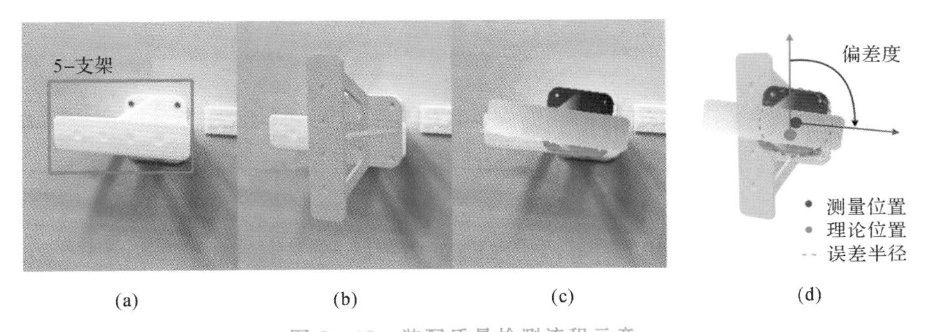

图 2－48　装配质量检测流程示意

(a)零件检测；(b)理论安装位置示意；(c)零件测量位置示意；(d)错装判断

2.4.3.2　实施效果

AR装配引导仿真平台操作界面如图 2－49 所示，增强现实设备手势交互效果图如图 2－50 所示。

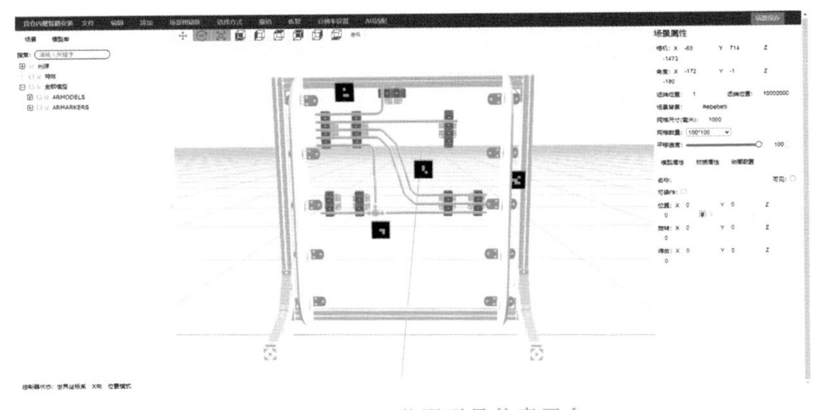

图 2－49　AR装配引导仿真平台

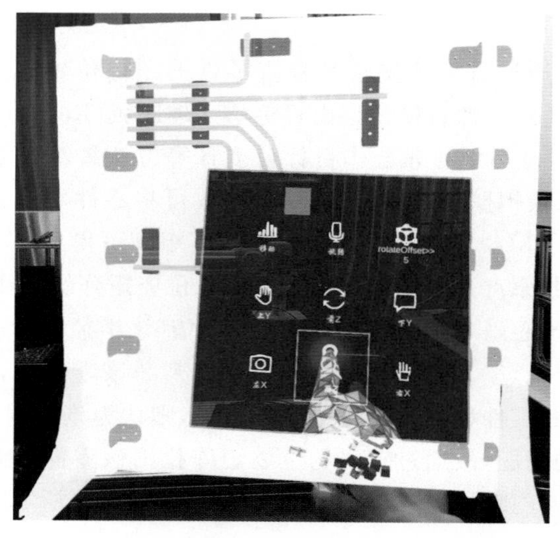

图 2-50　增强现实设备手势交互效果图

2.5　基于数字孪生的装配生产线实时感知与优化技术

飞机装配生产线是飞机制造的核心部分，随着飞机数字化装配向智能化装配方向不断发展，亟须提高装配生产线感知与优化管理能力。将数字孪生技术充分应用到飞机装配过程中，利用装配相关物理模型、传感器更新、运行历史等数据，全面感知装配生产线运行状态，进行多物理量、多尺度、多概率的现场仿真优化，将运行状态与仿真过程映射至虚拟空间，以反映装配产线的产品全生命周期过程，这对于提升飞机装配制造工艺及管控水平具有重要意义。

然而，当前数字孪生平台技术研发投入成本较高，现有理论、方法以及应用技术等尚不足以满足航空装配应用需求，具体体现在以下方面：

(1)三维数字孪生场景构建成本高、时间长，装配现场工装设备等发生调整时，无法快速迭代更新三维孪生场景。

(2)生产现场制造资源链接能力欠缺，由于工业设备类型多样、协议复杂，当前尚缺乏有效的技术手段以低成本、便捷、可信地将工业设备快速接入平台，尤其针对飞机装配保密场所，无线数据采集模式尚未大规模开展应用，现场人员、物料管理等缺乏有效感知方法。

(3)仿真模型创建操作的复杂与效率的低下，对于飞机装配线中的站位、资源、物料、设备等需要描述的内容，需要深刻理解离散事件模型与装配生产之间的语义关联才能对应描述，且需要人员长时间地学习离散事件仿真平台的基础建模操作，因此非直观的建模过程大大限制了仿真技术的应用规模与覆盖范围，制约了仿真技术对生产线的分析与优化。

(4)工业制造数据分析与呈现能力相对较弱，在涉及数据范围更广、分析复杂度更高的装配管控和资源匹配协同等场景中，多数平台还无法满足现有数据分析、可视化能力的应用要求。

总体而言，当前各方面所面临的挑战充分说明，面向飞机装配的数字孪生应用相关理论、方法与技术还存在诸多不确定性因素。

针对当前存在的问题，聚焦飞机装配产线实时感知与优化需求，关键在于部总装智能装配生产线建模、面向装配现场的智能视频识别分析模型、飞机装配线典型建模元素定义与参数封装机理、基于仿真数据的生产运行状态分析与预测等，如图 2-51 所示。

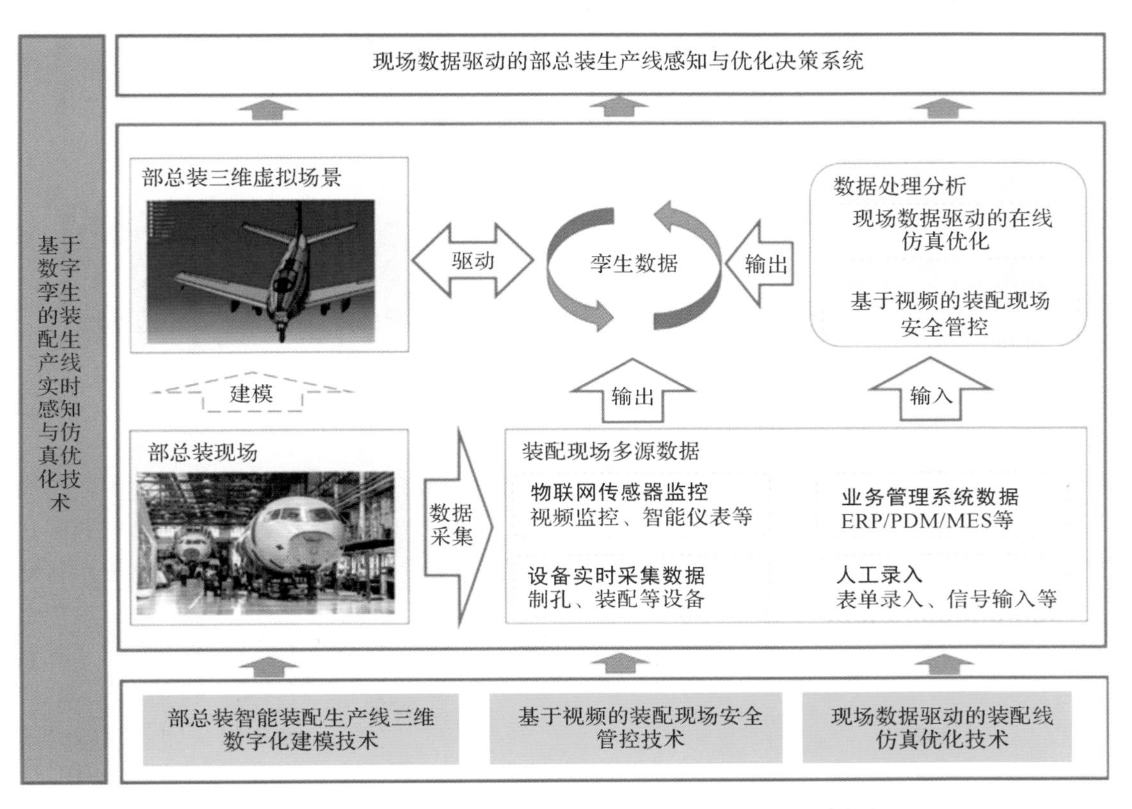

图 2-51　基于数字孪生的装配生产线实时感知与优化技术框架

2.5.1　部总装智能装配生产线建模技术

建立数字孪生虚拟装配产线，需要构建部总装智能装配生产线三维实景模型。建立一个高精度、多层次的装配生产线三维数字化模型，可为可视化人机交互、数字孪生等深层次功能挖掘及应用奠定基础。

基于大规模海量三维激光点云数据与生产要素组件信息，形成图 2-52 所示的基于工业生产要素组件的快速建模方法，可较好地实现基于工业生产要素组件的生产现场快速建模。其能较好地解决三维数字孪生场景构建成本高、时间长和生产现场工序设备等发生调整时无法快速迭代更新三维孪生场景等问题。

由于装配车间这样的工业现场实际场景存在环境复杂、生产现场工序设备可能调整的特点，需要进行多站位、多层级三维点云数据采集，因此对不同坐标系的三维点云数据拼接及图像与点云的融合算法提出了较高要求。而在数据采集过程中，由于客观条件，存在数据冗余、噪声等影响，同时为了更好地进行三维精细化模型的创建，在获取三维点云数据之后需要对海量独立的原始数据进行预处理操作。

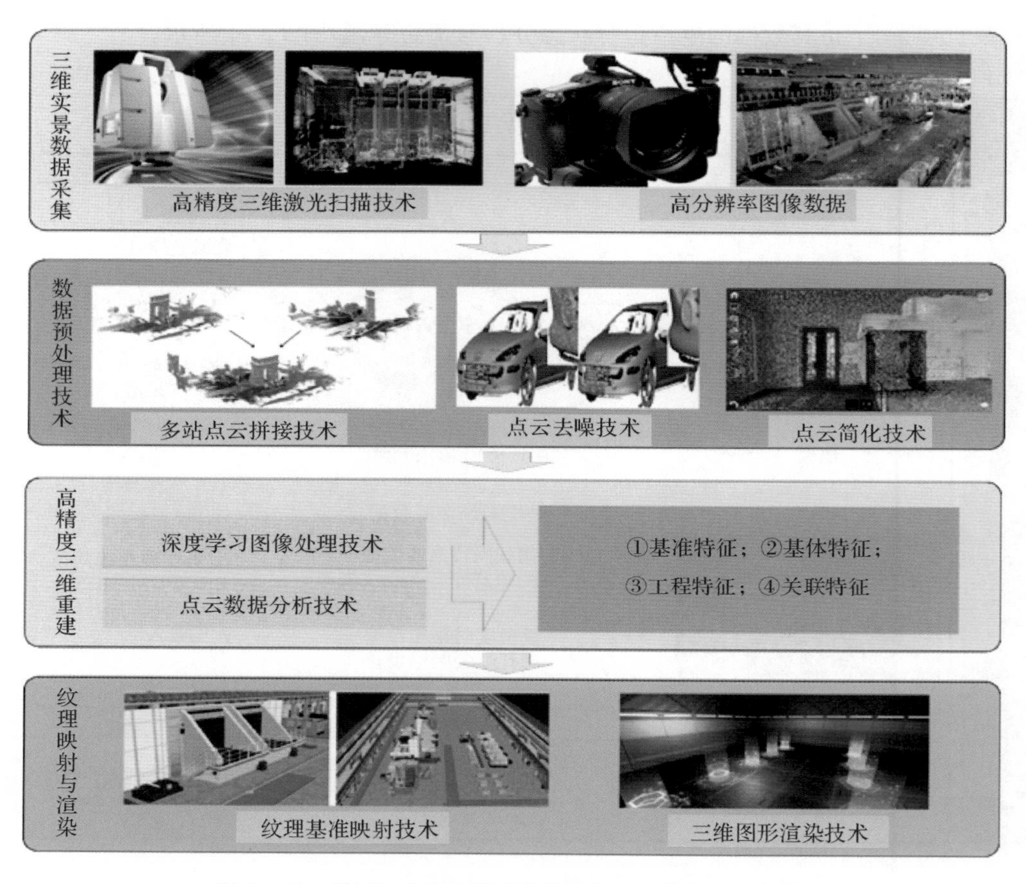

图 2-52　基于工业生产要素组件的快速建模技术流程图

大尺度场景下点云数据质量实时优化构建需要基于多视角自监督学习的深度图去噪网络模型，其为实现面向大尺度场景三维扫描高质量重建总目标提供了前提条件。根据测量产生的不确定度与噪声分布规律，采用基于多视角重投影理论的自监督模式构建，解决了传统监督学习方法中标准真值数据难以获取的问题。在此基础上进一步搭建基于自监督学习的深度神经网络框架，设计基于多特征的损失函数并进行网络训练及模型参数优化的建模方法。

(1)基于多视角重投影理论的自监督模式构建。在实际过程中，传统监督式学习方法所需的三维测量真值极难获取，且对其进行标注亦工程量浩大。因此，研究一种基于输入源数据的自监督模式对网络训练至关重要。为此，通过搭建多个深度相机硬件系统，基于多视角重投影理论将不同视角下的 RGB(Red,Green,Blue)像素值重投影至统一坐标系下，如图 2-53(a)所示。相对于深度图像，输出的纹理颜色信息具备更高的一致性与清晰度，因而可以此视角下的 RGB 图像为标准真值。在光度一致性假设下，通过观察视点间纹理颜色重建程度监督深度噪声。

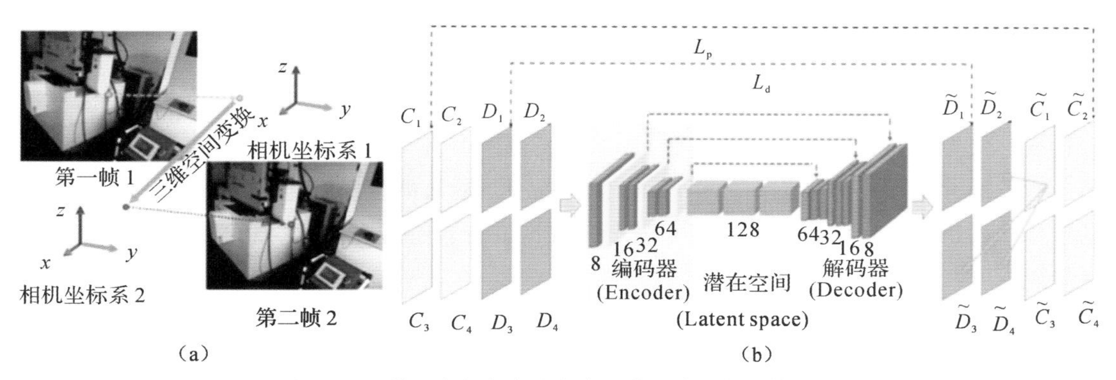

图 2-53　基于多视角自监督学习的深度神经网络模型

(2)基于多视角自监督学习的深度神经网络框架设计。设计深度图去噪深度网络模型，如图 2-53(b)所示，其由三部分组成：编码器(Encoder)、潜在空间(Latent Space)、解码器(Decoder)。首先，深度神经网络的输入为系统硬件配置下多视角深度相机采集的深度图($D_1 \sim D_4$)，随之预测去噪后的深度图($\widetilde{D}_1 \sim \widetilde{D}_4$)。基于多视角重投影理论及可微分渲染技术，通过 $\widetilde{D}_2 \sim \widetilde{D}_4$ 渲染得到一张新的纹理图 $\hat{C}_1$。以 C_1 为标准真实值，可通过 $\hat{C}_1$ 计算光度一致性损失函数 L_p。同时，基于 D_1 与 $\widetilde{D}_1$ 可计算深度损失函数 L_d。其中，每一帧输入深度图均可被视为目标帧，而总损失则来自各传感器损失的总和。

(3) 基于多特征的损失函数设计及参数优化。采用基于多视角几何理论的光度一致性作为深度神经网络模型的损失函数。此外，基于深度一致性与表面平滑性假设先验设定深度与法向量损失函数。因此，可得总体损失函数为

$$L_{total} = \mu_1 L_p + \mu_2 L_d + \mu_3 L_s \tag{2-11}$$

其中，L_p 旨在最小化 C_1 与 $\hat{C}_1$ 之间的误差，L_p 旨在最小化 D_1 与 $\widetilde{D}_1$ 之间的深度误差，而 L_s 则是基于表面平滑性假设，旨在最小化 D_1 与 $\widetilde{D}_1$ 之间的法向误差。

基于深度学习的三维语义模型分割，使用点云三维坐标作为输入，自动获取点的局部特征和全局特征，完成语义驱动的点云数据分割；基于工厂生产现场的点云数据特点，利用深度学习技术检测采集到的图像中的关键间接特征，并基于三维点云及图像像素之间的映射关系，获取关键间接特征的空间状态；基于关键间接特征的三维点云数据，提取装配部件的关键特征。其中所包含的特征，按照特征造型以及工程的角度可分为两大类：与外形无关的特征和与外形相关的特征。第一类特征又可分为实体特征和曲面特征。实体特征可分为四类：①基准特征；②基体特征；③工程特征；④关联特征。曲面特征则包括规则曲面特征和自由曲面特征。通过对特征的提取拟合，快速有效地构建出装配空间环境及装配过程的三维

模型;为加强模型的可视化效果,同时便于管理人员的识别,研究模型纹理映射及三维图形渲染,通过对模型进行参数化处理,同时基于精准数字模型以及设备的照片数据,可实现对设备的纹理及铭牌信息进行准确的接入。

通过分析部总装产线三维场景的共性,提取工业生产要素高频三维模型,构建三维孪生基础模型库,再基于孪生模型库实现三维场景的快速重构。对场景内点云数据重复结构聚类进行分析,定义其描述特征,通过特征提取可以将实物模型转换为特征空间中的一组向量,相似的模型对应特征空间中的距离相近。相似性匹配算法的过程如下:将输入模型通过特征定义转换为特征空间中的向量,计算与模型库中所有模型向量之间的空间距离,或者通过构建的分类器得出模型间的相似度,最终返回与输入模型相似度最大的模型,即实现了基于形状的检索。将相似匹配的模型与点云数据进行自适应调整,实现基于组件库的孪生场景建模。

2.5.2 现场数据驱动的在线仿真技术

生产线建模与仿真优化技术能够准确描述飞机装配过程中复杂的工艺流程及资源约束等关系,可验证飞机生产线布局设计、物流系统设计、工位划分及工时分配合理性等问题。

建模与仿真优化技术是基于构建与生产线物理实体和运行逻辑对应的虚拟数字模型,在虚拟环境中真实反映实际生产状况;通过智能生产线的实际工况信息采集能力,实现对生产线性能的有效分析、优化以及统筹生产。在该思路下,生产线虚拟验证已经不只是针对理想设计状态的离线分析和验证,而是与生产线运行态匹配的在线仿真和优化。

使用现场数据驱动的在线仿真技术前,需要定义模型参数,并封装飞机装配线的建模过程中的典型建模元素,提高装配生产与离散事件的匹配度,降低建模难度,提高建模效率。如图 2-54 所示,基于飞机装配生产现场,通过对飞机装配线的要素整理,定义与整理作业过程的模型元素,获取相应的信息;基于快速建模需求,从中提炼飞机装配线建模过程中重点描述与定义的仿真元素;通过面向对象技术参数封装典型建模元素,明确典型建模元素的逻辑关系以及所包含的参数信息,并将所有典型建模元素在数据库中存储,形成典型建模元素参数封装集合,为飞机装配线全要素模型的快速构建打下基础。

作为典型的离散事件动态系统,飞机装配线行为复杂多变,需要快速对装配生产线进行预测、分析与调整以适应新的生产计划,在保证产品质量的情况下实现装配过程的快速更改,满足市场需求和产品本身工艺的多样性。对于离散事件系统而言,其内部状态在离散的时间点上出现变化,并且系统状态在相邻的两个发生事件之间是不变的。

因此,在构建离散事件系统模型时,不需要去描述系统状态发生变化的具体过程,仅需要考虑系统中这些状态变化的时间点及其变化的原因。同时,由于离散事件系统的固有随机性,经典的数理统计、概率论及随机过程等理论对大量的实际复杂系统进行分析往往比较困难。对于实际生产过程中的生产线配置、产品品种与批量的变化,需要一种方法对生产线节拍的有效预测、优化以及统筹,以提升飞机研制的快速反应能力。生产线性能分析是实现可预测生产的依据，所以无论对新设计的拟建线还是已有的在产线，企业都有着需要预测、保障和提高其生产性能的迫切需求。

如图 2-55 所示，围绕飞机装配的透明化生产要求，基于飞机装配线建模过程中的典型建模元素定义与参数封装结果，依托在线仿真数据进行生产作业状态的深度解析和预测。在线仿真能够保证仿真环境快速获取实际生产状态信息，针对作业现场不同类型的仿真需求，支持不同环节、范围、规模下的模块化生产线在线仿真。仿真结果数据将具有数量庞大、版本众多和规律复杂难寻等特点，严重影响着管控人员准确、直观地掌握实际生产状况。因此，需要对在线仿真数据进行深度解析与预测。首先，对仿真验证结果中作业、物料、缓冲区和资源等要素统计的仿真结果数据进行规范化解析，为生产系统性能、可靠性和配送负载等指标分析提供有效输入；其次，建立作业、资源和物流等方面的分析指标体系和解算方法；最后，围绕仿真迭代过程和生产线管控人员需求，基于数据挖掘技术实现对仿真结果的有效分析与预测，为状态控制提供决策支持。

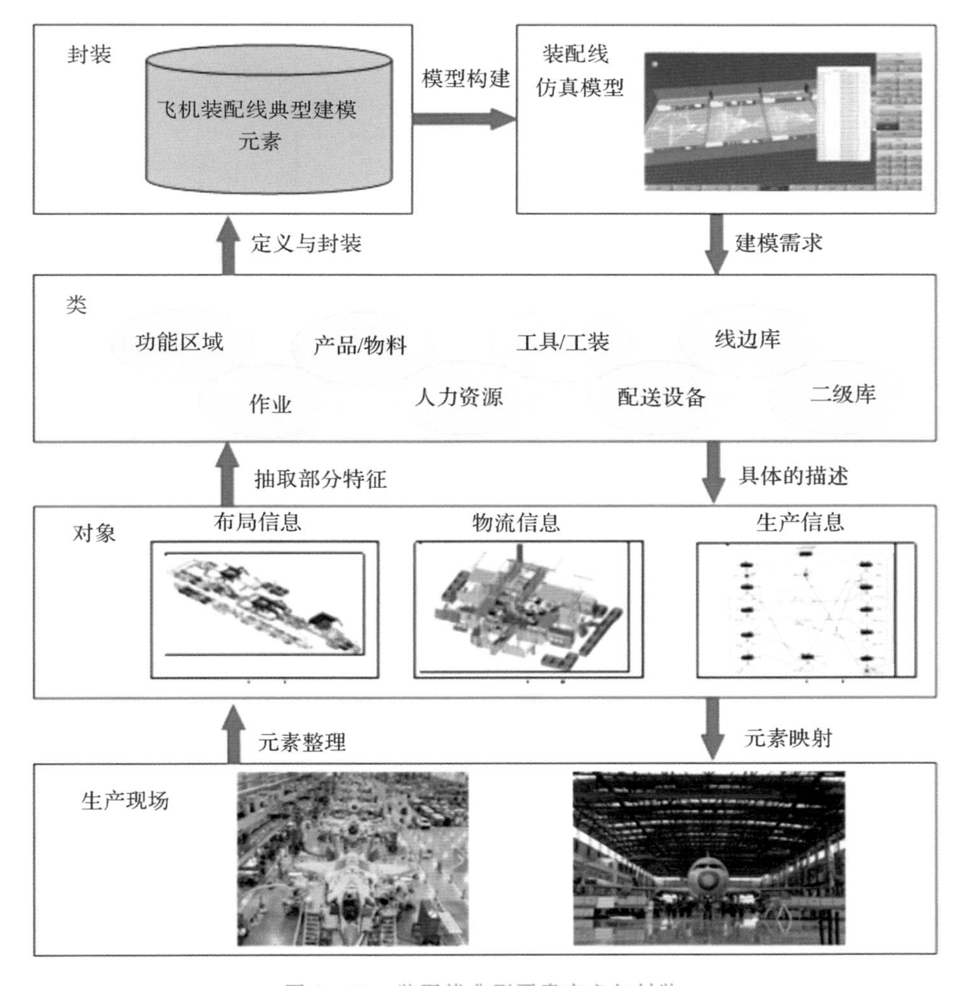

图 2-54　装配线典型要素定义与封装

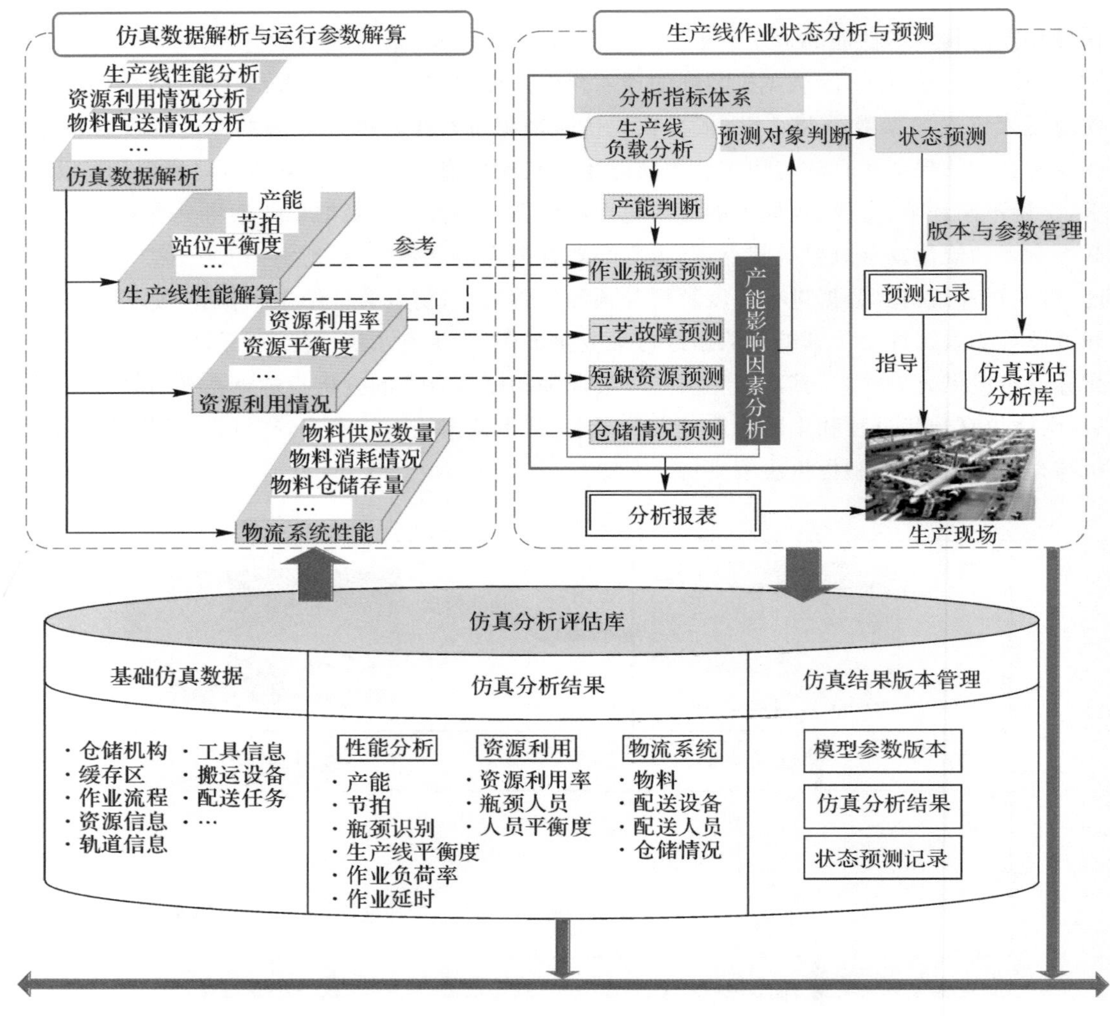

图 2-55　生产作业状态的在线分析与预测

2.5.3　基于视频的装配现场安全管控技术

飞机装配生产现场复杂，部分场景涉及国家秘密，非授权人员不得进入该区域；相关工位工作时，其周边区域属于危险区域，非相关工作人员禁止入内。因此，需对现场人员进行识别与管理。传统的人员识别一般采取工牌、电子芯片或者指纹识别等方式。这些方式往往存在潜在安全隐患。而基于人脸的表示方式具有很强的鲁棒性、鉴别力以及安全性。但是大型的复杂实际装配生产现场普遍存在人脸遮挡、人脸捕捉精度不高的问题，无法对人员进行精准定位，并且发生入侵后及时报警。为实现基于视频的装配现场安全管控，创新复杂装配现场的人脸识别与跟踪定位技术，建立装配现场分层级分权限的安全管控机制。

在深度学习相关理论及方法的基础上，针对非授权人员闯入问题，采用 Seetaface 算法实现实时人脸识别。针对现场安全管控问题，采用 Yolov5 算法进行二次训练，实现实时安全帽检测。详细步骤如下：

(1)读取员工数据库中员工人脸图像数据，采用 Seetaface 识别算法获取脸部特征数组并存储至员工数据库对应字段；来访人员登记时，同步获取基本信息并设置其权限，采用 Seetaface 提取脸部信息向量，同步存入对应数据库表。

(2)部署摄像头至指定工位，将视频数据接入内部局域网，实时流传输协议（Real - Time Stream Protocol，RTSP）解码获取摄像头视频图像数据，多线程执行安全帽识别和人脸识别，将获取的脸部特征与数据库的脸部信息列表并计算相似度值 cos_val。获取相似度最大值，且此值大于阈值，认为识别出此人，获取对应的权限；如果没有权限或者多次无法识别此人，报警；如果算法多次判定未佩戴安全帽，报警。其模型图如图 2 - 56 所示。

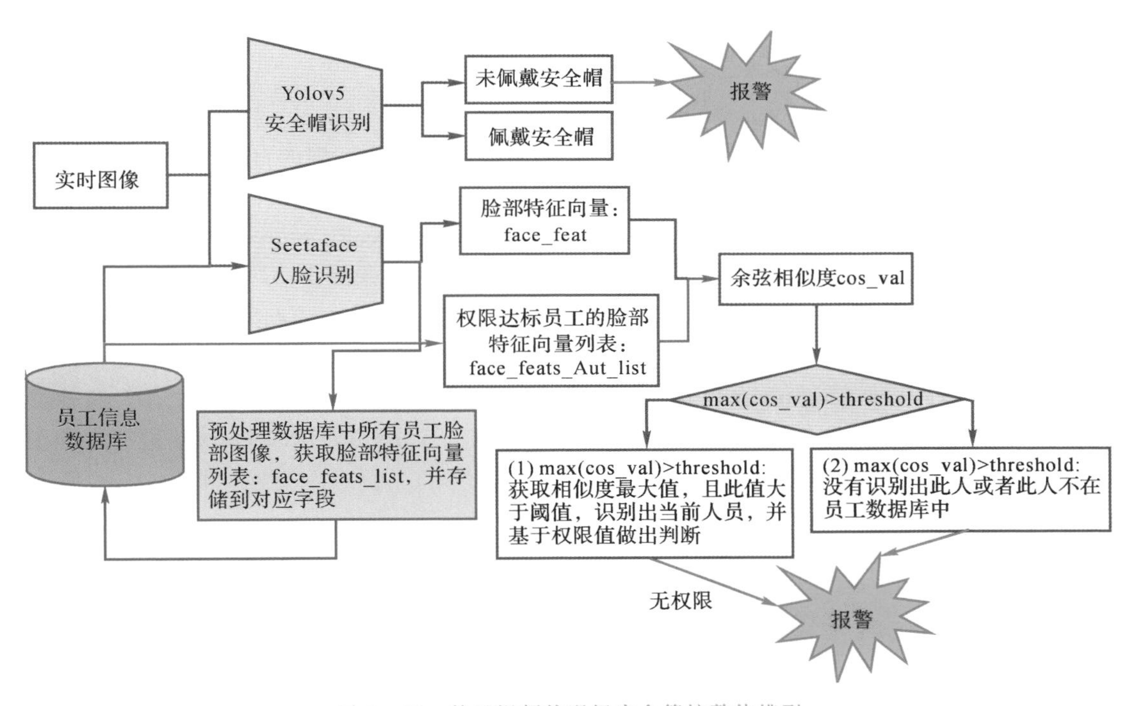

图 2 - 56 基于视频的现场安全管控整体模型

为保证相关技术秘密安全，需要基于人脸识别进行各种定制化的人员出入管理方式。整个管理平台需要对人员信息进行管理，包含人脸识别所必需的工作人员面部照片，以及工作人员姓名、部门、职位、级别等信息。一方面，对每名工作人员进行分级别、分区域、分时段管理活动区域；另一方面，面向不同的具体应用场景，需要定制化开发管理子模块/模式，例如配对进入模式、防尾随模式等。其中，人脸识别过程如图 2 - 57 所示：从摄像头采集到图片；再从原图中将人脸图片截出，得到人脸 A、人脸 M、……、人脸 T 图片；将得到的每个人脸图片与提前录入人脸库的脸部特征向量进行一对多的人脸识别，最终得出结果。为防止数据网络泄露，所有摄像头数据均接入内部局域网；为保护工作人员以及来访人员的隐私，所有获得的人脸数据存储在本地并采用数值加密。

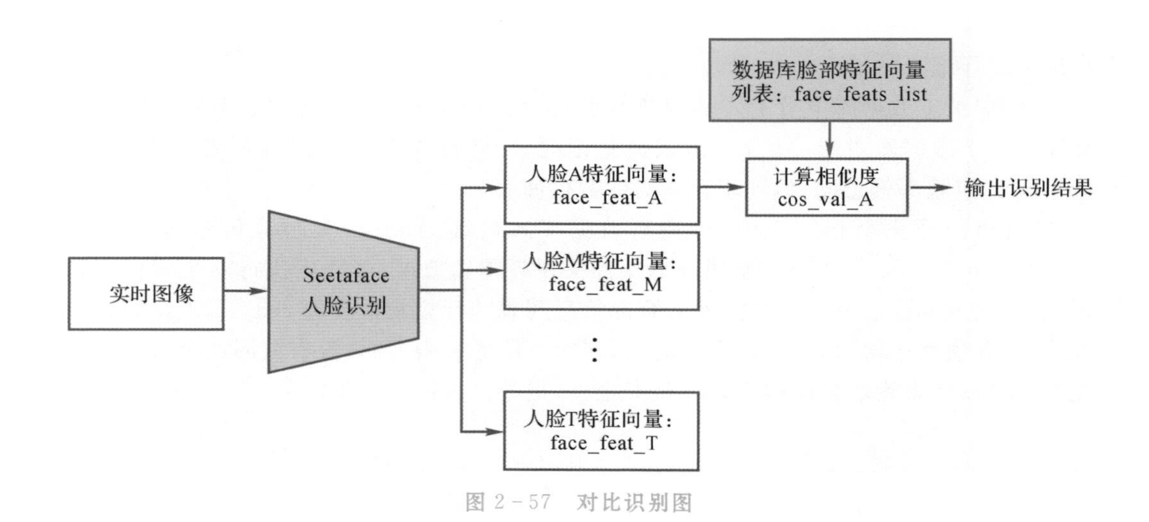

图 2－57　对比识别图

用于提取脸部特征向量的是 Seetaface 算法，此算法是由粗到细的自编码网络(Coarse－to－Fine Autoencoder Networks，CFAN)，主要包括人脸检测模块 FaceDetector、面部关键点定位模块 FaceLandmarker、人脸特征提取以及对比模块 FaceRecognizer。

具体来说，首先基于 Cascaded CNN 网络检测人脸，然后采用 FEC－CNN 算法定位面部关键点(可以是 5 个关键点，也可以是 81 个关键点)，最后基于关键点采用 ResNet50 网络提取特征向量，即利用面部特征点定位模块中关键面部特征点的位置。为了提高定位的速度和效率，SeetaFace Alignment 模块将 CFAN 级联的数量减少到两级。在没有人脸检测的情况下，通过这样的优化，每张人脸的处理时间达到了 5 ms。使用 Seetaface 进行人脸识别的主要流程如图 2－58 所示。

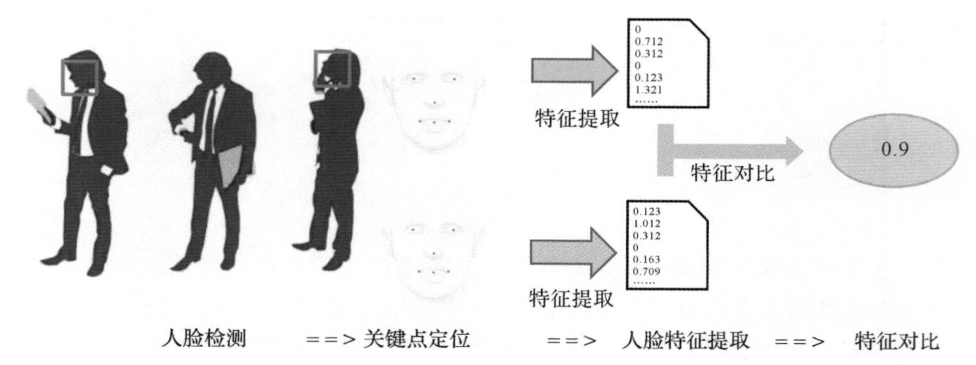

图 2－58　Seetaface 结构图

人脸检测的 Cascate CNN 算法将图像分为三个阶段，分别采用 12×12、24×24 和 48×48 的网络对图像进行识别，每个阶段进行一次识别，再通过计量的方式将每个阶段的图像特征和上一个阶段学习到的特征级联，最后采用 Softmax 二分类判断是否存在人脸。

面部关键点定位算法：FEC－CNN 将人脸经过多个 CNN 网络处理，每经过一个网络获取一个表征，和上一阶段的输入相乘，经过 T 个网络后输出最终的图像关键点。

人脸特征提取采用 ResNet50 网络，这是一个通用的图像特征提取网络，将多个残差学习块串联在一起，深度学习图像的深层表征，从而得到所有关键点对应的表征向量（即为此人脸的表征向量）。

采用 Yolov5 算法进行安全帽识别，模型架构如图 2－59 所示。收集并手动标注大量的正确佩戴安全帽和未戴安全帽的图像，部署 Yolov5 环境进行模型训练。

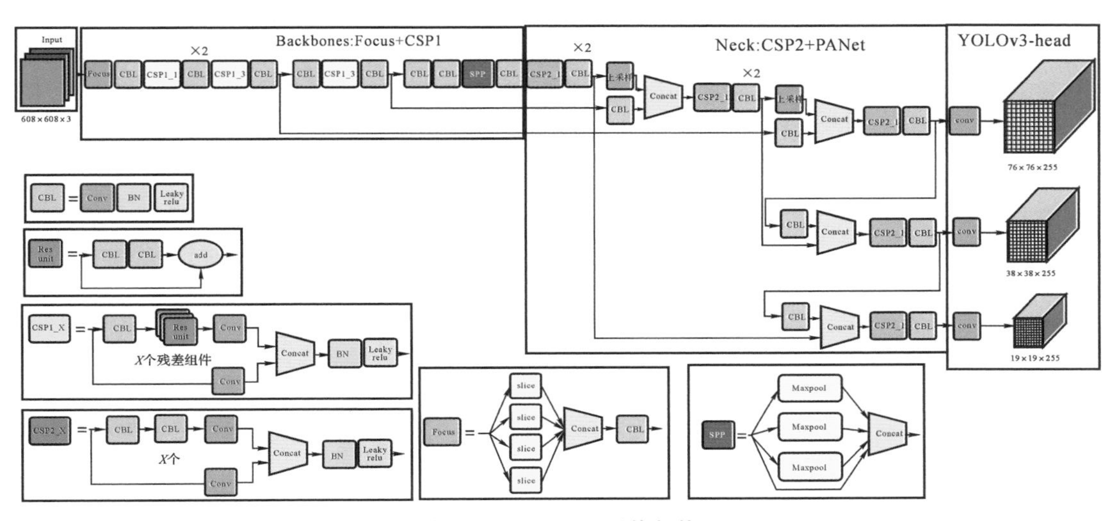

图 2－59　Yolov5 网络架构

2.5.4　现场数据驱动的部总装生产线感知与优化决策技术

多维多尺度智能生产过程精确建模理论与方法，采用面向柔性生产智能产线的协同优化管控集成技术，通过对装配生产线进行实时感知，获取多源装配信息数据，再结合装配现场三维数字镜像车间，将虚拟装配状况反馈给实际物理装配线，完成虚拟工厂、物理工厂的信息传递映射。结合大数据、机器学习技术对多源装配数据进行分析、判断、推理及提供相应的决策建议，形成多源数据动态驱动的智能透明工厂管控系统，实现部总装产线全流程可视化监控与辅助决策，解决装配产线存在信息孤岛、无法实现装配过程与业务数据交互的难题。

通过建立数字孪生驱动的多维多尺度智能制造空间模型分析智能制造空间的运行机理。其建模内容包括：①物理空间与信息空间的虚实映射配置建模；②多维度复杂时空域下的智能制造过程及数据建模。其中：①建立智能制造空间中各类实体、虚体及其关联关系模型以及对应的软硬件集成配置模型，所建立的实体和虚体是构建多维度复杂时空域下智能制造过程的基本元素；②按照制造逻辑将上述实体和虚体分别串联，形成智能制造过程业务演化模型和数据/信息关联模型，通过建立的智能制造过程演化模型和数据关联模型实现对智能车间物料流、业务流、信息流等流程的关联融合。从几何、物理、行为、规则、约束等维度对物理空间中各类实体进行数字孪生虚体建模，并依据物理空间中的实际生产制造过程对各维度模型进行关联、组合与集成，形成全要素互联的、具有高保真度的智能制造信息空间模型，实现多模态、多尺度的“几何—物理—行为—规则—约束”多维融合仿真。建立以数字孪生为核心的智能工厂数据模型，使系统具有高度的自组织能力和信息交互能力。

采用基于数据挖掘的智能分析技术，使其更适合具有关联性、时序性、多尺度、易干扰、高噪声等特点的飞机装配数据。从海量工业数据中提取规律、信息，支撑业务管理及决策，如图2-60所示。通过对制造数据关联关系的挖掘发现，生产要素间往往相互影响，形成复杂关系网，运用关联分析算法从中挖掘装配或设备不同参数间的相互关系。通过回归与演化规律的预测，针对工件属性、工艺流程、加工状态等因素与加工周期，挖掘制造数据对目标结果的耦合作用机理，以回归方程作为预测模型，分析目标变量的演化规律。通过工业大数据分类与聚类，建立设备负载、速度等状态参数与故障类型间的对应关系。通过机器学习智能分析技术，将神经网络、深度学习、集成学习等机器学习算法与工业数据结合成决策知识，构建制造系统的自学习能力，实现对过程检测、质量管理、工艺设计、自适应控制、生产调度等环节的应用。

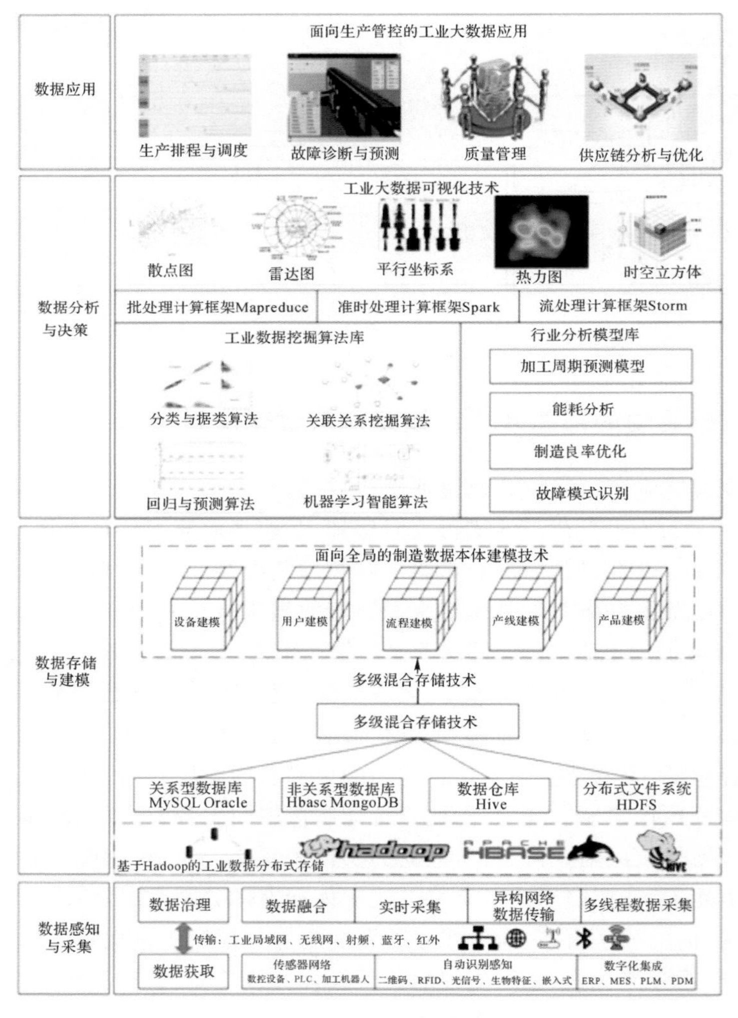

图2-60 面向生产管控的工业大数据分析

通过孪生模型在飞机装配数字空间内进行生产实时映射，基于数字模型与物理设备数据关联与智能匹配技术，实现多角度的三维实时监控，同时利用虚实交互过程中的大量孪生数据实现生产过程优化决策，如图 2-61 所示。基于物联网技术和人工智能技术，通过分析物理数学模型与现场数据模型的映射关系，实时监控部总装产线运作各环节，实现设备状态可视化、产品质量可追踪化、运作透明化和智能化。

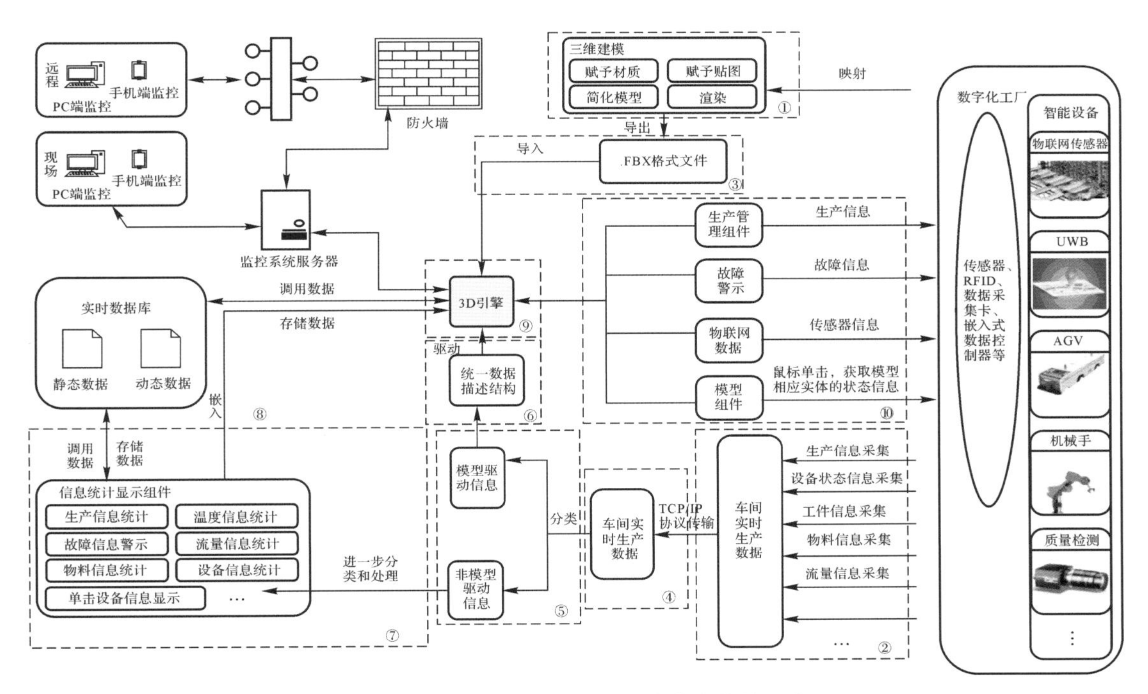

图 2-61　现场数据驱动的数字孪生管控平台

参 考 文 献

[1] 刘欣.一代材料一代飞机：飞机材料的百年发展变迁[J]. 航空世界，2021(8)：9-15.

[2] 陈培儒. 能拼才会赢：工业机器人与飞机智能装配[J]. 飞机，2018(3)：12-16.

[3] 范玉青. 飞机数字化装配技术综述：飞机制造的一次革命性变革[J]. 航空制造技术，2006(10)：42-48.

[4] 朱宏斌，徐颖，王伟. 飞机产品制造中从模拟量传递到数字量传递的工程应用研究[J]. 军民两用技术与产品，2019(6)：52-55.

[5] 李原. 飞机部件数字化柔性装配若干关键技术[J]. 航空制造技术，2009(14)：48-51.

[6] 冯子明. 飞机数字化装配技术[M]. 北京：航空工业出版社，2015.

[7] 梅中义，黄超，范玉青. 飞机数字化装配技术发展与展望[J]. 航空制造技术，2015(18)：32-37.

[8] LIANG B, BOISSE P. A review of numerical analyses and experimental character-

ization methods for forming of textile reinforcements [J]. Chinese Journal of Aeronautics, 2021, 34(8): 143-163.

[9] WEI L X, ZHU W Q, YU Z L, et al. A new three-dimensional progressive damage model for fiber-reinforced polymer laminates and its applications to large open-hole panels [J]. Composites Science and Technology, 2019, 182: 107757.

[10] 程晖，樊新田，徐冠华，等. 航空复合材料结构精密干涉连接技术综述[J].航空学报，2021，42(10)：55-73.

[11] 姚艳彬，邹方，刘华东. 飞机智能装配技术[J]. 航空制造技术，2014(增刊 2)：57-59.

[12] 姚雄华，郑党党，范林. "两化"融合与飞机数字化性能样机[J]. 航空科学技术，2015，26(3)：10-13.

第 3 章　数据驱动的装配产线多维度智能管控技术及系统

多品种、多状态始终是我国飞机制造行业的重要生产特征，飞机产线随时需要应对产品对象技术状态调整的市场需求，并做出快速反应。多状态交织的生产模式必然带来生产资源的频繁调整及生产组织、计划协调、器材配套、执行实施的复杂性，且生产过程容易引发各种技术、质量问题。部总装产线所需的原材料、成品、标准件、工装/工具/刀量具以及关键技能人员、关键设备设施等不易按计划配套，多种问题对部总装产线的顺利运行也会带来难以预知的影响。长期以来这些不确定因素对飞机装配产线带来的叠加效应一直是制约生产安全、质量、效率、成本等的主要原因，对这些因素的综合管控也始终是产线能力提升的关键途径。

经过多年发展，我国飞机制造行业的数字化制造、信息化建设取得了长足进步，与飞机部总装产线相关的诸要素依托工艺设计、生产组织、生产制造过程管控、产线设备运行管控、仓储配送、工装管理、设备管理、人力资源管理、材料定额管理、成本管理等业务领域的信息化管理系统实现了信息化管控，但各要素的状态、特征数据分散在不同的系统中，缺乏统一的集成分析，难以实现对诸要素的统筹协调和综合管控。

根据多年实践经验，飞机部总装产线高质量、低成本、高效建设运行需要信息系统之间尽可能共享可复用功能模块，系统的更新升级不能影响产线及相关业务的持续运行，系统软件要能够在对 IT 硬件资源高效利用并避免无效占用浪费的同时，大幅提升系统性能，满足用户的快速反应需求。但由于多年来建设的各业务领域信息化系统大多为集中式架构系统，共性模块难以跨系统复用，重复开发现象普遍，软件建设周期长、成本高，而且架构技术与部署模式不支持系统在线局部更新，局部功能点的优化会导致系统全局停止服务，在多系统集成体系中必然引发“牵一发而动全身”的负面效应，业务连续性差、影响面大。同时，运行状态的集中式架构系统所适应的技术体系，不支持系统基于实际动态需求占用 CPU 资源，只能僵化占用固定的 CPU 资源，导致关键资源的浪费或不足，做不到按需分配。这些固有缺点导致飞机部总装产线相关诸要素的管控系统性能低、体验差、成本高、更新影响面广，很难满足对飞机部总装产线诸要素的快速、综合复杂管控需求。

以大数据、云计算、微服务等为代表的新一代 IT 的固有特征，为解决上述问题、实现目标提供了适用的思想、方法和工具。

3.1 飞机部总装生产线的管控特征与需求

我国飞机制造行业已基本实现信息系统对各业务领域及关键生产设备设施的全面覆盖，打通了业务与产线的信息化通道，各信息系统集成互通，工业网关键设备设施运行数据总体可动态采集且呈现出明显的多源异构的特征。

高质量、低成本运营模式的飞机部总装产线一般需具备以下能力。

3.1.1 跨业务多要素叠加影响效应特征需要多域协同管控

部总装产线是多要素汇聚集成、相互影响的复杂工业场景，涉及零组件、原材料、成品、标准件、工装/工具/刀量具以及关键技能人员、关键设备设施等，任何环节、任何要素不能及时配套或出现技术、质量问题，都会对产线的顺利运行造成影响，跨业务、多要素的多域协同管控能力必然是装配产线运营的核心能力。

多年来的数字化、信息化进程中，我国飞机制造行业部总装产线逐步建立了基于业务逻辑流程的运营管控模式，流程各环节对诸要素动态变化所造成的叠加效应的分析、决策过程主要依靠线外的人工经验，并在人工干预下推动流程的运行，基于生产要素间因果关系的产线管控总体依赖于人的经验，缺乏动态数据及时、配套、精准掌控手段及对大量复杂场景诸要素因果关系的认知。以此为基础开发的各信息系统往往只能提供管理人员了解结果式的生产状态，而难以在问题萌芽状态提前预测并主动对诸要素的有效控制，更不能利用诸要素的动态状态数据抽象建模，分析问题产生的原因、造成的影响和可能的解决方法，挖掘出管理人员还未知或未能及时关注的大量隐性规律、隐性线索，将其转化为知识，从而正向自主认识、解决问题或避免问题的产生，自主分析产线运行风险，摆脱对人为经验的依赖，形成自我进步的智能化态势。

以诸要素的实时状态数据为基础，掌控部总装生产线的运行态势，驱动生产线的高效运行，让数据成为部总装生产线运行管控的关键要素，必须建立机制和模型，及时、配套、精准分析数据，做出科学、合理的决策，驱动各要素管控系统适时动态调整管控策略，才能提升对多要素的协同管控效能。

基于上述思路，面向飞机装配产线管控痛点，需要有效解决数据处理、机制模型、分析利用、协同管控等核心环节问题。我国飞机制造行业的最新研究聚焦部总装生产线诸要素状态数据的“采集、处理、建模、分析、利用”，应用云计算、大数据等技术，规划建设了云平台、大数据平台和智能管控系统，通过大规模的数据采集、处理，建立数据分析模型，探求业务规律，挖掘数据价值，建设多要素叠加影响效应环境下的多域协同智能管控机制与能力，探索基于数据分析的飞机部总装产线运行自主风险预测及诸要素智能协同管控新模式，进一步提升飞机部总装产线运行管控效能。

云平台、大数据平台和智能管控系统总体架构示意如图 3－1 所示。

云平台、大数据平台和智能管控系统总体架构运行过程及协同调控机制分为四个阶段，并以动态采集的数据为驱动持续不断循环：①工业网产线设备设施、园区网各信息系统数据的持续采集汇聚；②基于大数据平台的数据全面统一处理，以及面向飞机装配进程风险预测的建模与数据分析；③产线风险及诸要素调整策略和参数的多系统动态推送及执行监控；④产线及各系统数据重新采集，展开新一轮的管控循环。

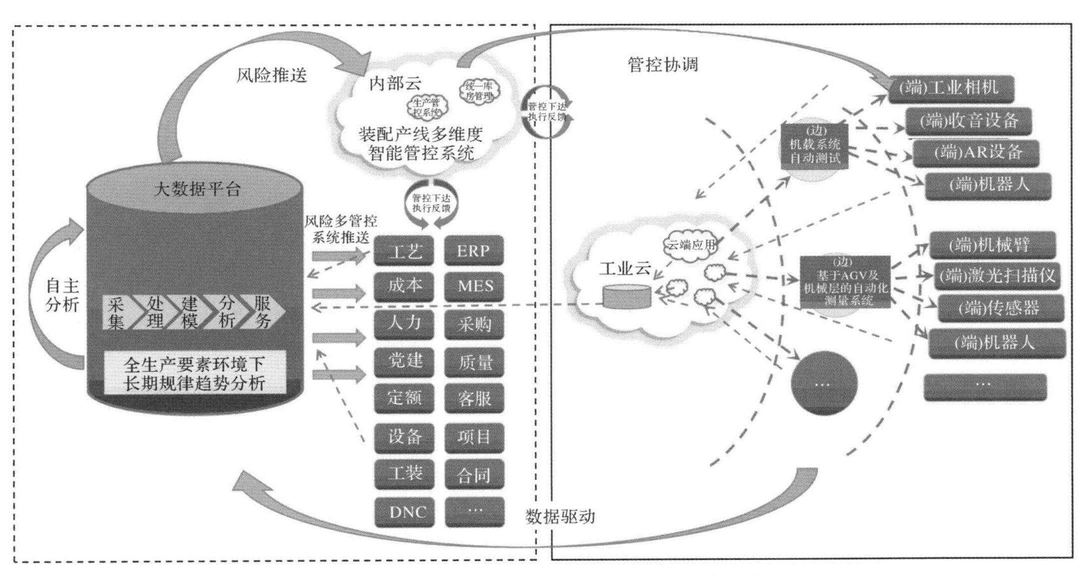

图3-1 数据驱动的装配产线多维度管控架构图

其中的进程风险预测和多系统协同涉及以下几方面。

(1)机器学习平台的建立。

机器学习平台是自主可控、敏捷易用的人工智能平台，具备快速响应业务要求的人工智能模型构建能力，满足数据智能和人工智能场景需求。训练完成的模型部署于云平台，利用“云计算”资源实现模型算法的高效计算。

(2)产线运行保障资源的分析。

为保障飞机装配产线生产任务按既定的计划节拍稳定执行方面出发，通过对零部组件制造及装配周期评估支撑产线顶层计划排产的准确性，基于未来计划排产评估设备加工能力缺口、工装/工具供应需求、产线人员能力布局，实现对保障装配产线计划执行关键要素风险的预测，并辅助决策者提前优化布局。

(3)产线运行隐性因素间的关联性分析。

飞机装配产线在制造过程中存在许多无法被定量、无法被决策者掌握的不确定因素，这些因素对产线运行及管控的影响机理尚不明晰，但经常给产线的运行制造“意外”。基于对飞机装配产线运行状态的全面采集，运用数据挖掘算法广泛分析运行状态数据间变化趋势，是探查生产要素间隐性规律、隐性线索的有效方法。

(4)产线多维度风险预测。

采集零部组件、原材料、成品、标准件、工装/工具/刀量具、设备、人员等配套缺项，以及计划执行、维修定检、质量问题、故障停机等多个维度的产线运行信息，通过跨业务多要素叠加影响的数据分析模型，实现面向飞机装配进程的风险预测。

(5)基于产线多维度风险结果驱动相关系统管控和处理。

装配产线风险预测结果、策略参数推送至ERP、MES、采购、设备等生产相关信息系统，协调并监控生产业务的管控执行，同时提供可配置的三维虚拟展示功能，支持三维环境下装配产线风险预测结果的生产执行监督管控。

3.1.2 海量多源异构数据特征需要全局统一的大规模数据处理、分析能力

我国飞机制造行业的信息化建设，经过了多年的迭代演进，不同业务领域信息、系统建设了不同时期，信息技术发展阶段不同，采用的技术路线、数据/功能架构设计等差异明显：一方面，各个业务系统在长时间内积累了大量数据；另一方面，不同的业务系统的数据描述方式、存储方式、关联结构关系、数据操作方法、数据流转依赖等涉及的数据规范、数据标准各不相同，从简单的文本文件、文件数据库到复杂的带有模型设计的关系数据库、NoSQL数据库均有使用，从而形成了飞机装配多源异构的数据管理现状和特点。

伴随业务信息系统的相互贯通，越来越多的业务管控环节需要跨域对业务数据进行综合性分析。在以往的技术环境下，通常是由各业务系统的技术人员频繁、重复地从相关信息系统中获取所需的数据，将其存储在Oracle、SQL Server、MySQL等关系数据库中再进行分析处理。这种数据的应用方式也很难保证所用的业务数据数出同源，且信息完整、准确，同时这些数据库处理数据总量的能力有限，无法处理大规模数据，面向全局的、跨系统、跨部门的数据统一管理、分析、计算能力的获得成为关键。

大数据是海量数据和大数据处理技术的结合，涉及数据采集、数据存储、数据处理、分析挖掘、数据可视化等信息技术，同时包含分析计算、批处理计算、流计算、迭代计算、图计算、内存计算等计算模式。通过利用以上多种技术工具，实现飞机装配产线大规模多源异构数据的统一采集、存储、分析、建模、计算，是大数据平台的核心目的。

基于Hadoop生态组件构建大数据平台是目前常用的方法。通过其提供的数据采集、数据开发功能组件，经过进一步的配置、开发和集成，可以实现对装配产线多源异构数据的采集、处理和对面向业务应用的数据分析；通过其提供的数据管理功能，可以实现产线数据资产可视化；通过其提供的数据服务功能，可以为外部各业务应用提供数据支撑。大数据平台可以接入多种数据源的结构化数据、半结构化数据、非结构化数据，实现海量数据的存储、管理及分布式计算，如图3-2所示。

3.1.3 IT资源管理与服务的动态适应能力

飞机制造过程中，多业务领域、业务环节的数据处理能力需求的动态变化特征，给各管控系统性能的动态适应性带来巨大挑战。传统的IT硬件资源与应用系统绑定的模式不具备灵活应对的能力，硬件资源利用率不高或不满足需求的问题长期存在。多品种研制与多状态、小批量、大规模生产高度交织的管控特征，对系统应对诸多不确定因素、快速适应不断更新的管理模式并保持持续不间断运行的能力提出了更高要求。

通过统一管理各种IT资源和应用程序，实时监测各应用系统的负载压力，自动调度和分配空余资源，建立IT资源管理与服务的动态适应能力，是提高综合利用率，避免IT资源浪费和重复建设关键。传统“地基式”业务应用部署架构如图3-3所示。此种架构存在以

下两个问题：

(1)硬件高配低用：应用系统上线前的硬件选型需要考虑和评估应用系统全生命周期和全使用时段最大并发和负载情况下的硬件资源需求，也要考虑系统在投入运行后运维阶段的数据量持续积累、业务变更、数据集成贯通所需 IT 硬件资源和处理能力。因此，为满足应用系统对处理速度、容量与并发承载需求，在系统建设时对计算、存储和网络等硬件设备的配置要求较高。

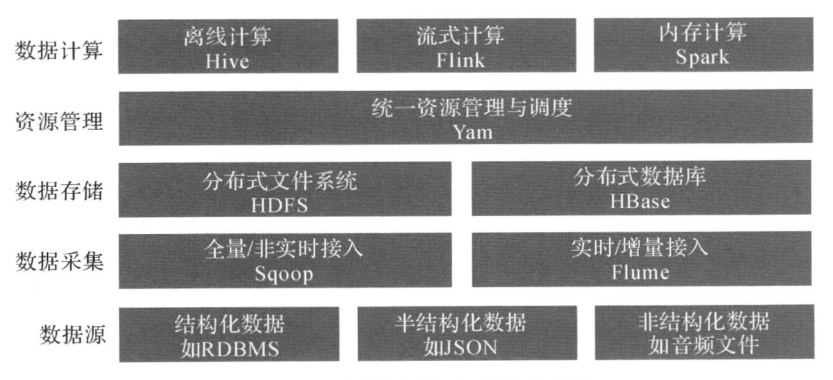

图 3-2 大数据平台相关技术组件

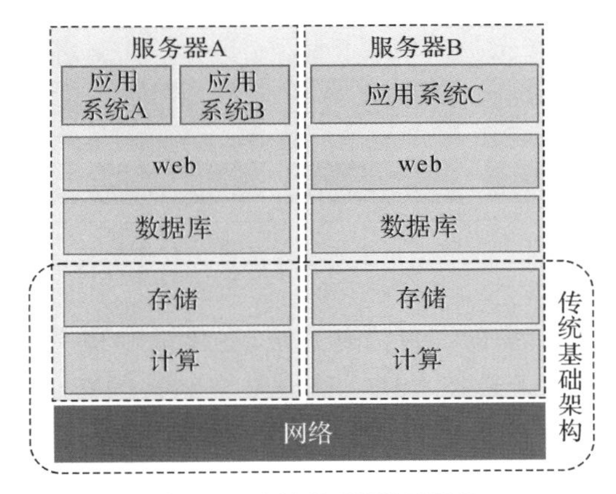

图 3-3 “地基式”部署架构

(2)资源整合困难：不同项目、不同时期、不同类别、不同厂家的应用系统技术架构通常差异较大，对资源使用方式、利用资源能力和运行环境要求不尽相同，综合考虑应用系统及运行环境中各中间件/组件的版本控制、补丁更新、访问控制、网络安全、数据灾备等涉及可用性、可靠性、稳定性、安全性、运维管理等因素后，系统建设人员通常倾向选择为新增应用配置全新、独立的硬件设备。

此处以某飞机制造企业为例。其正在使用的应用系统有一百多个，运行在数百台服务器上，多数采用传统的部署模式，硬件与应用系统强相关，其中少数核心系统对硬件的资源要求很高，组建服务器集群满足运行要求，大部分系统业务日常访问量不大，通过监控工具发现服务器等硬件资源利用率普遍不高，在部分较小的系统上表现尤为明显。

基于云计算的新一代 IT 技术将有效解决传统基础架构的问题。如图 3－4 所示，在传统基础架构（计算、存储、网络硬件层）的基础上，增加了虚拟化层、云层。虚拟化层包括计算虚拟化、存储虚拟化、网络虚拟化等。通过虚拟化层，屏蔽了硬件层自身的差异和复杂度，呈现为标准的弹性、可灵活扩展和收缩的虚拟化资源池。云层是实现资源池各种资源的调配、组合，根据应用系统的要求和实时运行状态自动生成、配置、扩展其所需的硬件资源，将更多的应用系统通过流程化、自动化的部署方式管理，提升 IT 运维效率。

相对于传统基础架构，云平台基础设施可以对 IT 软硬件基础资源进行整合，对外统一提供计算、存储、网络、安全和各类 SaaS 等丰富的云服务能力，应用系统可以共享基础架构资源池，实现高利用率、高可用性、低成本、低能耗目标，并且通过云平台层的自动化管理，实现应用系统快速部署、易于扩展、智能管理等功能。

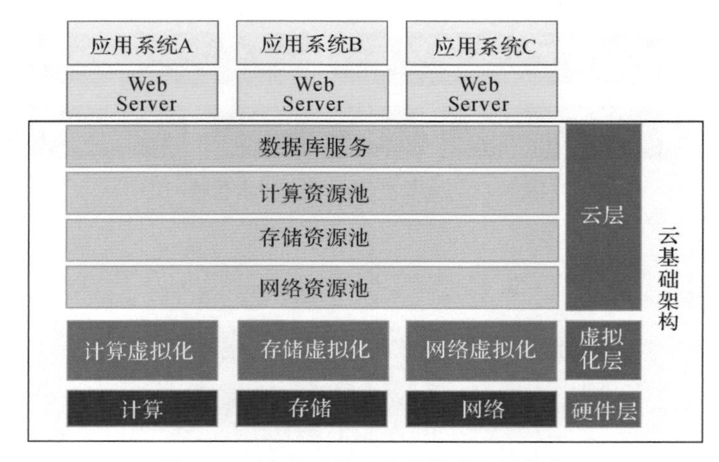

图 3－4　应用系统云计算模式部署架构

围绕飞机部总装生产线所需的大量信息系统，在建设过程中统一策划开发和使用基于云环境的基础设施，并研究基于云技术建立适合航空制造的新一代 IT 系统基础架构和运营管理平台，是保障业务安全稳定运行、提升 IT 资源利用率、简化管理运维的关键手段。云平台也将成为企业数字化转型的强力引擎，助力飞机部总装生产线持续业务创新。

3.2　支持部总装产线全局数据管理的大数据技术

在大数据技术出现之前，技术人员对数据进行处理和分析，常常使用 Oracle、SQL Server、MySQL 等关系数据库，或者使用 MongoDB、ClickHouse、Redis 等 NoSQL 数据库，这些数据库要么处理数据总量能力有限，面对 P 级和 E 级的数据无能为力，要么仅适用于一些特殊业务场景。

随着我国飞机制造行业对数据需求的快速增长，报表、指标、数据模型越来越多，找不到数据、数据不好用、数据需求响应速度慢等问题日益尖锐，甚至成为阻塞数据价值挖掘的绊脚石。2015 年后国内陆续推出数据中台的建设思路和产品。数据中台的核心是避免数据的重复采集和计算，通过数据服务化（可配置、可视化产品工具）提高数据的共享能力，使数据应用的研发速度不再受限于数据开发的速度，快速孵化出新的数据应用，最终通过数据应用实现数据价值落地。

飞机装配产线数据多源异构特征和对产线多维度数据分析的迫切需求使得大数据和数据中台相关技术成了必选项。不同技术组件组合的大数据产品具备自身技术特点，面向我国飞机制造行业大数据应用提供不同程度的解决方案；企业应从自身的具体需求出发，选择合适的产品，才能在应用过程中体现大数据技术的价值。

3.2.1 大数据平台构建前的基本要素

大数据处理技术栈可以包括多种不同的技术和组件，它们之间的组合因应用需求而异，常见的有数十种，总体上可分为分布式文件系统、分布式数据处理框架、数据仓库、流式数据处理框架、分布式数据库、数据可视化工具、查询引擎和搜索引擎、机器学习和人工智能等不同种类。在实际应用中，通常会采用多种技术来搭建整个数据处理和分析平台。其中的机器学习技术栈则可更细分为数据预处理、特征工程、机器学习模型、模型调优、部署和生产环境等。

在选择和使用大数据、机器学习技术时，需要考虑以下几个基本要素：

（1）数据特征和处理需求：首先分析待处理数据的结构、规模、源头类型、数据质量、数据时效性、数据类型定义等特征；然后根据数据处理的要求，选择合适的处理方式，如批处理、流式处理、实时处理等。

（2）应用场景：需要明确要解决的问题是什么，应用场景的分析需求、特点和数据类型，选择最适合的大数据平台和机器学习平台。

（3）功能和易用性：大数据平台和机器学习平台提供的功能和易用性对于快速构建业务应用、解决实际问题来说必不可少。平台需要提供数据预处理、分层分域的模型建立、调整、模型评估和部署等方面的功能，并具有友好的可视化界面。

（4）数据存储和访问：管理和存储数据的能力是大数据平台和机器学习平台极其重要的能力，需要具备分布式数据存储、支持不同数据源格式和数据访问方式及便捷处理的能力。

（5）版本控制：利用大数据平台和机器学习平台建立的模型和应用是一个迭代过程，需要反复对照业务场景修正旧模型并建立新模型。因此，有必要选择一个支持版本控制和管理的平台，使团队可以更好地管理、跟踪和获取模型历史版本。

（6）可扩展性和性能：大数据的分析处理和机器学习模型的计算都是资源密集型应用，因此需要有强大的计算能力和可扩展性。业务团队需要时刻了解计算、存储和网络的敏捷性以及维持模型运算的可能性。

（7）安全性、可控性和容错性：大数据平台和机器学习平台汇集了大部分的核心业务数据，它需要很高的安全性和可控性来保护这一信息，因此它必须具备传输和数据加密、身份验证、访问控制等相关功能，同时也需要具有很强的容错性以满足模型和应用运行时的可靠性和可用性要求。

（8）技术成熟度和社区支持：评估所选技术的成熟程度、相关技术开源社区的活跃度、问题解决的便捷性等方面，选择流行度高、社区支持好的技术。

3.2.2 大数据平台和机器学习平台的应用架构

大数据和机器学习技术涉及平台及工具应用架构如图 3-5 所示。

从飞机装配产线数多维度数据分析需求出发，大数据平台和机器学习平台应满足如下要求：基于 Hadoop 技术，支持快速汇集飞机装配产线各方面的数据，实现存储和管理整个产线级别的数据资源；提供高效、易用的大数据分析挖掘应用开发环境，提供大规模查询、计算能力，以及高效的模型搭建能力；支持面向大规模数据分析应用的可视化展示能力；支持对大数据平台软硬件资源及各种集群服务的管理功能。

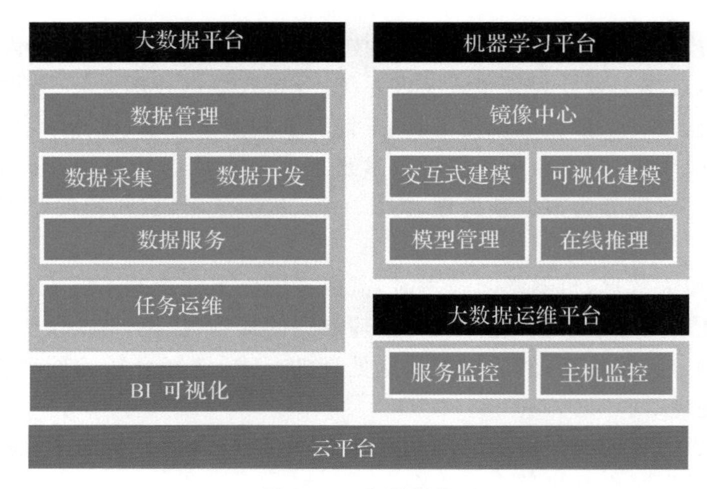

图 3-5 应用架构

具体的应用架构如下：

1. 数据采集

考虑到我国飞机制造行业内部各种信息系统 IT 架构因建设时间不同、数据持久化技术的差异和现场设备设施种类众多，产线数据主要体现以下几个特征：数据存储的源头类型各异，如关系数据库（ORACLE、MySQL 等）、文件系统（日志、PDF、图片等）、数据流（消息队列、RTSP/RTCP）等；数据内容差量更新方法各异，如时间戳、增量列、日志文件、变更数据捕获 CDC 等；数据更新频率各异，如业务基础信息、主数据等数据变化较小的静态数据，随业务执行过程记录的高频密集的动态或工作流数据；数据表达方式多样，如结构化、半结构化复杂关联数据或非结构化数据；数据增量巨大，如产线各类传感器、摄像头持续采集的现场音视频数据等。

大数据平台应具有可视化、可灵活配置或低代码开发工具，将具有上述特征的业务数据便捷地从各类数据源头以增量/全量、离线/实时等方式接入并存储到大数据环境中；数据的采集应提供以定时任务或实时服务接口的形式运行，采集任务支持采集频率、数据映射、存储目标、数据内容转换规则、数据脱敏等参数配置；支持对采集结果进行日志记录、监控和告警。

2. 数据开发

在汇集产线各业务系统数据时，考虑到业务原始数据与实际业务执行过程的差异或数据标准不统一的问题，在数据进入数据分析阶段前，需要进行数据质量处理；在面向产线进行多维度数据分析时，也需使用复杂逻辑对海量数据进行处理。因此，平台应该提供便捷的工具、方法，以拥有丰富的数据操作方式和分析库，以SQL、Python方式为主的多种数据开发环境，支持在大数据环境中对全域数据进行数据清洗、转换和加载(ETL)，支持交互式查询、数据整理、数据重组、数据存储；数据处理过程可分多个任务完成，任务间可配置依赖关系，对任务的执行可进行调度管理；数据处理应基于高速计算引擎，支持亿级数据的清洗和计算。

3. 元数据管理

由于来自产线相关数据的源头和种类繁多，抽取各业务系统源头数据表就可达近万张(这里还不包括在数据处理、模型分析阶段所建立的各层数据仓库表)，因此元数据管理就非常重要。元数据是描述数据的数据，用于管理数据的属性信息，可以提高数据管理和利用的效率。

大数据平台需具备的元数据管理能力应包括：数据血缘功能，即描述数据从产生到存储和使用中的整个历程。通过识别数据血缘关系，追踪数据的来源和去向，确定数据的准确性和可靠性，更好地管理数据质量和安全性。数据目录功能，即记录与数据源相关的详细信息，包括数据能力、数据内容、数据架构和数据访问权限等。元数据存储功能，即整合不同数据源的元数据，以便数据管理团队进行更好的管理，如分层存储、优化查询、性能优化、数据分组等。数据分层功能，即将数据设置为储存、分析或是备份操作的不同优先级，以便按设计目的将数据进行存放。数据模型，包括概念数据模型、逻辑数据模型和物理数据模型，并提供相应的数据可视化方法，使数据管理人员更好地理解数据字段、数据类型、数据约束等方面的信息。数据字典，包括数据库、表、列、数据类型、默认值和索引等信息，以便更好地维护数据库的一致性和标准化。

4. 快速建模

应用架构中提供包括机器学习的大数据深度分析挖掘平台，覆盖数据处理、特征工程、模型训练、在线推理等建模应用全流程，可以根据特定的应用场景和需求，利用算法和统计学模型建立包括深度学习、决策树、关联规则、回归分析等类别模型，以开放式编程、可视化拖拽等交互模式支持数据开发人员快速建模，降低技术门槛，提高大数据应用快速构建能力。

5. 数据可视化

当前一般使用的可视化技术主要是通过SQL语言对关系型数据库数据进行各种维度的统计，数据量级能够达到吉字节(GB)级，处理以后以条、饼、线等传统图形对少量数据加以展示，供管理/决策人员使用。而大数据分析、挖掘过程通常需展示大规模数据的变化趋势，以通过对数据特征的观察发现业务的问题，因此区别于传统的图形展示方法，一般需要通过特殊的图例对算法模型的数据特征进行展示。

大数据平台提供的包括交互式图表等技术，让用户以交互方式操作数据、探索数据关系和洞察数据变化，并支持动态缩放和滚动，有助于钻取数据并发现数据中隐藏的关系。另外，基于大规模数据的数据趋势、数据关系可视化，有助于数据结果的解释和分析。

机器学习平台可视化技术可帮助团队深入理解机器学习的过程和结果，提高机器学习的透明性和可解释性，包括数据探索可视化，通过数据探索可视化的方式（如直方图、散点图、箱线图等）来帮助数据挖掘人员理解数据的分布特征、异常点等关键内容；模型可视化，在模型的训练和优化期间，帮助分析模型性能的变化[如：受试者工作特征曲线（ROC 曲线）、精度-召回率曲线等]；特征空间可视化，在模型训练完成后，用来分析不同特征之间的关系[t 分布-随机邻近嵌入（t - SNE）可视化、主成分分析（PCA）映射、统一流形逼近与投影（UMAP）映射等]；决策边界可视化，对分类边界的结果进行可视化（如决策树可视化、支持向量机可视化等）；对抗样本可视化，在识别模型的脆弱性方面，可以帮助理解深度神经网络模型中潜在的漏洞和错误。

6. 项目管理

大数据平台中的项目管理需要具备的功能包括：①对多种技术的任务和流程调度支持。由于大数据平台集成了多种不同的数据处理和分析技术，每个技术都有自己的数据处理方式和流程，流程调度是为了确保大规模数据处理工作高效地协同完成。②任务监控和报警。该功能帮助数据管理人员实时了解任务状态和运行情况，找出问题并快速进行解决。③管理与可视化。该功能提供友好的管理界面和可视化工具，管理人员可以根据自己的需要自由配置参数和管理任务状态，从数据视角展示任务执行效果，供用户管理数据源等。④多用户管理。它是为多个用户同时管理和使用数据时所提供的功能，例如用户权限分级管理、用户和任务的限额管理等。⑤数据备份和恢复。为有效地保护数据的安全性和完整性，需要提供快速、可靠和可恢复的数据备份和恢复工具。

7. 大数据平台集群服务监控和安全管理

大数据平台提供的集群服务监控功能包括：①资源使用监控，含有 CPU 使用率、内存使用率、磁盘 I/O 等信息，以分析集群的资源利用率，并做出相应的优化和管理，例如添加、删除节点等操作；②服务监控，含有群中各种服务的状态、运行时间和异常情况等信息，如 HDFS 的存储容量和分配的块（Block）数量的情况、YARN 中的 Resource Manager 和 Node Manager 的信息等；③运行时监控，包括正在运行的任务数、运行时间、进度、失败率等信息；④日志监控，即记录和管理来自集群中各个节点和服务的日志信息，以帮助管理员跟踪问题和解决故障。

安全管理包括：①认证和授权，提供多种安全认证和授权机制，如用户名和密码、SSL/TLS 加密和 Kerberos 等，确保只有经过授权的用户才可以访问和处理数据；②数据隔离，不同的用户/部门/应用程序只能访问和处理自己访问权限范围内的数据，确保数据的隐私和安全性；③数据访问控制和审计，帮助管理员跟踪和记录数据的使用情况，包括谁访问了什么数据、何时访问以及访问结果等。

3.2.3 CDH 大数据平台

1. Hadoop 技术与生态环境

Hadoop 是一个由 Apache 软件基金会开发的开源分布式计算平台，主要用于存储和处理大规模数据集。它是一个基于 Java 编写的框架，能够通过在普通的计算机集群中彼此沟通来处理大规模数据集。Hadoop 可以轻松地扩展到数百个节点，并且可以自动生成并调整集群大小，使用者可以添加更多的节点以容纳更多的数据集，并行处理更多的工作任务。Hadoop 具有高度的容错性，将数据存储在多个节点上，以冗余方式实现数据备份，从而使得某个节点或硬件故障时仍可以正常运作。它适用于各种类型的数据，包括结构化、半结构化和非结构化的数据；处理数据采用了 MapReduce 方法，这种方法可以大大提高大规模执行任务的效率和速度。

随着 Hadoop 开源技术的不断发展，以其分布式处理基础框架为核心逐渐形成了复杂的生态系统。Hadoop 生态圈大致如图 3－6 所示。

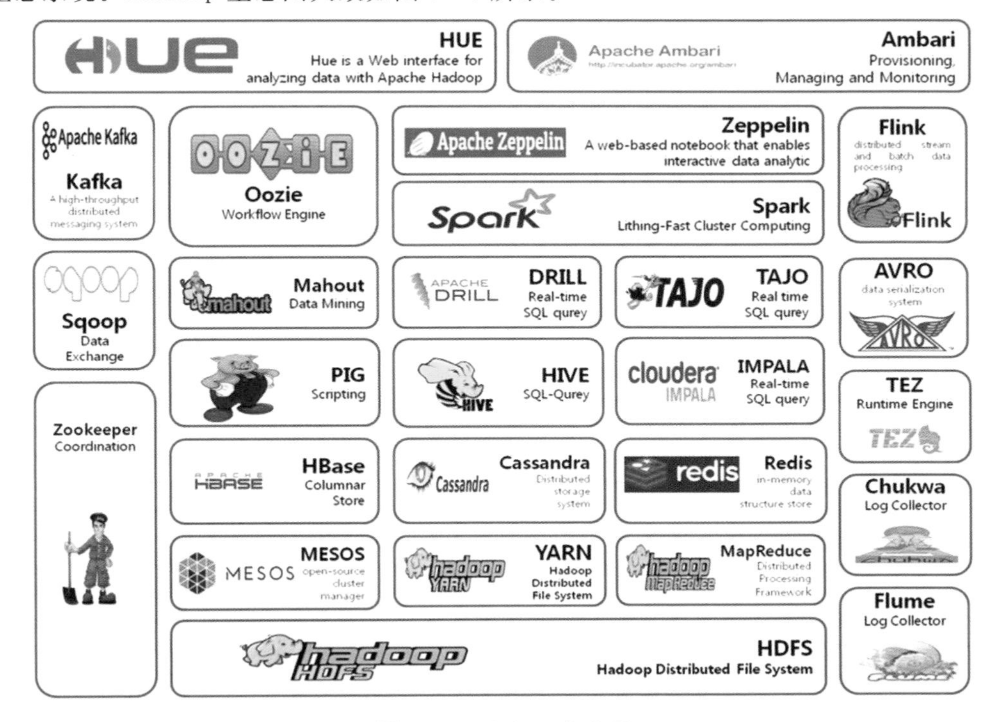

图 3－6　Hadoop 生态圈

生态系统技术组件包含了支持 SQL 语法数据仓库解决方案，能快速、高效地对大规模数据进行分析处理的数据分析平台，与关系型数据库联通的数据传输工具，处理拍字节(PB)级数据集的 NoSQL 数据库，基于内存计算的高速数据分析和处理的大数据处理引擎，用于启动大规模数据流的收集、聚合操作的分布式日志采集系统，被广泛应用于流处理领域的高吞吐量消息队列系统。除此之外，Hadoop 生态环境中还有很多其他有用的工具和技术，例如在特定数据存储、机器学习、数据可视化等领域的工具库等，可以更好地满足不同业务场景的需求。

Hadoop 生态环境根据服务对象和层次分为数据来源层、数据传输层、数据存储层、资源管理层、数据计算层、任务调度层、业务模型层，如图 3－7 所示。

Hadoop 具有强大的数据处理能力和可扩展性，能够处理半结构化数据和非结构化数据，但是处理实时数据存在一定的延迟，初学阶段可能存在技术难度较大的问题，在处理小规模数据时不具有优势，同时提升处理能力也需要增加更多的资源。

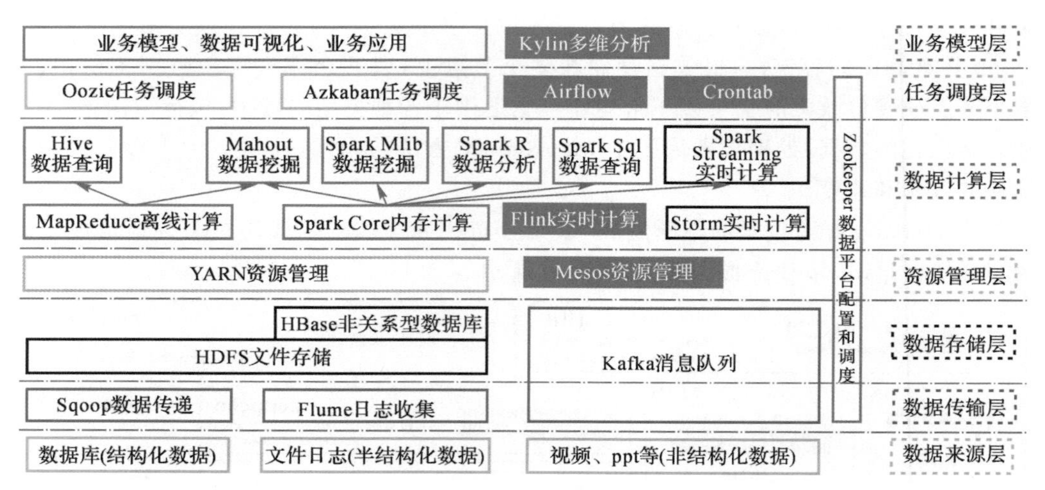

图 3-7 Hadoop 生态环境框架

2. CDH 平台

CDH 平台是 Hadoop 的商业发行版，可以十分方便地对 Hadoop 集群进行安装、部署和管理，其除了包含 Hadoop 的核心组件之外，还集成了其他 Hadoop 生态系统中的技术组件和工具，如 Flume、HBase、Hive、Impala、Spark、Solr 和 ZooKeeper 等。另外，CDH 还提供了一套管理和监控 Hadoop 集群的可视化工具，使得整个集群的管理变得更加容易，同时增加了更为丰富的安全性和管理特性，如数据加密、访问控制、审计和身份验证等。

CDH 的体系框架如图 3-8 所示。

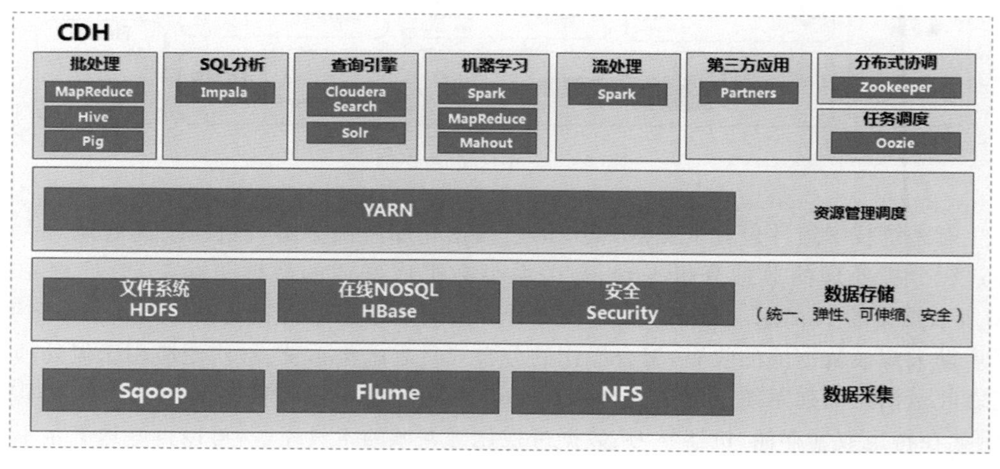

图 3-8 CDH 体系框架图

CDH 基于稳定版 Apache Hadoop，100%开源，支持 Yum 包、tar 包、RPM 包、Cloudera Manager 多种安装方式；对 Hadoop 集群提供管理、诊断、监控、配置更改等功能，使运维工作较原生 Hadoop 更高效，而且集群节点越多，优势越明显。

使用基于 Hadoop 架构开发数据应用程序，一般需要熟练掌握相关技术组件。此处以开发一个实时数据采集和处理软件为例：创建项目后，数据从 Kafka 发出，通过使用 Flink 的 Flink Kafka Connector 编写消费端处理程序，将数据写入 HDFS 文件系统或 HBase 数据库。HDFS 或 HBase 的数据经编写的 Spark 程序进一步处理后，汇总数据返回 HDFS 或 HBase。在 BI 软件中使用配置或编程的方式对软件的计算结果予以可视化展示。在上述整个处理过程中，需要跨越多个技术组件并使用 Java、Scala、SQL 等不同语言协同工作，一般存在较陡峭的技术学习曲线。

3.2.4　数据中台

数据中台是以数据驱动为主要推动力组织的关键基础设施，其主要任务包括以下几方面：将来自不同数据源的数据整合到一个集成的、标准的数据存储设施中，以方便数据的共享和利用，同时确保数据的准确性和一致性；定义数据的规则和标准，确保数据的质量和安全性，满足可靠的数据分析和决策要求；通过使用各种数据分析工具和技术，将数据转化为有用的信息并可视化后形成洞察力，以支持业务决策和持续的业务创新；提供必要的访问权限，即不同的用户和应用程序可以共享数据，以促进跨部门和跨业务功能的协作和创新。

数据中台还被定义成一套可持续"让企业的数据用起来"的机制，这是一种战略选择和组织形式，依据特有的业务模式和组织架构，通过成熟的实施方法论构建的一套把数据变成资产并服务于业务的机制。

因此，数据中台的实施不仅需要一整套技术产品，更需要针对不同业务、数据、应用场景以体系化、系统化的方法论组织实施，过程中涉及企业战略、组织、流程、技术、人才等全面保障和配合。图 3－9 是常见数据中台的总体架构。

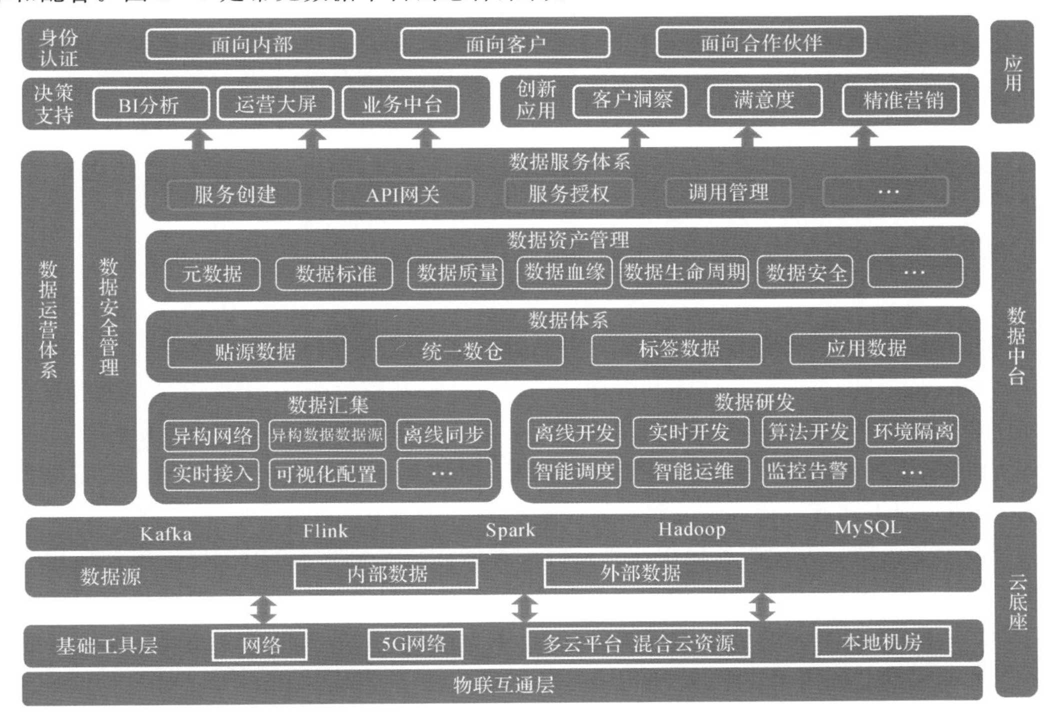

图 3－9　数据中台/总体架构图

数字中台的机制决定其成功的前提必须是“战略、组织、流程、技术、人才”五维一体，而不能在单独项目、某一业务点上孤立进行。数据中台建设目标强调最大限度地挖掘和发挥数据价值并使数据资产化，背后意味着需要统筹协调企业中所有部门的业务过程、协调各业务部门专家共同参与，一般来说难度很大，成功案例并不多见。

3.3 部总装产线管控适用的云计算平台构建及运维技术

通过统一策划开发和使用基于云环境的基础设施云平台技术，建设具有负载均衡、弹性伸缩、智能调度、开发运维一体化等技术能力的云平台，高质量、低成本地满足装配产线多维度智能管控系统和设备控制调度、数据分析等其他各类应用对的 IT 资源需求，实现飞机装配产线各环节运行管控信息系统效能的大幅提升。

3.3.1 云平台基础架构

云平台提供了灵活、可扩展和经济高效的算力、网络和存储资源管理，支持应用开发、数据分析、人工智能、物联网、视频处理等业务需求。

云平台的基础架构主要包括：①虚拟化技术。云平台使用虚拟化技术，将物理服务器的计算、存储和网络资源虚拟化为多个虚拟资源，通过按需分配提高设备利用率和灵活性。②存储组件。云平台提供多种存储方案，包括对象存储、块存储和文件存储等，以满足不同应用和业务的存储需求。③弹性伸缩。云平台提供可扩展、弹性计算资源，云原生应用系统可利用云平台提供的自动化组件实现弹性扩展，实时调整因业务访问量变化而导致的计算资源量的变化调整。④网络组件。云平台提供一个虚拟网络，用户可以在其中创建和管理虚拟子网、路由和安全组规则等来保障应用的网络逻辑、数据隔离和访问安全。⑤安全组件。云平台提供多种安全机制，包括身份验证、授权、数据加密和防火墙等来保障应用和数据的安全性和隐私性。⑥自动化管理工具。云平台使用自动化工具，如自动化部署、自动化配置、自动化监控等，以提高系统的自动化和运维效率，降低运维成本。

利用云平台基础架构并使用其中的功能时，需要明确以下几点：

1. 云计算部署模式

目前存在私有云、公有云和混合云三种云计算部署模式。

(1)私有云是由企业自行构建和管理的一种云计算基础设施，用于运行企业内部自有应用程序和软件服务。在私有云中，计算资源、存储设备和网络都是专为企业所拥有并使用的，因此可以更好地控制数据安全性和保护隐私，但私有云的成本和复杂度较高，需要投入大量的时间、成本和各种资源去建设和维护。

公有云是由第三方云服务提供商管理的一种云计算基础设施，用于提供多种应用程序和服务。在公有云中，用户可以通过互联网访问多种云服务，无需自己建设和维护基础设施，因此具有成本低和运营效率高的优势，但是数据隐私、合规性和安全性等问题需要企业和云服务提供商共同解决。

混合云是由私有云和公有云组成的一种云计算环境，用于提供更灵活和综合的云服务。

在混合云中,可以将敏感数据和关键应用程序部署到私有云中,而将非关键应用程序和服务部署到公有云中,以提高效率和降低成本。另外,混合云可以通过使用各种云技术来实现应用程序之间的集成和数据传输,以满足不同应用程序和服务之间互操作性和协作性的要求。

综上可知,私有云有很好的数据安全和隐私保护,但投入和技术要求较高,而公有云与混合云虽然成本较低,但对数据安全和保护则需要斟酌。

2. 云平台基础服务模型

云平台基础服务模型分为基础设施即服务(IaaS)、平台即服务(PaaS)、软件即服务(SaaS)三类。IaaS 提供了计算、存储、网络等基础算力资源的租用服务。用户可根据自身情况按需租用基础算力资源,在算力资源上自主安装、部署和管理操作系统、应用系统,具备很高的自主性。PaaS 为 IaaS 的上层服务,提供了应用软件的基础运行环境,整合了操作系统、数据库、中间件、开发工具和运维工具等,用户可以基于此进行软件开发和部署应用程序,并专注于应用程序的开发和运营,而不必关心底层基础设施的运营。SaaS 为 PaaS 的上层服务,为用户提供了更高层级的服务。SaaS 平台将应用软件功能通过云服务的方式直接提供给用户,用户只需要通过 Web 浏览器或移动客户端就可直接使用软件服务。

几种服务模型的比较如图 3-10 所示。

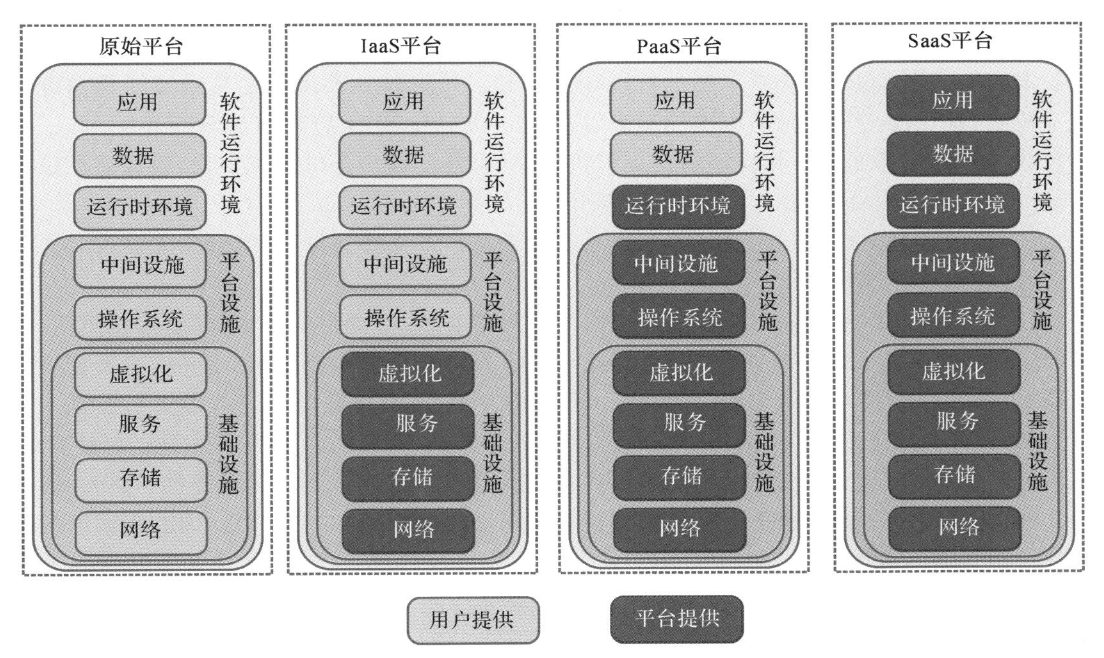

图 3-10　云平台基础服务模型比较

IaaS、PaaS 和 SaaS 都具有云计算的基本特征,如弹性、灵活、可扩展、可定制等。需要特别说明的是,PaaS 云在虚拟化的发展过程中产生了一种新的云计算基础设施,即“容器云”。容器云提供了容器编排、容器管理和容器扩缩等服务,能够方便地创建、管理、扩缩和调度容器应用,为实现应用程序高可用、软件负载均衡,开发运维一体化提供强有力的支持。

3.3.2 容器云与软件运行环境

容器是通过虚拟化技术隔离运行于操作系统上的一类进程，它拥有独立的文件系统、网络系统和运行时环境，容器进程之间以及与宿主操作系统进程相互隔离、互不影响，可以单独对其使用的资源进行分配。

容器云作为PaaS的重要服务模式，提供了针对容器的编排引擎、容器扩缩引擎和存储资源池等核心功能，为云原生应用程序提供弹性扩缩、自动调度等功能的同时，通过微服务容器化来增强云原生应用程序的运行效率。云原生应用程序指的是针对云计算架构和微服务设计原则进行设计、开发和部署的应用程序，与传统的应用程序不同，它们一般更轻量化、可扩展、高可用、易于部署和管理，并且符合容器化、微服务化和自动化管理的技术要求和规范要求。

应用系统利用容器技术，具有如下优势：

（1）持续部署与测试。容器消除了线上、线下的环境差异，保证了应用程序开发、测试、生产不同阶段生命周期的环境一致性。系统开发人员使用镜像实现标准开发环境的构建，开发完成后通过封装完整环境和应用的镜像进行更新，因此，测试和运维人员可以用同一软件镜像来进行测试和发布，极大地简化了持续集成、测试和发布的过程。

（2）环境标准化和版本控制。各系统开发人员基于容器提供的一致性环境和标准化管理版本控制规则，进行系统版本和运行环境的管控。可以使用Git等工具对容器镜像进行版本控制，其相比基于代码的版本控制来说，能够对整个应用运行环境实现版本控制，一旦出现故障可以快速回滚。相比以前的虚拟机镜像，容器压缩和备份速度更快，镜像启动也如启动一个普通进程一样快。

（3）跨云平台支持。越来越多的操作系统和云平台都支持容器，系统开发无需担心受到云平台的捆绑和限制。

（4）高资源利用率与隔离。容器与底层共享操作系统，性能更加优良，系统负载更低，在同等条件下可以运行更多的应用实例，因此可以更充分地利用系统资源。同时，容器拥有资源隔离与限制能力，可以精确给应用分配CPU、内存等资源，保证应用间不会相互影响。

（5）组件商店丰富。Docker官方构建了免费的镜像仓库，其上已累积了成千上万的镜像，各系统开发人员可以自由地下载微服务组件和成熟的软件，为开发运维工作提供了巨大便利。

（6）容器编排。容器编排引擎是用于自动化容器集群管理、部署、升级、伸缩和调度的基础软件。目前Kubernetes（简称“K8S”）是容器编排领域的事实标准，其具备容器全生命周期的管控、容器资源动态分配、容器弹性扩缩管理等功能。基于K8S搭建分布式容器编排系统，实现插件高度模块化，可很大程度地减轻开发、测试、运维等日常工作的复杂度。另外，通过整合其他多个技术组件，能够满足多租户、服务治理、CI/CD、应用管理、监控日志等复杂业务场景，实现快速构建完整的容器平台运维生态链条。

（7）存储资源池。运行在容器环境下的应用程序需要在云中不同节点之间移动，存储资源池是容器云中用于集中存储数据的虚拟化存储池，可实现对多个应用系统数据的持续存储和管理。存储资源池采用分布式存储技术体系，采用卷管理技术将磁盘池化，可将池化后的存储资源分配给多个应用程序共享，其实现方式多采用分布式的数据分片及多副本策略。

利用冗余备份数据存储的方式来保证数据的安全，为集群环境提供高可用、高安全、高性能存储资源。

3.3.3 容器云平台的实施模型

在云平台部署实施过程中，需要将集群中的集群控制节点（简称“Master”）和工作节点（简称“Node”）两种角色进行合理配置和划分，保障集群处于冗余和可自愈状态。

以K8S为例，Master是集群的控制平面组件，负责集群的管理和调度工作，主要包括API Server、etcd、Controller Manager、Scheduler四种服务。集群中的所有操作（包括容器应用的创建、删除、更新等）都由API Server发出；etcd是一个高可靠性的分布式键值存储，用来存储集群状态，如节点状态、Pod信息、服务信息等；控制器（如副本控制器、服务控制器等）都在Controller Manager中运行，它负责监控集群中的各种资源，确保容器应用的状态符合预期；Scheduler则负责为新的Pod分配节点，根据节点资源和Pod资源需求进行匹配。这四种服务相互协调、配合，共同完成对容器集群的控制。因此为防止管控节点故障和避免选举脑裂问题，需要采用3台以上的服务器构建容器云平台管控节点。

Node是集群中真正运行和承载容器的计算机节点，每个Node都具有容器运行时环境、Pod调度器、Kubelet组件、网络代理等，负责接收Master的指令并进行容器的管理和调度工作。在默认情况下，Kubelet会向Master注册自己，一旦Node被纳入集群管理范围，Kubelet进程就会定时向Master汇报自身情况，以及当前有哪些Pod在运行等。长时间失联的Node会被标记为不可用“Notready”，随后Master会触发“负载转移”的自动流程。云平台管理员可根据资源使用压力与节点负载状态进行新增与删除物理工作节点，保证云平台资源充足，容器编排稳定高效。

云平台内部数据交互极为频繁，因此应选择性能良好的交换机作为南北向与东西向网络接入设备，并采用存储网络与业务网络分离建设原则，避免业务网络与存储网络互相干扰的风险，同时搭建负载均衡设备，用于南北向流量的负载分发，支持容器云平台负载均衡的特性。

基于以上基础环境技术特点与场景需求，一个最小可用的容器云平台硬件基础设施清单如表3-1所示。

表3-1 云平台硬件基础设施清单

设备名称	数量
管控节点服务器	3
工作节点服务器	4
分布式存储	3
负载均衡服务器	1
万兆交换机	1

容器云平台软件的部署架构如图3-11所示。

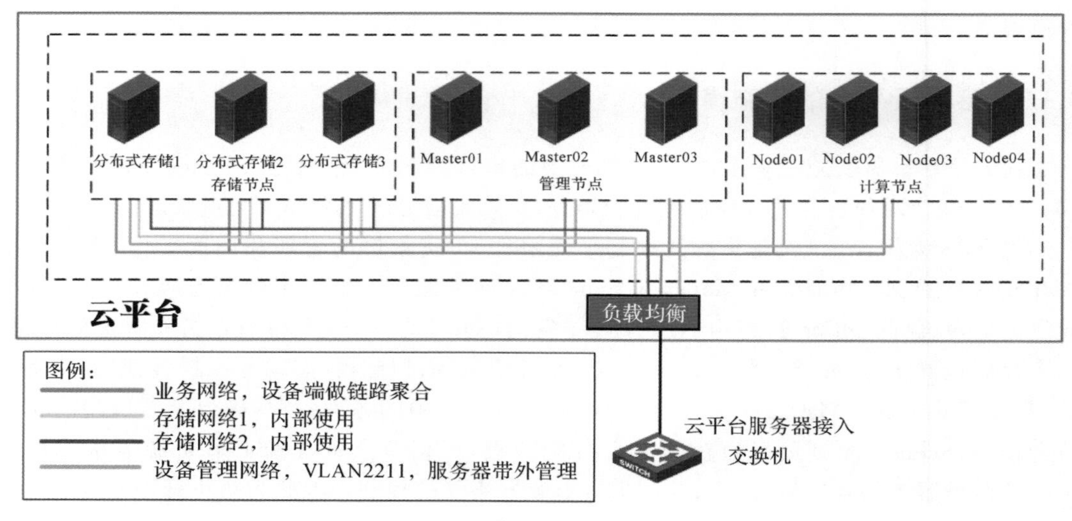

图 3－11　云平台物理部署架构

3.3.4　云平台开发管理和运维技术

(1)DevOps 支持。DevOps 是云平台提供的为应用系统开发、运维团队协作、沟通和自动化部署的一组功能和流程组件，在应用系统生命周期的多个阶段中实现更快速和更频繁的软件构建、测试和部署，并在开发、测试、生产环境中快速调整和修复软件错误、不足的方法。云平台具有基于多租户体系的 DevOps 工程能力，提供 CI/CD 流水线，可自动检出代码、测试、分析、构建、部署并发布应用系统，减轻应用系统运维和发布工作强度。系统开发人员通过图形的设计，可便捷地创建流水线(见图 3－12)，实现云原生应用自动化交付。

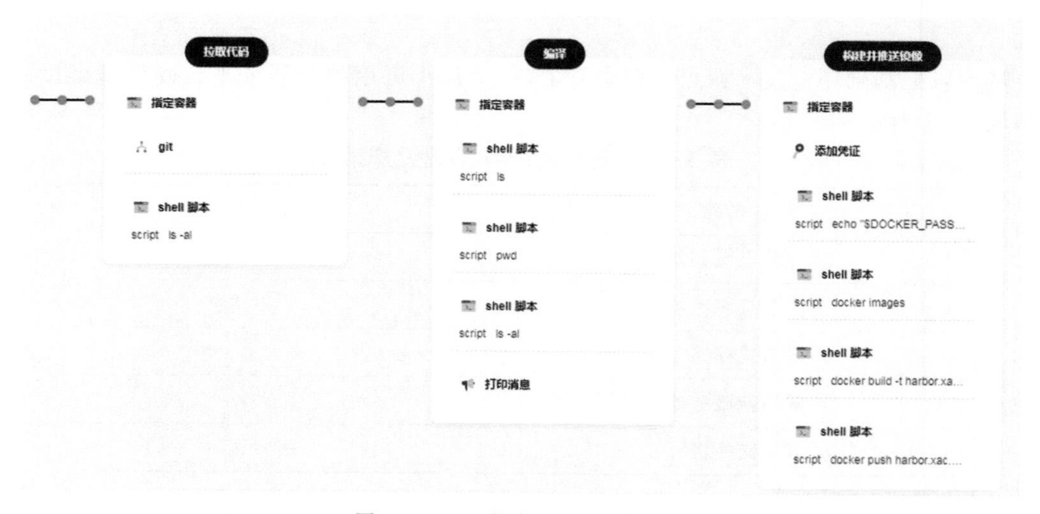

图 3－12　可视化 CI/CD 流水线

(2)微服务治理功能。微服务架构系统通常由数量众多、相互依赖的小型服务组成,并在使用运行过程中随着访问量或资源环境变化而不断变化。因此必须要对它们进行有效的治理,才能确保整个系统的可靠性和可用性。云平台基于Istio(一种系统管理工具)实现流量治理功能,提供“金丝雀”发布策略,可将流量按照所配置的比例转发至当前不同的灰度版本,同时具有分布式链路追踪、蓝绿部署、流量镜像、熔断机制等微服务治理功能。

(3)应用商店。应用商店(见图3-13)提供了简单、高效、灵活的云服务和应用程序部署和管理功能,可为用户提供成品软件的应用生命周期管理。系统管理员能够使用应用商店已配置好的中间件快速发布基础应用组件。

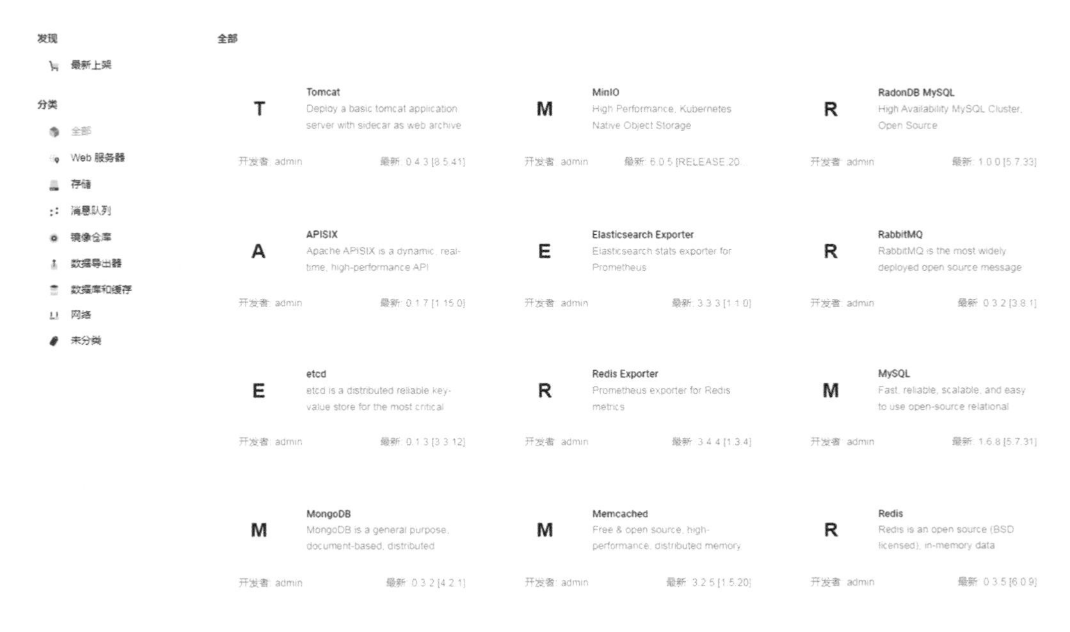

图3-13 应用商店界面

(4)一站式监控。云平台提供了具备可发现性、可观测性、高安全性的云平台一站式监控功能。如图3-14所示,一站式监控具有多维度监控与告警能力,包括集群各个节点的CPU、内存、网络及存储和服务等基础资源;具有日志查询和收集能力,统一收集与展示云上组件与应用系统日志。通过以上能力,可快速感知云平台健康状态、获取资源池状态、定位组件故障,有效保障云平台与业务应用的稳定、可靠运行。

(5)分布式存储。容器云平台使用分布式存储(见图3-15),存储卷提供了自动端口分配和卷读写控制等功能,为应用系统提供存储支持。

(6)弹性伸缩。容器云平台基于CPU、内存、时间段、QPS预设置以及第三方业务系统的调用,实现应用容器的弹性伸缩功能。如图3-16所示,当应用的工作负载平均值高于设置的阈值时,容器云平台便会自动完成容器应用实例的添加部署。

(7)故障转移与恢复。容器云平台通过对主机的心跳测试,自动将故障应用调度到其他可用主机上,恢复和保持初始设定的实例数,实现应用自愈。

图 3-14　一站式监控界面

图 3-15　分布式存储

图 3-16　设置弹性伸缩阈值界面

(8)镜像仓库。私有镜像仓库可实现应用系统动态构建时应用镜像的拉取与发布。如图 3-17 所示，使用 Harbor 组件及相关组件提供镜像存储、镜像漏洞扫描、镜像版本控制等服务能力。

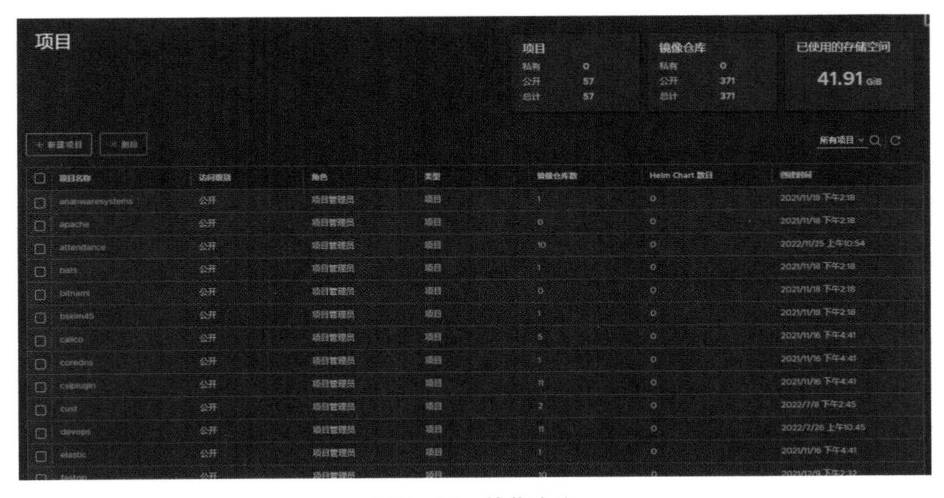

图 3-17　镜像仓库

(9)负载均衡。负载均衡组件提供应用系统在瞬时大流量场景下的高可用服务的能力。图 3－18 所示为通过可视化向导创建的负载均衡应用。

图 3－18　负载均衡服务管理界面

(10)多租户管理。如图 3－19 所示,通过对不同租户分区,实现 CPU、内存、存储磁盘、应用容器、镜像仓库模板、报警信息、日志文件等基础资源隔离。

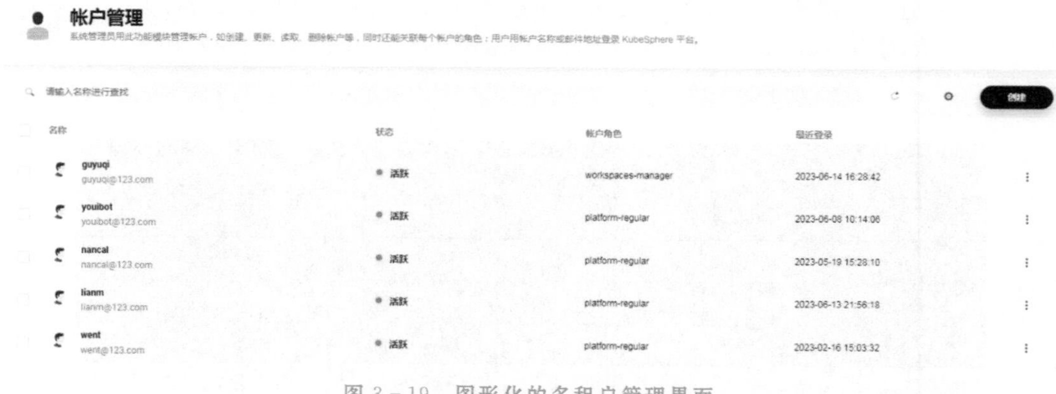

图 3－19　图形化的多租户管理界面

3.3.5　微服务技术

传统“集中式架构”的应用系统大多为单体应用或单体架构,常被用于开发和部署大型、复杂的应用程序。这些系统由多个模块或组件组成,所有模块和组件共享同一数据库和资源，且在同一代码库和进程中工作，组件间相互依赖，通过内部函数调用和接口通信实现业务功能。这种设计方式确保了开发速度和开发效率，但也存在一些固有缺陷。一是随着时间的推移，架构可能变得杂乱无章，模块的增多将使整个应用程序的代码变得难以管理，代码复杂度和耦合度增加，导致维护成本快速增加。二是软件的更新需要对应用系统整体重新安装配置，不适用于快速部署和动态缩放的场景，可扩展性差。采用微服务架构风格开发的软件系统可以很好地解决以上问题。

1. 微服务技术特征

微服务是由一组小型、松耦合的服务组成的，每个服务都有自己的进程和数据存储，并通过轻量级的通信机制相互协作。这些服务被组织成围绕业务能力展现的小型自治组件，可以独立部署、扩展和运行。

它具有如下特点：①模块化：微服务将应用程序拆分成多个小型、独立的服务，并将它们组合成一个完整的应用程序，微服务间通过定义良好的接口和契约进行通信。②独立数据存储：每个微服务都拥有自己的数据存储，数据存储的独立性十分有助于提高系统的可扩展性和可靠性。③松耦合性：微服务之间基于 API 的通信方式交互，服务之间相对独立，降低了紧耦合带来的风险。④可替换性：微服务可以彼此替换，这意味着可以使用不同的技术栈或语言，开发效率和灵活性提高，方便团队成员的职责分工。⑤可扩展性：微服务可以根据负载需求进行扩展，通过扩展组件或服务数量来处理性能瓶颈。⑥可靠性：微服务架构使应用程序更加健壮、可靠，因为它允许分布式应用程序失败恢复，提供了更好的故障隔离和容错机制。⑦与云和 DevOps 紧密结合：微服务因为其小型且独立运行，与云环境完美适配，同时也适于与 DevOps 结合。

在享受微服务在带来好处的同时也需要注意它的缺点。第一，分布式系统复杂性增加，微服务架构使得应用程序被拆分成许多不同的服务，这意味着系统要处理分布式系统的问题，如一致性处理、服务发现、负载均衡、网络延迟等。第二，需要更多的开发和维护工作，由于微服务系统中的服务数目大量增加，每个微服务独立完成部署、测试和上线，所以需要更多的开发和维护工作。第三，需要更多的资源，微服务架构的服务数目增加后，就需要更多的硬件资源来部署所有服务。此外，由于服务之间需要通信，网络带宽和延迟也可能成为问题。第四，故障排查变得更加困难，由于每个微服务都是独立的、彼此联系的，因此如果发生故障，排查问题会更加困难。正因为如此，微服务应用需要借助云平台的相关功能解决上述问题。

2. 微服务开发的原则

微服务系统开发需要遵循的原则有以下几方面：

(1)单一职责原则：每一个微服务应该专注于一个单一的业务功能，实现一个独立的业务需求，这有助于微服务的维护和扩展。

(2)接口隔离原则：一个接口只应该用于实现一种功能，尽量不要将太多的功能都交给同一个接口，并且要避免出现过于复杂的接口实现。

(3)依赖反转原则：微服务架构应该避免耦合和直接依赖，通过接口抽象而非具体实现，降低微服务间的耦合度。

(4)适当的拆分原则:按照业务域等因素适当划分微服务边界,确保模块的独立性、一致性和可维护性,在团队协作过程中加强沟通和协商。

3. 微服务系统建设

在深入理解业务,完成业务需求调研的基础上,划分满足要求的业务模块和子领域,确定微服务功能的边界。每个业务模块和子领域可以采用独立的微服务来实现,也可以合并成一个微服务实现。当将一组相关的操作封装成一个微服务时,需要仔细考虑事务的原子性、隔离性和完整性,保证服务中的事务具有可扩展性和独立性的设计,并进一步根据业务模块和数据访问模式,决定为每个服务分配独立的数据库或者共享数据库,数据访问的粒度同样需要符合原子性和幂等性操作的要求。

从业务需求出发,在技术栈和中间件的选择上尽可能使用与云计算环境配套的具有成熟生态环境,并大量使用用户的开源软件产品,比如存储和处理海量数据时与业务场景适配的有关 NoSQL 数据库产品,传输大量有最终一致性要求数据时的异步消息队列产品等。当然,也可以直接选择支持微服务开发的成熟的商业开发平台,但要注意对开发平台的依赖性。

微服务之间 API 调用关系的规范性稳定性、微服务的自愈性和微服务调用链跟踪故障处理是微服务设计中的重要关注点。当云环境下某个微服务出现故障时,可以通过自身的机制(如熔断、重试、缓存)自动修复,日志输出应包含微服务请求响应链的全过程记录。另外,统一的日志监控系统可以帮助运维人员及时发现错误和故障,保证系统的可靠性和稳定性。

与云平台结合构建微服务应用开发和运维的自动化的持续集成和持续交付(CI/CD)的流程通道,包括自动构建、编译、部署和测试。可将 CI/CD 的过程分为开发、测试和生产三个环境,并将三个环境的流程贯通,以满足软件快速部署迭代的要求。

3.4 云平台和大数据技术在部总装产线多维度智能管控中的集成应用实例

3.4.1 数据驱动的装配产线多维度智能管控应用实例

"数据驱动的装配产线多维度智能管控"以飞机装配过程的生产管控手段模式为对象,以各领域要素状态数据的分析及其对复杂业务过程驱动的模型创建为重点,力求通过新的技术途径寻求有效的解决办法,建立高效的飞机装配过程综合管控能力,其本质是推动产线的智能管控,其核心在于诸要素状态的感知、分析与调整决策,主要体现为对数据的"采集、处理、建模、计算"和对未知的隐性规律、隐性线索的发现、积累。

3.4.1.1 设计框架

以影响部总装产线运行的诸要素协同风险为出发点,以产线及相关系统数据为驱动,通过对产线已知的显性问题、未知的隐性问题以及关键生产要素需求的分析、挖掘,构建产线风险预测数据分析模型,实现基于大数据风险综合分析、产线多要素能力匹配程度分析的多

系统动态协同调控机制(见图3-20)。具体分为三个部分:

(1)通过对显性问题的数据分析及其解决过程的数据收集,不断积累经验、完善风险预测模型;对产生显性问题的产线生产要素实时监控,及时预测产线风险,避免风险问题发生。

(2)获取产线全生命周期数据,依靠数据分析、挖掘,发现产线不为人知的隐性线索,通过数据的进一步分析、挖掘,显性化其对产线的影响作用,不断迭代优化风险预测模型。

(3)通过数据挖掘算法,对装配产线人、机、料、法、环、测关键生产要素策略及能力进行深入分析,支撑产线风险预测的准确性,并为生产管控策略提供依据。

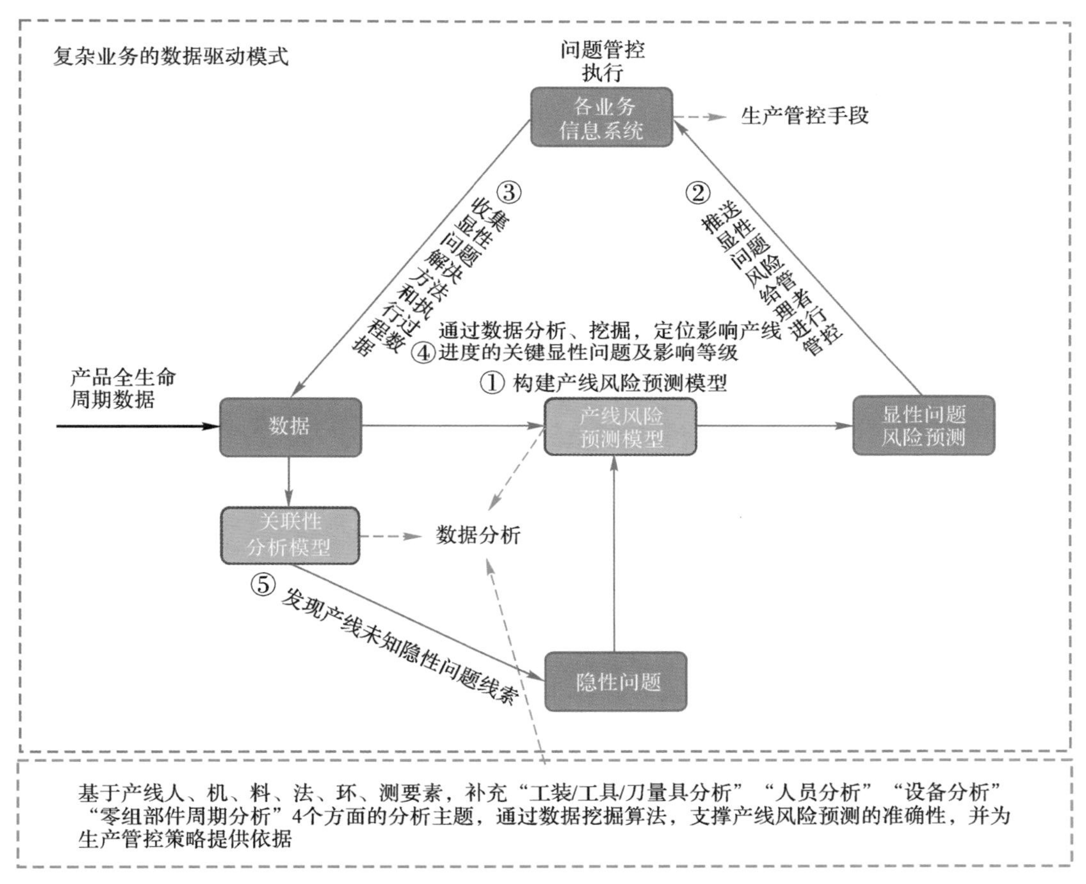

图3-20 数据驱动的装配产线多维度智能管控模式设计框架

3.4.1.2 实现思路

(1)通过大数据平台采集产线全生命周期数据。

装配产线诸要素状态数据主要分布于企业园区网和工业网。工业网的产线数据首先基于“云-边-端”部署架构、数据跨网传输模式要求被逐层汇聚至园区网,再由大数据平台负责园区网数据的全面采集。

(2)基于已知逻辑的显性问题构建业务分析模型,其中部分关键环节应用数据挖掘技术,提高业务分析模型的准确性。

我国飞机制造行业经过多年的业务积累，总结了大量的生产运行诸要素管控规律，但仍然有诸多的生产要素状态因果关系处于不准确的定性状态，甚至完全未知的状态。因此，需要在充分利用已知的准确业务逻辑、数据关系，构建“装配产线风险预测、产线人员分析、设备能力分析、工装/工具需求分析、零组部件周期分析”五个业务分析主题，并在此基础上进一步应用数据挖掘算法进行零件周期分析、设备加工时长分析、设备分组分析等，以获得更加科学、全面的准确分析结果。

五个业务分析主题及数据挖掘的实现方法如下：

1)装配产线风险预测。面向部总装配进度，全面收集产线数据，基于已知关系对各领域要素状态数据进行分析，将影响部总装装配进度的直接和间接的生产要素风险进行全面展示，以驱动业务的协同管控。

2)产线人员分析。通过收集产线工人的生产相关数据，基于产出产品的“数量、成本、质量、进度”等方面构建一线工人“生产综合能力”计算模型，并基于模型计算结果划分能力等级，展示各车间生产任务安排与人员数量、能力等级的分布情况，同时从“质量、进度”等多个维度在生产派工环节推荐一线工人。

3)设备能力分析。采集设备运行数据，通过设备分组算法模型(聚类算法 *K* means＋＋)、设备加工时长算法模型(正态分布)推荐设备对应零组部件工序加工时长及设备分组信息，将分析结果推送至生产作业计划系统，以支持车间设备工序级排产。

4)工装/工具需求分析。根据历史上每天生产任务下达和工装/工具/刀量具的现场配套实际情况，评估零组部件制造、装配任务对工装/工具/刀量具的配套数量需求，将人为经验转成数据分析的结果，实现对工装/工具/刀量具的配套需求的预测。

5)零组部件周期分析。采集 ERP 生产管控系统、MES 零件制造执行系统、MES 装配系统中制造、装配计划执行过程中的数据，区别不同加工方法，构建各车间的制造、装配历史周期样本数据，通过零组部件周期算法模型(正态分布)推荐最优周期。同时，采集当期发生的工艺更改、工装/工具/刀量具的库存储备、车间当期总任务安排、外围车间当期周转数据等，以从多个生产维度观察其与零组部件周期数据变化趋势的关系。

(3)基于产品全生产要素的业务运行数据，依靠数据挖掘，发现业务行为间的关联趋势；通过这种方法帮助企业发现产线尚未可知的隐性问题线索，再通过对数据的挖掘、分析进一步支撑产线进度的风险预测。实现过程是将信息系统中的业务表视作一类业务行为，通过业务行为相关性分析找出业务行为发生的趋势。业务行为相关性分析主要采用皮尔逊(Pearson)相关系数、相似度系数(Corr)、余弦相似度(cos)、斯皮尔曼(Spearman)相关系数和 Apriori 算法。

数据驱动的装配产线多维度智能管控模式实现方法如图 3－21 所示。

3.4.1.3　架构体系的详细逻辑架构

基于云平台和大数据技术的部总装产线多维度智能管控架构体系的详细逻辑如图 3－22 所示。

1. 大数据平台

大数据平台具备大规模分布式数据处理、分析能力，能够支持“数据驱动的装配产线多维度智能管控”机制的需要，可以对产线设备设施动态运行状态以及产线诸要素相关的各业务领域管控系统中的要素状态等多源异构海量数据进行复杂、高效的综合性分析决策，并可依据产线管控不同领域、不同角色的需要配置数据服务，提供所需的分析结果。

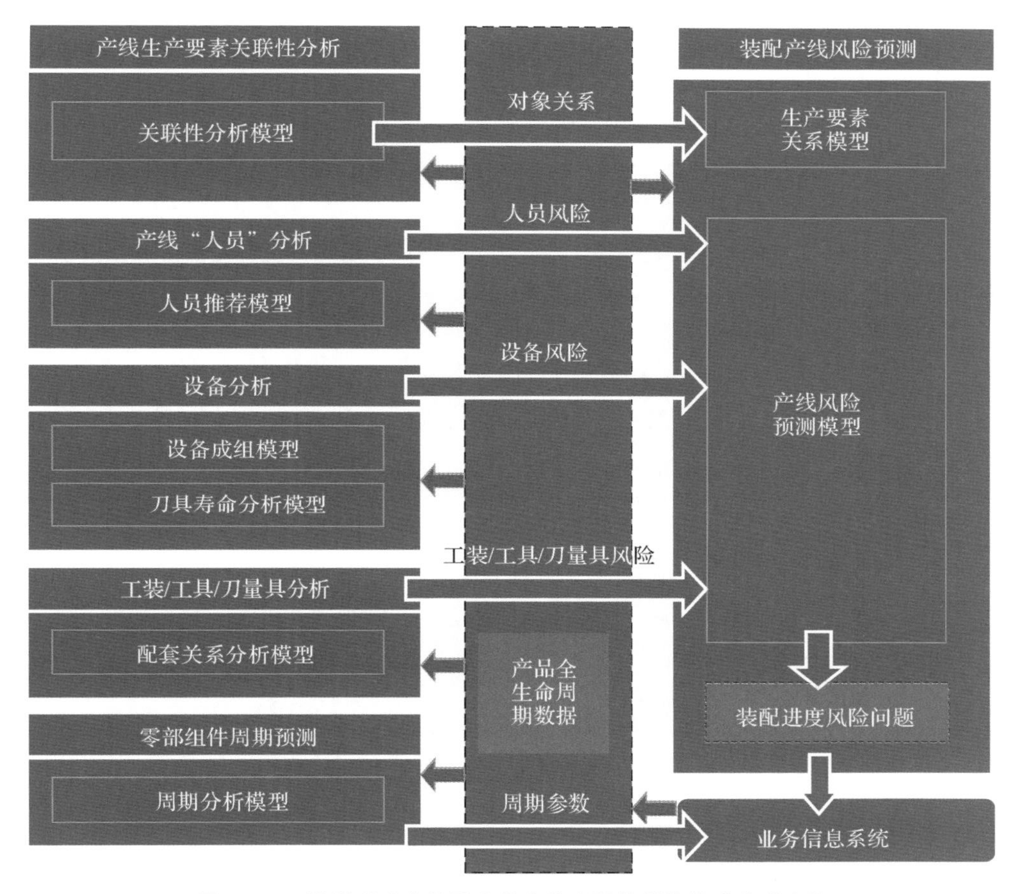

图3-21 数据驱动的装配产线多维度智能管控模式实现方法

2. 机器学习平台

机器学习平台可与大数据平台对接，实现数据预处理结果的快速访问；其支持快速定制个性化镜像环境，满足个性化的训练环境和推理环境的需求。因此在机器学习平台中完成对“数据驱动的装配产线多维度智能管控”模式中“关联性分析算法模型（Apriori、Corr、cos、Spearman、Pearson）”“设备分组算法模型（聚类算法 *K* means＋＋）”“零组部件周期/设备加工时长算法模型（正态分布）”等算法的训练、优化。

3. 云平台

训练、优化后的算法模型部署于云平台，利用“云计算”资源实现模型的高效运算。

4. 装配产线多维度智能管控系统

基于“云部署”的装配产线多维度智能管控系统承担着两个方面的作用：①向生产业务

管理人员展示数据分析、模型计算使用的计算逻辑、策略参数，以及数据分析、模型计算的结果，并支持生产业务管理人员依据生产业务经验调整分析逻辑、策略参数，达到业务分析模型、数据挖掘算法的迭代优化，同时使得业务人员充分参与到大数据分析过程中。②装配产线多维度智能管控系统向各生产信息系统推送装配进度风险信息，向不同生产管控环节推送管控策略信息，同时基于飞机装配进度风险下达、收集管控指令和执行反馈，逐步累积形成产线知识、规律。

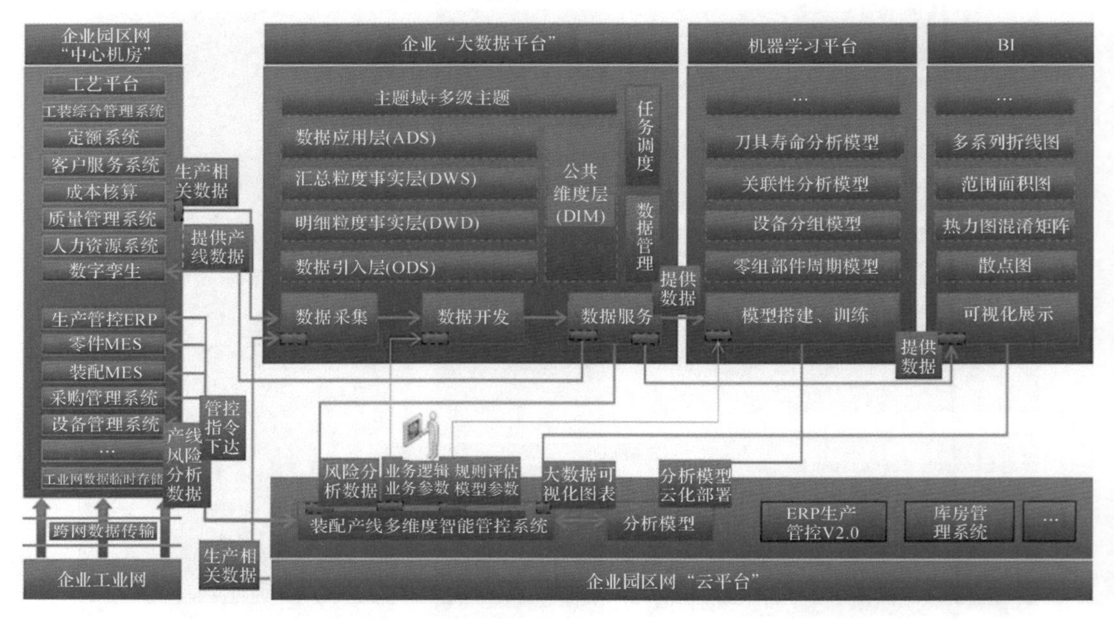

图 3-22　数据驱动的装配产线多维度智能管控模式部署架构

3.4.2　基于云平台的微服务应用部署实例

以某飞机制造企业“物流配送管理系统”为例，该系统是企业内部制造执行系统（MES）、仓库管理系统（WMS）与自主移动机器人管控系统（AMR）之间的桥梁，主要负责订单管理、路线规划、车辆/移动机器人调度、跟踪和监控管理等。

“物流配送管理系统”以微服务技术进行设计，系统架构示意如图 3-23 所示，采用 SpringCloud 框架解决方案，从场景功能出发，拆分出（包括）业务微服务 6 个、技术微服务 6 个、基础组件 3 个。系统以 Euraka 集群作为微服务注册中心，以 Gateway 作为服务网关接收外部请求，以 ZipKin 进行链路数据状态监控，以 ConfigMap 作为配置管理中心，以 RabbitMQ 作为消息队列等中间件；基础组件部分使用了分布式读写分离的 MySQL 数据库、容器化日志管理引擎 ELK 和高稳定的容器化 Redis 集群。

“物流配送管理系统”在云平台中以独立租户的方式分配和使用 CPU、内存、存储、网络等 IT 资源，并通过周期性的监测目标服务的资源性能指标，实现满足策略条件下的容器副本调整和服务弹性伸缩。系统经过在云环境下实际测试使用验证，能够很好地实现运单排程、AMR 冲突避让等算法的快速计算、执行操作的快速响应、任务处理快速分配和数据安全存储。业务微服务组件与技术微服务组件深度结合，辅以云平台能力，构建出稳定高效、高并发、高可用的应用系统。

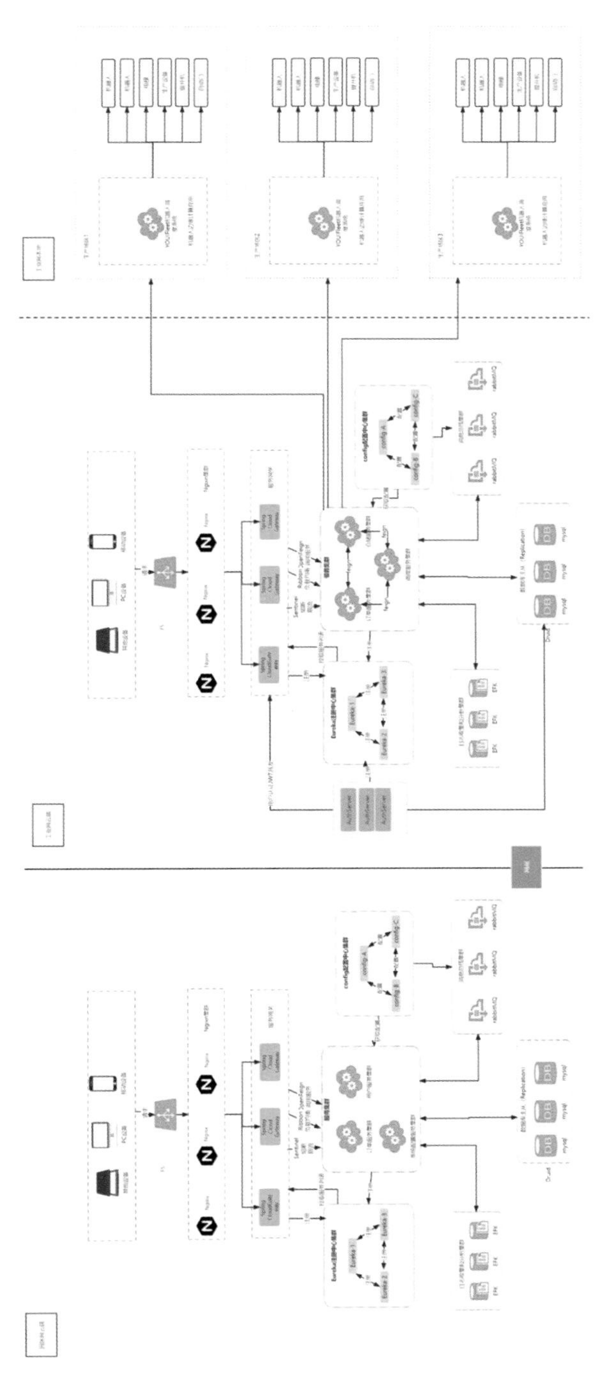

图 3-23　“物流配送管理系统”架构示意图

“物流配送管理系统”的技术组件与系统软件运行环境依托于容器云平台，主要使用云平台容器镜像仓库、分布式存储、容器编排、负载均衡、弹性伸缩等组件或能力。系统部署架构如图 3-24 所示。

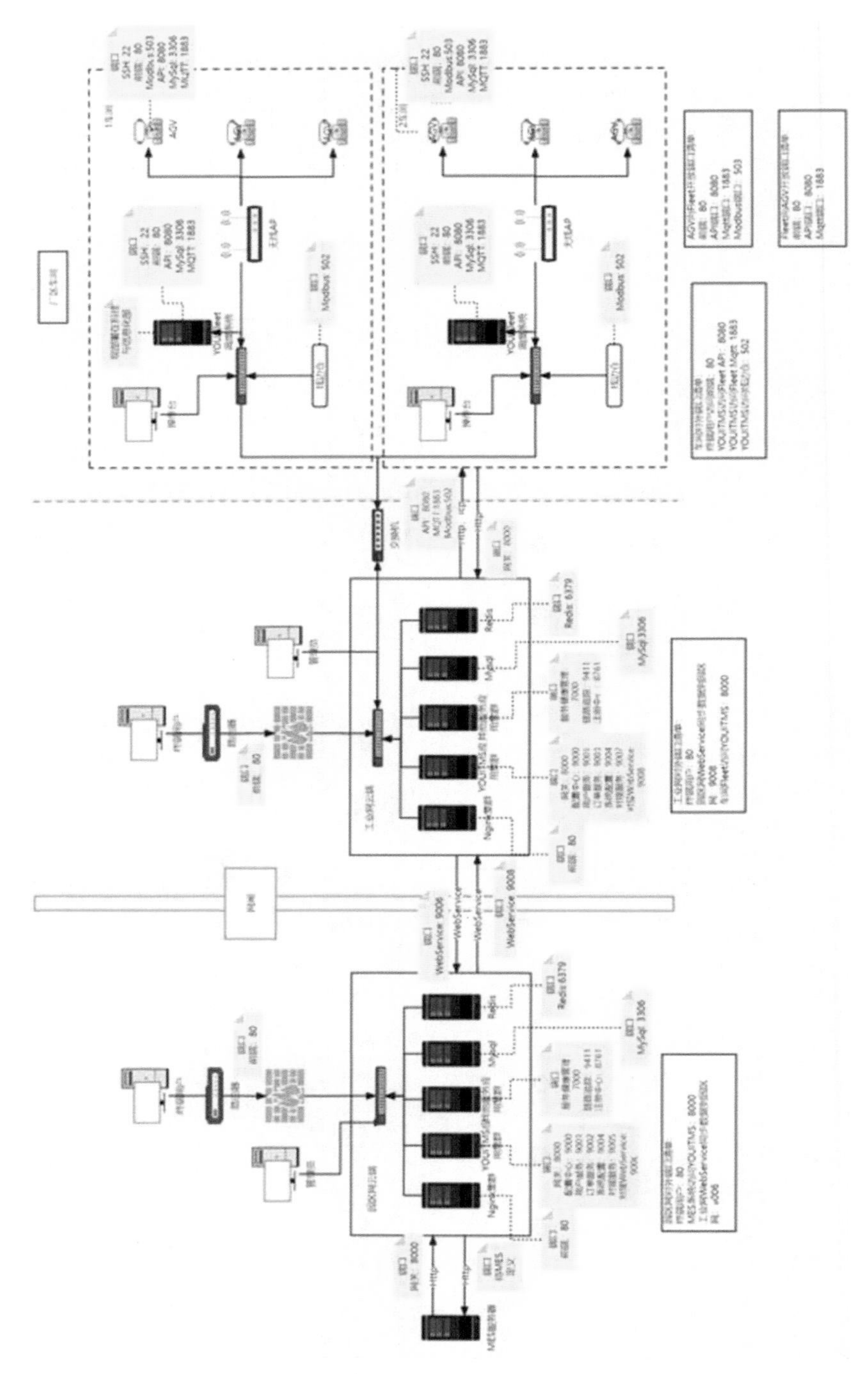

图 3-24 “物流配送管理系统”部署架构示意图

(1)“物流配送管理系统”使用 Docker 容器作为运行时环境，受容器云平台的管理和调度，各个微服务利用镜像仓库以镜像方式存储，并实现版本控制，如图 3－25 所示。“物流配送管理系统”部署容器工作负载 12 个、服务 13 个。其中注册中心服务采用 3 副本容器组部署模式(见图 3－26)，用于实现注册中心服务的高可靠和高可用的能力。

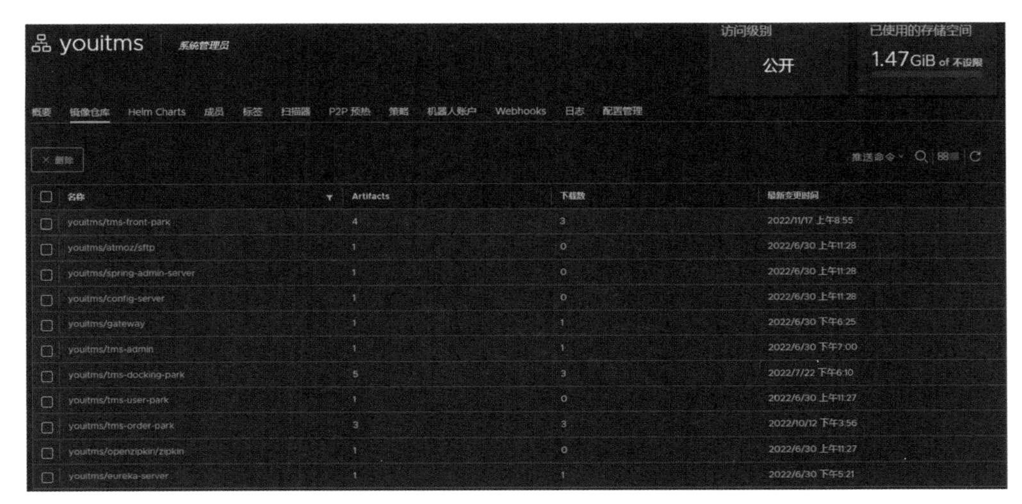

图 3－25　“物流配送管理系统”镜像仓库

图 3－26　“物流配送管理系统”注册中心容器组

“物流配送管理系统”后端数据存储利用分布式存储资源池和存储卷挂载技术(见图 3－27)，实现 MySQL 数据库服务的安全稳定和高性能运行。

“物流配送管理系统”服务运算压力、访问负载较大，设置了弹性伸缩机制，如图 3－28

所示。当服务某时刻接收大量逻辑运算任务时，若资源负载超过设定阈值，将自动扩充服务数量，保证系统在高负载状态下的并发能力；当服务任务完成时，负载压力低于设定阈值，将自动收缩服务数量，回收分配的 CPU、内存等硬件算力资源，有效提高资源利用率。

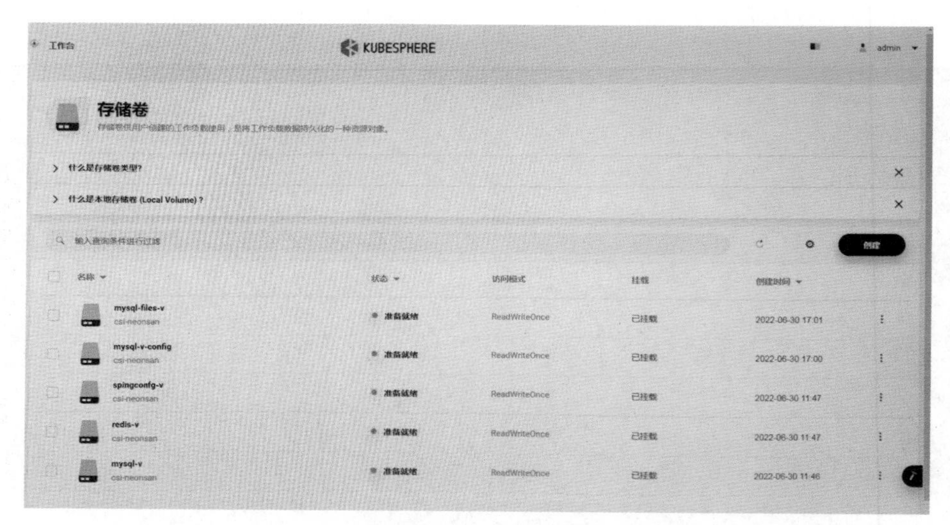

图 3－27 “物流配送管理系统”存储卷服务

图 3－28 “物流配送管理系统”弹性伸缩设置

3.4.3 多维度分析及管控效果

上述实例实施中规划和建设了 5 层架构数据仓，接入 30 余套数据源，涉及多种关系数据库及 FTP(文件传输协议)类型的数据源，采集数据表 4 000 余张。面向的业务分析应用主要集中在三个方面，包括产线装配进度风险分析、数字孪生系统综合指标的计算、产线相关要素规律及趋势的分析挖掘等。基于数据分析模型，面向装配产线分析主题，通过批处理的离线开发模式进行数据的处理、分析和算法开发。其中，共开发近 200 个数据处理、分析任务及多种算法模型。将优化后的算法模型部署在云环境中，使所有模型、系统共享云计算资源。

基于云平台，总计部署系统14个，涉及镜像191个、微服务34个，使用了算力资源68%；应用系统利用云平台弹性伸缩、负载均衡、容器编排等核心技术，有效保障了系统稳定运行、数据安全可靠。

基于大数据技术，实现对装配产线风险、关联性、人员、设备、工装工具、零部组件等产线相关影响因素的分析。将分析结果推送到各业务管控系统，由业务系统进行反馈，最终达到闭环管理的目的。具体如下：

1. 装配产线风险预测

该主题模型实现了对装配产线显性问题的分析、挖掘。其中，主要依据飞机工艺结构、生产现场各类数据统计监控、管理人员的经验获取生产对象间的已知关系；从各业务系统中抓取相关数据，并基于型号装配进度，通过风险预测模型分析影响装配进度的风险事件；将风险事件推送到相关管控系统，由管控人员在系统中进行管控。

2. 产线生产要素关联性分析

该主题模型实现对装配产线隐性问题的挖掘、处理。基于产品全生命周期数据，构建关联性分析模型；依靠数据呈现，发现生产相关业务活动间的相关趋势。

3. 产线人员分析、设备分析、工装/工具/刀量具分析、零组部件周期分析

零组部件周期是型号制造、装配计划物料需求计划运算、车间计划排产过程的关键参数，对计划时间安排的可靠性起着决定性作用。

产线人员、设备、工装/工具/刀量具是面向产线人、机、料、法、环、测中的人、机两个重要方面。通过提前对产线保障资源进行需求预测，评估能力缺口，更好地支撑了管理人员提前布局安排，保障了生产计划执行的稳定性。

基于分布式计算的云平台技术是新一代信息技术应用的集中体现。通过构建云平台，应用系统开发者专注于应用开发，并利用云平台统一对外提供软件服务和共享业务组件；通过使用云平台负载均衡、弹性伸缩、自动调度等核心技术，应用系统可以稳定地应对瞬时大流量高负载场景，规避系统宕机、运行缓慢等问题，从而有效保障生产。

上述实例体现了新一代IT技术在企业信息化走向智能化征途中的关键赋能作用，是企业在信息化环境下将工业能力与IT技术深度融合，形成新型竞争能力的典型缩影，帮助企业建立了适度智能化的科学预测机制与能力，使企业获得了强大的数据洞察力，并使数据成为能够驱动业务运行、创造有效价值的软资产，为企业的高质量发展示范了数字化转型的有效途径。

参考文献

[1] 吴骊. 基于云计算的数字档案馆建设与服务研究[D]. 苏州：苏州大学，2014.

[2] 张巍. 企业虚拟化实战：VMware 篇[M]. 北京：机械工业出版社，2009.

[3] 赵少卡，李立耀，凌晓，等. 基于 OpenStack 的清华云平台构建与调度方案设计[J].

计算机应用，2013，33(12)：2－3.

[4] 岳冬利，刘海涛，孙傲冰. IaaS公有云平台调度模型研究[J]. 计算机工程与设计，2011，32(6)：5：2－4.

[5] 齐磊，张海峰，张天骁，等. 基于容器技术的PaaS云平台方案[J]. 电信科学，2017，33(4)：6.

[6] SEBRECHTS M，BORNY S，WAUTERS T，et al. Service relationship orchestration：lessons learned from running large scale smart city platforms on kubernetes [J]. Institute of Electrical and Electronics Engineers（IEEE），2021（9）：13387－133401.

[7] 王磊. 微服务架构与实践[M]. 北京：电子工业出版社，2016.

[8] 任钢. 微服务设计 企业架构转型之道[M]. 北京：机械工业出版社，2019.

[9] USMAN M，BADAMPUDI D，SMITH C，et al. An Ecosystem for the Large－Scale Reuse of Microservices in a Cloud－Native Context[J]. IEEE Software，2022，39(5)：3－4.

第4章　智能化多级仓储协同与区域配送管控及系统

飞机装配过程具有物料数量多、物料类型复杂等显著特点。智能化多级仓储是有效解决大规模复杂物料管理的有效手段，可以保证货物仓库各个环节数据的输入速度和准确性，确保企业及时、准确地掌握库存的真实状态，合理保持和控制企业库存。基于脉动式装配的智能化多级仓储协同与区域配送管控是针对飞机装配所开发的有效管控技术，集成了无人配送的主动安全技术和巡检技术，保障了智能配送系统的安全和装配车间的安全。应用装配物料的分级智能配送手段，可有效且显著提升装配效率和物料流转效率。本章将结合实践对智能化多级仓储和区域配送管控系统的原理、功能、特征、架构进行详细阐述。

4.1　智能仓储协同管控技术

随着生产线扩批提速，线内库存物料规模日益庞大，物料流动速率越来越快，厂内现行仓储管控模式已经难以满足现场生产需求，自动化、信息化、智能化程度有待提高，智能仓储协同管控技术的研究应运而生。

研究智能仓储协同管控技术，构建跨网络交互的智能仓储管理系统，提升物料管理手段，梳理与物流平行的信息流，在节省人力成本的同时，更精准地实现物料信息的控制与执行，缓解生产区域面积紧张问题，在物料信息管理、库房盘库、物料配套、出入库管理和物料串批等控制方面实现物流与信息流同步，提升物料流转的及时性和准确性，形成面对装配流程、以齐套管理为核心的智能仓储协同管控体系。

4.1.1　基于脉动式装配的物料库智能管控技术

搭建物料库的智能管控体系（见图 4-1），从装配 MES 业务系统出发，实现完工移交单、配套任务单等单据的下发；库房业务系统承接并转发单据至配套分拣系统，后者完成任务编排并协调设备存取管理系统，同时根据具体的零件类型驱动人工或机器人进行分拣，将任务对应的零件集中存放在某个或某几个料盒中并完成回库动作；上游系统接收到执行反馈后产生配送任务，调动配送系统实现与自动仓设备的取料交接，最终将配套好的料盒配送至线边工位。应用物料库智能管控技术，可提高物料的配套效率，提升装配现场的仓储空间利用率，实现一定程度的仓储智能化。

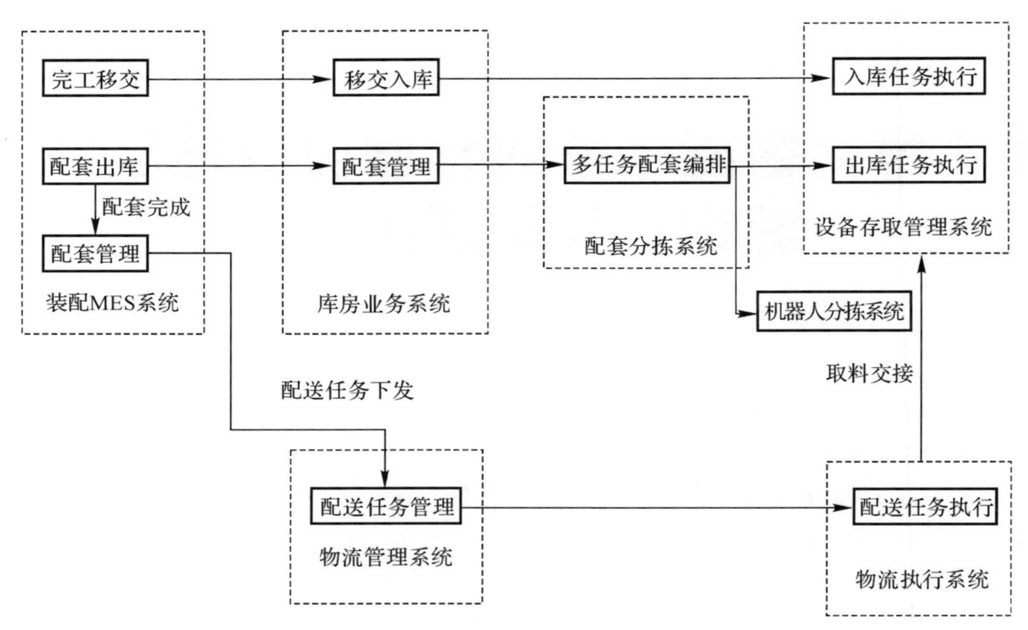

图 4-1　智能管控系统整体交互图

飞机装配过程中，装配制造执行系统负责接收零件车间产生的完工移交指令；移交零件实物的同时，会将记录有零件物料号、数量、移交车间、合格证号等多维度追溯信息的厂内合格证一同移交，其中合格证上有包含上述信息的二维码；装配车间保管在接收实物的同时，可通过扫描枪扫描合格证上的二维码获取信息，库房业务系统会自动解析信息并匹配上游车间的完工移交指令，保管选择库房、库位、料盒后进行入库操作；入库时，库房业务系统会通过标准接口的形式将入库指令推送至智能库配套的仓储管理系统（也称为 WMS），系统接收指令并通过仓储控制系统（也称为 WCS）驱动硬件，将料盒运送至智能库操作台，用户核实物料尺寸、数量后，将实物放至料盒；料盒回库后，WMS 向库房业务系统反馈入库结果，库房业务系统依据结果产生入库流水及台账信息，确保账实一致。至此，完工移交入库过程结束。

除了对完工移交入库过程的管控以外，装配制造执行系统还负责装配车间配套需求的实时管控。根据车间计划的执行及变更情况，配套需求会随时发生变化，系统将基于装配单元/装配指令的配套需求发送至下游库房业务系统；库房业务系统将配套需求与库存当前状况进行匹配，并将匹配后的结果下发至配套分拣系统（该系统负责多配套任务的编排调度，以提高配套效率，见图 4-2）；配套分拣系统基于最小出入库次数、尽量短的配套作业时间等原则，将任务进行编排、规划后，通过库房业务系统将出库作业指令推送至 WMS；WMS 将配套任务所需的料盒依次出至分拣台，保管可按照电子标签的灯光指引进行作业，将物料盒中物料分拣至配套盒；作业完成后通过拍灯等简单交互方式，便可向系统传递分拣完成的信号，进而实现配套盒、物料盒回库[注：配套完成的配套盒并不一定会直接出库，一般情况下会先回库（这个过程称为预配套回库），等现场真正需要时再进行配套盒出库]动作。单个物料分拣台最多可支持八个配套任务同时配套执行。

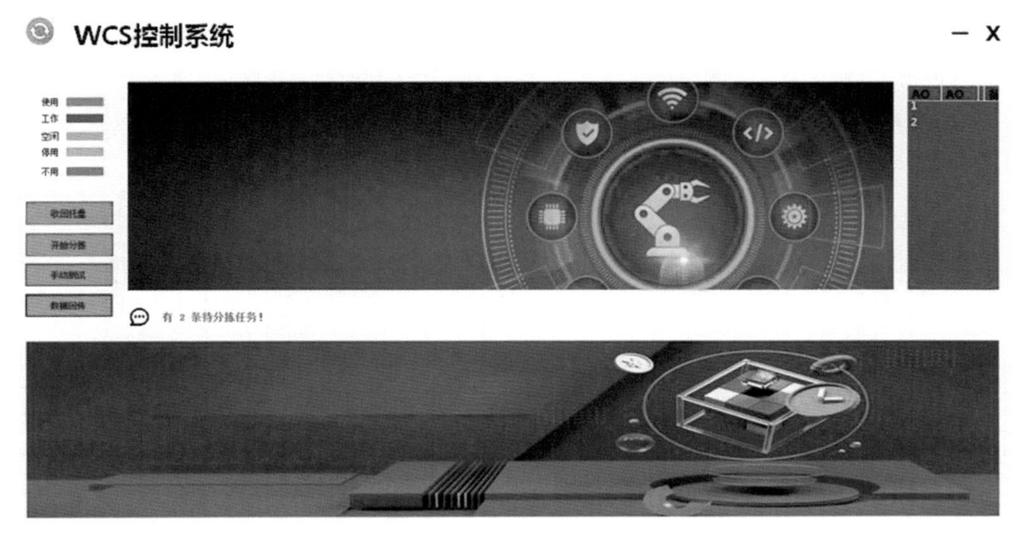

图 4－2　配套分拣系统首页

配套完成料盒回库后，库房业务系统会将配套完成情况反馈给装配制造执行系统，后者结合现场装配节拍，完善配送时间、取料点、配送工位等信息后生成配送任务，并将配送任务下发至物流配送管理系统（该系统承接不同业务来源的配送需求，负责配送任务的规划、调度和监控等）；物流配送管理系统根据配送策略、时间、方式等配送要素进行任务规划，并在配送提前期（预设的时间值，声明提前多久开始配送）到达后，驱动 AGV 配送机器人取料。在该过程中，AGV 会在固定位置展示需要配送的料盒编码二维码信息，到达取料点后，智能库会自动扫描二维码信息并将所需配套盒出库，实现取料自动交接。之后，AGV 按照规划路线进行送料，到达送料点（送料点一般为现场工位边设置的物料接驳点）后，通过自动接驳的方式，实现配套盒自动上架入库。现场实际开工时，用户可通过刷卡实现配套盒取料。至此，配送过程完成。整个配送执行过程中，配送任务的状态变更（未开始、取料中、送料中、已送达等状态）、取送料交接等信息均会反馈至装配制造执行系统，确保上下游系统信息的一致性，实现配送任务的实时监控。

基于微服务架构的支持完工交库、配套出库等多业务场景的库房业务系统建设（见图 4－3），以标准的、规范的接口形式实现与自动仓储设备管理软件或监控软件的集成通信，通过特定的网闸交互机制，实现跨网络的系统互联互通：向上承接装配制造执行等上游业务系统的配套任务、完工移交单等信息流，实现其与库房业务的关联流转，向下对接自动仓储设备管理软件，转发多类型的出入库操作指令，并在执行层完成出入库动作后，自动获取其实际执行结果，建立完整的库房业务信息交互链，保证整个业务流程的完整性、可追溯性；面对存储管理要求严、飞机物料种类和数量多等问题，实现了物料集中仓储与分包管理，突破了多层级全物资智能仓储技术，建立了与装配工艺和制造执行系统交互融合的物料智能协同管控体系。

配套分拣管理系统基于任务调度的编排算法，结合配套盒、电子指示灯的集成应用，实现对库房配套过程的精细化管理，着力于减少自动仓储硬件设备的出入库动作执行次数，提高库房配套效率，向下兼容机械臂分拣及人工分拣等多种分拣方式，形成完备的库房业务流程软硬件配套实施方案。此外，通过物流配送管理系统的配送任务调度，将仓储与物流环节进行关联，而取送料过程的自动交接与配送任务的管理监控，可极大减少对配送人力资源的依赖，实现装配物流实时动态调度与配送。

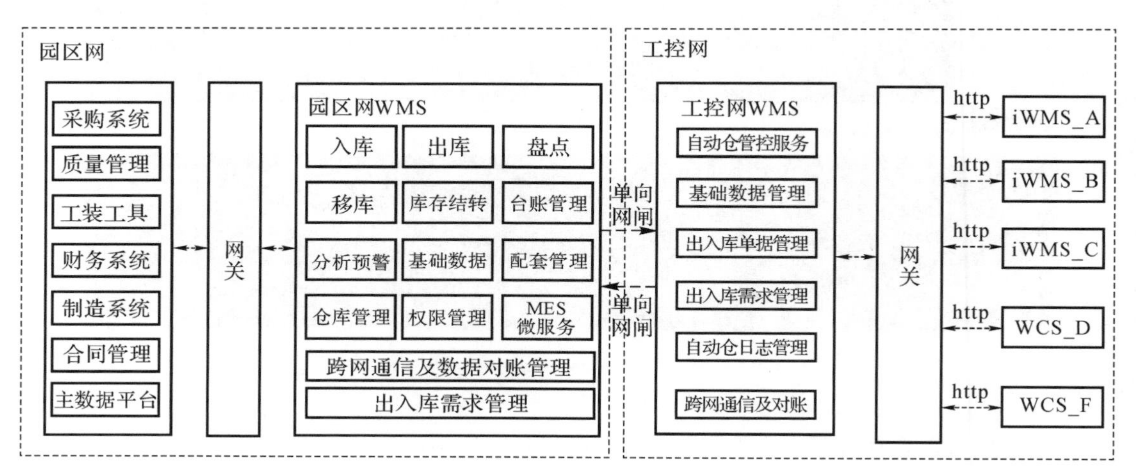

图 4-3　库房业务系统架构图

4.1.2　智能人机交互的仓储管控系统

通过基于工序级生产任务粒度的执行计划、物料需求、仓储流转，结合配套任务统筹、库房资源调度及集成化动态精准监控的技术研究手段与信息系统建设，以及以标准接口形式建立的对各种自动化仓储设备管控系统的集成支持，实现跨网络的、全局监控的、精准配套的全新库房业务管理模式，搭建工业化的、智能化的人机交互仓储管控平台（见图 4-4）。

智能仓储管控系统，硬件方面由穿梭车、立体货架、钢结构平台、辊筒传送线、货物提升机、换层提升机等构成智能库，软件方面包含仓储控制系统（WCS）和仓储管理系统（WMS）。

智能仓储管控系统的 WCS 软件通过开放的接口，自动接收并执行智能库中各设备统一的上位系统（WMS）指令，指挥或控制相应设备运行，以实现相应的感应识别、存取、搬运、输送和接驳等操作，并自动向智能库 WMS 反馈执行结果数据；鉴于 WCS 软件接口的标准性，它也支持其他信息系统通过该接口调用，实现对相应设备的运行控制，并自动反馈执行结果数据。

智能仓储管控系统主要负责接收上游库房业务系统下达的仓储出入库、配套等操作指令，通过内部系统交互，实现物料出入库动作的执行，并将执行结果反馈给上游业务系统，实现整个业务流程的完整闭环。WMS 软件是智能库中各设备统一的上位系统，具有简单、通用的库房管控功能，用于存取权限的多维度控制、人工或自动存取的操作指挥，还负责管理物料存取流水与库存数据，指挥协调智能库多设备协同运行。WMS是库房业务系统的下位系统，它实现与库房业务系统的集成，支持对相关存取设备的集中管理，自动接收并执行存取指令，指挥或控制WCS运行以实现相应的存取操作，并自动向库房业务系统反馈执行结果数据。

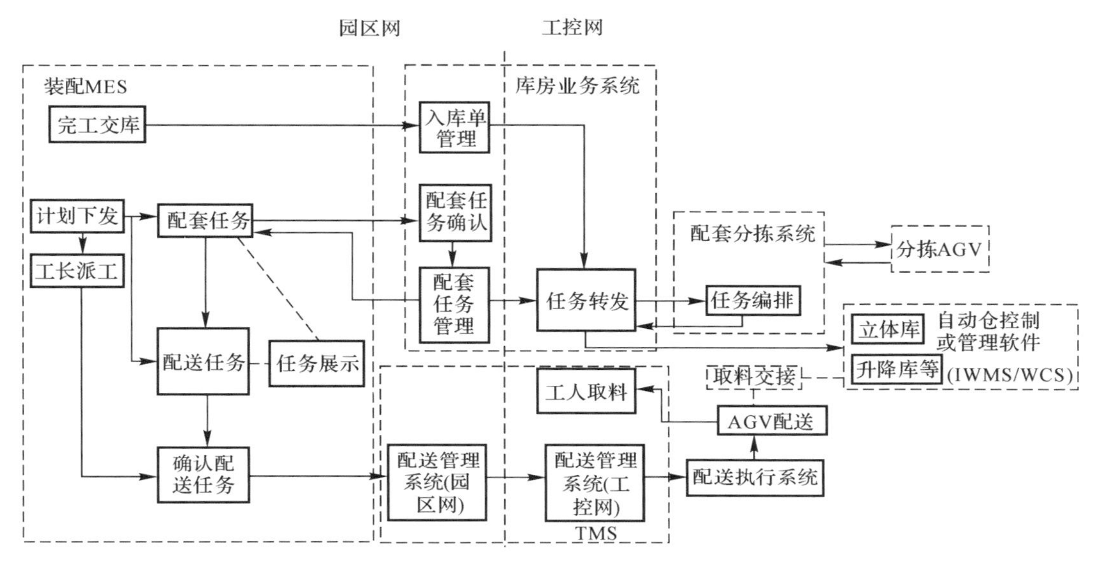

图4-4　管控平台框架图

除了上述的WCS，WMS及库房业务系统外，配套分拣系统也是极其重要的一环。该系统基于飞机装配等工作所需物料及需求时间而统筹规划的物料配套任务，协调各层级库房管理信息系统的具体出入库执行逻辑，并以系统的图形化交互界面、电子标签/指示灯色彩状态及显示信息，或灯光投射光斑等形式，支持并引导人工或指挥分拣机器人等自动分拣设备，精准地与仓储设备的出入库过程协同，相互配合，快速完成基于产品装配等工作需求的多任务物料同步分拣配套工作（见图4-5）。

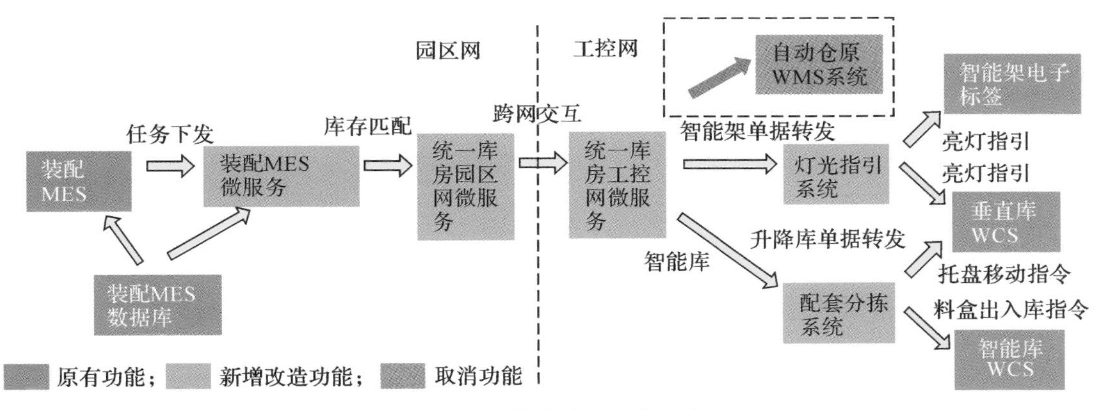

图4-5　系统集成与功能改造

在物料配套过程中，扮演分拣角色的除了人工，还有用于物料自动分拣的分拣机器人。分拣机器人自带管理控制系统，能够独立部署、运行，支持以开放接口与外部信息系统交互，接受并执行外部系统下达的物料分拣任务指令及相关操作，可在较大范围内自主移动并能自动适应工作环境及工作对象状态。通过上述硬软件的建设，实现飞机装配物料的自动化存储和配套配送管理。

形成库房业务系统、物料配套分拣系统、分拣机器人与智能库协同下的多任务分拣配套管控：物料分拣配套系统根据物料分拣配套任务、物料库存情况及预先配置的分拣机器人物料分拣责任分工；通过库房业务系统协调智能库将有关物料盒/配套盒输送到智能库中预先设置好的辊筒传送线对应出入料口；同时引导分拣机器人管理系统协调有关分拣机器人，分拣机器人自行调整、适应相关偏差，自动完成物料分拣配套工作。

打通库房业务系统、物流配送管理系统、自动物流配送设备与智能库协同下的物料出库交接：物流配送管理系统根据物料配送任务及库房业务系统的物料配套完成信息，基于及时性、效益最大、路径最短等策略，统筹协调、调度有关自动物流配送设备，按照与库房业务系统协调的交接时间与接驳点等信息，及时到达指定智能库中预先设置好的辊筒传送线自动接驳出入料口附近的仓储区入口控制设备识别区。在入口控制设备识别区，按照库房业务系统向 WMS 系统传递的物料交接任务及对应物流设备等协调信息，以二维码识别等非接触式感知、交互的相关技术和方式，确认物流设备身份并与之交互放行信息及本物流设备本次能够接收的若干物料盒/配套盒信息后，WMS 将相关的若干物料盒/配套盒依次出库至相应的自动接驳出入料口。与此同时，物流设备自动进入仓储区，自行到达并自动与辊筒传送线的相应自动接驳出入料口物理对接。检测并确认物理对接成功后，物流设备自动出示“对接成功”二维码信息；自动接驳出入料口接收到物理对接成功信息后，WMS 驱动辊筒传送线将相关的物料盒/配套盒依次推送给物流设备(见图 4－6)。

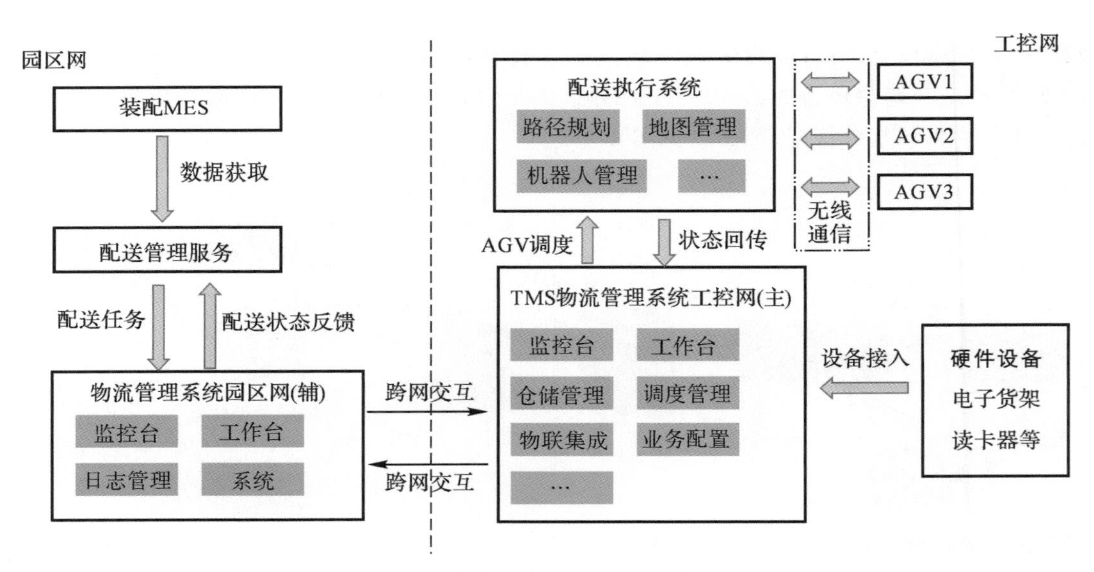

图 4－6　物流系统与装配 MES 交互图

库房业务系统、物流配送管理系统、自动物流配送设备与智能库协同下的物料入库交接：物流配送管理系统根据各种物料入库任务，基于及时性、效益最大和路径最短等策略，统筹协调、调度有关自动物流配送设备，按照与库房业务系统协调的交接时间期段与接驳点等信息，及时到达智能库中预先设置好的辊筒传送线自动接驳出入料口附近的仓储区入口控制设备识别区。入口控制设备按照库房业务系统向 WMS 传递的物料交接时间(期段)与接驳点及对应物流设备等协调信息，以二维码识别等非接触式感知、交互的技术和方式，确认物流设备身份，并与之交互放行信息及本物流设备本次将交付的若干物料/物料盒/配套盒信息后，物流设备自动进入仓储区，自行到达并自动与辊筒传送线的相应自动接驳出入料口物理对接。检测并确认物理对接成功后，物流设备自动出示“对接成功”二维码信息。自动接驳出入料口接收到物流设备的物理对接成功信息后，WMS 指挥智能库相关设备到位并按需将匹配的相关物料盒/配套盒依次输送至辊筒传送线相应的自动接驳出入料口，之后自动出示“准备到位，可接收物料”以及对应位置的出入料口接收准备状态信息二维码。物流设备接收到 WMS 准备到位的信息后将物料/物料盒/配套盒依次主动推送给辊筒传送线自动接驳出入料口或按需匹配的物料盒/配套盒，并依序向 WMS 自动出示“本次推送完成”二维码信息。WMS 接收到物流设备每次推送完成的信息后，自动调整相关物料盒/配套盒的位置，并按上述流程与物流设备间配合进行下一接收操作，直至本物流设备本次物料交接任务全部完成。

上述业务过程面向飞机装配现场物料存储与管理需求，结合脉动式飞机装配工艺流程特点以及易散和易混等典型物料的取放、调度、信息交互等难题，构建了飞机装配非结构环境下的智能人机交互的仓储管控系统，实现了飞机装配物料的准确、安全、自主、可靠的取放与调度，减少了库存量与仓储占地面积，降低了生产成本，提高了生产效率，为飞机智能化装配技术的实施提供了支撑与保障。

4.2　无人配送与调度技术

无人配送技术灵活性高，可以智能调度，不受交通、地形的限制，且可以在短时间内完成配送，是实现飞机智能装配的关键技术手段，其集成了多元传感器融合定位技术、主动安全技术、智慧路径规划技术、智能导航与调度技术、自动充电技术等多种技术手段，可以有效地与现场的人、机等进行交互融合，有效地提升复杂环境下的系统安全。本书针对易碎、易散、易混典型物料的取放、调度、无人配送、信息交互等难题，详细论述构建非结构环境下的智能仓储与无人配送技术系统。

4.2.1　无人配送系统定位导航通信技术

4.2.1.1　多元传感器融合定位技术

多元传感器融合是近年来快速发展的技术领域，随着传感器的种类越来越多，集成化程度越来越高，数据量越来越大，对多元传感数据进行融合以克服单个传感器感知的局限性和不确定性的需求应运而生。在无人配送系统中，机器人本体周围的环境存在不确定性与复杂多变性，这就需要机器人对其所在环境进行精确的感知，以进行更为准确、合理的决策与规划。但是，由于传感器自身的模糊性、设备噪声以及不确定性，简单的数据累积无法满足机器人无人配送系统的需求，而是要依赖特定的算法来实现多元传感器数据的融合与关联。如图 4－7 所示，最典型的方法就是采用激光雷达、惯性测量单元（IMU）、里程计与 GPS 等传感器硬件，结合卡尔曼滤波与图优化算法，实现多元传感器融合定位的最优估计。

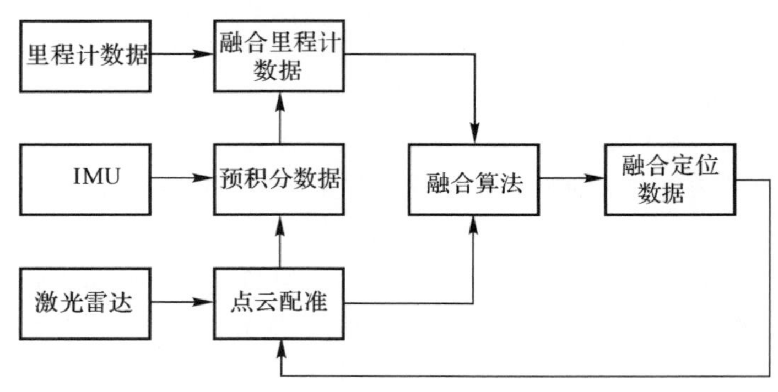

图 4－7　多元传感器融合定位

1. 传感器及其应用

（1）激光雷达与点云配准。

激光雷达（LIght Detection And Ranging，LIDAR）是一种光学遥感技术，它通过向目标照射一束光来测量距离等参数。如图 4－8 所示，激光雷达传感器一般由两部分组成：发射器与接收器。其中，发射器负责发射波长在 250～1 600 nm 之间的激光，接收器负责收集、分析和计算反射信号。

使用下式确定激光雷达与被测物体或者表面的距离：

$$d=\frac{c\cdot t}{2} \tag{4-1}$$

其中：c 表示光速；d 表示激光雷达传感器与被测物体或者表面之间的距离；t 则表示发射激光传播到被测物体或表面再传播回传感器所花费的时间。

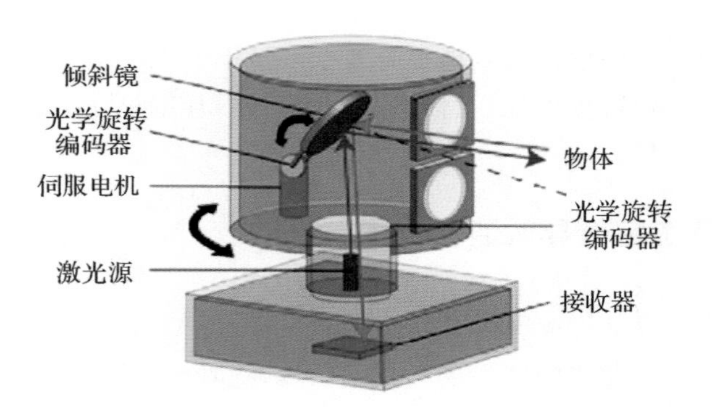

图 4－8　激光雷达原理图

在无人配送机器人领域，常见的激光雷达种类有机械式激光雷达与固态激光雷达。其中，机械式激光雷达通过机械旋转部件带动激光发射器与接收器高速旋转，实现对周围环境360°的探测，其具有较高的测量精度和检测范围。固态激光雷达则与机械式激光雷达不同，它以光学相控阵列(Optical Phased Array)、光子集成电路(Photonic IC)以及远场辐射方向图(Far Field Radiation Pattern)等电子部件替代机械旋转部件实现对发射激光角度的调整，其检测距离相对较小，精度相对较低。

机械式激光雷达又可以分为单线激光雷达与多线激光雷达。其主要区别在于激光源发出的线束数量。一般单线激光雷达频率与角度灵敏度更高，但是其只能进行平面扫描，无法获得物体的高度信息。无论是单线激光雷达还是多线激光雷达，其对环境的测量最终都以点云的形式表示。点云是空间中一组离散的数据点，这些点可以表示3D形状或对象。激光雷达点云中，每个点都由一组笛卡儿坐标(X,Y,Z)以及点的强度信息表示。

在获得一帧激光雷达对环境的测量点云数据后，就可以通过点云配准技术获得该帧点云与地图点云间的相对位置关系，从而获得来源于激光雷达的定位观测数据。在计算机视觉、模式识别和机器人技术中，点云配准是寻找对齐两个点云的空间变换(例如缩放、旋转和平移)的过程。找到这种变换的目的是将多个数据集合并为一个全局一致的模型或坐标系，或者将新的测量映射到已知数据集以识别特征或估计其姿态，在自主移动机器人领域，前者称为建图(Mapping)，后者称为定位(Localizing)。

在基于激光的点云配准领域中，点云配准问题可以总结如下：假设存在两个有限3D点云点集$\{\boldsymbol{M},\boldsymbol{S}\}$，现在要找到一个坐标变换，应用于移动“模型”点集$\boldsymbol{M}$，使得$\boldsymbol{M}$和静态“场景”集$\boldsymbol{S}$之间的差异(通常在逐点欧几里得距离的意义上定义)最小化。换言之，在无人配送机器人系统中，激光观测点云经过这个坐标变换后，能够与地图产生最佳对齐。将这个坐标变换写为$\boldsymbol{T}$，将$\boldsymbol{M}$点云集经$\boldsymbol{T}$变换后的点云集称为$\boldsymbol{T}(\boldsymbol{M})$。

因此，点云配准算法输出最佳坐标变换$\boldsymbol{T}^*$，使得$\boldsymbol{M}$与$\boldsymbol{S}$在基于某种dist(·, ·)函数情况下，获得最佳对齐：

$$\boldsymbol{T}^* = \operatorname{argmindist}_{T\in\boldsymbol{\Omega}}[\boldsymbol{T}(\boldsymbol{M}),\boldsymbol{S}] \tag{4-2}$$

其中，$\boldsymbol{\Omega}$用于表示优化尝试搜索的所有可能坐标变换的集合。最流行的距离函数选择是对每对点取欧几里得距离的二次方：

$$\operatorname{dist}[\boldsymbol{T}(\boldsymbol{M}),\boldsymbol{S}] = \sum_{m\in\boldsymbol{T}(\boldsymbol{M})} \|\boldsymbol{m}-\boldsymbol{s}_m\|_2^2,\ \boldsymbol{s}_m = \arg\min_{s\in S}\|\boldsymbol{s}-\boldsymbol{m}\|_2^2 \tag{4-3}$$

其中：$\|\cdot\|_2^2$表示向量2范数；$\boldsymbol{s}_m$是集合$\boldsymbol{S}$中，与$\boldsymbol{M}$中给定点$\boldsymbol{m}$变换后距离最短的对应点。如图4-9所示，在刚性点云配准中，最小化这样的函数等同于解决最小二乘问题。

常见的点云配准算法有迭代最近点[Iterative Closest Point，ICP]法、正态分布变换[Normal Distribution Transform，NDT]法以及基于特征点的算法。

ICP与上述描述的点云配准算法基本原理十分接近，它将给定源点云(这里是激光点云)中的每个点匹配到参考点云(这里是地图点云)中的最近邻点。

NDT算法则有所不同。该算法注册两个点云，首先将一个片状正态分布与第一个点云联系起来，该分布给出了在给定空间坐标上对属于该云的一个点进行采样的概率；然后通过最大化第二个点云在这种分布上的可能性，找到一个将第二个点云映射到第一个点云的变换，作为变换参数的一个函数。NDT无需针对每个点进行最近邻搜索操作，而是将一片点云参数化，视为一个正态分布概率模型。其具有更快的速度和更高的精度，但是其对初值十分敏感，因此，其更多用于从粗配准到细配准的过程。

在NDT算法中，首先将点云使用空间中规律大小的栅格进行分割，对于每个栅格，计算在栅格中 n 个点云 $(x_1,\cdots,x_n)$ 的均值 $q=\frac{1}{n}\sum_i x_i$ 以及协方差 $S=\frac{1}{n}\sum_i (x_i-q)(x_i-q)^{\mathrm{T}}$。基于此，给定一个空间位置 x，其落在该栅格内的概率分布可以通过正态分布计算获得，即

$$P=\frac{1}{(2\pi)^{\frac{3}{2}}\sqrt{|S|}}=\mathrm{e}^{-\frac{1}{2}(x-q)^{\mathrm{T}}S^{-1}(x-q)} \tag{4-4}$$

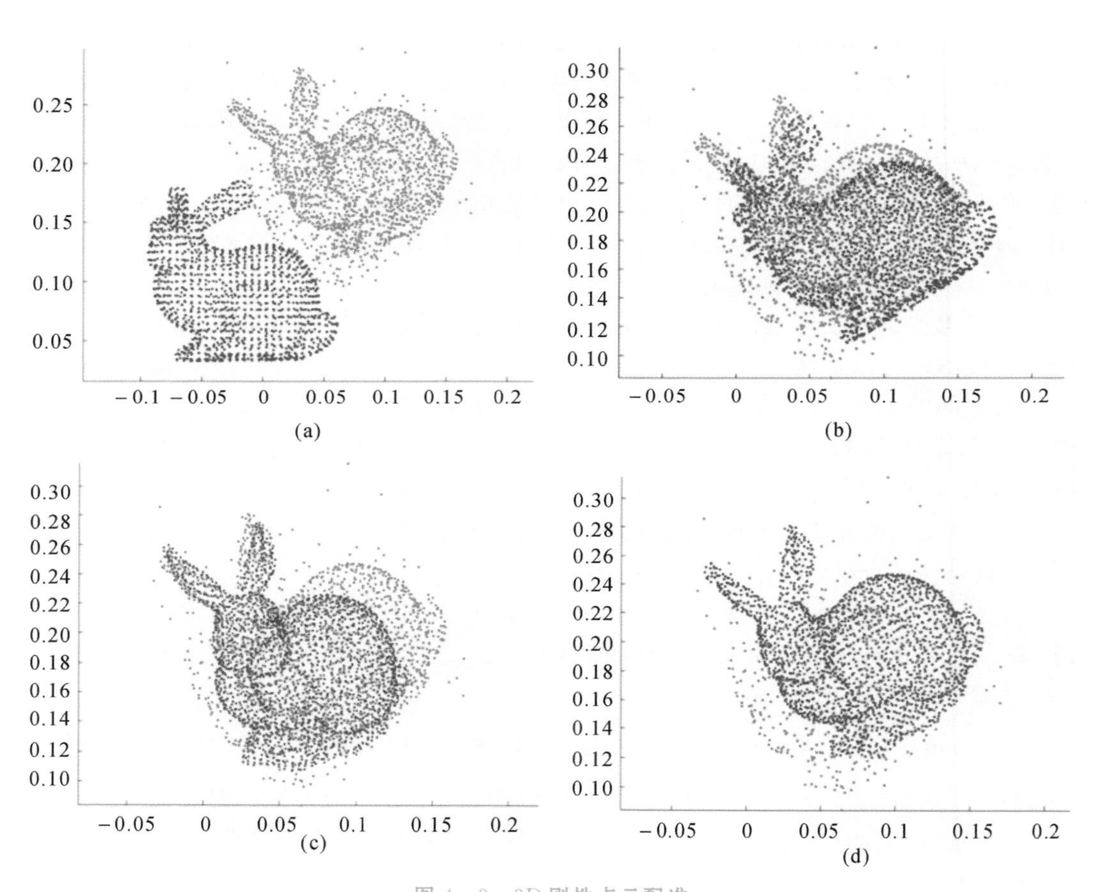

图4-9　3D刚性点云配准

基于此，NDT算法通过优化算法寻找能够将激光点云转换到地图点云后获得最大概率的坐标变换，实现点云配准。基于特征点的算法多见于多线激光雷达场景，其本质上与ICP相似，但是并不是进行点云中点的计算，而是通过提取点云中的边特征与角特征，再通过最近邻搜索，建立优化方程，不断优化迭代得到两组点云的最优坐标变换。

(2)惯性测量单元(IMU)。

惯性测量单元(IMU)是一种电子设备,它使用加速度计、陀螺仪(有时还有磁力计的组合),测量并报告本体的特定力、角速度(有时还有本体的方向)。其模拟示意图如图4-10所示。

在无人配送系统中,IMU一般用于航迹推算(Dead Reckoning),在这个过程中,系统将在时间维度上不断计算加速度与角速度,导致了误差的累计。无论这个误差多么小,其最终都会随着时间的推移不断增加,其最终导致"漂移"(Drift)。需要注意的是,加速度的常值误差,会导致速度的线性误差增长与位置的二次误差增长。

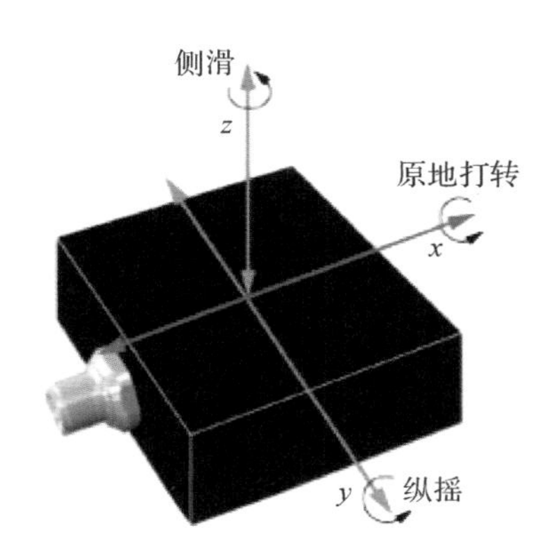

图4-10 IMU模拟示意图

陀螺仪和加速度计传感器的表现通常由以下几种类型的误差:

偏移误差(Offset Error):这种误差可以分为稳定性误差(当传感器保持在不变条件下的漂移)和重复性(在类似条件下的两次测量之间的误差,中间有不同的条件间隔)误差。

比例系数误差(Scale Factor Error):由非重复性和非线性造成的一阶灵敏度误差。

错位误差(Misalignment Error):由不完善的机械安装造成的误差。

交叉轴灵敏度(Cross Axis Sensitivity):沿着与传感器轴线正交的轴线进行测量所引起的寄生性测量误差。

噪声(Noise):取决于所需的动态性能。

环境敏感性(Environment Sensitivity):主要是指对热梯度和加速度的敏感性。

使用IMU预积分技术,通过对IMU测量数据进行积分和估计,并在其中考虑IMU的噪声漂移,使用观测数据对噪声与偏移进行实时估计,同时将其更新到预积分队列中。相比于直接积分,预积分算法在处理噪声与偏移的更新时,无需将历史数据重新积分,而是直接将偏移量加入其中,从而使计算效率大幅提升。

(3)里程计。

里程计数据是通过电机反馈数据计算得来的航迹推算结果。与IMU相同,其也存在误差累积的问题。电机编码器会反馈电机的编码器数值,可以根据电机的每米刻度数(Ticks per Meter)参数计算电机走过的里程。

一般地,如图4-11所示,在差速轮机器人模型中存在左右两个电机,通过左右轮编码器的读数可以实现航迹推算。根据t时刻机器人的位姿(x_t, y_t, θ_t),以及左右电机编码器读数(el_t，er_t)，通过$t+1$时刻编码器读数(el_{t+1}，er_{t+1})，可以得到机器人从t到$t+1$时刻走过的弧长ΔS_t以及转过的角度$\Delta\theta_t$：

$$\Delta S_t=\frac{(el_{t+1}-el_t)+(er_{t+1}-er_t)}{2\cdot \text{ticks\_per\_meter}} \tag{4-5}$$

$$\Delta\theta_t=\frac{(er_{t+1}-er_t)-(el_{t+1}-el_t)}{\text{ticks\_per\_meter}\cdot \text{wheel\_bias}} \tag{4-6}$$

其中：ticks_per_meter 指每米刻度数，描述电机走过 1 m 里程的编码器的数值变化量；wheel_bias 表示轮间距。

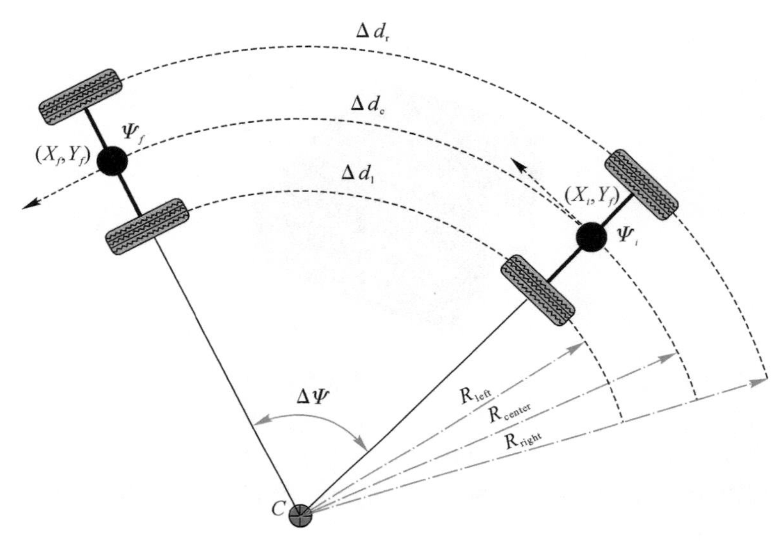

图 4-11　差速里程计模型

基于此，可以得到差速轮运动学模型常见的三种形式：切线模型、割线模型与圆弧模型。切线模型假定机器人沿着t时刻的方向行走ΔS_t，再旋转$\Delta\theta_t$角度，有

$$\left.\begin{aligned}x_{t+1}&=x_t+\Delta S_t\cos\theta_t\\y_{t+1}&=y_t+\Delta S_t\sin\theta_t\\\theta_{t+1}&=\theta_t+\Delta\theta_t\end{aligned}\right\} \tag{4-7}$$

割线模型假定机器人沿着划过的圆弧轨迹的割线行走，先旋转$\frac{\Delta\theta_t}{2}$的角度，沿着旋转后方向行走ΔS_t，再旋转$\frac{\Delta\theta_t}{2}$角度，有

$$\left.\begin{aligned}x_{t+1}&=x_t+\Delta S_t\cos\left(\theta_t+\frac{\Delta\theta_t}{2}\right)\\y_{t+1}&=y_t+\Delta S_t\sin\left(\theta_t+\frac{\Delta\theta_t}{2}\right)\\\theta_{t+1}&=\theta_t+\Delta\theta_t\end{aligned}\right\} \tag{4-8}$$

圆弧模型则认为机器人严格按照圆弧行走，先通过机器人的位置，找出圆心位置，再通

过旋转半径，推导出最终机器人的位置，有

$$\left.\begin{aligned} x_{t+1} &= x_t + \frac{\Delta S_t}{\Delta\theta_t}[\sin(\theta_t + \Delta\theta_t) - \sin\theta_t] \\ y_{t+1} &= y_t + \frac{\Delta S_t}{\Delta\theta_t}[-\cos(\theta_t + \Delta\theta_t) + \cos\theta_t] \\ \theta_{t+1} &= \theta_t + \Delta\theta_t \end{aligned}\right\} \tag{4-9}$$

可以看出，三种运动学模型对于差速机器人的运动状态估计准确度逐级上升。

(4)全球定位系统(GPS)。全球定位系统，又称全球卫星定位系统，是由美国国防部研制、美国太空军运营与维护的中地球轨道卫星导航系统。它可以为地球表面绝大部分地区(98%)提供准确的定位、测速和高精度的标准时间。

GPS 系统拥有如下多种优点：使用低频信号，就算天气不佳仍能保持相当的信号穿透性；高达 98%的全球覆盖率；高精度三维定速、定时；快速、省时、高效率；应用广泛、多功能；可移动定位。在无人配送系统中，GPS 主要作为观测用，在室外开阔场景辅助机器人进行回环检测以及重定位。

2. 融合方法

采用卡尔曼滤波与图优化算法，对多元传感器原始数据以及推算数据进行融合，达到多传感器信息的综合应用。

(1)卡尔曼滤波融合。卡尔曼滤波(Kalman Filter)是一种高效率的递归滤波器(自回归滤波器)，它能够从一系列的不完全及包含噪声的测量中，估计动态系统的状态。它是贝叶斯滤波的一种，可以实现对连续状态的置信度计算。

在机器人运行过程中，若拥有高频的 IMU 与里程计数据，则它们可以通过 IMU 预积分与运动学解算得到机器人的航迹推算。但是这种航迹推算存在累积误差，导致机器人的定位数据的置信度越来越低，这就需要其他数据对其进行矫正。

在获得了激光点云与地图点云的配准数据，或者 GPS 数据后，就可以对航迹推算的累积误差进行矫正，最终获得融合后的定位数据。

在卡尔曼滤波中，把航迹推算的部分称为预测(prediction)，把使用观测修正累积误差的部分称为更新(update)。

当已知 $t-1$ 时刻机器人的置信度时，可使用均值 $\boldsymbol{\mu}_t$ 和协方差 $\boldsymbol{\Sigma}_{t-1}$ 表示置信度。在进行卡尔曼滤波更新时，会有输入控制向量 $\boldsymbol{u}_t$(来自 IMU 与里程计的航迹推算)，以及观测向量 $\boldsymbol{z}_t$(来自点云配准或者 GPS)；输出为 t 时刻的机器人置信度 $\boldsymbol{\mu}_t$ 和 $\boldsymbol{\Sigma}_t$。因此，可以得到如下卡尔曼滤波预测步骤与更新步骤推导式。

预测步骤：

$$\bar{\boldsymbol{\mu}}_t = \boldsymbol{A}_t\boldsymbol{\mu}_{t-1} + \boldsymbol{B}_t\boldsymbol{\mu}_t \tag{4-10}$$

$$\bar{\boldsymbol{\Sigma}}_t = \boldsymbol{A}_t\boldsymbol{\Sigma}_{t-1}\boldsymbol{A}_t^{\mathrm{T}} + \boldsymbol{R}_t \tag{4-11}$$

更新步骤：

$$\left.\begin{aligned} \boldsymbol{K}_t &= \bar{\boldsymbol{\Sigma}}_t\boldsymbol{C}_t^{\mathrm{T}}(\boldsymbol{C}_t\bar{\boldsymbol{\Sigma}}_t\boldsymbol{C}_t^{\mathrm{T}} + \boldsymbol{Q}_t)^{-1} \\ \boldsymbol{\mu}_t &= \bar{\boldsymbol{\mu}}_t + \boldsymbol{K}_t(\boldsymbol{z}_t - \boldsymbol{C}_t\bar{\boldsymbol{\mu}}_t) \\ \boldsymbol{\Sigma}_t &= (\boldsymbol{I} - \boldsymbol{K}_t\boldsymbol{C}_t)\bar{\boldsymbol{\Sigma}}_t \end{aligned}\right\} \tag{4-12}$$

(2)位姿图优化融合。图优化也是一种经典的融合方法,在视觉领域比较经典的Bundle Ajustment(BA)能够有效地求解大规模的定位与建图问题。但是随着时间推移,机器人的运动轨迹越来越长,地图规模不断膨胀,基于BA的图优化算法的计算效率会不断下降。而其中最大的问题,是特征点(视觉领域)在优化问题中占据了绝大部分资源。

在激光领域,激光点云的数量一般都是几千到几万不等,而视觉特征的数量则在几十到几百,这使得将BA应用在激光大场景同时定位与建图(Simultaneous Localization and Mapping,SLAM)中是不现实的。

这就引入了位姿图优化,其去掉了基于BA的图优化中冗余的特节点,而只保留关键帧节点构成的轨迹。两个关键帧之间通过IMU与里程计的航迹估算提供初值,再根据帧间激光点云的匹配结果优化修复累计误差,如图4-12所示。

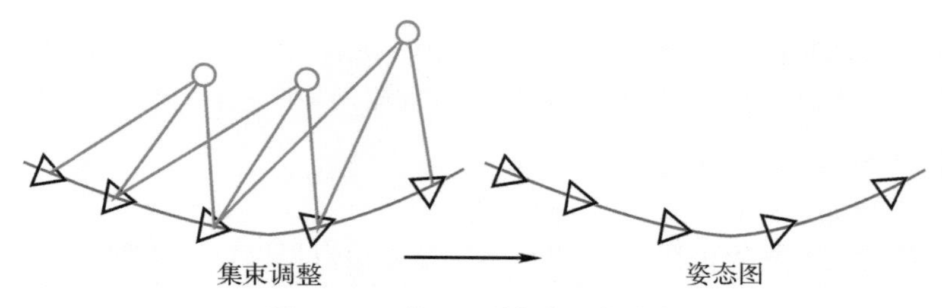

图4-12　从BA到位姿图的转变

4.2.1.2　面向复杂场景的多手段导航通信技术

无人配送系统导航模块主要包括路径规划以及导航控制两个部分。其中路径规划是在给定一组约束和目标的情况下,为机器人或车辆寻找安全和最佳轨迹的过程。导航控制是生成控制命令的过程,这些命令使机器人或车辆沿着所需的轨迹行驶,同时考虑干扰、不确定性和约束。

1. 路径规划

路径规划是寻找从起点到目标位置的最优或可行路径的过程,同时考虑障碍物、车辆动力学和交通规则等约束。在无人配送系统中,路径规划是整个自主导航模块的重要组成部分,使车辆能够在复杂的环境中按导航行驶,避开障碍物,并安全、高效地到达目的地。

对路径规划算法进行分类的方法有很多种,但一种常见的方法是基于它们的搜索策略。基于搜索和基于采样的算法是机器人技术中常用的两大类路径规划算法。

基于搜索的算法(例如Dijkstra算法、A*算法),搜索可能路径的空间以找到从开始到目标配置的最佳或接近最佳的路径。这些算法通过迭代扩展搜索空间来工作,直到找到路径或满足终止条件为止。基于搜索的算法通常擅长寻找全局最优路径,但它们的计算成本可能很高,并且可能无法很好地扩展到高维或连续空间。基于采样的算法[例如快速探索随机树(RRT)和概率路线图(PRM)],对配置空间进行采样以构建表示空间连通性的图或树结构。这些算法随机对配置空间进行采样,并使用本地规划器构建连接这些样本的路线图或树结构。基于采样的算法通常比基于搜索的算法更快,并且可以很好地扩展到高维或连续空间。然而,它们可能并不总能找到全局最优路径,并且可能需要更多的迭代才能收敛到一个好的解决方案。基于搜索和基于采样的方法各有优缺点，算法的选择取决于应用的具体要求。

从配送场景出发，设计优化路径规划算法。路径规划主要包含如下步骤：

(1)地图表示：创建环境表示是路径规划的第一步。这可以通过使用各种传感器来完成，例如 LIDAR、相机或 GPS。根据具体的应用场景，地图可以是 2D 或者 3D 的。

(2)路径生成：创建地图后，下一步是生成机器人可以遵循的到达目的地的路径。为了使机器人规划路径最优，应考虑使用机器人运动学模型进行路径规划。

在机器人技术背景下，地图表示是指机器人表示其环境以便导航并与之交互的方式。网格地图是一种占用网格表示，它将环境离散化为单元格网格，其中每个单元格代表自由空间或障碍物。网格地图计算效率高，广泛应用于机器人技术。

在机器人系统中，成本图是用于表示遍历环境中每个位置的成本的地图。成本图通常用于路径规划和导航，以帮助机器人确定到达目的地的安全、有效路径。

成本图通常由环境的二维网格表示。其中网格中的每个单元格代表环境的一小块区域。与每个单元相关的成本取决于地形类型、障碍物以及机器人穿越该地形的能力等因素。例如，表示距离障碍物较远的像元可能具有较低的成本，而表示距离障碍物较近的像元可能具有较高的成本。

成本图与路径规划算法结合使用，以生成到达目标点总成本最小化的路径。成本图为算法提供了有关环境的信息，使其能够选择安全、有效的路径，避开障碍物和其他危险。

图 4-13 中，红色方格代表 Costmap 中的障碍物，蓝色方格代表被机器人内切圆半径膨胀出的障碍物，红色多边形代表机器人的外轮廓。为了避免机器人碰撞，机器人的外轮廓不应与红色方格相交，机器人的中心点不应与蓝色方格相交。

膨胀是根据到占用栅格的距离传播成本值的过程。因此，定义了与机器人相关的成本图值的 5 个特定符号。

“Lethal”(致命)成本意味着单元格中存在实际(工作区)障碍。因此，如果机器人的中心位于该单元格中，则机器人显然会发生碰撞。

“Inscribed”(内接)成本意味着单元格小于机器人距离实际障碍物的内接半径。因此，如果机器人中心位于等于或大于规定成本的单元格中，则机器人肯定会与某些障碍物发生碰撞。

“Possibly Circumscribed”(可能外接)成本与“内接”类似，但使用机器人的外接半径作为截止距离。因此，如果机器人中心位于等于或大于该值的单元格中，那么它是否与障碍物碰撞取决于机器人的方向。此处使用术语“可能”是因为它可能不是真正的障碍单元，而是一些用户偏好，将特定成本值放入地图中。

“Free Space”(自由空间)成本假设为零，这意味着没有什么可以阻止机器人去那里。“Unknown”(未知)成本意味着没有关于给定单元格的信息。

成本图的用户可以按照他们认为合适的方式解释这一点。根据它们与“致命”单元格的距离和用户提供的衰减函数，所有其他成本都被分配了一个介于“自由空间”和“可能受限”之间的值。

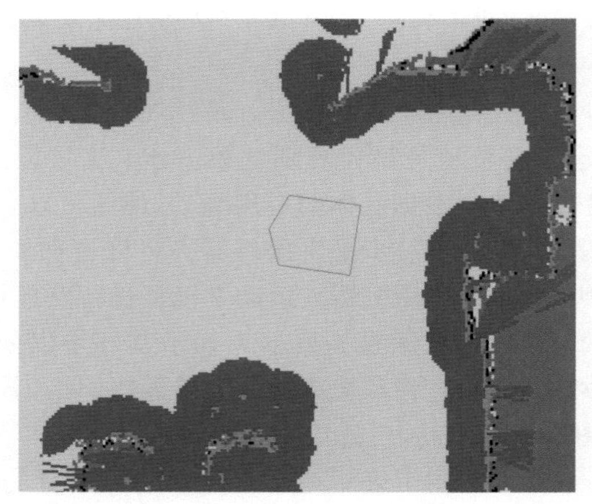

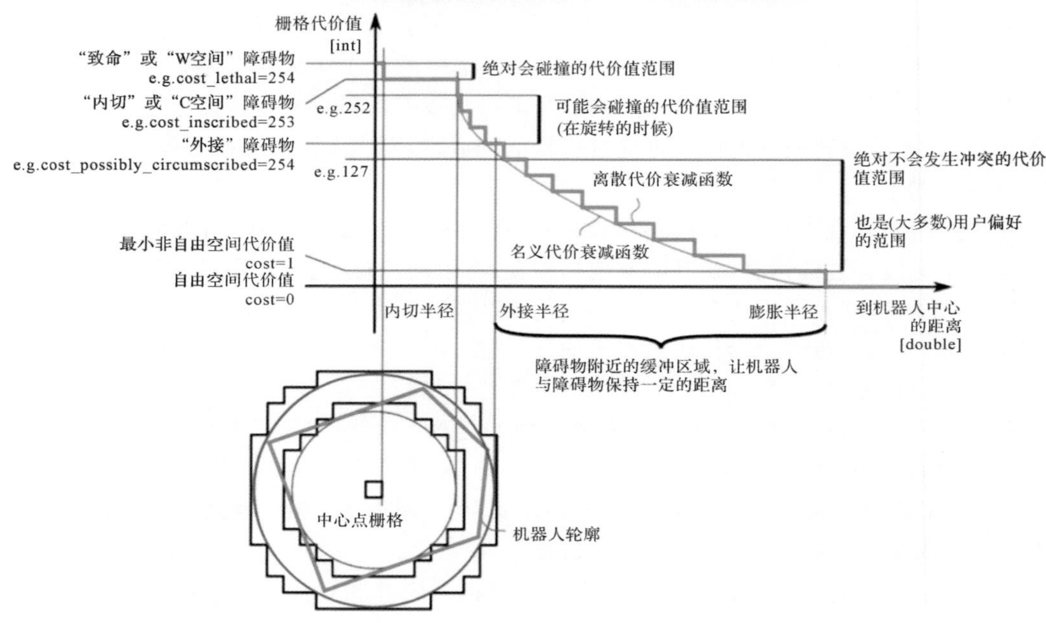

图 4-13　成本图示意

2. 路径生成

路径生成算法包括两个阶段(前向搜索和解析扩展)，以产生有效的路径。在前向搜索中，与常规 A-star 算法一样，算法是由成本到达 $g(n)$ 和启发函数 $h_1(n)$ 引导的。启发函数 $h_1(n)$ 使用成本图计算从当前节点到目标的距离成本。此外，路径生成算法还由另一个启发式函数 $h_2(n)$ 引导，它忽略了障碍物的影响，但是将机器人的运动学模型考虑在内。机器人的运动学模型用于预测运动，该运动取决于机器人在连续状态下的速度、方向和转向角。这种方法有助于算法在连续坐标中选择正确的后继节点，如图 4-14 所示。这些连续坐标的后继节点已近似转换为离散坐标节点，以计算移动的总成本。下述方程表示每个节点 n 的规划器的目标函数：

$$F(n)=g(n)+h_1(n)+h_2(n) \tag{4-13}$$

具有最低目标值的后继节点将被选择，直到到达目标节点为止。

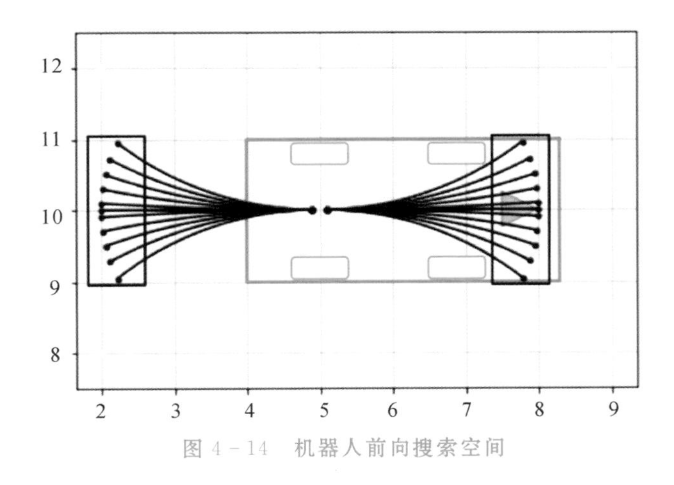

图 4-14　机器人前向搜索空间

轨迹规划是路径规划算法的第二个阶段。该阶段在保证算法到达目标状态的精确连续坐标方面起到作用。在此阶段，采用 RS 曲线计算以产生从起点到终点的最短路径。图 4-15 描述了两个配置之间的左、直、右曲线(或简称“LSR 曲线”)：(0,0,0)，(15,2，$-\pi/2$)。其中前两个值是位置，第三个值是机器人的方向。图 4-15 中红色箭头表示机器人的方向。曲率值(此处为 0.5)表示允许机器人采用最大转弯角度或最小转弯半径。

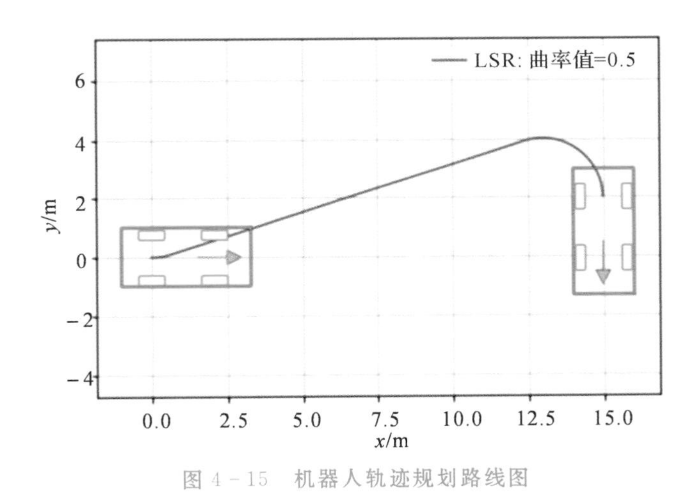

图 4-15　机器人轨迹规划路线图

3. 导航控制

在导航控制模块，控制机器人追踪路径规划模块生成的路径。算法通常需要所有关于所需路径或轨迹的信息，以及关于车辆当前状态的信息，如其位置、方向和速度。这些信息可以从 GPS、惯性测量单元(IMU)、编码器或照相机等传感器获得。除了这些信息外，一些路径跟踪算法可能还需要了解车辆的物理特性，如轴距、最大转向角和最大速度，以便计算适当的控制输入时，跟踪所需的路径或轨迹。

路径跟踪的目标是实现对车辆位置和方向的精确和平稳控制，同时使车辆的轨迹与期望路径之间的误差最小。一种常见的路径跟踪算法是比例-积分-微分(PID)控制器，它是一种反馈控制算法，根据期望路径与车辆实际位置和方向之间的差异来调整车辆的速度和转向角。其他路径跟踪算法包括斯坦利控制器(SC)方法、横向动态控制器(LDC)方法和模型预测控制(MPC)方法。路径跟踪算法通常与路径规划算法结合使用，共同为自主移动机器人和车辆提供一个完整的导航解决方案。

其中，比例、积分、微分控制器是一种经典的控制方法，在各个领域被广泛使用。PID 控制器有三个组成部分：比例、积分和微分。它使用期望轨迹和机器人实际位置之间的误差信号来计算控制信号。其优点是实施简单，应用广泛，易于调整，但是其在复杂环境中可能表现不佳。MPC 是一种预测系统未来行为的控制策略，其根据预测的行为计算控制输入。它使用系统的数学模型来预测未来的行为，可以处理非线性系统和约束条件，为优化控制输入提供了一个框架。但是它计算量大，对于计算机算力要求高。

SC 是一种流行的路径跟踪算法，它使用基于交叉轨道误差(CTE)和航向误差的控制法。它实施简单，使用广泛，可以处理急转弯问题，但是在狭窄的环境中可能表现不佳。

纯跟踪(Pure Pursuit)算法是一种路径跟踪方法，它根据机器人与所需路径上某一点之间的距离来计算所需的转向角。

总之，路径跟踪算法的选择取决于应用的具体要求，如环境、机器人动力学、速度和精度。

纯跟踪算法的基本思想是通过计算车辆的当前航向与路径的交点来计算出遵循理想路径所需的转向命令，然后生成转向命令，引导车辆驶向这个交汇点。

路径追踪的工作原理是，首先将期望的路径定义为空间中的一系列航点，通常以(x, y)坐标表示。然后，用算法计算从车辆到最近的航点的距离，并选择一个前瞻距离，确定在路径上搜索下一个航点的距离。之后，以车辆的位置为中心画一个半径等于前瞻距离的圆，并找到路径上与该圆相交的点，计算交点。一旦找到交点，就会根据车辆的航向和沿着路径到达相交点所需的航向之间的差异产生转向命令。这个转向命令通常与交叉轨道误差(即车辆的当前位置与交叉点在车辆航向上的投影之间的距离)成正比。纯跟踪算法可以在低成本的嵌入式系统上实时实现，并且可以处理各种路径形状，包括直线和弯曲的路径。

如图 4－16 所示，以机器人本体建立坐标系，X 轴经过车辆的后轴。点(x, y)是距离原点一个前瞻距离 l 的点，同时将该点限制在路径上。目标是计算连接原点和点(x, y)、弦长为 l 的圆弧的曲率。有

$$\left.\begin{array}{l} x^2+y^2=l^2 \\ x+d=r \end{array}\right\} \tag{4-14}$$

因为

$$\left.\begin{array}{l} d=r-x \\ (r-x)^2+y^2=r^2 \\ r^2-2rx+x^2+y^2=r^2 \end{array}\right\} \tag{4-15}$$

所以有

$$\left.\begin{aligned} 2rx &= l^2 \\ r &= \frac{l^2}{2x} \end{aligned}\right\} \tag{4-16}$$

那么对于曲率，有

$$\gamma = \frac{2x}{l^2} \tag{4-17}$$

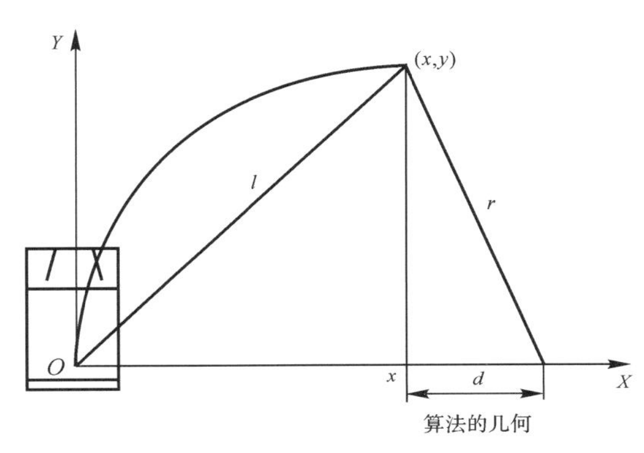

图 4-16　机器人路径追踪

4.2.1.3　实际案例展示

1. 飞机装配智能辅助技术（自动投影机器人）

在飞机研制过程中，数字化装配技术的应用改变了传统飞机设计制造模式，成为现代飞机研制中不可或缺的重要手段和技术。目前，我国在 MBD 飞机数字化装配技术的应用方面，与国外已经达到的工程应用水平还有明显差距。现有的飞机装配线数字化智能化程度不高、柔性低，工件自动定位精度不高，装配过程任务调度不合理，自动化程度有待提高。这些已成为制约我国飞机制造生产周期的瓶颈问题。而随着机器人技术的发展，移动机器人技术逐渐被引入飞机装配过程中，为飞机装配提供了智能辅助技术。通过，研究基于多机器人协同的智能辅助技术，必然会提高飞机数字化装配效率，给我国目前的飞机装配技术的应用和发展带来重大的改变。

三维激光投影技术在零部件安装装配方面主要应用在一些对精度有很高要求的技术操作上，例如飞机等大尺寸部件的精密安装，如图 4-17 所示。在飞机装配过程中，常常需要用到数量庞大的支架及大量的紧固件，这些大大小小的形状不同的零件必须准确安装到机身上。传统方法中，常常需要将信息用文档形式打印出来，在文档上列出其空间坐标以及零部件安装要求的详细描述和其他非几何信息，各零部件的放置通常需要烦琐的手工操作，过程费时且容易出错。本案例创新性地将激光 SLAM 移动机器人技术与三维激光投影技术相结合，实现多工位的机器人自主移动、自主标定的三维投影激光定位功能。

如图 4-18 和图 4-19 所示，自主投影机器人由两部分组成：移动部分和投影部分。移动部分采用多传感器融合的激光 SLAM 定位导航技术，支持构建飞机装配厂房的大场景点云地图，融合高精度光电编码器、IMU、VO（Visual Odometry，视觉里程计）等多元定位数据，实现全场±10 mm 的定位精度，在投影工作点位融合环境特征数据，实现±2 mm 的亚厘米级精度，满足三维激光投影设备的自主标定精度需求；在投影部分，设计了三维激光投影的高精度高实时性工件定位方法，通过对激光投影技术光源的准直扩束部分光学设计，实现传感器和检测工件的数字化定位。

整个机器人的工作流程如图 4-20 所示。

图 4-17　直升机装配过程中使用三维激光投影进行定位

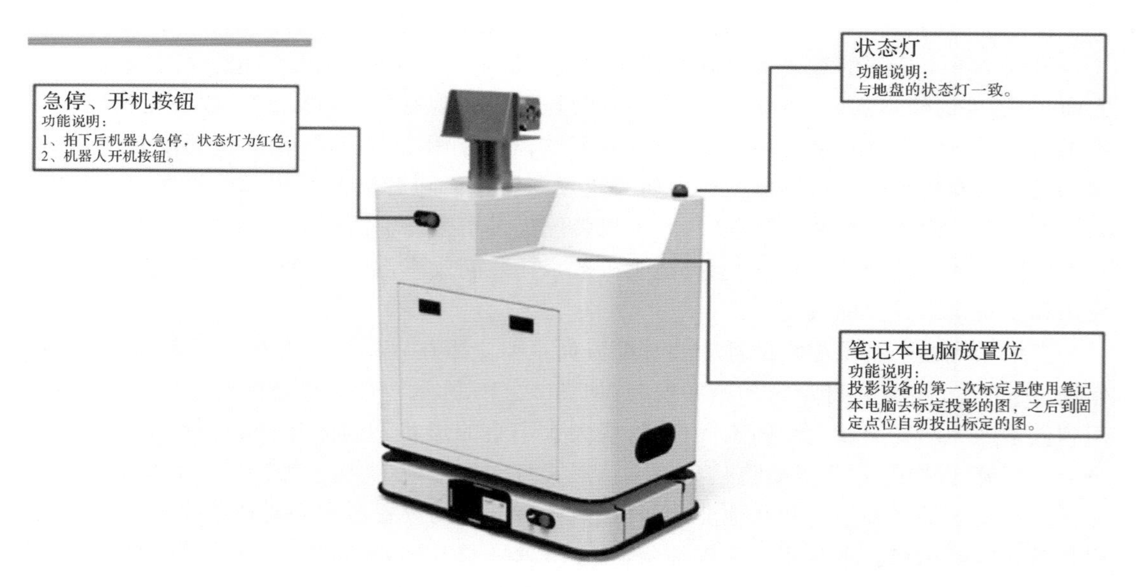

图 4-18　自主投影机器人移动部分

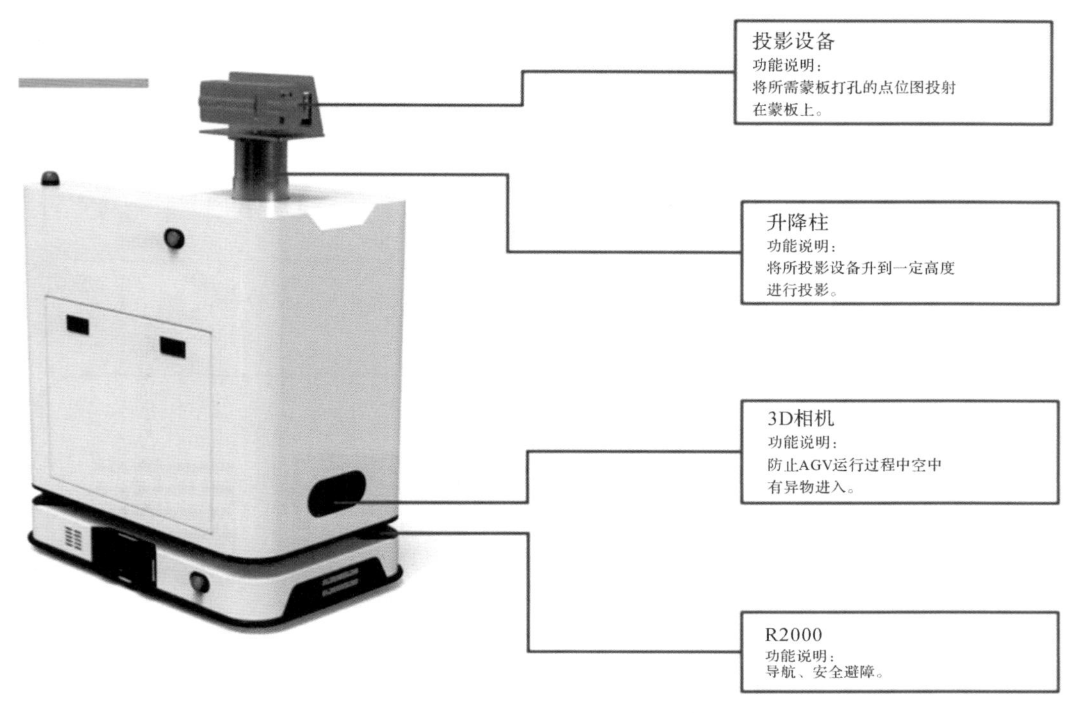

图 4-19 自主投影机器人投影部分

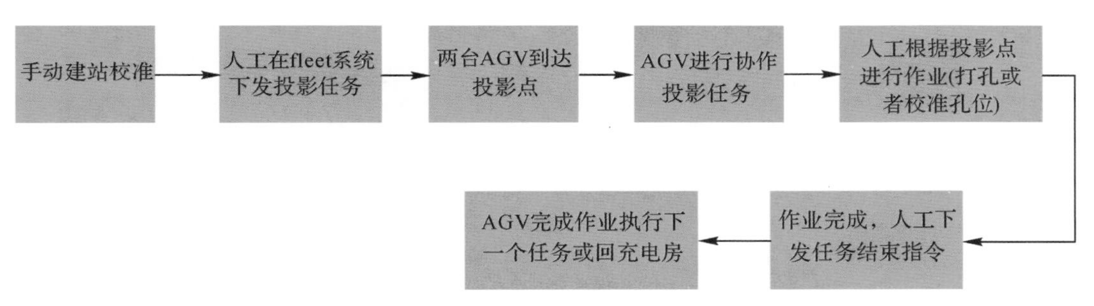

图 4-20 机器人的工作流程

2. 室内外场景中多机协同的飞机翼板搬运自主移动机器人

面向民用飞机制造工厂多品种、小批量、大尺寸、异形物料的智能化运输场景，自主研究智能物料传输多机器人系统，建立多机器人和多载体的智能协同控制理论，实现在 5G 网络下准确、高效、柔性地配送物料的目标。结合工程实际，开发基于物联网的物料传输管控平台，并在国产某型号民用飞机水平尾翼和总库物流系统中验证应用。

本案例实现两种场景(见图 4-21 和图 4-22)下的机器人自主物料搬运需求：如图 4-21 所示，场景一是实现仓库到部装车间的物料搬运，搬运的物料涉及比较大的结构件，需要两台机器人协同运输(见图 4-23)，还有其他一般结构件等物料；场景二(见图 4-22)是在部装车间内实现全场物料的自主搬运和配送。

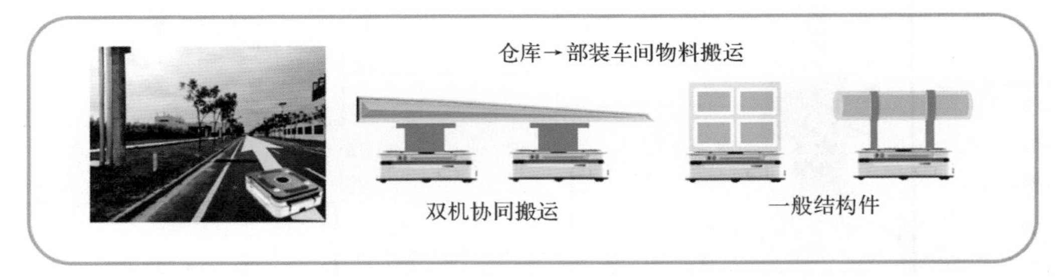

图 4-21 场景一:实现仓库到部装车间的物料室内外协同搬运

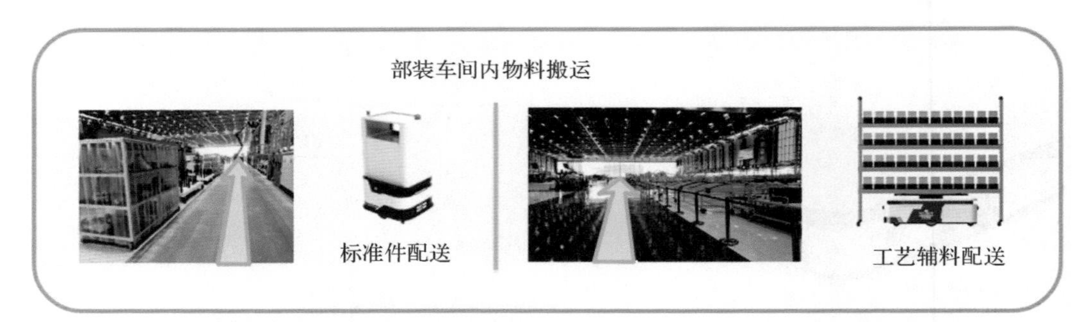

图 4-22 场景二:部装车间内部的物料配送

图 4-23 双机协同搬运大尺寸物料

针对国产民用飞机装配过程物料配送高动态、准确、高效的需求,首先构建面向最优综合效能的生产调度与物料传输集成优化框架,建立具有自主避障和自主导航的物料传输机器人路径规划模型，提出基于群智能优化的求解算法，实现 AGV 的全局和自主路径规划。其次采用大数据分析与优化方法，对智能配送、车间运行状态进行实时分析，识别影响系统生产的关键参数，预测扰动下装配车间的生产调度与物料传输变化，实现周期与事件预测驱动相结合的车间管控和运行方式，设计具有自学习能力的智能动态调度方法，实现应对生产调度与物料传输的近实时决策。在 5G 网络下，研究多 AGV 的智能网络化协同控制技术，探索多 AGV 相互协作完成同一任务的路径。

3. 大仓盘点

大仓盘点环境，一般出现在大型物流公司的大型仓库中，其内部包含两种场景：第一种是货物存放货架，货架高度一般达十几米，内部分多层，放置不同种类货物；第二种是堆货区，会有大量临时货物堆放在栈板上。

在物流场景中，需要对货架上的货物进行盘点，传统做法是人工驾驶大型叉车，由人工进行逐一盘点。这种方式效率低下，且需要人工介入。因此考虑使用机器人进行自动盘点。在机器人上层装置伸缩杆，最大行程为 15 m；在伸缩杆末端安装多个相机，可以同时盘点多排货物，极大提升盘点效率。

在本场景中，底盘运行面临两种挑战，第一种是环境特征极其相似的货架区，第二种是环境变化率很高的堆货区。在这种情况下，机器人底盘使用单线激光雷达、IMU、里程计，通过多元传感器融合技术实时更新地图，监控环境变化，并实现机器人定位，最终机器人运行精度可达±1 cm。

图 4－24 是某国际知名物流公司的大仓地图，目前机器人已经可以在该场景中稳定进行盘点作业。图 4－24(b)右侧小部分为临时堆货区，左侧大部分区域为货架区。机器人运行时，会从地图顶端待命区出发，蛇形盘点货架区，结束后，会从右侧货架区与堆货区之间的通道，回到地图顶部待命区。

(a)

图 4－24　大仓巡检示例

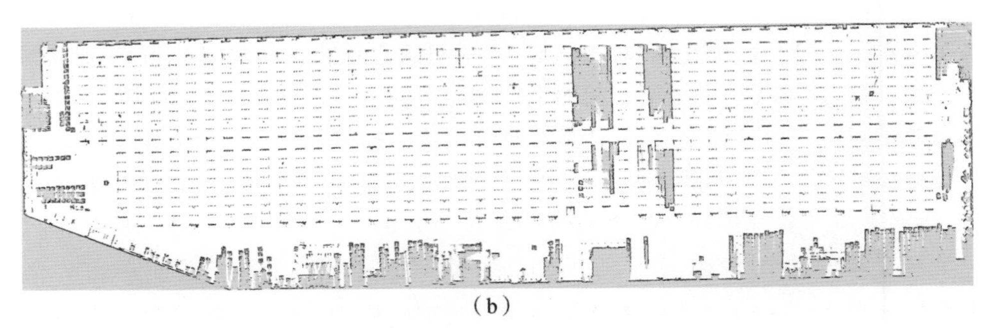

(b)

续图 4-24　大仓巡检示例

4. 园区巡检

室外场景与室内不同，其环境更加多变，情况更为复杂。在这种情况下，一般的 2D 单线激光雷达信息已经无法提供足够的环境感知信息，需要使用 3D 多线激光雷达对环境进行检测。多线激光雷达除了通过多个发射器实现对 3D 数据的采集外，同时还具有较长的检测距离。这些特性使得多线激光雷达相较单线激光雷达更适合在复杂多变的室外环境使用。此外，考虑到室外环境的复杂性，以及相较室内更宽阔的环境，还会使用 GPS 数据辅助定位。

在这种情况下，依靠多元传感器融合技术，将多线激光雷达数据、里程计与 IMU 数据，以及 GPS 数据进行融合，构建数十万平方米的室外环境 3D 地图，同时完成对机器人 6 自由度的全局姿态估计，定位精度可以达到±2 cm。

图 4-25 所示为机器人在园区内进行巡检的实时地图数据，其中可以清晰地看到周围的轮廓，包含树木、汽车，以及建筑物。

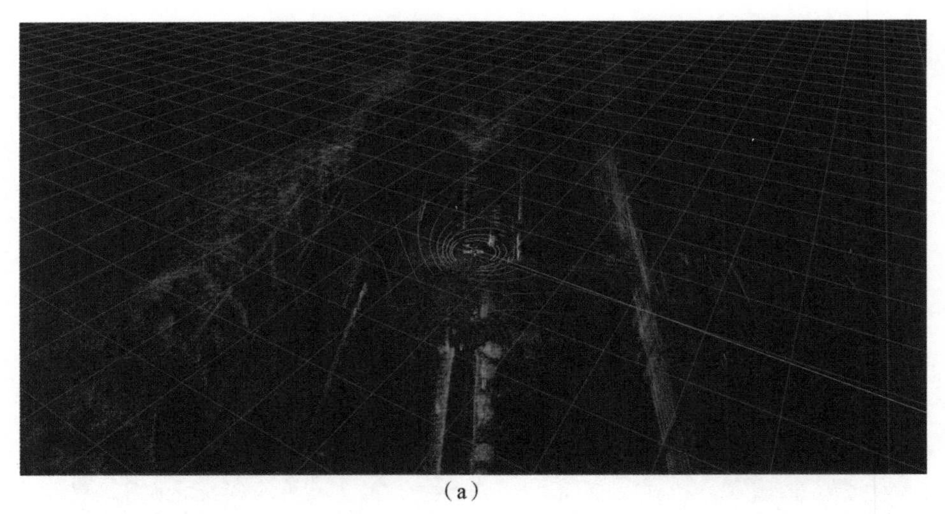

(a)

图 4-25　室外巡检示例

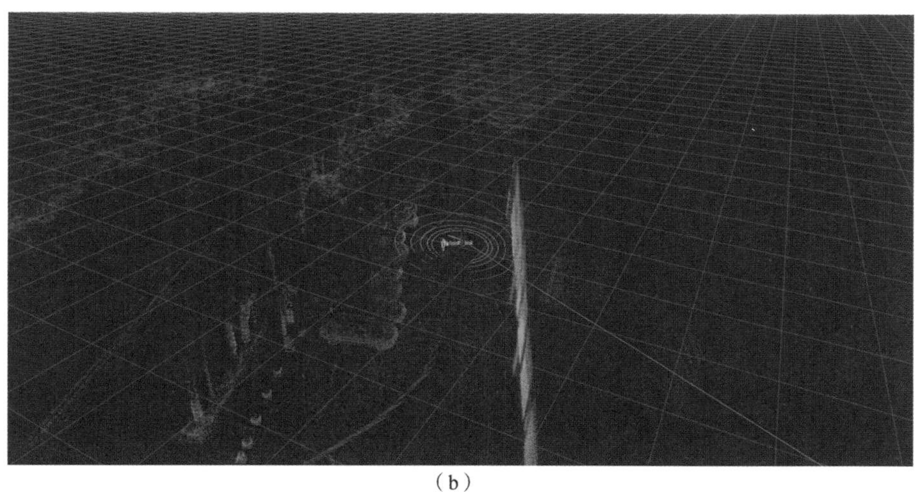

(b)

(c)

续图 4－25　室外巡检示例

5. 机器人导航与控制

本部分主要展示机器人在导航与控制中应用的技术。

如图 4－26(a)所示，黑色线条表示静态地图中的障碍物，这部分障碍物为构建地图时就存在于环境中的物体，一般多为墙体或者设备等。红色点代表单线激光雷达实时检测到的障碍物。可以看到，部分红色点与黑色点重合，代表激光能够实时监测到对应的静态障碍物，还有一些红色点与黑色点不重合，代表临时出现的障碍物。无论是静态障碍物还是临时障碍物，都会在其周围生成障碍物膨胀层(膨胀层会考虑机器人的几何尺寸)，用于辅助机器人进行路径规划。

当机器人运行时遇到临时障碍物，遮挡住机器人行进道路时，就会重新规划路径。如图 4－26(b)(c)所示，重新规划的路径会尝试避开膨胀层，但同时也会考虑路径的平滑度，以及尽可能短的路径。规划路径后，机器人会使用前述导航控制算法进行循迹导航控制。如果在这个过程中，机器人再次被障碍物遮挡，则会尝试再次规划。

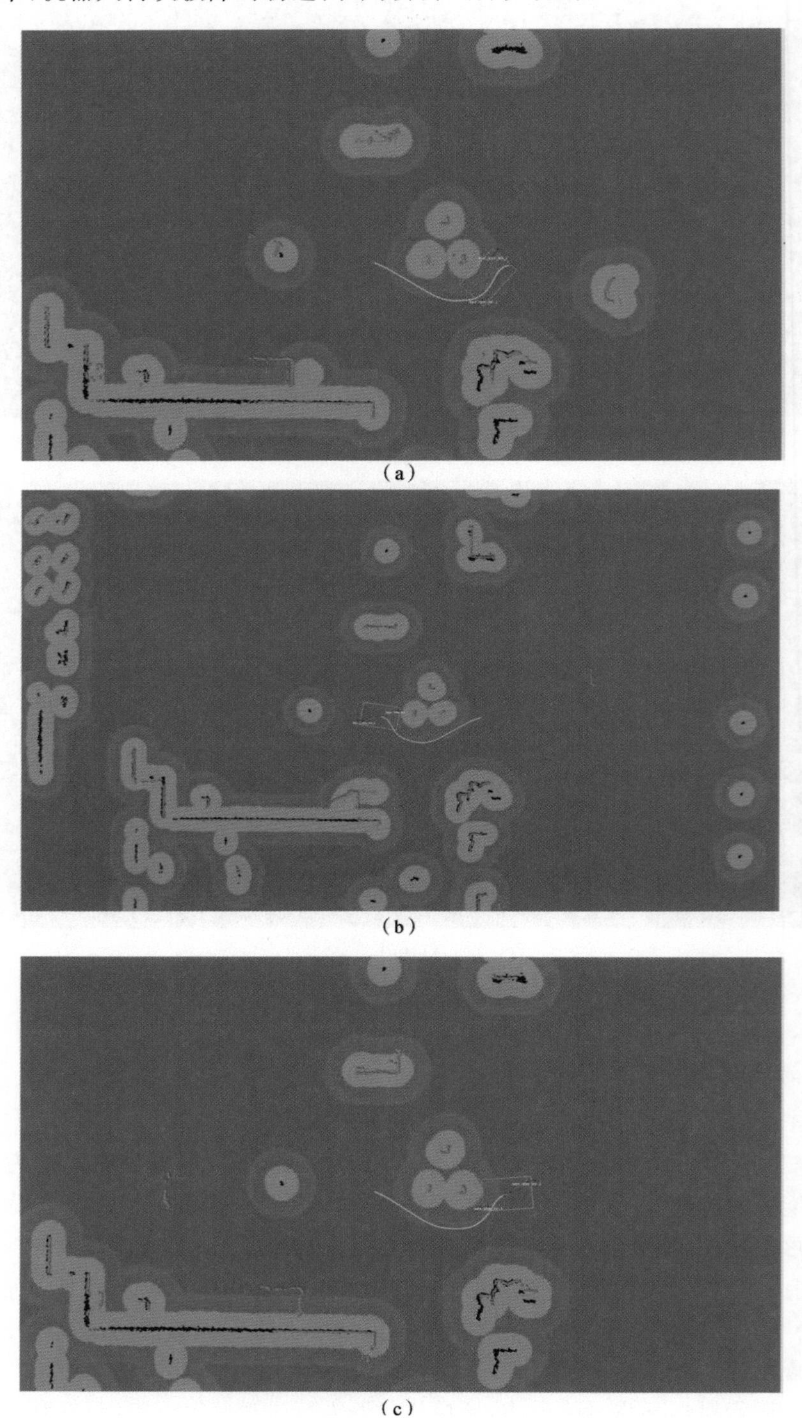

(a)

(b)

(c)

图 4-26 移动机器人导航控制示例

4.2.2　无人配送系统主动安全技术

无人配送系统的主动安全技术主要是智能硬件＋3D视觉避障在安全避障方面的开发和应用，以确保机器人行进过程中的人、物协作及安全交互。机器人主动安全避障通常具有如下特征：

(1)60°×45°全方位立体避障；

(2)高精度：最小可检测尺寸为5 cm×5 cm×5 cm的障碍物；

(3)根据不同运行状态，自动切换相应的避障区域；

(4)通过高精度3D相机采集环境点云信息，利用人工智能算法过滤噪点，自动识别障碍物，根据障碍物距离AGV智能地做出减速或者停止的响应。

4.2.2.1　硬件响应级别主动安全技术

硬件级别主动安全系统架构如图4-27所示。

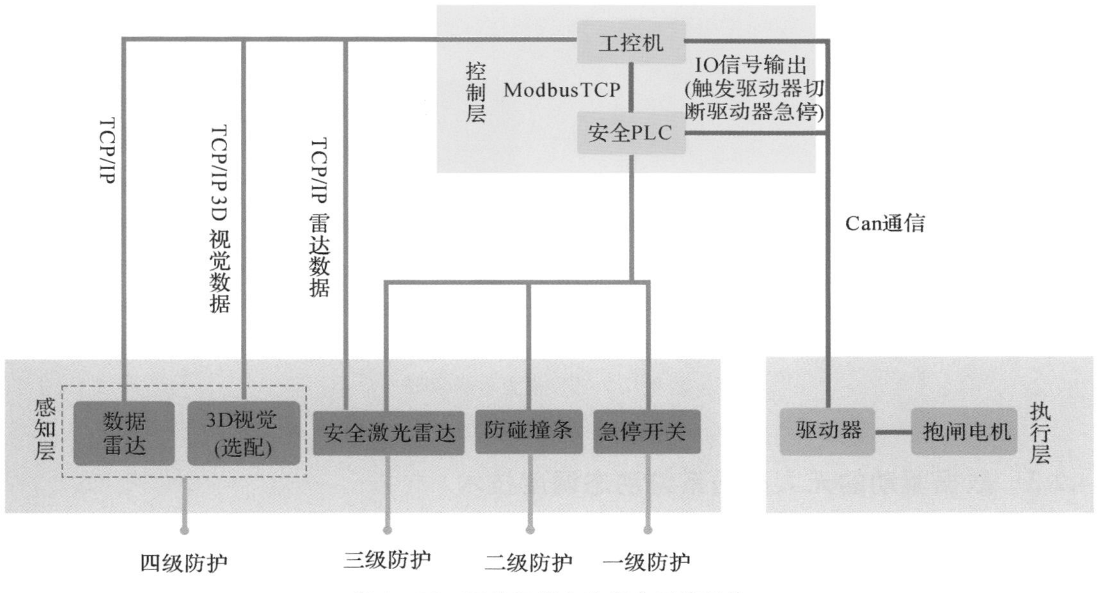

图4-27　硬件级别主动安全系统架构

雷达扫描检测周边环境，当检测到障碍物在设定的急停区域内时，雷达输出IO信号给PLC，PLC经过逻辑处理将IO信号输出给驱动器，触发驱动器急停（软急停）；当触发防撞条等安全部件时PLC，将控制继电器切断驱动器电源（硬急停）。当长期触发软急停时，也会启动硬急停。

3D视觉扫描检测周边环境，将检测数据通过TCP/IP通信传递给工控机，工控机通过数据处理，如果判断出障碍物处于急停区域，则工控机通过ModbusTCP协议发电机停止命令给PLC，PLC经过逻辑处理将IO信号输出给驱动器，触发驱动器急停。防碰撞条和急停开关通过硬件IO连接到PLC，由PLC进行逻辑处理，输出IO信号触发驱动器急停。

4.2.2.2 基于 3D 视觉的智慧安全

通过高精度 3D 相机采集环境点云信息，利用人工智能算法过滤噪点，自动识别障碍物，并根据障碍物与 AGV 的距离，智能地做出减速或者停止的响应，如图 4－28 所示。

(1)采用 RGB－D 深度相机作为视觉传感器。

(2)通过传感器获取点云信息和颜色信息，用过程中获取的 RGB 图像逐一截取目标物体存在的区域，构成 RGB 图像集。

(3)将点云数据通过算法进行点云分割和筛选，获得物体点云模型。接着通过投影及凸包原理计算获取物体的几何尺寸。

(4)AGV 的工控机接收 3D 视觉点云数据，通过计算处理，判断在视觉检测区是否存在障碍物，发送控制指令停止电机。

(5)检测区域根据选择 3D 视觉相机的型号不同而不同。

(6)此方法用于覆盖竖直悬空障碍物检测和地面坑洞或地面凸起障碍物检测，检测距离可设置。

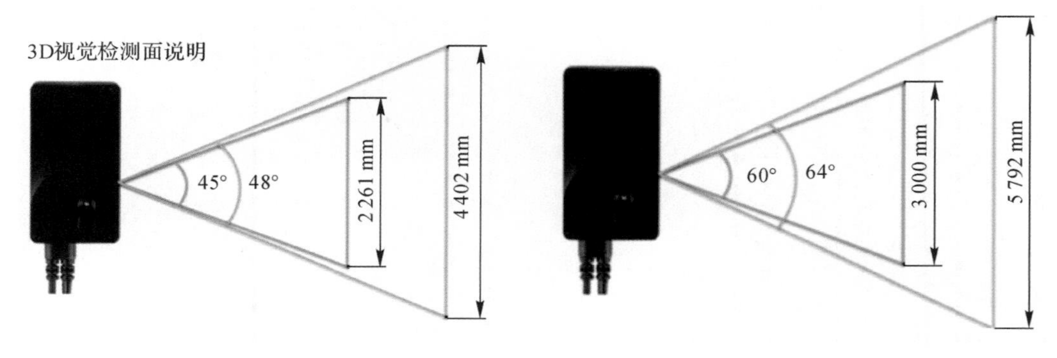

图 4－28 3D 视觉检测示例

4.2.3 数据驱动的无人配送系统动态调度技术

4.2.3.1 多机动态调度系统构建方法

首先，构建机器人任务派发多目标优化模型、批量任务派发静态调度算法、反应式动态任务快速重调度策略和机器人动态任务派发优化算法。

然后，构建考虑电量变化的多机器人多目标实时路径优化模型，应用多机器人并行实时路径优化技术，开发物料运输机器人实时路径规划和多机并行优化算法。

最后，建立制造工厂内部多机器人调度交通模型，应用任务路径网络的实时路径负载均衡和多机协同交通管制技术，开发多机协同路径负载均衡和交通管制算法。

1. 机器人动态任务派发优化方法

针对机器人物料搬运过程中订单需求与车间环境动态实时变化问题，应用动态变化下的任务派发模型构建与求解技术，实现批量任务派发与机器人排程优化，确保任务与机器人之间的最佳匹配。

(1)机器人任务派发多目标优化模型。

任务约束、机器人约束、优先级约束等关键因素对机器人任务派发有显著的影响，依据不同约束与机器人调度的路径代价、时间代价、能耗、任务优先级等优化目标的关系，构建机器人任务派发多目标优化模型。

(2)机器人批量任务派发的静态调度算法。

为解决现有的静态调度算法用于机器人任务派发时的求解计算量大、效果差的问题，以提高优化求解速度和局部搜索能力为目标，采用多维染色体编码遗传算法、元启发式算法和局部搜索算法等优化算法，构建适用于机器人任务派发的多算法融合的静态调度算法，实现快速、精确且稳定的机器人任务预分配。

(3)扰动下的机器人动态任务派发方法。

针对设备故障、紧急插单等扰动所导致的任务派发实时调整问题，应用各种扰动的探知和分类方法，分析不同类型扰动与机器人任务之间的关联关系，获取机器人实时状态。基于滚动窗口技术的反应式动态任务快速重调度策略及其稳定性评估方法，实现各种扰动下机器人任务的实时派发调整。

2. 多机器人时空协同机制

(1)物流机器人时空耦合任务路径网络构建方法。

计入多机器人物流系统空间变量(不同车间、不同区域、不同类型机台和传输转运机器人位置等)的约束关系，以及多机器人物流系统时间变量(机器人任务时间、运输时间、上下料时间、充电时间、运动速度等)的相关关系，融合物流机器人派发任务和工厂车间 SLAM 地图，构建机器人时空耦合任务路径网络。

(2)多机器人物流系统空间变量和时间变量交互作用机制。

考虑多机器人物流系统空间变量和时间变量的扰动模式，可以揭示多机器人物流系统时间和空间动态扰动的触发机理，探索时空约束下的机器人物流系统多目标优化建模及求解方法，并基于机器人物流系统在动态扰动下的变化规律，揭示任务路径网络不同时间和空间节点的多机器人物流系统空间变量和时间变量的交互作用机制。

3. 物料运输机器人实时路径规划和多机并行优化

(1)大范围多区域复杂环境下机器人全局路径规划。

针对大范围多区域复杂环境下物料运输机器人可行域环境实时变化的问题，基于实时子地图的动态地图更新算法，并根据机器人任务和环境状态实时更新任务地图。针对传统路径规划算法用于多机器人任务路径规划时的速度慢、容易陷入局部最优的问题，基于概率转移和信息素更新策略的改进蚁群算法，可以确定所有机器人的初始任务路径。

(2)考虑电量变化的机器人运动路径优化模型。

机器人的运行总路径(包括任务路径、充电路径和任务返程路径)取决于机器人初始任务路径、充电位置和机器人当前电量。考虑总路径和运动平稳性的机器人速度规划方法，实现机器人完成搬运任务的运动路径(路径、速度和加速度)规划。分析机器人电量变化、充电时间与总路径长度及机器人运动速度之间的关系，建立考虑电量变化的机器人运动路径优化模型。

(3)多机器人并行实时路径优化技术。

通过获取多机任务进度、路径类型、机器人状态等实时信息，获取实时路径优化中机器人运动的时空协同策略。基于考虑电量变化的机器人运动路径优化模型，以路径负载、任务时间、全局路径负载、会车预测、交通管制介入概率为优化目标，可以构建考虑多机任务进度和路径类型的多机器人多目标实时路径优化模型。

4.2.3.2 实际案例展示

精密晶圆搬运案例展示。

本案例应用如图 4-29 所示。

(1)应用企业：国内某龙头集成电路制造股份有限公司。

(2)物料类型：8 英寸[1 英寸(in)=2.54 cm]晶圆 POD(晶圆传送盒)。

(3)机器人类型：晶圆盒搬运机器人、OW8-8 英寸晶圆盒移动操作机器人。

(4)任务描述：晶圆盒搬运机器人接受指令后到达仓库指定货架，然后将晶圆盒搬运到指定线边仓，移动操作机器人接受指令，将线边仓上的晶圆盒抓取放到储位上，完成任务。

(5)验证的关键技术：高并发订单驱动的智能工厂物料快速响应调度技术、多移动机器人实时动态调度技术。

(6)预期效果：机器人动态任务分配，多机型调度。

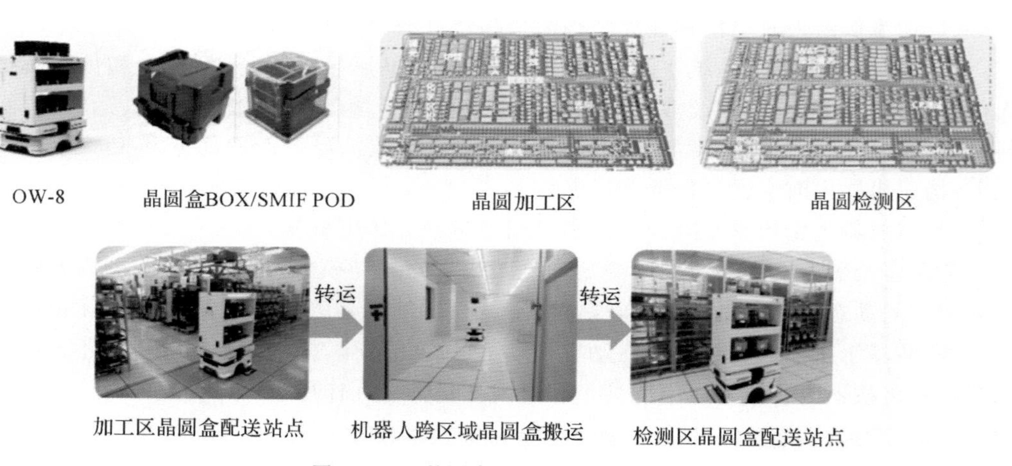

图 4-29 晶圆自动搬运与分配

4.3 智能分拣技术

智能分拣技术是指有别于传统依靠人工进行分拣的技术。智能分拣技术硬件上多依赖激光或图像传感器、机器人和传送带完成对工件的分拣流程。软件上多依赖识别算法以及路径规划方法。

4.3.1 智能分拣系统设计方法

工件分拣是生产制造中必不可少的一个环节，根据工件的形状或不同特征进行分类摆放,实现工件分拣。一般分拣过程包括识别、定位、抓取和摆放等步骤。

智能分拣系统可以对需要分拣的不同种类工件进行识别、抓取位姿生成以及最终的抓取。该系统的设计和应用可以实现对物料的精准选取,满足物料自动配套需求,提高物料配套效率,减少人力消耗。

传统工业机器人大多数采用示教编程或者离线编程的方式,使机器人实现点到点的往复运动。在线示教可以保证机器人轨迹具有较高精确度,而且操作简单,但是很难实现复杂的运动轨迹,且难以实现与其他操作的同步。离线编程是一种在计算机上的模拟仿真编程,可以完成复杂的运动路线规划,但是精度得不到保证,还需要在线示教进行修改,而且周期长,对坐标系精度的要求比较高。两种工件分拣方法都很难达到流水线的柔性和自动化生产要求。当实际工作环境发生改变时,在线示教需要重新编程,离线编程需要调整和重新编程。在实际的工业生产过程中,如果工件的位置是随机的,依靠传统的工业机器人就不能准确完成分拣任务。即使采用夹具,也会因为夹具的易磨损而导致工件分拣中出现精度问题。以上原因致使传统工业机器人在现实工件分拣中的作用不理想。

智能分拣系统面向的对象主要是多种大量需要被分拣的零件,这种对象的特征多样,依靠人工并不能达到高效的分拣效果。面对这种对象,智能分拣系统既可以在分类识别上达到较好的效果,而且可以更精准地满足一定数量的分拣需求。

智能分拣系统硬件设计,主要是将一定的图像传感器(如激光图像传感器、RGB图像传感器、RGB-D图像传感器)与适当的机械臂(如二指夹爪机械臂等)相配合,并进行手眼标定,以实现协同运转,达到对相机坐标系中一点获取位置的目的,同时为抓取提供基础。

总的来说,智能分拣系统的软件设计应包括对数据的处理与对硬件的控制。对数据的处理实质上是对零件的特征测量数据进行处理,使之成为一种识别零件种类与位姿的模型,最终实现对一种或多种待分拣的零件进行精准的分类与识别,并得到准确的位置与姿态。对硬件的控制实质上是通过软件对硬件系统进行控制,软件系统再通过上一步得到的位置与姿态对硬件系统进行相应的控制。

4.3.2 航空物料智能识别技术

航空物料的识别是指从RGB、RGB-D或Depth图像中将航空物料识别出来。智能分拣的一个先决条件就是将物体分门别类地识别出来,只有准确地拿到这一步的结果,才有了智能分拣继续进行的条件。此外,航空物料门类繁多,航空物料智能识别技术有助于将一些相似的物料进行识别而后进行分类,这样的过程有助于更精准地分拣,同时可以提高整个智能分拣的效率和智能程度。

4.3.2.1 研究现状

智能识别技术就是在一张图像中找到所关注的目标,并确定它的类别和位置,这是计算机视觉领域最核心的问题之一。各类目标具有不同的外观、颜色、大小,且在成像时存在光照、遮挡等,这些具有挑战性的问题促使智能识别技术一直处于不断的优化和研究中。

基于深度学习的二阶智能识别算法是先生成区域候选框,再通过卷积神经网络进行分类和回归修正。常见的算法有 RCNN、SPPNet、Fast RCNN、Faster RCNN 和 RFCN 等。二阶算法检测结果更精确。

(1)RCNN 算法出现于 2014 年,是将深度学习应用到目标检测领域的开山之作,其凭借卷积神经网络出色的特征提取能力,大幅度提升了目标检测的效果。RCNN 的缺点是:训练和测试速度慢,需要多步训练,非常烦琐;由于涉及分类中的全连接网络,因此输入 CNN 的候选区域尺寸是固定的,造成了精度的降低;候选区域需要提前提取并保存,占用的空间很大。对于非常深的网络,如 VGG16,从 VOCO7 训练集上的 5 000 张图片上提取的特征需要数百吉字节的存储空间,这个问题是致命的。RCNN 成为当时目标检测领域表现最好的算法,尽管现在已经不怎么用了,但其思想仍然值得借鉴和学习。

(2)在 RCNN 之后,SPPNet 解决了重复卷积计算和固定输出尺寸两个问题,SPPNet 的主要贡献是在整张图像上计算出全局特征图,这样对于特定的建议候选框,只需要在全局特征图上取出对应坐标的特征图就可以了。但 SPPNet 仍然存在一些弊端,如需要将特征保存在磁盘中,速度很慢。Fast RCNN 的缺点是尽管用到了图形处理器(GPU),但提取候选框还是在 CPU 上实现的。在 CPU 中,用 SS 算法提取一张图片的候选框区域大约需要 2 s,而完成整个 CNN 则只需要 0.32 s。因此 Fast RCNN 计算速度的瓶颈是提取候选框,无法满足实时应用,没有真正实现端到端训练测试。

(3)Faster RCNN 是 Ross Girshick 继 RCNN 和 Fast RCNN 后的又一力作。其同样使用 VGG16 作为网络的骨干网络(backbone),推理速度在 GPU 上达到 5 fps(包括候选区域的生成),准确率也有提升。在 2015 年的 ILSVRC 以及 Coco 竞赛中获得多个项目的第一名。尽管如此,其缺点仍然存在,即无法达到实时检测目标,计算量仍然较大。

4.3.2.2 智能分拣技术路线

本书拟采用含有带识别物体的 RGB 图片作为输入,使用深度学习算法对其进行训练以得到收敛的训练模型。而后在识别环节调用该模型,对含有需要识别物体的图片进行处理,最终得到分类结束的结果。详细的处理过程包含如下几个步骤:首先将不同物体利用进行分割,分割的结果是几乎只包含待分类物体的图片,而后对该图片中包含待分类识别物体进行矩形框选(使框选的图片中被框选部分几乎只包含物体),而后对该结果进行后续处理使之包含必要的数据(见图 4-30)。

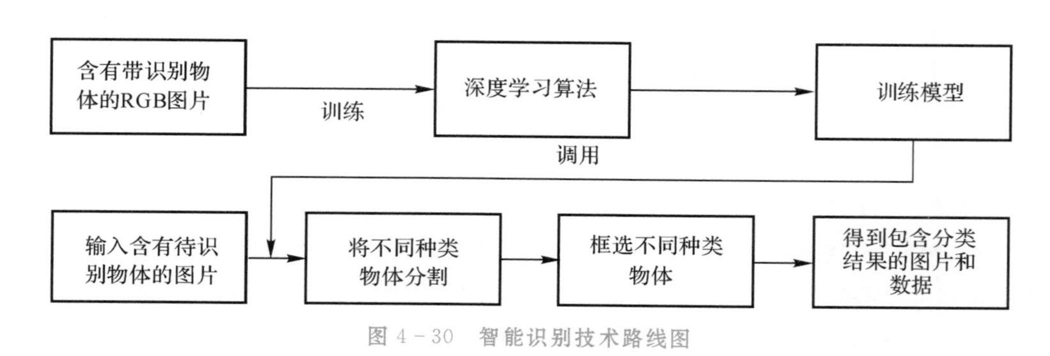

图 4-30 智能识别技术路线图

4.3.2.3　智能识别技术方法简介

航空物料智能识别技术采用 Mask R－CNN 实现，该方法是对 Faster R－CNN 的直观扩展。Mask R－CNN 在实例分割、目标检测、人体关键点检测三个任务中都取得了目前最好的效果，网络的主干由 RPN 转换为主干网络为 ResNet 的特征金字塔网络（FPN），同时添加了一个分支用于预测每个感兴趣区域（ROI）上的分割掩模，与现有的用于分类和边界盒回归的分支并行（见图 4－31）。掩模分支是一个应用于每个 ROI 的小 FCN（全卷积网络），以像素-顶像素的方式预测分割掩模。但是，Faster R－CNN 并不是为网络输入和输出之间的像素对像素对齐而设计的。这一点表现得最明显的是 ROIPool，事实上的处理实例的核心操作，即如何执行特征提取的粗空间量化。为了解决这种错位，网络使用了一个简单的、无量化的层，称为 ROI Align，它忠实地保留了精确的空间位置。

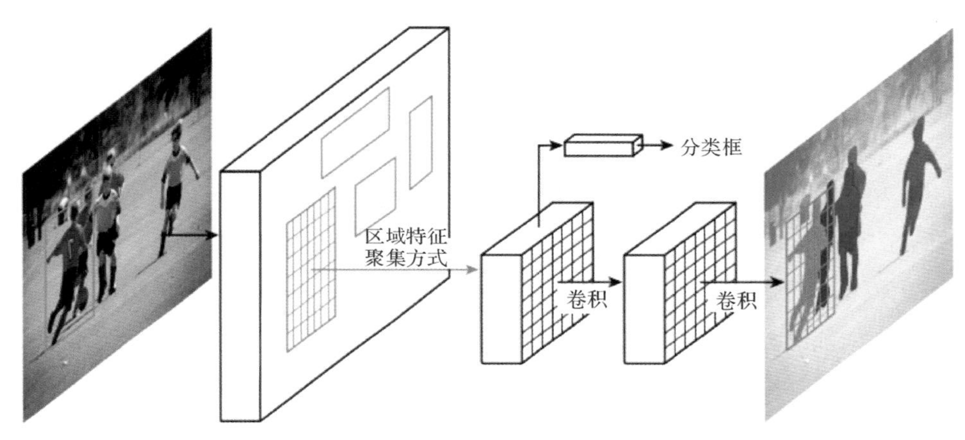

图 4－31　Mask R－CNN 流程图

4.3.2.4　效果展示

如图 4－32 所示，该图片中包含多种待识别零件，将该图片输入已训练好的 Mask R－CNN 模型中进行预测，即可得到图 4－33 所示的结果。在图 4－33 中，不同类别的零件在识别成功后会被不同颜色的方框框选。

图 4－32　未智能识别图片

图 4－33　智能识别结果

4.3.3 航空物料位姿计算技术

航空物料位姿计算技术的作用在于将上一步识别出来的航空物料进行位姿分析，得出某个物体在空间中的位置与姿态以便进行抓取。此外，准确的位姿计算结果可以提供可靠的抓取点，可靠的抓取点能够使抓取过程更可靠、合理，使抓取不容易掉落，使整个过程更加高效。

4.3.3.1 研究现状

总的来说，位姿计算的方法有如下几个大类别：基于三维局部特征的位姿计算方法、基于模板匹配的位姿计算方法、基于投票的位姿计算方法和基于回归的位姿计算方法。

1. 基于三维局部特征的位姿计算方法

随着深度学习的发展，部分研究者采用神经网络的方法学习点云之间的对应关系。Zeng 等人提出了 3DMatch 方法。它采用一种孪生结构的三维卷积神经网络对输入的两个待配准点云进行特征提取，基于对比学习思想构建损失函数，驱使网络在具有正确对应的区域学习出更相似的特征表达，即网络能够更准确地对输入点云中结构相似的区域编码出相似的特征，完成对应点集的构建。

2. 基于模板匹配的位姿计算方法

基于模板匹配的方法侧重于从多个视角对物体模型进行全局性描述，然后将其存为模板。在在线匹配过程中，对目标物体的查询图像进行类似的特征描述，随后在模板库中进行相似度匹配，最终确定目标物体的位姿。Hinterstoisser 等人提出了 LineMOD，该方法通过传播图像梯度方向的方式建立了一种新的图像表达，实现了物体多视角模板的构建。在在线检测阶段，通过预先计算物体实例检测模板的响应图，实现了查询图像与模板的实时匹配。此外，在深度信息可得的情况下，LineMOD 能够通过整合物体表面三维法矢信息，进一步提高位姿计算的精度。

3. 基于投票的位姿计算方法

基于投票的方法主要利用场景中物体的局部信息恢复出物体的六自由度位姿。与基于三维局部特征的位姿计算方法不同的是，基于投票的方法不需要联合多个局部信息共同求解一个位姿，而是通过局部线索实现“管中窥豹”的效果，最后权衡多个投票结果计算物体最终位姿。因此，基于投票的方法对物体遮挡情况具有较好的鲁棒性。

在这类方法中，最为经典的方法之一是 Drost 等人提出的点对特征（PPF）方法。点对特征是指点云中任意两个点的法矢和方向向量形成的若干夹角和点间距等几何要素，数学上表现为一个四维向量。Brachmann 等人提出了一种联合密集三维物体坐标标记与密集物体类别标记配对的新表达。以 RGB-D 图片为输入，每个像素点通过随机森林生成物体坐标的预测，再由每个预测获得的物体坐标定义一组图像和物体数模之间的 3D-3D 对应关系，最终通过优化及提纯方法计算物体的位姿。

4. 基于回归的位姿计算方法

基于回归的位姿计算方法主要通过神经网络从图像或点云中提取特征，利用特征直接回归位姿的各个参数，实现位姿的计算。PoseCNN 是位姿回归方法中的代表作之一，它通过定位物体中心在图像中的位置以及预测物体离相机的距离来计算物体的三维平移向量；通过回归四元数的方式预测物体的三维旋转量。不仅如此，PoseCNN 还引入了一种新的损失函数 ShapeMatch - Loss，使其对于对称物体的位姿具有较好的计算性能。

4.3.3.2　位姿计算技术路线

采用含有待估计位姿的物体的图片作为输入，使用深度学习算法对其进行训练以得到收敛的训练模型。然后在识别环节调用该模型，对含有待估计位姿的物体图片进行处理，最终得到包含位姿的结果。如图 4 - 34 所示，详细的处理过程包含如下几个步骤，首先对位姿进行粗略估计，然后对估计出来的位姿进行迭代处理使得结果更准确，最后得到包含准确位姿的结果。

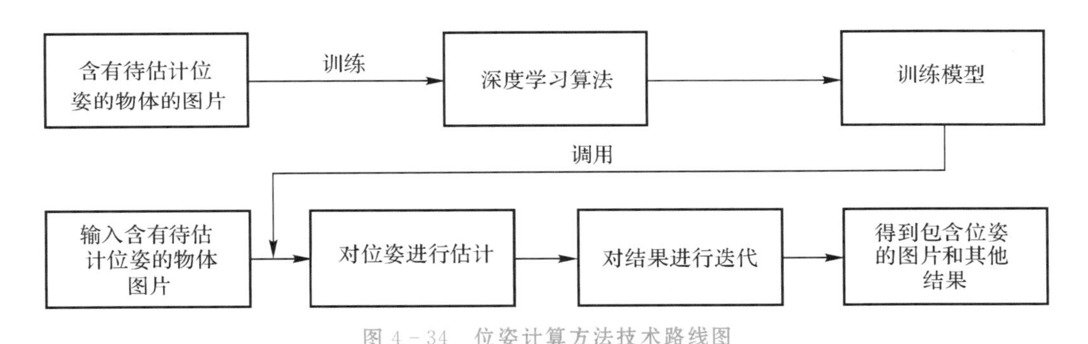

图 4 - 34　位姿计算方法技术路线图

4.3.3.3　位姿计算方法详情

选用一种基于 RGB - D 图像预测目标物体位姿的方法(DenseFusion)。首先，利用一个语义分割网络得到目标物体的分割图像，分别用两个网络处理 RGB 图像和点云图(由深度图获得)，再将颜色特征和几何特征逐像素地拼接起来，并利用一个特征融合网络获得全局特征。然后，将全局特征级联到每个像素的特征向量上，并利用位姿预测网络输出每个像素点对应的位姿估计结果和一个置信度值。最后，选择置信度最大的像素点对应的位姿估计结果。本书在此基础上还提出了一种基于深度学习的迭代优化方法(DenseFusion)，其能够在上一次位姿估计的基础上，不断优化位姿估计的结果。流程图如图 4 - 35 所示。

4.3.3.5　效果展示

将图 4 - 34 作为输入，输入至训练好的 DenseFusion 模型中进行预测，即可得到图 4 - 36 所示内容，即已被识别的零件在 DenseFusion 中被计算出了相应位姿，并与零件模型的点云成功配准。

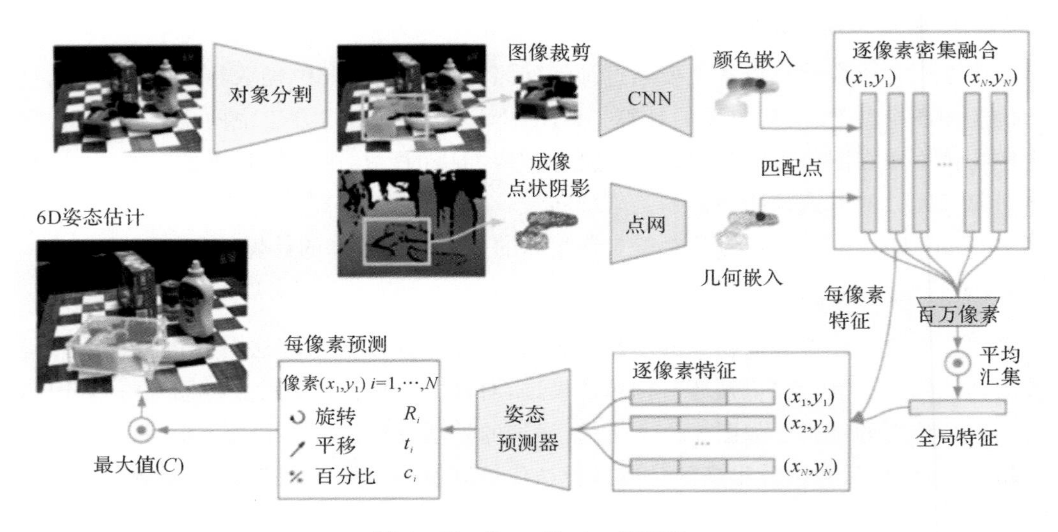

图 4－35　DenseFusion 流程图

图 4－36　DenseFusion 效果图

4.3.4　机器人分拣路径规划技术

机器人分拣路径规划技术是指对机器人在分拣过程中的路径进行提前规划，使得机器人分拣路径满足分拣所需要求（即准确抓取与准确放置，并在整个过程中保证机械臂和周围物体的安全，不发生碰撞）。本技术的特点在于对不同的环境有不同的分拣路径规划方案，需要具体情况具体分析。本技术的难点在于，对不同工作环境分拣路径规划，如何做到使分拣路径高效的同时又保证安全。

4.3.4.1　分拣路径规划技术的作用、意义

分拣路径规划技术包含多末端抓取姿态生成和预定义路径点。其中多末端抓取姿态生成是指对于一个待抓取的物料会按照一定的规则预定义一个或者多个抓取姿态，在上一步

得到估计的位姿后对一个或者多个抓取姿态进行评估并从中提供最合适的抓取姿态。预定义路径点是指对抓取过程中或者抓取成功后机器人要走的路径中的几个关键点进行预定义，目的在于保证机器人的运动路径更加合理、安全，且分拣的效率和成功率也能得到保证。

4.3.4.2　机器人分拣路径规划方法详情

1. 多末端抓取姿态生成

预定义抓取姿态应遵循抓取稳定、机器人易操作等原则，预定义一个或多个合理的姿态。

如图 4－37 所示，对于某型物料的数模，方便抓取的位置已用红框标出，即这几处可以预定义抓取位姿。于是将这几处夹爪位姿信息进行保存以达到预定义的目的。

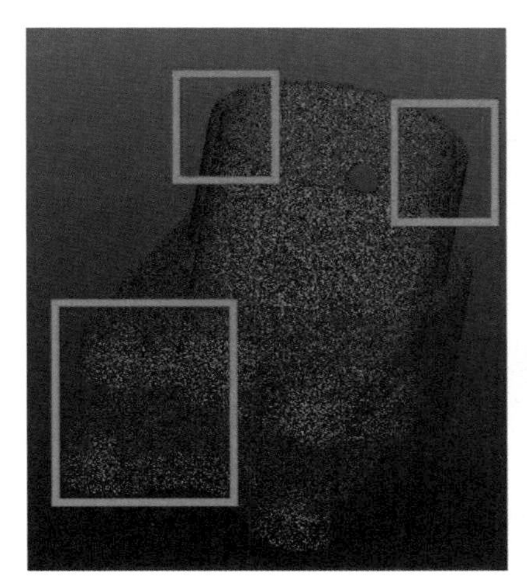
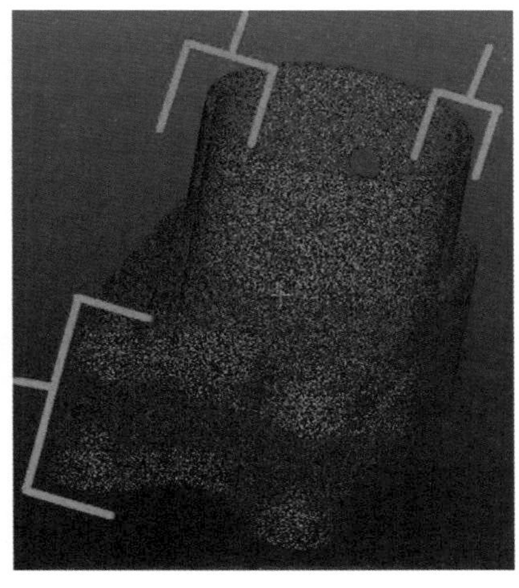

图 4－37　多末端抓取姿态生成示意图

在真实场景中，这几处预定义的抓取姿态并不一定都可以被利用，因此在展示场景中存在一个最佳抓取姿态，这个姿态由上述预定义姿态进行旋转变换后得到，其在空间中的姿态对应真实场景中适合抓取的姿态。如图 4－38 所示，真实场景中仅有一处方便抓取，则仅保留一处抓取姿态，并将该姿态旋转变换后的姿态作为最终抓取姿态供机器人进行抓取。

图 4－38　实际抓取姿态生成图

2. 预定义路径点

如图 4－39 所示，其中，A 点是机器人起始点和结束点，同时也充当着机器人等待点的作用；B 点是机器人抓取等待点，起到等待抓取的作用；C 点是机器人抓取接近点，从该点开始机器人收取上一步抓取姿态并进行抓取；D 点是机器人放置等待点，起到放置等待的作用；E 点是机器人物料放置点，起到放置物料的作用。详细地，机器人开机时应当处于 A 点，如果不在 A 点，则机器人运动到 A 点等待指令；当抓取开始时，机器人开始运动到 B 点，并进行等待确认即将抓取的物料；在确认抓取物料之后，机器人从 B 点运动到 C 点，开始等待抓取姿态；当机器人得到抓取姿态后，机器人开始向抓取位姿运动；当机器人成功抓取时，机器人从抓取位置运动到 C 点，然后依次到 B 点、A 点，机器人在 A 点进行等待，以防止较大幅度运动带来的危险问题；机器人从 A 点运动到 D 点进行短暂停留，在确认放置位置无误后，机器人从 D 点运动到 E 点；当机器人处于 E 点时，机器人放下物料完成抓取；之后机器人依次从 E 点到 D 点再到 A 点，完成本次抓取；机器人在 A 点对新的命令进行等待，收到命令后方可开始下一次分拣抓取。

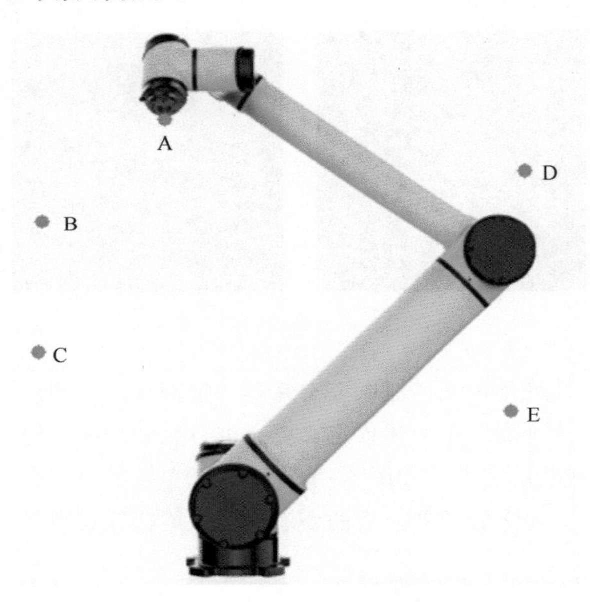

图 4－39　预定义点示意图

4.3.5　航空物料智能分拣系统应用验证

该分拣系统面向的对象主要是航空物料。具体场景可能为多种航空物料无序摆放，抑或是互有遮挡。同时多种航空物料包含不同的尺寸与特征。

4.3.5.1　硬件参数

本系统采用 AUBO－i20 机械臂，机械臂参数如表 4－1 和图 4－40 所示。

表 4－1　机械臂主要参数

机械臂参数	数　值	关节序号	运动范围/(°)	最大速度/[(°)·s^{-1}]
自由度	6	1	±360	93
负载	20 kg	2	±360	93
重复定位精度	±0.1 mm	3	±360	178
工具速度	2.6 m/s	4	±360	178
平均功率	1 000 W	5	±360	178
峰值功率	3 000 W	6	±360	178

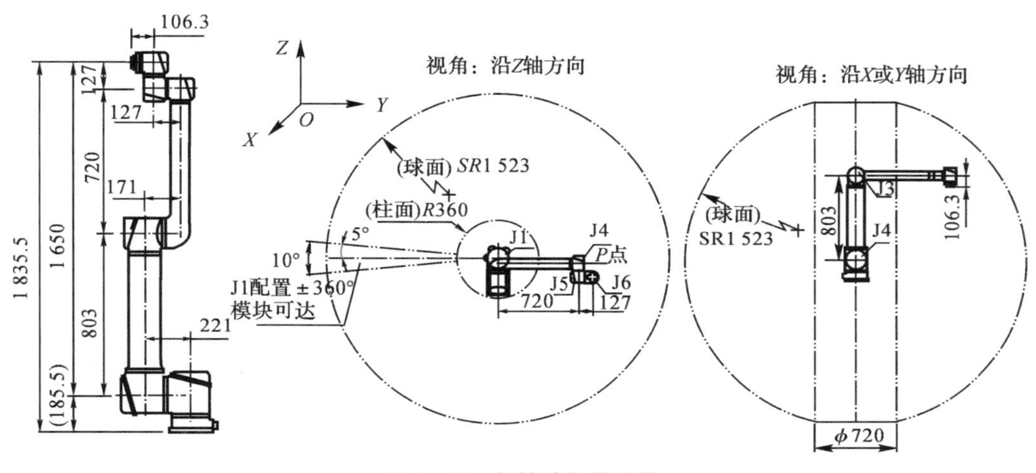

图 4－40　机械臂相关图纸

4.3.5.2　软件设计

针对航空物料配送无序、资源利用率低等问题，采用物料箱进行航空物料的仓储管理，而航空物料在物料箱中呈现散乱摆放的状态。为了实现对物料箱内的每一件航空物料位姿的精确识别，首先需要对整个抓取区域的三维场景进行语义分析和理解，对每一个航空物料实例进行精确分割。基于特征融合的航空物料特征表达方法可以对各个特征进行有效表达，其首先计算数据中任意两点之间的距离、法矢，以及法矢间的夹角等参数，设计一种关于点对的描述向量，构造点对特征。

根据姿态识别结果，利用高斯混合模型算法对机械臂末端执行器的可达方位进行建模，并在物料对应的任务空间区域做混合高斯采样，使生成的抓取姿态向可达方位偏移。根据物料姿态的平移分量查找对应的高斯混合模型，利用该模型再通过高斯随机采样方法生成多个目标抓取姿态；通过运动学逆解求各姿态的对应构型，若逆解求解成功且构型与障碍物间没有碰撞，则将其存入目标构型集合。

4.3.5.3　试验验证

图 4－41 所示为相机获取的包含若干某种零件的场景点云，此时正在对场景中的零件

进行识别。

图 4-41　包含若干零件的场景点云

识别完成后如图 4-42 所示。根据置信度对候选点云进行排序并显示置信度最高的点云配准结果。对夹爪进行控制,得到最终抓取位姿(见图 4-43)。

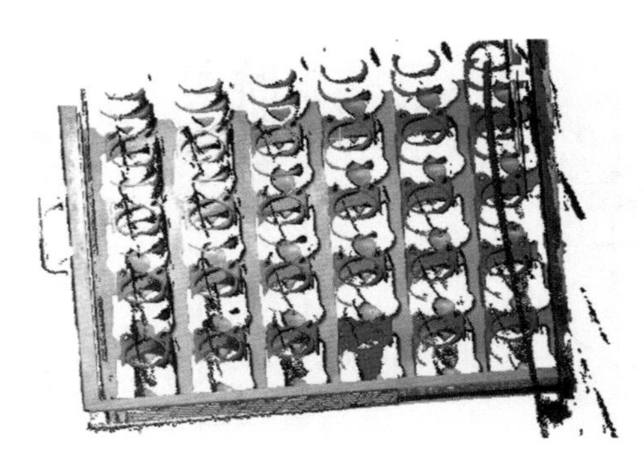

图 4-42　置信度最高的识别结果

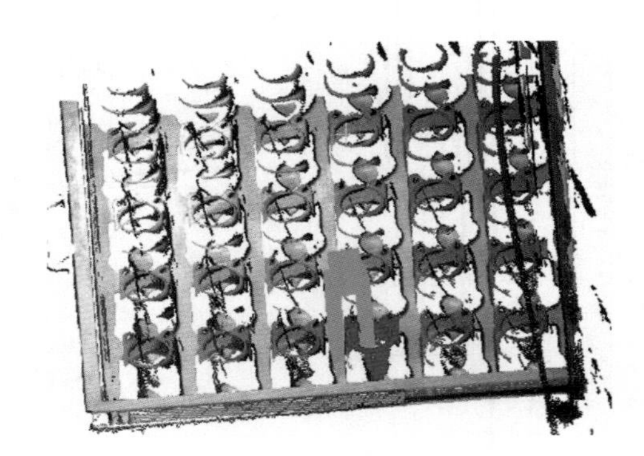

图 4-43　最终夹爪的抓取位姿

4.4　智能仓储与配送应用实例

在智能制造领域,智能仓储已被广泛应用,如京东、菜鸟、家家购等典型企业。与传统的仓储功能相比,智能仓储不仅限于实现存储、管理,还能够与物流环节的工厂和仓库中的物流一起伴随并行的信息流进行集成管理,为生产提供更可靠、更实时的信息。在物料入库、配套、出库等环节实现智能化管理,可以为生产提供精准的决策输入。

4.4.1　飞机装配现场物料管理现状

飞机装配现场物料包括装配所需的零件、标准件、材料等;装配过程就是零件、标准件的安装过程和消耗过程,也是物料流动的过程。

4.4.1.1　飞机装配生产线特点

飞机部件装配生产线是飞机部件装配所用的生产线。脉动生产线通过站位划分使得生产过程按设定的节拍进行站位式装配作业。其具有工位专业化程度高、生产节奏性强、数字化程度高等特点。装配作业分工明确细致、工作量单一重复、生产效率高。生产线一般配备专业的物流供给线。可以说，当脉动环节足够多、脉动节拍足够慢时，流动速度就会加大，生产线就近似于流水式生产线；当脉动环节足够少、脉动节拍足够快时，生产线就近似于固定式生产线。所以，对于整个脉动生产线来说，其是按照一定的节拍流动的，但对于生产线中每一个脉动站位来说，其是在一定的节拍周期内相对固定的。脉动生产线适用产品结构复杂、制造链条较长、批量适中的产品生产。

4.4.1.2　飞机装配物料管理存在的问题

在飞机装配中，由于装配物料数量大、种类多，装配生产线一般为脉动生产线，多站位分布。物料管理方面，主要是对物料的存储和配套配送进行管理。总的说来，现阶段飞机装配现场物料管理一般存在以下三方面的问题：

1. 仓储管理

当前，飞机装配现场物料管理模式一般分为两种：集中库存管理和线边管理。物料集中库存管理需要专用的库房用于物料存放，并需要安排专门的人员进行入库、配套、出库等管理，按需进行配套领用或配送。这种方式便于物料管理，但容易形成库存，各项管理成本较高。站位线边管理是物料随脉动生产线站位散布，将物料按生产线站位需求直接存放在生产现场，由操作人员按需直接取用。这种方式不需要专用库房和专门的管理人员，但现场存放混乱，一方面占用有效生产面积，另一方面物料易发生磕碰损伤和取用错误，形成质量隐患。因此物料管理的精益性亟须提升。

2. 配送管理

物料管理与生产现场结合主要是通过配套和配送实现的。当前物料管理的两种方式基本都是人工配套，即以生产计划为驱动，按照制造物料清单（Manufacturing Bill of Materials，MBOM）清单配套。这种方式的效率低，并且由于飞机装配一般存在多状态、频繁的设计更改、串批架次、缺件等情况，所以客观上配套是个动态的过程，人工配套的效率和质量更受到影响。

3. 信息化管理

当前，各主机厂已经广泛采用企业资源计划（Enterprise Resource Planning，ERP）系统和制造执行系统（Manufacture Execution System，MES）系统，基于 X 物料清单（X Bill of Materials，XBOM）结构对物料进行生产制造全流程管理，实现了物料信息的线上流转。但物料信息还主要依托纸质媒介的人工录入模式，配送计划与实际生产有差异，存在标码问题、盘点问题、网络连接问题、零件种类繁多等情况，导致管理困难、出库入库流程混乱、物流仓储所依赖的 MES 可靠性不高、可迁移性与可升级性差等。

4.4.2　飞机装配物料智能仓储与配送规划

基于当前飞机装配现场物料管理存在的问题，充分运用物流管理相关技术，结合飞机装配物料管理的特点和要求，规划一种基于飞机脉动装配生产线的飞机部件装配智能仓储管理方法，实现飞机装配现场物流的智能化管理，提升生产现场精益化水平。

智能化仓储是指综合分拣系统、电子标签拣选系统(Digital Picking System，DPS)、自动存取库系统(Automated Storage and Retrieval System，AS/RS)、自动导航搬运 AGV、码垛机器人、仓储管理系统(Warehouse Management System，WMS)和仓储设备控制系统等一体化的应用。

飞机装配物料包括零件、标准件、成品件等，种类繁多，形式多样。为便于物料的管理，按照物料外廓尺寸，将物料分为两类：尺寸在 800 mm 以下物料和尺寸在 800 mm 以上物料。以某型飞机统计，标准件、成品件基本为尺寸在 800 mm 以下的物料，即能被 740(L) mm×540(W)mm×280(H)mm 的长方体空间包容的物料，占物料总数的 80%左右；其余为尺寸在 800 mm 以上的物料，即不能被 740(L)mm×540(W)mm×280(H)mm 的长方体空间包容的物料，如蒙皮、长桁、框等结构件，约占物料总数的 20%。在规划管理中，将尺寸在 800 mm 以下的物料纳入集中仓储管理，将尺寸在 800 mm 以上的物料纳入线边仓储管理。其中线边仓储为集中仓储的延伸，统一于集中仓储的 WMS 的管理。具体规划方案如图 4-44 所示。

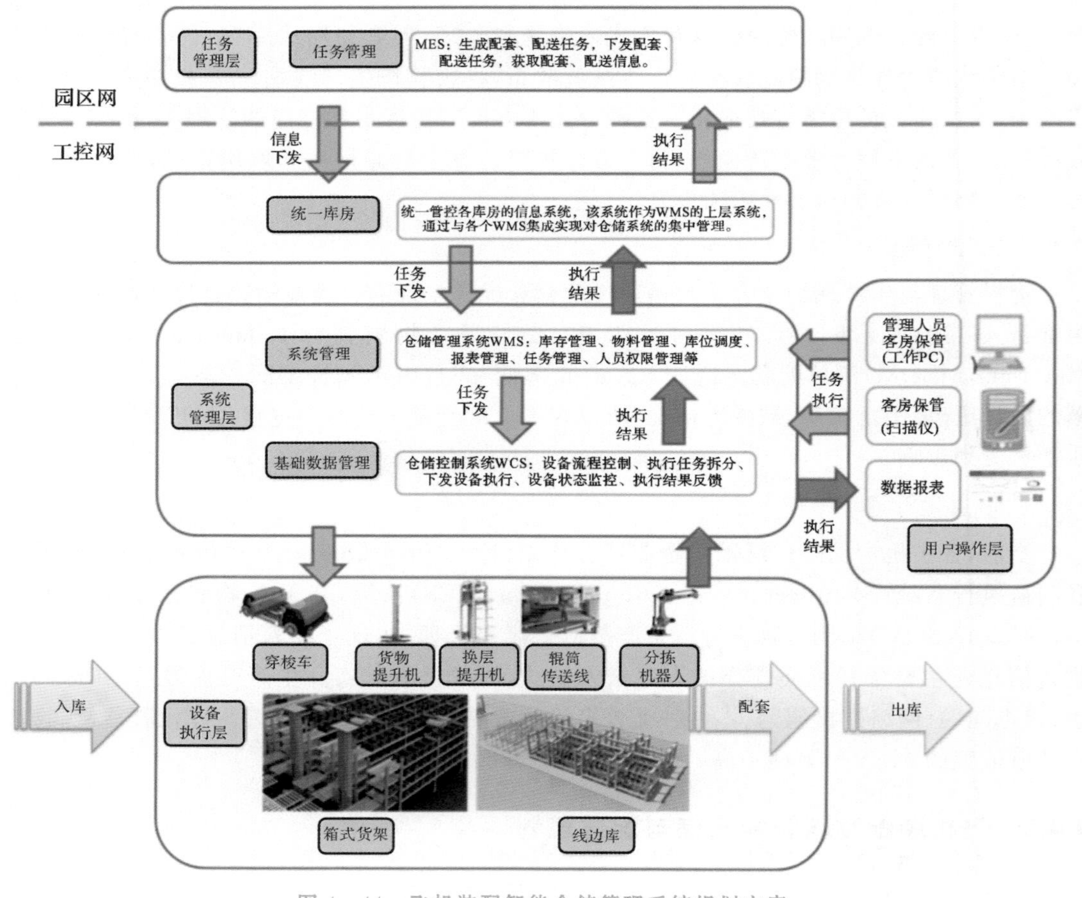

图 4-44 飞机装配智能仓储管理系统规划方案

(1)任务管理。其为企业 MES 系统，生成配套、配送清单，向仓储管理系统下达配套、配送任务,支持WMS数据回写,交互配套、配送任务执行情况。

(2)统一库房。其为WMS的上层系统,通过与各个WMS集成实现对仓储系统的集中管理,通过开放的软件交互接口自动接收并执行需方该系统对任意物料的存取指令,实现一定程度的自动化存取操作。

(3)系统管理层。其为系统的软件部分,包含WMS和WCS两部分。WMS为对批次管理、物料对应、库存盘点、虚仓管理和即时库存管理等功能进行综合运用的管理系统;WCS为协调、调度各种底层物流设备,使底层物流设备可以执行仓储业务流程的控制系统。

(4)用户操作层。其为库房管理人员执行任务的相关操作(包括入库、配套、出库、盘库等操作)部分。通过扫描设备实时获取物料信息,实时将信息写入系统,实现物料流与信息流的同步,并可通过定制报表显示物料状态。

(5)设备执行层。其属于系统硬件部分,构成立体库和线边库,用于物料的接收、存储、周转、发放等。

4.4.3 飞机装配物料智能仓储系统建设

智能仓储总体上分为硬件系统和软件系统两部分,用来实现物料的存储和管理功能。

4.4.3.1 飞机装配物料智能仓储系统建设方案

仓储系统包含相应的硬件设备和软件系统,用来实现物料的存储和管理功能。其中,硬件部分包括箱式货架、穿梭车、货物提升机、辊筒传送线等仓储实体,软件部分包括统一库房管理系统、仓储管理系统和仓储控制系统。仓储系统的硬件主要构成如下:

箱式货架:用于物料存放的库房货架。其以物料盒为主要管理单元,立体存放并通过信息化系统进行管理,通过穿梭车自动存取,通过辊筒输送机实现出入库传送的自动化库房货架,如图4-45所示。

穿梭车:用于在立体货架上水平往复行走并从货架储位上取放和搬运货物的设备,如图4-46所示。

图4-45 箱式货架

图4-46 穿梭车

货物提升机:用于物料盒的出入库垂直输送,与外部输送线接驳,如图4-47所示。

换层提升机:用于穿梭车在不同货架层之间的换层作业,以及穿梭车上下架作业,如图4-48所示。

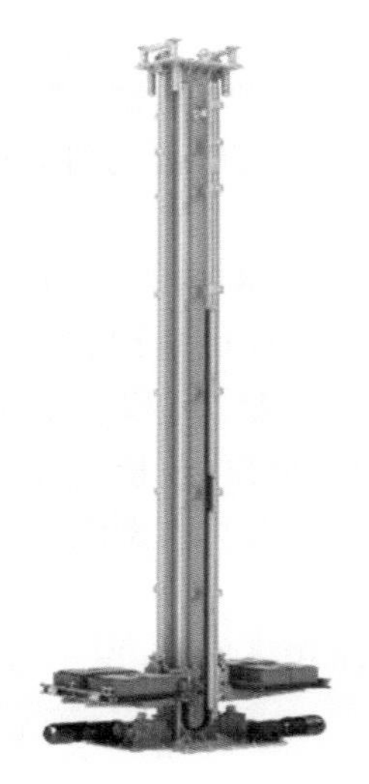

图 4-47 货物提升机

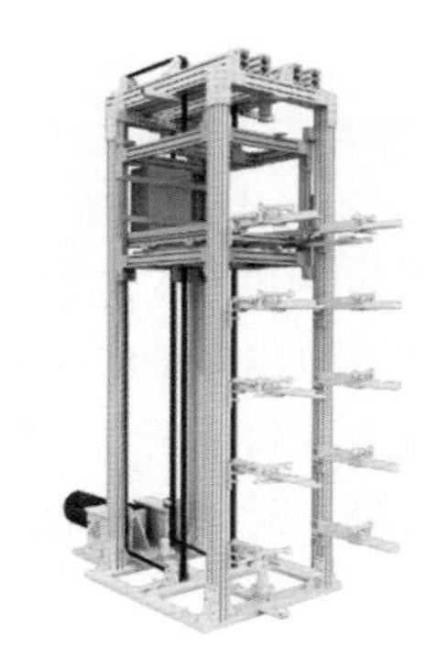

图 4-48 换层提升机

辊筒传送线:用于物料盒输送的辊筒传送装置,如图 4-49 所示。

图 4-49 辊筒传送线

配套盒和物料盒:用于箱式货架中储运物料的通用容器,可根据需要分别定义为配套盒和存储盒。配套盒即为按照 MBOM 清单配套物料存放的物料盒,存储盒即为按照预先定义存放物料的料盒,如图 4-50 所示。

以上构成仓储系统的硬件组成部分,总体组成效果如图 4-51 所示。

智能仓储在区域上可分为库前输送区和零件存放区。库前输送区是物料入库出库的区域,包括皮带输送线、人工工作通道(或机器人分拣系统)、流利货架、库前输送线;零件存储区包括货物提升机、换层提升机、货架、穿梭车等。具体如图 4-52～图 4-54 所示。

仓储系统的软件组成部分具体如下:

统一库房系统:考虑到物流管理的可拓展性、分区域性和多样性,设置统一管控各库房的信息系统。该系统作为 WMS 的上层系统,通过与各个 WMS 集成实现对仓储系统的集中管理。通过开放的软件交互接口自动接收并执行该系统对任意物料的存取指令，实现一定程度的自动化存取操作，如同步库位信息、查询库位，同步物料信息、查询物料信息，同步物料分类信息、推送入库单据、入库单据查询、入库过账，推送出库单据、查询出库单据、出库过账、查询 WMS 台账、查询 WMS 流水、库位调整通知、日志上传、库存情况预警，等等。

图 4-50 物料盒

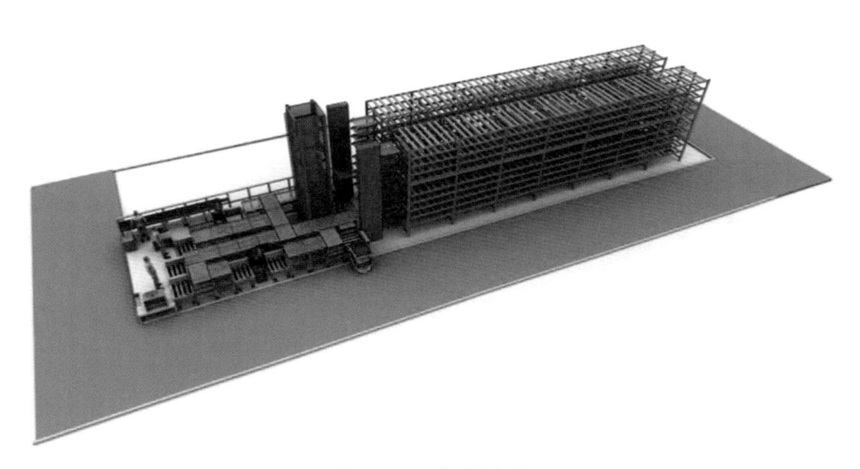

图 4-51 智能仓储

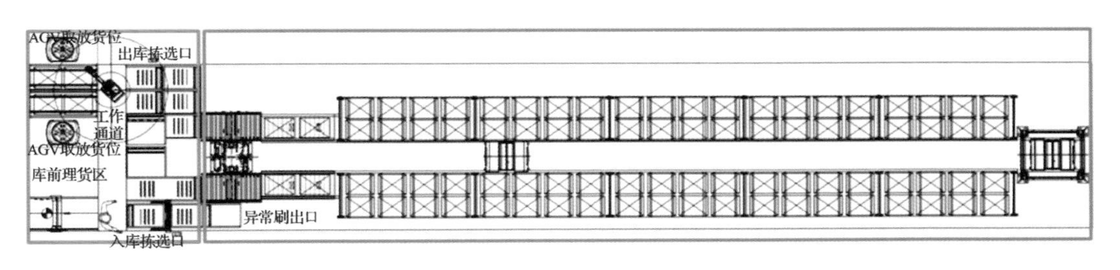

图 4-52 智能仓储系统分区

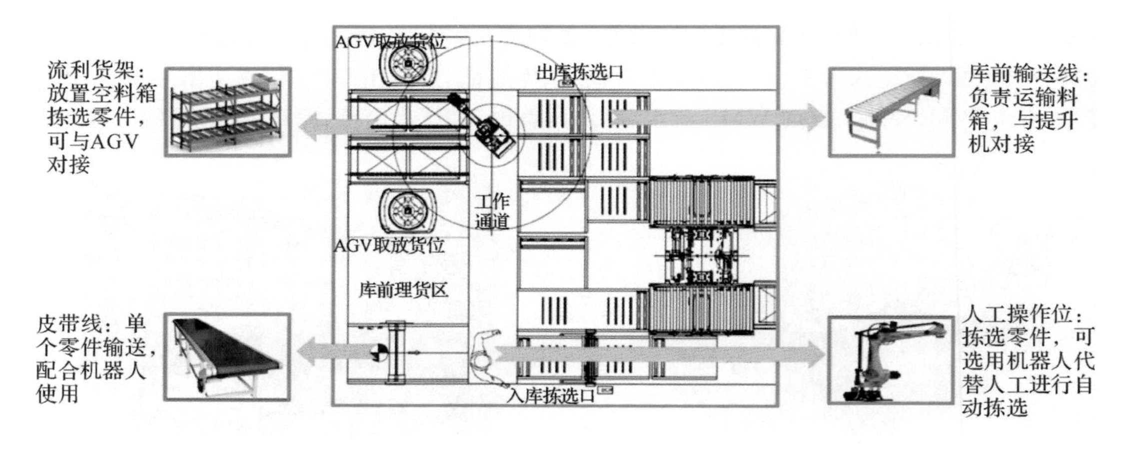

图 4-53 库前输送区

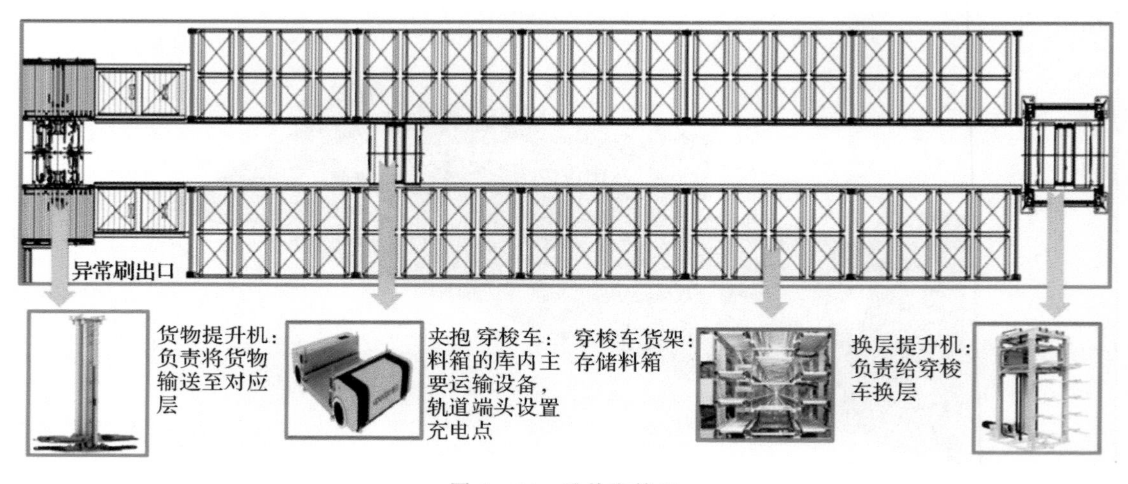

图 4-54 零件存储区

仓储管理系统：通过入库业务、出库业务、库存调拨和虚仓管理等功能，对批次管理、物料对应、库存盘点、虚仓管理和即时库存管理等功能综合运用的管理系统。

仓储控制系统：用于协调、调度各种底层物流设备，使底层物流设备可以执行仓储业务流程的控制系统。

WMS 和 WCS 构成系统的软件部分，与上游统一库房系统集成，实现信息交互。系统架构如图 4-55 所示。

线边库系统：线边库是智能仓储系统的有效延伸，用于尺寸大于 800 mm 的物料存储，统一归智能仓储系统 WMS 和 WCS 管理，遵循相同的管理原则，如图 4-56 所示。

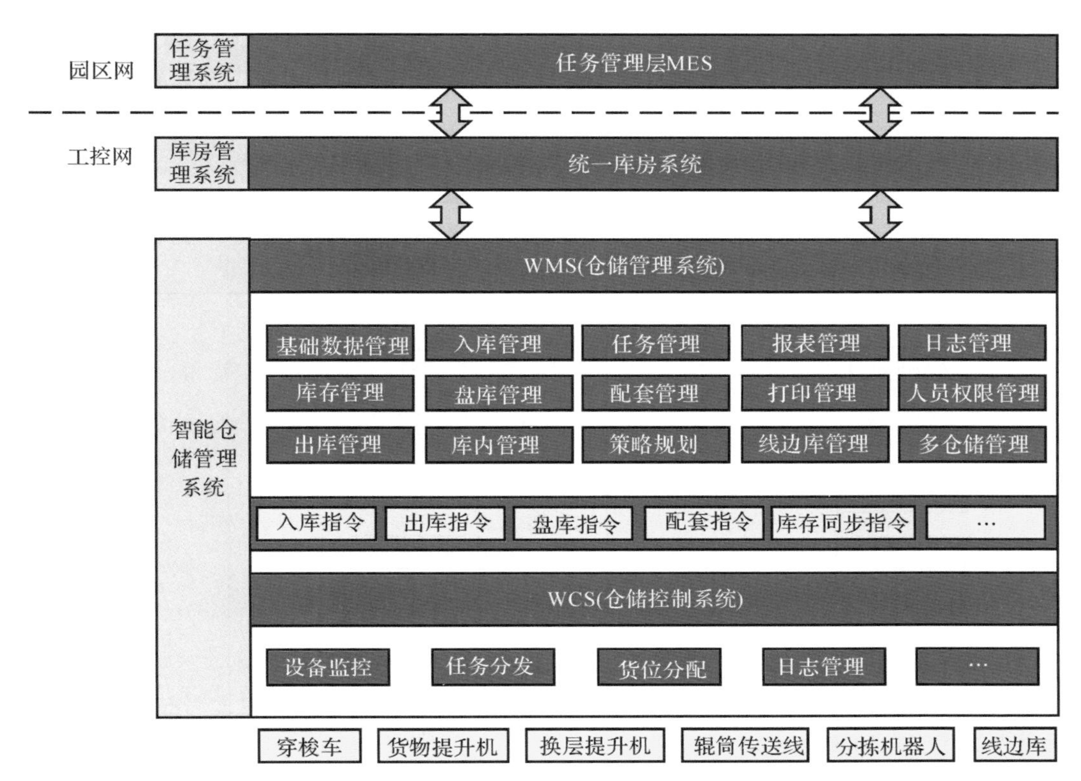

图4-55 WMS与WCS架构

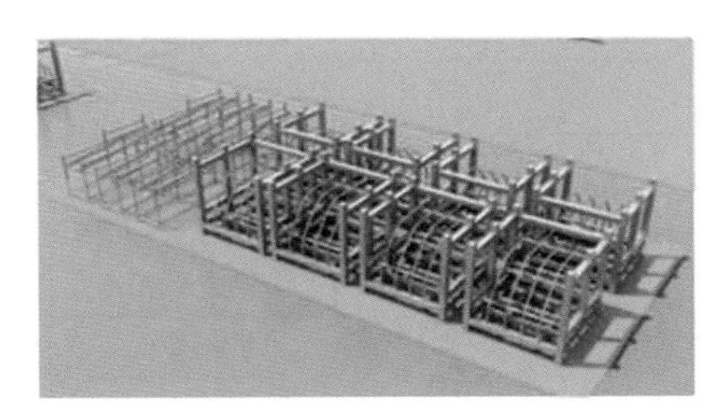

图4-56 线边库

4.4.3.2 飞机装配物智能物料管理方案

物料管理包括入库、配套、出库、盘库等方面的管理。

1. 物料入库

系统支持根据物料尺寸、形状、图号等与物料盒规格自动匹配物料存放所需的物料盒类别的功能;系统可根据设定,在物料入库、出库、配套时自动生成并打印相关的标签,支持用户自主打印;系统支持物料与物料盒的人工定义及自动管理,支持在库位上实时记录当前存放的物料盒信息;系统支持人工录入或通过扫描物料一维码或二维码的方式录入有关信息,并支持用户进行修改和人工增加信息[包括但不限于版次、“三期”(贮存期、周转期、保证期)件有效期]进行入库;系统支持从MES系统接入零件关重件编号,对于存在关重件属性的零件,系统需记录并展现其关重件编号。物料入库时系统支持预配套,即入库验收时,扫描一维码或二维码,系统会识别是否有此物料的配套计划,若有配套计划,则优先选择将物料入库到配套盒,否则就入库到物料盒。

物料物料入库流程如图 4-57 所示。

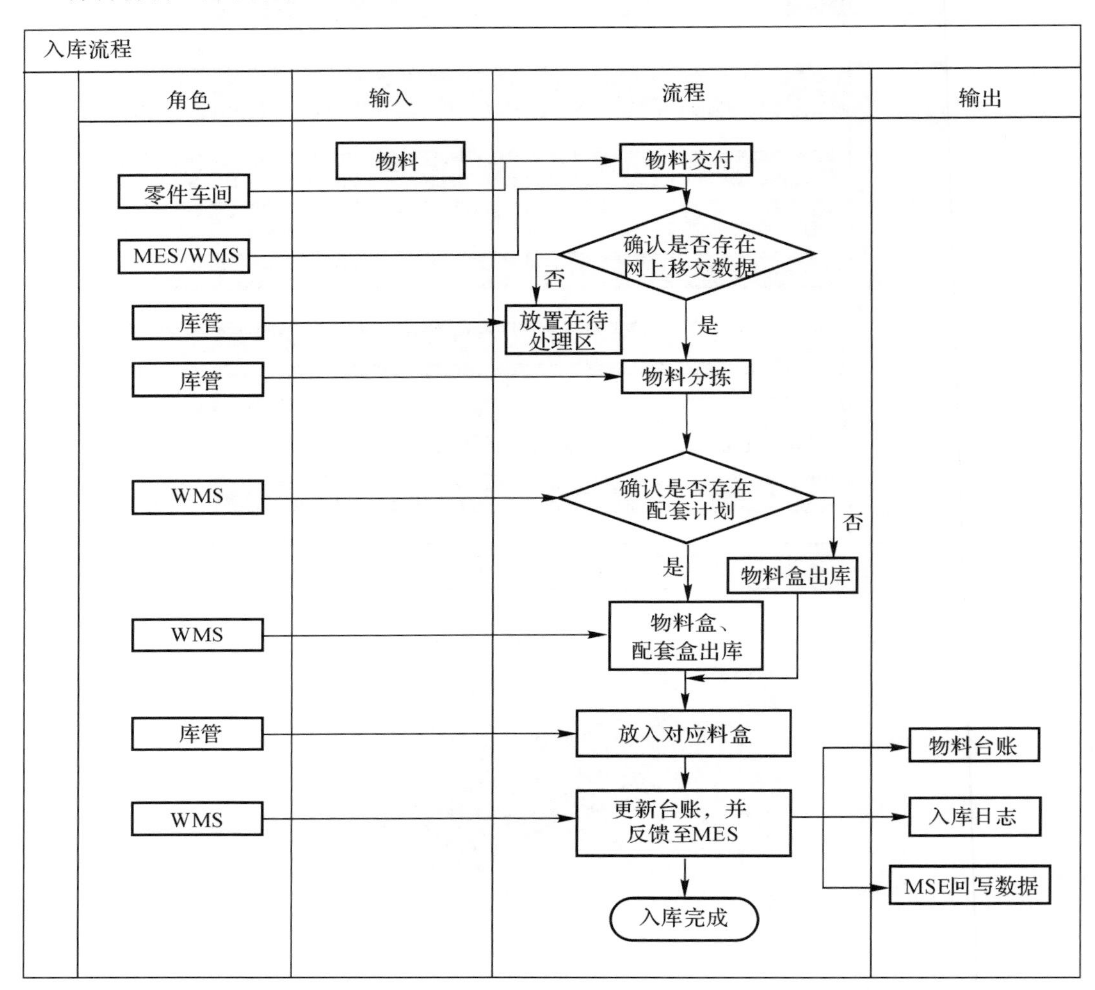

图 4-57 物料入库流程

物料入库场景如图 4-58 所示。

2. 物料配套管理

系统与 MES 系统集成,获取配套任务,支持物料存取、管理及按任务需求的配套过程管控,支持一个配套任务通过多次配套过程完成。系统设置与分拣机器人交互的接口,支持分拣机器人进行任务管控、信息交互等功能;支持对物料盒、配套盒、存放区、配套区的管理;待全部相关物料与配套盒关联后,自动提示相关用户"××任务已完成物料预配套,处于待出库状态"信息;支持接收 MES 推送的配套任务及其变更信息,根据实际情况,同一配套任务支持多次配套;支持接收 MES 推送的物料移交信息并在存在配套任务的情况下进行配套入库;针对二次配套情况,允许库房管理人员发起配送任务并向 MES 推送配送任务;出入库完成后,支持向 MES 推送库存变更情况,保证 MES 与 WMS 系统库存台账的一致性。

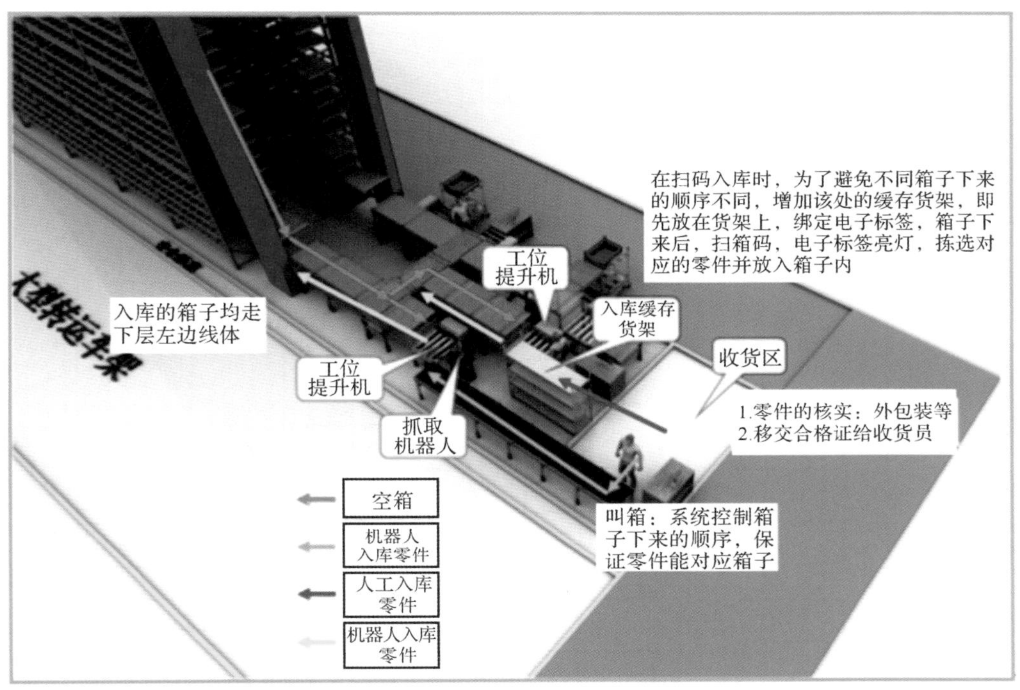

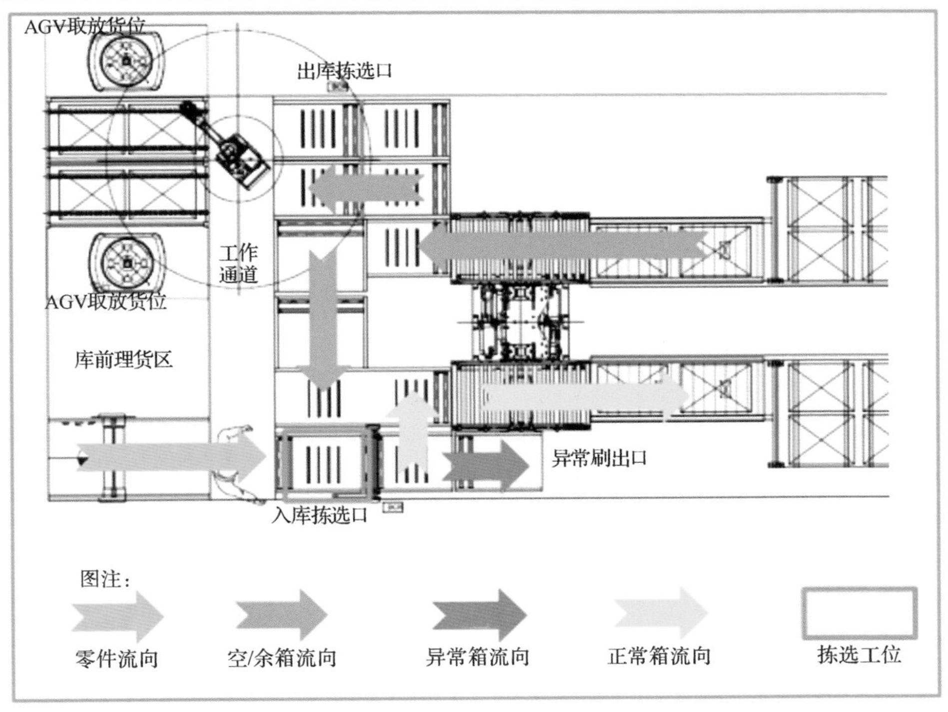

图 4-58 物料入库场景

物料配套流程如图 4－59 所示。

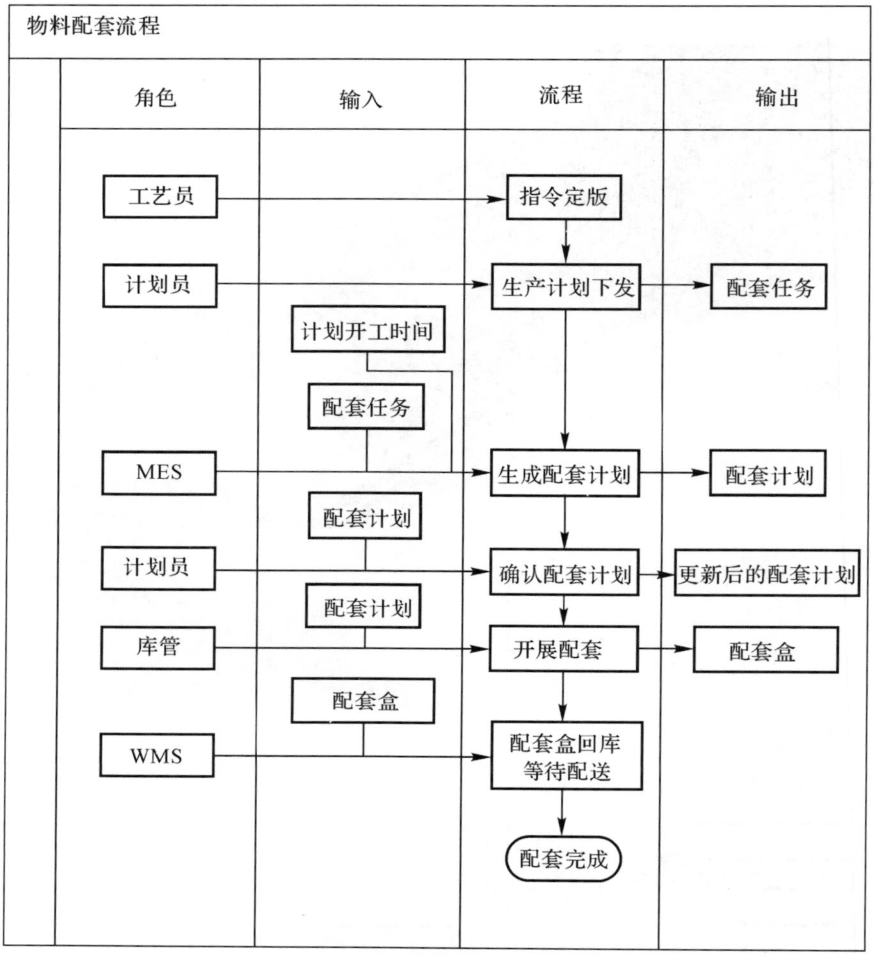

物料配套流程

角色
输入
流程
输出

工艺员
指令定版
计划员
生产计划下发
配套任务
计划开工时间
配套任务
MES
生成配套计划
配套计划
配套计划
计划员
确认配套计划
更新后的配套计划
配套计划
库管
开展配套
配套盒
配套盒
WMS
配套盒回库等待配送
配套完成

图 4－59　物料配套流程

3. 物料出库管理

系统可按管理人员的指令将相关物料盒、配套盒，通过辊式传送线输送至出库拣选工位。配套时系统优先选择对应架次或架次区间的零件。架次或架次区间的零件缺件时，系统支持生成单个或多个库内已有相同物料号和版次的零件清单，并且可以由操作人员单点或批量手动确认是否出库，遵循先入先出的原则；系统支持按照架次或架次区间、装配单元的顺序筛选实际架次或架次区间与装配架次不符合的已出库零件，并且能够导出，导出信息应包含零件图号、版次、追溯信息、架次或架次区间、装机架次、配套指令号等。系统支持按照架次或架次区间、装配单元的顺序筛选范围内的关重件，并且能够导出信息。

物料出库流程如图 4－60 所示。

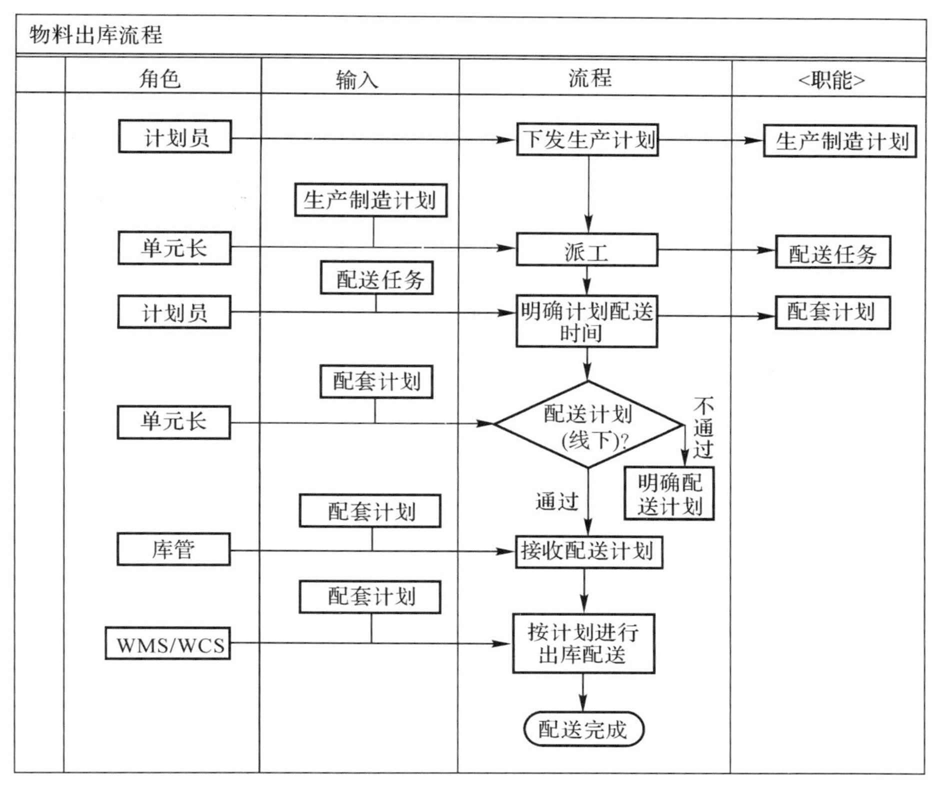

图 4-60　物料出库流程

物料出库场景如图 4-61 所示。

4. 物料退库管理

系统支持物料退还库功能，但需记录退库人员、退库依据和物料架次等信息；支持按架次和物料号自动关联配套计划(定义)中需要退库的物料的信息，退库后及时更新配套计划中的物料信息(统一物料号)，将物料状态更改为退库。

5. 驾驶舱管理

系统支持日志管理，提供多种日志，包括操作日志，设备操作日志，登录日志，增加、修改、删除日志等；支持用户操作、硬件设备运行及故障、信息交互等日志管理功能，并具备按时间段、分类等进行用户操作信息追溯，以及日志的统计分析及查询展示功能；实时监控检修车间的物料运行与库位库存状态，实时展示物料的库存、库存时长、紧急系数等数据，将采集的数据形象化、直观化、具体化，以生产产品为核心，从管理者的决策环境、工厂管理综合指标的定义及信息的显示方面支持多维度关联查询；对于物料库存信息，系统具备按照设备、库位、物料类别、时间段、架次等的多维度综合统计分析、分层查询与图形化展示功能，并支持以 Word、Excel 等常用办公软件格式输出；系统具有自动监测系统相关软硬件运行状态的功能，出现故障时自动报警并显示故障信息及代码。驾驶舱管理功能如图 4-62 所示。

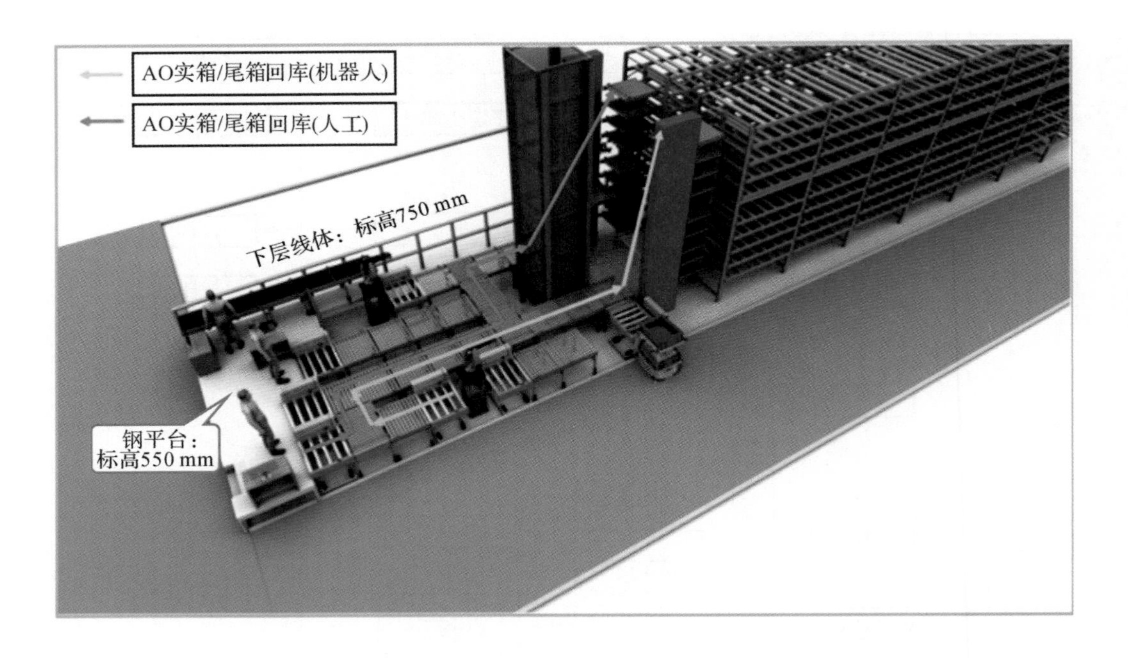
AO实箱/尾箱回库(机器人)
AO实箱/尾箱回库(人工)
下层线体：标高750 mm
钢平台：
标高550 mm

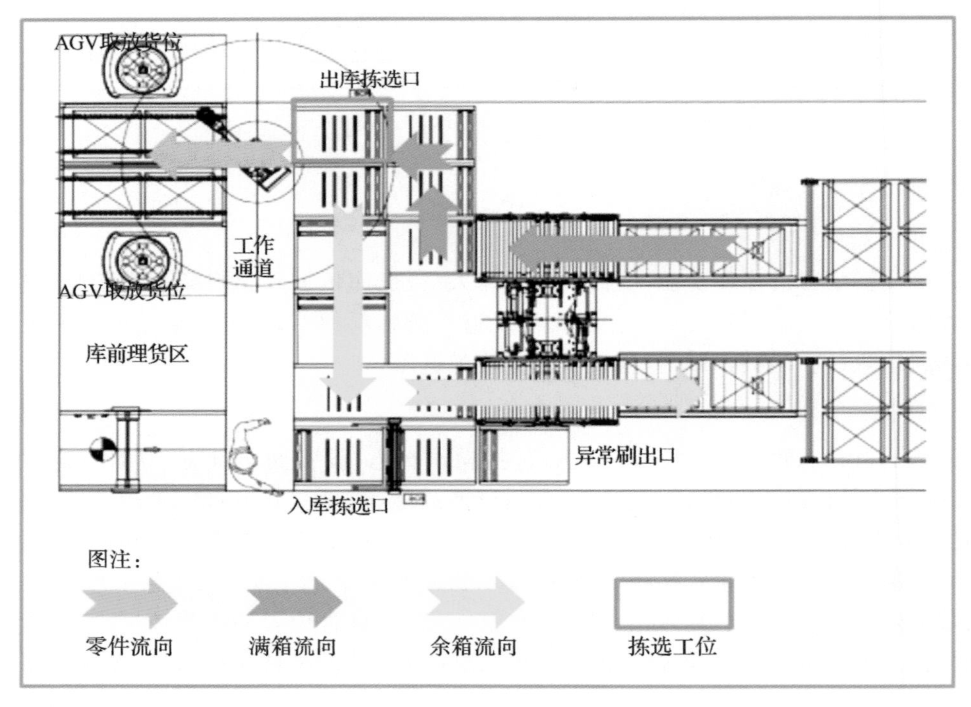
AGV取放货位
出库拣选口
工作
通道
AGV取放货位
库前理货区
异常刷出口
入库拣选口
图注：
零件流向
满箱流向
余箱流向
拣选工位

图 4－61　物料出库场景

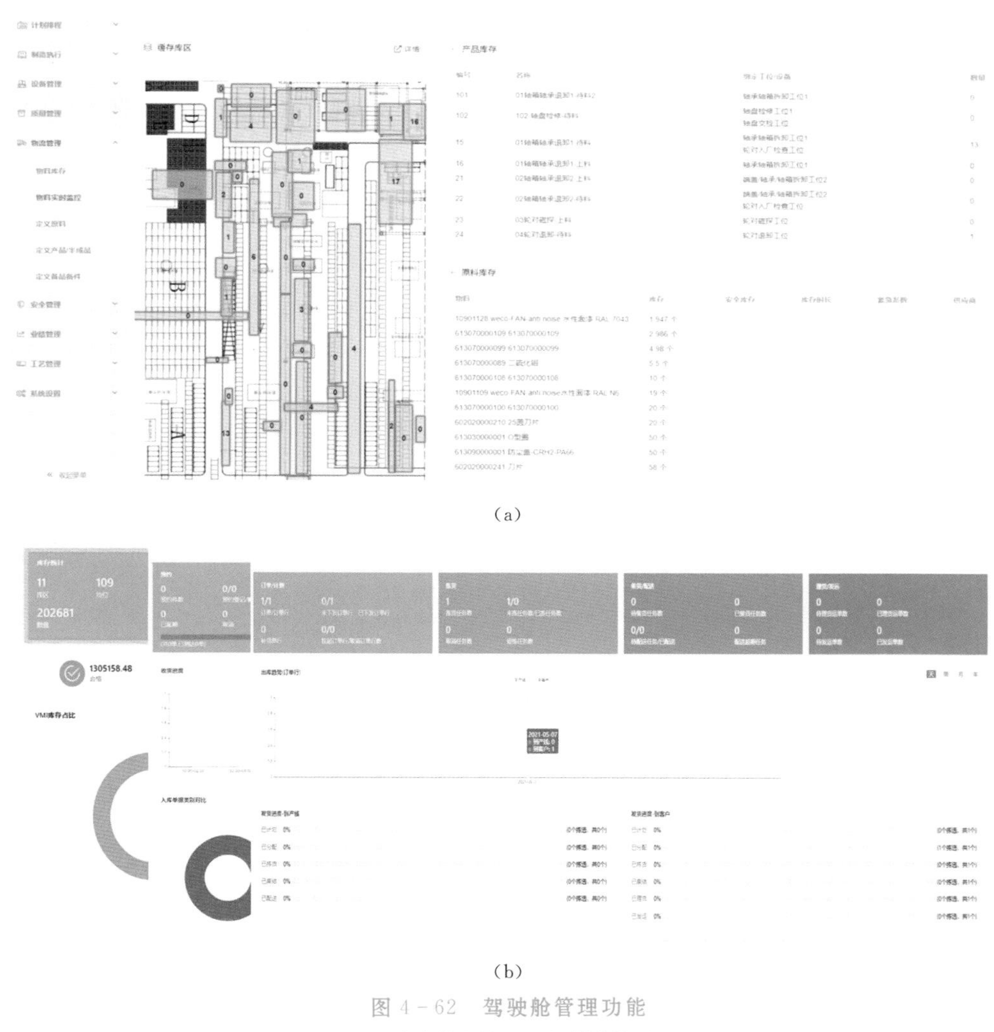

(a)

(b)

图 4－62　驾驶舱管理功能

(a)库存状态管理；(b)报表管理

4.4.3.3　安全管理

1. 用户安全管理

整套系统构建了安全机制，并且为 Web 应用提供了一套完整的安全性解决方案。Web 应用的安全性包括用户认证和用户授权两个部分。用户认证指的是用户能否访问该系统，一般要求用户提供用户名和密码。系统通过校验用户名和密码来完成认证。用户授权指的是验证某个用户是否有权限执行某个操作。在一个系统中，不同用户所具有的权限是不同的。用户安全管理如图 4－63 所示。

2. 信息安全管理

考虑到部装生产线的涉密问题，仓储系统需要高度安全性和可靠性保障，因此设置有线和无线两套可替代方案。有线连接为主要信息传输方式，无线为备用可插拔信息传输方式，两套方案可各自独立运行且可完全互相替代，从而避免潜在的安全风险和可靠性问题。

由于仓储管理系统通过统一库房管理系统与MES系统进行信息交互(其中MES系统部署在园区网)，为保证园区网信息安全，引入了工控网，实现仓储管理系统与园区网的物理隔离。

(a)

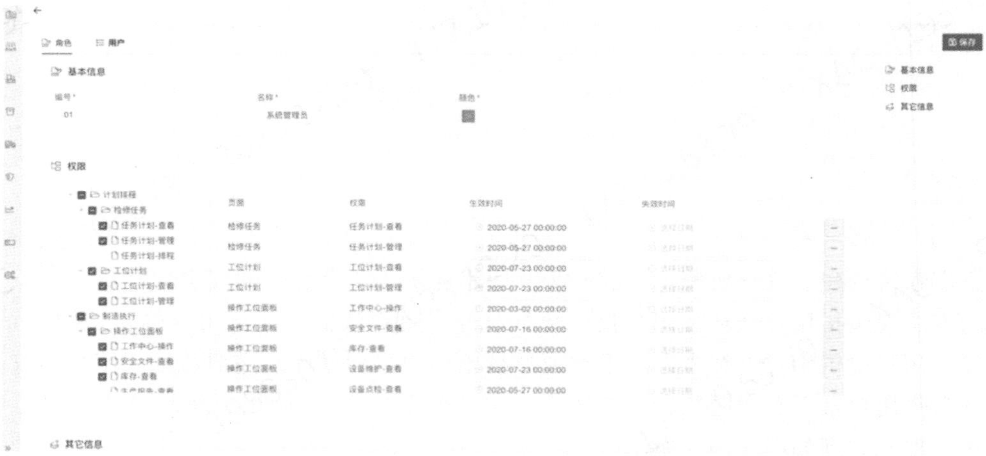

(b)

图4-63 用户安全管理

(a)人员管理；(b)人员权限管理

3. 人身安全管理

系统总体设计充分结合人因工程，符合相关安全标准，防止对人员的伤害：

1)设备启动时有声光告警功能，缓慢、按顺序启动；

2)所有设备、控制箱、机架等均按要求接地；

3)提供安全警示标识，并在多处设急停开关，确保操作人员发现紧急情况后能够迅速停机，避免对人员或设备造成伤害。

4. 设备安全管理

系统设计基于机电设备安全管理要求，确保设备运行安全。

(1)本工程中，设备主要采用电机驱动，在所有动力回路中加入短路保护，以及过流、过热、接地保护，确保电机稳定运行，杜绝安全隐患。

(2)通信、控制用电均单独配置直流电源，这样与电机拖动电源隔离，减少电机拖动回路对控制系统的干扰。

(3)人员操作位置光电开关均加保护盖，不影响信号指示灯及信号强弱度调整旋钮操作，保护光电开关，避免撞击损坏。

(4)每段输送线端部都布置光电传感器，用于检测输送线物料，当下游输送线满料时自动检测控制输送线启停，防止挤压损坏货物。当光电长时间没有货物通过时，则停止输送线运行，以实现节能功能。

4.4.4 飞机装配物料智能仓储与配送应用效益分析

基于当前飞机装配现场物料管理存在的问题，规划了一种基于飞机脉动生产线的飞机部件装配智能仓储管理方法，该管理方法实现了飞机装配现场物流的智能化管理，提升了生产现场标准化、精益化水平。

仓储管控系统包含智能仓储系统、线边库系统、智能物料管理系统，并可实现系统集成以及安全管理系统。系统总体设计从多方面充分考虑，既能保证对飞机装配现场物料智能、安全、有效地管理，又能保证设备、人员以及信息的安全。

综上所述，仓储管控系统能够满足飞机装配现场物料管理安全、智能的要求，具有实用价值，能够在飞机装配现场以及更多场合应用(见表 4-2)。

表 4-2　智能物流管理应用前、后对比

对比项目	传统物流管理	智能物流管理
库管人数	14	6
占地面积/m^2	1 052	231
信息管理	人工管理，信息不精准	自动管理，信息精准
盘库管理	人工盘点，数据不准确	自动盘点，数据准确
信息流与物流同步	人工维护，信息滞后	自动关联，信息同步

续表

对比项目	传统物流管理	智能物流管理
配套	人工配套,效率低	自动配套,效率高
出入库	人工出入库,效率低	自动出入库,效率高
物料串批	人工串批,易出错	自动串批,准确性高

参考文献

[1] 刁立新.基于RFID射频识别技术的仓储管理系统设计与实践[J].物联网技术,2019(3):104-107.

[2] 严金凤. 飞机总装脉动生产线技术发展现状[J].机械管理开发,2018,178(2):144-145.

[3] 郭宏杰. 工艺模型驱动的物料动态精准配送技术[J].航空制造技术,2020,63(1/2):39-45.

[4] 聂阳文.面向飞机装配的物料配送管理技术研究[J].飞机设计,2010,30(5):72-76.

[5] 姜群群. 基于飞机装配的物料配送问题探讨[J]. 产业与科技论坛,2012,11(3):249-250.

[6] 牛瑞军,范斌.面向飞机自动化装配的物料配送体系研究[J].物流工程与管理,2013,(35)2:56-57.

[7] 杨巨峰,张志杰,严锐.WMS与WCS系统交互数据结构设计[J].物流技术,2017,36(6):161-164.

第5章　飞机部装智能化技术与关键装备

现代飞机朝着超机动、超巡航、长寿命、高可靠、高隐身的方向发展。“一代飞机，一代技术。”新一代飞机在材料、结构、工艺、功能上都与上一代飞机有很大的差异，如复合材料用量比大幅提升、整体化结构大量使用，以数字化为基础的制造技术逐步取代以刚性定位、手工钻铆为主的制造技术。

以模拟量传递为主的装配技术体系已无法满足新一代飞机的装配需求，迫切需要构建基于数字化、网络化、智能化的智能装配能力，实现我国飞机装配技术体系的升级换代。

目前，装配测试装备少、相互关联弱、数据无法互联互通，导致测试过程精度较低、效率不高、一致性较差，且无法满足部件系统功能性试验的工作内容复杂、任务量大等需求，需要重点突破密封缺陷分析、测试故障判定等关键技术，开展部件模块化装配工艺及性能智能测试方法研究，并研制部件智能测试、装配辅助装备，形成装配及智能测试工艺规范。

5.1　部件装配大空间精密测量与智能分析

随着工业数字化时代的到来，工业自动化、智能化的需求增大，基于工业现场的数字化检测手段也成了不可或缺的一部分。面向装配现场的飞机自动化柔性测量系统，主要用于部装阶段的飞机部件表面关键特征的数字化测量、数据处理和分析。该系统包括可移动式机器人柔性测量系统、活动翼面动态跟踪系统、便携式对缝阶差测量系统和大规模三维计算软件系统，能够实现飞机大部件表面外形、机翼对缝间隙阶差和活动翼面姿态等关键特征的准确、高效识别、检测和分析。

5.1.1　飞机装配质量精密测量基础知识

5.1.1.1　飞机装配质量测量与分析的意义

飞机由大量零件、组件、部件，按照精准的位置要求装配而来。为了保证飞机的服役性能，需要对飞机的外形尺寸、蒙皮间隙与动翼面间隙阶差、活动部件的姿态进行检测，确保其满足设计和工艺指标要求，保证飞机质量。此外，对于飞机质量的检测，也是飞机装配精确定位的前提条件。例如：机身部件调姿对接工艺中，需要对机身的姿态进行检测，来驱动调姿机构；某型号机翼扰流板预装配时，需要快速对蒙皮间隙阶差进行测量，并指导装配。因此，飞机装配质量检测对于飞机质量的控制、飞机装配效率的提升都具有重大意义。

5.1.1.2 飞机装配质量测量与分析技术研究现状

近年来，随着三维数据在工业中的应用，以及计算机技术、数字图像获取技术和发光元器件的发展，人们开发研制出了大量的三维测量仪器，如商业三维扫描仪、激光测距仪、立体视觉相机等。这些测量仪器具有精度高、效率高、自动化程度高等优点，但是它们体积都比较庞大而且价格昂贵，对测量对象和测量环境有一定的限制要求，如针对大尺寸飞机构件的测量，由于其测量范围受限，往往需要采用分站位测量与数据融合相结合的方式，确保大尺寸构件的测量完整性。这种测量方式，存在着测量效率低、数据融合精度不高等问题，已经无法满足飞机部件的装配节拍和装配质量检测要求。为此，需要突破多站位测量数据高精度自动融合技术，研制出小型化、高柔性、大行程的自动化测量系统，实现飞机装配过程的快速、高效检测。

面对现代先进工业对视觉测量技术提出的迫切需求，基于单相机的运动目标实时位姿测量技术已经出现并逐渐应用到了工业领域。单相机实时位姿测量仅使用一台相机来进行测量工作，结构简单、实时快速，避免了双(多)相机联机测量中的视场小，仅适用于小尺寸目标、全局标定过程复杂等问题，且无需处理相机间的时间同步问题。理论上讲，通过采用若干个控制点或是基于具有几何特征的标志的方法，单个相机采集一张图像就可以计算出目标的位姿。基于单相机的运动目标实时位姿测量在舰载无人机自主着舰、航天器交会对接等需要实时获取动态目标位姿信息的实际工程中均有应用。随着计算机硬件的飞速发展，以及各种图像处理、数据分析等算法理论的大量涌现和人工智能技术的发展，许多视觉测量任务都要求能够实时或准实时完成，对工作频率的需求已经达到 5 Hz 甚至更高。因此，研究一种精度高、速度快、普适性强的基于单相机的运动目标实时位姿测量方法是很有必要的，且具有重要的现实意义。

在飞机装配过程中，部件组装的过程会产生大量的对缝。这些对缝不仅影响飞机的外观，还同时影响飞机的气动性能。因此，为了保证飞机气动外形的可靠性，在设计时会对对缝间隙和阶差提出具体要求。但装配过程中不可避免的累积误差容易导致间隙和阶差超过公差，配装质量不符合要求也将导致飞机性能的可靠性降低。因此，对飞机对缝的间隙阶差装配质量进行检测是不可或缺的。

传统上是通过人工塞尺与钢板尺配合进行飞机对缝间隙阶差测量，这种方式存在检测效率低、检测精度差、检测误差大、人工成本较高等缺点。针对上述问题，本系统瞄准飞机对缝阶差间隙自动化测量问题，研究基于三维点云的自动化间隙阶差计算方法，设计了一种集数据采集与分析为一体的对缝测量平台，实现飞机机翼对缝阶差的自动化测量，大幅度提升了对缝测量的精度与效率。

5.1.2 飞机装配质量测量技术

飞机装配精度测量，具有尺寸大、装配工况复杂、装配特征种类多、位姿协调精准度要求高等典型特点。针对现有的三维测量技术存在全局测量数据融合误差大、装配特征提取适应性差、活动构件位姿测量难等问题，应着力突破基于图优化的多站位数据融合配准技术，实现飞机大型部件的高精度测量；突破三维对缝边界自适应提取技术，实现飞机蒙皮对缝间隙的精准测量；突破相机畸变校正技术，实现跟踪标记的精准位姿估计和活动构件的位姿精准计算。

5.1.2.1 基于技术的多站位数据融合配准技术

首先根据相邻站位标靶位置关系进行标靶配对。基于标靶拓扑结构的对应点进行初始配准，具体包括：

以 $Q=\{q_1,q_2,\cdots,q_n\}$ 表示一个视角下的一组标靶，以 $P=\{p_1,p_2,\cdots,p_n\}$ 表示相邻视角下的一组标靶，任一标靶 q_i 所对应的相邻视角的标靶为 p_i，$i=1,2,3,\cdots,n$。

通过公式确定两组标靶所在点云的转换矩阵：

$$(\boldsymbol{R},\boldsymbol{t})=\operatorname{argmin}\sum_{i=1}^{n}\|(\boldsymbol{R}p_i+\boldsymbol{t})-q_i\|^2 \tag{5-1}$$

式中：$\boldsymbol{R}$ 和 $\boldsymbol{t}$ 为两组标靶所在点云的旋转矩阵和平移矩阵（统称转换矩阵）；argmin 表示求取最小值；$\|\cdot\|^2$ 为欧氏距离；p_i 和 q_i 分别表示对应视角下的标靶坐标；n 表示同一视角下的标靶数量。该公式表示等号右边表达式取得最小值时 $\boldsymbol{R}$ 和 $\boldsymbol{t}$ 的取值。

令 $F(t)=\operatorname{argmin}\sum_{i=1}^{n}\|(\boldsymbol{R}p_i+\boldsymbol{t})-q_i\|^2$，通过求解该方程的偏导数，得到旋转矩阵，即

$$\frac{\partial F}{\partial t}=\operatorname{argmin}\sum_{i=1}^{n}\|(\boldsymbol{R}p_i+\boldsymbol{t})-q_i\|^2=0 \tag{5-2}$$

式中，采用先平移再旋转的方法使两组标靶数据重合。令 $\boldsymbol{t}=\bar{q}-\boldsymbol{R}\bar{t}$，其中 $\bar{p}$ 和 $\bar{q}$ 分别为两组标靶集合 P 和 Q 的重心坐标，有 $\bar{p}=\frac{\sum_{1}^{n}p_i}{n}$，$\bar{q}=\frac{\sum_{1}^{n}q_i}{n}$，两组标靶数据的重心平移量即为所求两点云的平移量。

平移之后，两组标靶的新坐标 x_i、y_i 可分别表示为

$$x_i=p_i-\bar{p},\quad y_i=q_i-\bar{q} \tag{5-3}$$

将式(5-3)中的变量代入式(5-1)中，有

$$\operatorname{argmin}\sum_{i=1}^{n}\|\boldsymbol{R}x_i-y_i\|^2=\operatorname{argmin}\sum_{i=1}^{n}(x_i{}^{\mathrm{T}}x_i-2y_i{}^{\mathrm{T}}\boldsymbol{R}x_i+y_i{}^{\mathrm{T}}y_i) \tag{5-4}$$

为求解式(5-4)，首先计算

$$\operatorname{argmin}\sum_{i=1}^{n}y_i{}^{\mathrm{T}}\boldsymbol{R}x_i=\operatorname{trace}\left(\boldsymbol{R}\sum_{i=1}^{n}y_i{}^{\mathrm{T}}x_i\right)=\operatorname{trace}(\boldsymbol{RH}) \tag{5-5}$$

其中，trace(·) 表示对矩阵求迹，$\boldsymbol{H}=\sum_{i=1}^{n}y_i{}^{\mathrm{T}}x_i$。对其进行 SVD 分解可得 $\boldsymbol{H}=\boldsymbol{U\Lambda V}^{\mathrm{T}}$，其中 $\boldsymbol{U}$、$\boldsymbol{\Lambda}$、$\boldsymbol{V}$ 为经过 SVD 分解后的项。当 $\boldsymbol{R}=\boldsymbol{V\Lambda}^{\mathrm{T}}$ 时，方程式(5-3)取得最小值，从而获得旋转参数 $\boldsymbol{R}=\boldsymbol{V\Lambda}^{\mathrm{T}}$。至此，完成了基于标靶的初始配准。

紧接着的步骤是计算相邻点云的重叠面积，对于已完成初始配准的点云，可获得相邻点云的重叠区域。为实现精配准，首先计算相邻点云的重叠面积大小。由于飞机表面大部分为自由曲面，直接计算面积效率较低，因此，采用重叠区域点数量表达重叠面积。

由于采用激光扫描仪扫描大面积区域，点云密度无法保持一直，因此不能直接将重叠区域点数量作为面积表达。所以，采用栅格化采样方法对点云进行降采样，使得所有重叠区域点云有相同的密度。在此基础上以点的数量表征重叠区域面积。具体包括：①在将两片点云数据配准之后，可以得到两片点云的重叠区域，接着获取重叠区域点云的包围盒，包围盒三边的方向即为该区域点云通过 PCA 算法得到的三个主成分方向；②将包围盒离散成栅格立方体，遍历每个栅格中的点并计算每个点与栅格中心的距离，取每个栅格立方体中离立方体中心最近的点作为采样点，完成点云降采，实现点云密度均匀化；③栅格立方体的尺寸为 10 mm×10 mm×10 mm；④以重叠区域降采样后点的个数作为面积的表达。

整体算法流程如图 5-1 所示。以每一站位点云数据作为图结构的节点，以相邻站位点云数据的重叠面积作为图结构的相邻节点边的权值，建立精配准图。随后进行层级配准，在精配准图的基础上，得到最大生成树，并得到无环的树结构；通过逐次向最大生成树添加边而形成环，依次闭合形成的环实现了飞机多视角点云的精配准。具体步骤包括：①通过 Kruskal 算法计算精配准图的最大生成树；②在得到的最大生成树结构中，计算相邻边的权值之和，在拥有最大权值之和的边上，添加一个边构成环，并闭合该环，环闭合过程通过 ICP 配准方法实现；③在新生成的树结构中，重复步骤②，直至没有新的环可以生成，从而完成图优化精配准，得到完整的飞机整机点云数据。

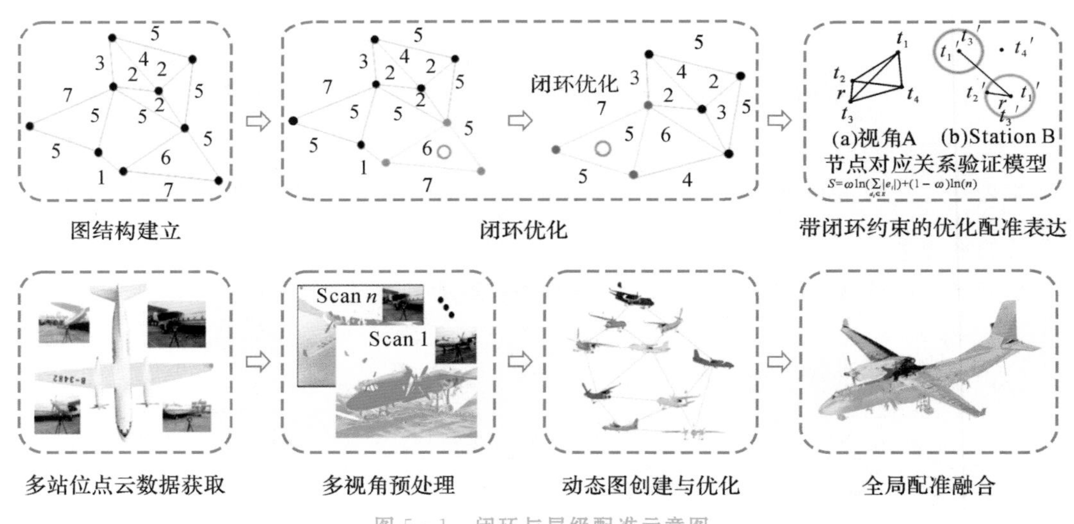

图 5-1　闭环与层级配准示意图

5.1.2.2　动态跟踪测量技术

单相机实时位姿测量系统包括数码相机、光源、图像采集卡、计算机和人工标志点等部分，如图 5-2 所示。

位姿测量的总体方案为：用单个相机及在各自坐标系下已知的人工标志点对两个待测目标成像，对获得的标志点图像进行处理，精确定位标志点中心坐标并利用单像空间后方交会原理进行求解，进而实时获得两个待测物体的精确位姿关系。

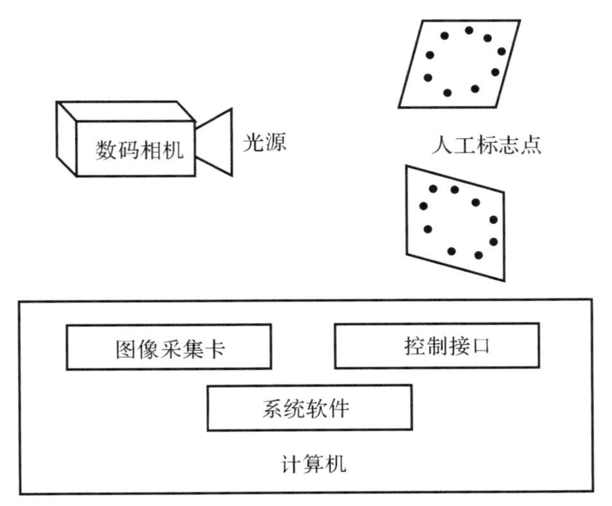

图 5-2　单相机实时位姿测量系统组成结构

系统中的人工标志点与现有的大部分单相机位姿测量系统不同,并无特定的测量模板,其目的是使系统有更好的普适性及可扩展性。人工标志点一般为激光、主动标志灯、回光反射标志等,本系统采用了回光反射标志及配套光源的方式。回光反射标志由玻璃微珠型回光反射材料加工而成,利用背面镀有反射层的玻璃微珠构成微透镜,使强度很高的光线沿入射方向反射出来,在近轴光源的照射下能在像片上形成灰度反差明显的“准二值”图像(见图 5-3),利于后续图像处理中的标志点提取及中心定位。

1. 相机检校

任何相机都存在几何畸变,引起畸变的原因是相机各部件的制造和装配误差,如传感器表面不平整、镜头透镜组不同轴以及主光轴与传感器平面不垂直等。相机畸变差属于系统误差,在实施摄影测量前必须对相机进行检校,以减小其对测量精度的影响。

2. 常用相机畸变模型

在相机检校中,多采用数学模型对相机畸变进行建模并加以补偿。常用的相机畸变模型有多项式模型、10 参数模型、有限元模型、人工神经网络等。下面介绍 3 种最常用的相机畸变模型,即一般多项式模型、10 参数模型和有限元模型。

(1)一般多项式模型。

一般多项式模型,即利用关于像点坐标(x,y)的二元 r 次多项式拟合该像点的畸变差,是最简单的相机畸变模型。若以$(\Delta x,\Delta y)$表示像点坐标畸变值,一般多项式模型可表示为如下形式:

$$\left.\begin{aligned}\Delta x&=a_0+a_1x+a_2y+a_3x^2+a_4xy+a_5y^2+\cdots\\\Delta y&=b_0+b_1x+b_2y+b_3x^2+b_4xy+b_5y^2+\cdots\end{aligned}\right\}\tag{5-6}$$

(2)10 参数模型。

10 参数模型是一种物理模型,依据相机成像过程中各种物理因素的影响而设计,是摄影测量领域尤其是数字工业摄影测量领域应用最为广泛的相机畸变模型。10 参数模型除包括主距、像主点坐标等相机内参数外，还包括镜头径向畸变、偏心畸变和像平面畸变等三类畸变参数。

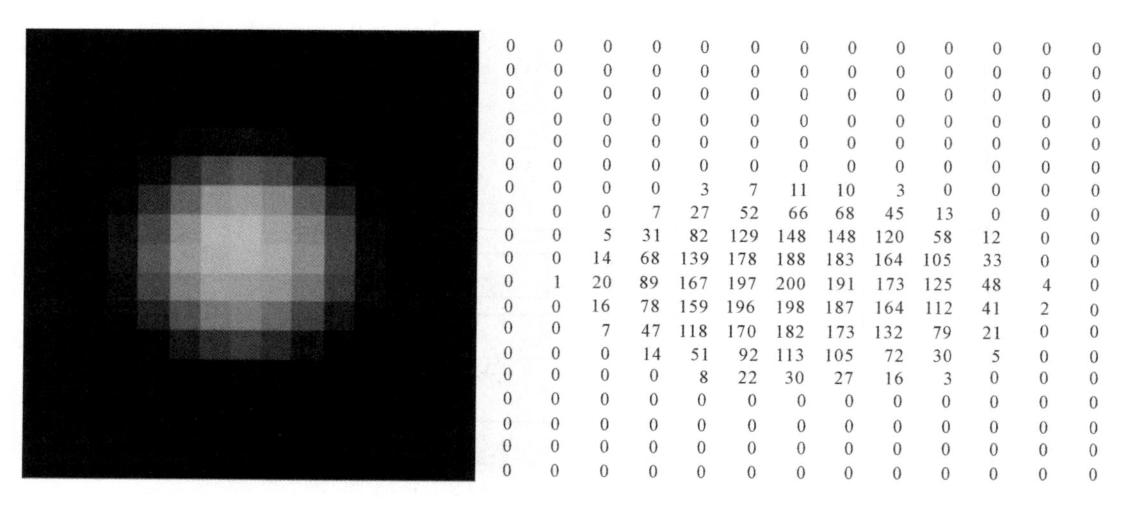

0	0	0	0	0	0	0	0	0	0	0	0	0
0	0	0	0	0	0	0	0	0	0	0	0	0
0	0	0	0	0	0	0	0	0	0	0	0	0
0	0	0	0	0	0	0	0	0	0	0	0	0
0	0	0	0	0	0	0	0	0	0	0	0	0
0	0	0	0	0	0	0	0	0	0	0	0	0
0	0	0	0	3	7	11	10	3	0	0	0	0
0	0	0	7	27	52	66	68	45	13	0	0	0
0	0	5	31	82	129	148	148	120	58	12	0	0
0	0	14	68	139	178	188	183	164	105	33	0	0
0	1	20	89	167	197	200	191	173	125	48	4	0
0	0	16	78	159	196	198	187	164	112	41	2	0
0	0	7	47	118	170	182	173	132	79	21	0	0
0	0	0	14	51	92	113	105	72	30	5	0	0
0	0	0	0	8	22	30	27	16	3	0	0	0
0	0	0	0	0	0	0	0	0	0	0	0	0
0	0	0	0	0	0	0	0	0	0	0	0	0
0	0	0	0	0	0	0	0	0	0	0	0	0
0	0	0	0	0	0	0	0	0	0	0	0	0

图 5-3　回光反射标志在像片中的成像及像素灰度值

径向畸变主要是由相机镜头中的透镜曲面形状不规则造成的，它使像点沿径向产生偏差。径向畸变有正、负两种：正的径向畸变使得内部的点向外扩散，尺寸随之变大，称为枕形畸变；负的径向畸变使得外部的点向内集中，尺寸随之缩小，称为桶形畸变。

径向畸变可用多项式表示为

$$\Delta r = k_1 r^3 + k_2 r^5 + k_3 r^7 + \cdots \tag{5-7}$$

将其分解到像平面坐标系的 x 轴和 y 轴上，则有

$$\left.\begin{aligned} \Delta x_r &= k_1 \bar{x} r^3 + k_2 \bar{x} r^4 + k_3 \bar{x} r^6 + \cdots \\ \Delta y_r &= k_1 \bar{y} r^3 + k_2 \bar{y} r^4 + k_3 \bar{y} r^6 + \cdots \end{aligned}\right\} \tag{5-8}$$

式中，$\bar{x} = (x - x_0)$，$\bar{y} = (y - y_0)$，$r = \sqrt{\bar{x}^2 + \bar{y}^2}$，$k_1$、$k_2$、$k_3$ 为径向畸变参数。

由于相机镜头系统中各透镜装配不到位等因素，镜头器件的光学中心偏离了主轴线而引起像点偏离其理想位置所造成的畸变称为偏心畸变。偏心畸变既含有关于镜头主光轴对称的径向畸变，又含有关于镜头主光轴不对称的切向畸变。一般情况下，偏心畸变在数值上比径向畸变小得多，其表达式为

$$\left.\begin{aligned} \Delta x_{\mathrm{d}} &= P_1 (r^2 + 2\bar{x}^2) + 2P_2 \bar{x} \cdot \bar{y} \\ \Delta y_{\mathrm{d}} &= P_2 (r^2 + 2\bar{y}^2) + 2P_1 \bar{x} \cdot \bar{y} \end{aligned}\right\} \tag{5-9}$$

式中，P_1 和 P_2 为偏心畸变系数。

像平面畸变包括像平面内的平面畸变和由像平面不平引起的非平面畸变。传统相机的像平面畸变即为胶片平面不平引起的畸变，它可以用多项式建模并改正。而由于数码相机的影像传感器采用离散的像敏单元成像，其非平面畸变很难用多项式来建模和准确描述。

像平面内的畸变通常可以简化成像素的长宽尺度比例因子和像平面 x 轴与 y 轴不正交

所产生的畸变，其表达式如下：

$$\left.\begin{aligned}\Delta x_{\mathrm{m}} &= b_1\bar{x} + b_2\bar{y} \\ \Delta y_{\mathrm{m}} &= 0\end{aligned}\right\} \tag{5-10}$$

式中，b_1 和 b_2 为平面内畸变系数。

综合径向畸变、偏心畸变和像平面畸变，10 参数相机畸变模型可表示为如下形式：

$$\left.\begin{aligned}\Delta x &= \Delta x_{\mathrm{r}} + \Delta x_{\mathrm{d}} + \Delta x_{\mathrm{m}} \\ \Delta y &= \Delta y_{\mathrm{r}} + \Delta y_{\mathrm{d}} + \Delta y_{\mathrm{m}}\end{aligned}\right\} \tag{5-11}$$

(3) 有限元模型。

基于有限元内插模型的检校方法使用的数学模型不涉及相机畸变系数，称为非参数畸变差检校模型。如图 5-4 所示，有限元检校原理为：将相机传感器用格网划分为若干个单元；在单元的每个角点 (i,j) 上具有两个方向的畸变差 $\Delta x_{i,j}$ 和 $\Delta y_{i,j}$，用以表示该位置处的像点坐标畸变值；像平面内任一位置处的畸变可利用其所在单元的 4 个角点经双线性内插得到。

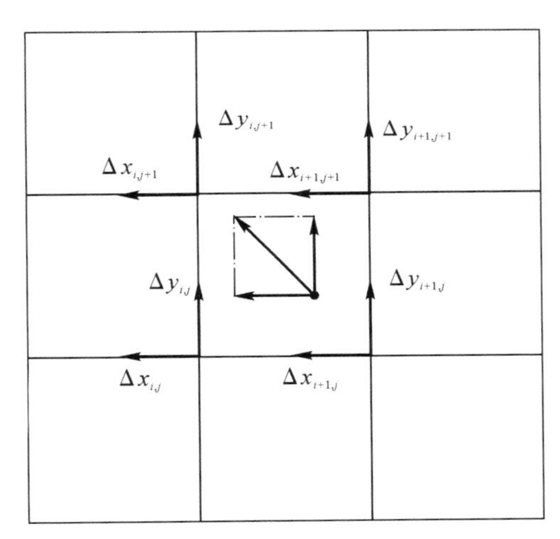

图 5-4 有限元相机检校示意图

任意像点通过有限元内插得到的畸变值为

$$\left.\begin{aligned}\Delta x &= (1-\delta x)(1-\delta y)\Delta x_{i,j} + \delta x(1-\delta y)\Delta x_{i,j+1} + (1-\delta x)\delta y\Delta x_{i+1,j} + \delta x\delta y\Delta x_{i+1,j+1} \\ \Delta y &= (1-\delta x)(1-\delta y)\Delta y_{i,j} + \delta x(1-\delta y)\Delta y_{i,j+1} + (1-\delta x)\delta y\Delta y_{i+1,j} + \delta x\delta y\Delta y_{i+1,j+1}\end{aligned}\right\} \tag{5-12}$$

式中

$$\left.\begin{aligned}\delta x &= \frac{x - x_{i,j}}{x_{i+1,j} - x_{i,j}} \\ \delta y &= \frac{y - y_{i,j}}{y_{i,j+1} - x_{i,j}}\end{aligned}\right\} \tag{5-13}$$

为保证畸变差的连续性，在计算各节点处畸变值时通常需加入光滑和连续性约束条件。另外，由于畸变改正值与相机内、外参数间存在相关性，还需加入一些附加约束条件，例如，将主距和主点坐标视为带权观测值,将主点处畸变值赋为 0 等。

3. 10 参数模型与有限元模型组合检校方法

在一般多项式模型的检校中,由于任一连续函数都可用多项式无限趋近,所以理论上只要多项式的阶数足够大,就可较完整地补偿局部规律性畸变差。但当多项式阶数过大时,通常会导致误差方程式呈现病态,导致解不稳定甚至无法求解。因此,一般多项式模型并不适合于相机的精确检校。10 参数模型中每一个畸变参数都具有明确的物理含义,如镜头透镜曲面形状不规则引起的径向畸变、透镜光学中心不共线引起的偏心畸变等。由 10 参数模型的表达式可以看出,该模型假设畸变差在整个像平面内具有规律性,可用一个简单的二元函数表示。但在实际成像过程中,除整体规律性畸变外,还可能存在局部规律性畸变,如像平面不平引起的畸变、镜头加工过程中局部瑕疵引起的畸变等。该类畸变无法用整个像平面内的二元函数表示。

冯其强在论文中提出了一种基于有限元模型和 10 参数模型的组合检校方法:利用有限元模型补偿相对稳定的局部规律性相机畸变,采用事先检校的方式确定有限元模型各节点处的畸变差;利用 10 参数模型作为附加参数,进行自检校光束法平差,以补偿随时变化的整体规律性畸变差。他通过试验验证,证明了该法有着较好的检校效果。

10 参数模型与有限元模型组合检校的具体过程如图 5-5 所示。

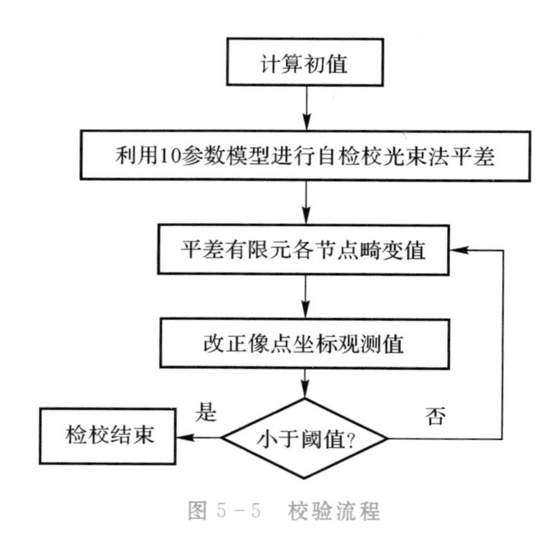

图 5-5　校验流程

首先经图像处理、像片概略定向、像点匹配得到像点坐标、标志点坐标和摄站参数的初值,再利用 10 参数模型进行自检校光束法平差,得到各类参数准确值;然后利用各像点剩余坐标残差平差计算有限元模型各节点的畸变值,并改正各像点坐标观测值。最后重复上述过程直至各节点畸变值变化量小于给定阈值为止。

利用 10 参数模型与有限元模型组合检校方法对系统选用的 TELI CSC12M25BMP19 相机进行了检校,检校后的像点坐标残差为 0.19 μm。

4. 对缝间隙阶差测量技术

飞机部件装配过程中，部件的形状、弯曲程度、对接的角度的差异往往会导致不同类型的对缝产生。对于不同类型的对缝，无法通过单一的方法有效解决，而是针对不同类型的对缝设计不同的检测算法。下面将简述两类常见的对缝检测算法原理。

(1)直线型对缝。

对于直线型对缝，采用直线拟合算法。在上述间隙区域提取操作中，利用原始点云数据本身内在的几何属性来捕获对缝的形状特征。为了尽可能多地捕获形状总体的信息，对于直线型对缝，通过标记每个从张量投票中捕获的点来选择特征点并对其进行分类。同一类的数据点即为同一条直线上的点，因此对同一类的数据点可进行直线拟合操作。

通过提取对缝区域，可以有效地降低其他区域点集对特征直线拟合过程的影响，能够获得较为准确的特征直线。前面提取获得的对缝区域包含内点所属的对缝形状的直线部分以及少量的离群点。分析对缝形状，至少需要进行两条直线的拟合，因此对缝直线拟合问题可视为多模型拟合问题。当数据中存在多个模型时，针对当前指定的模型，其他模型的内点虽然不属于离群点，但因不符合当前模型的分布规律，被称为当前模型的伪离群点，如图 5-6 所示。伪离群点与离群点一样对特定模型具有一定程度的干扰性，增加了多模型拟合的难度。

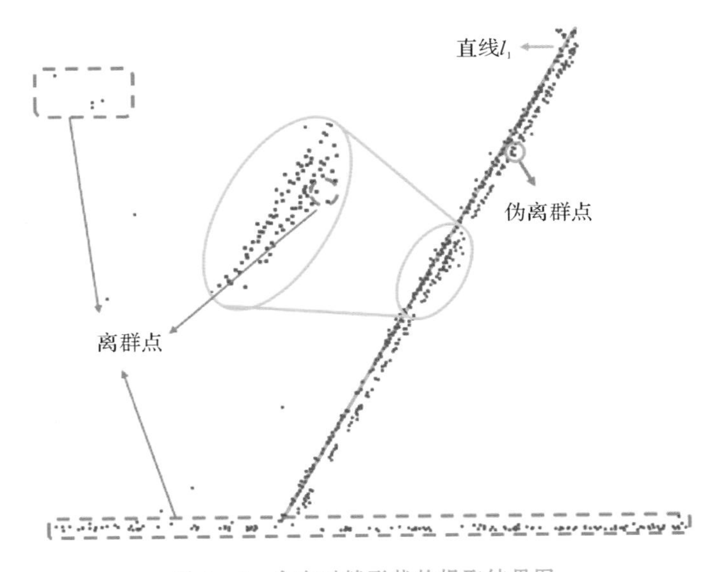

图 5-6　含有对缝形状的提取结果图

模型变量的选择可以看作一个决策，多个模型的拟合是一个由一系列决策组成的过程，通过奖励机制可以有效地优化决策过程。

设 $D \subset \mathbf{R}^3$ 为对缝特征点集，特征直线拟合的目标是找到一个最相似的直线模型，且对缝形状中至少包含两条对缝特征直线，因此至少需要拟合两条直线。设 M 为多模型的并集，即 $M = \bigcup_{i=1}^{n} M_g^{\theta_i}$，其中 n 为拟合模型的总个数，M_g^{θ} 是由给定的参数规则 g 定义的模型，而参数规则 g 由变量 θ 获得。特征直线拟合算法的主要步骤如下：

1) 初始化：设置相关参数的初值，包括迭代次数$\text{iter}_{\max} = 100$，拟合模型总个数 $n = 2$，随机初始化变量($\theta_1^*,\theta_2^*,\cdots,\theta_n^*$)。

2) 迭代判断:若迭代次数 iter $\leqslant$ $iter_{max}$ 则重复步骤 3) 至 6)。

3) 单模型拟合:若 $i<n$,则拟合第 i 个模型,重复步骤 4) 至 6)。

4) 随机选点:随机选择 2 个点,计算对应的拟合直线参数 $f=Ax+By+Cz+D$。

5) 内点计算:针对第 i 个模型,选择变量$\theta_i=q(i)+N_i$,其中 $q(i)$ 为内点,N_i 为噪声点;计算$r_i=f(\theta_1,\theta_2,\cdots,\theta_i)-f(\theta_1,\theta_2,\cdots,\theta_{i-1})$,并设为奖励机制,根据$r_i$ 更新 q。

6) 参数更新:若当前内点数量大于初始内点数量,即 $f(q(1),q(2),\cdots,q(n))>$ $f(θ_1^*,θ_2^*,\cdots,θ_n^*)$,则$(θ_1^*,θ_2^*,\cdots,θ_n^*)=(q(1),q(2),\cdots,q(n))$,更新内点数。

在每次迭代中,针对每个待拟合模型,根据内点和噪声点提出一个假设值,然后通过计算奖励机制来验证假设,从而更新内点。

由于对缝区域点云所属两条直线的间隙较小,可以非常容易地将两条直线拟合为一条直线,因此本方案采用迭代的形式逐步排除离群点。在拟合一条直线后,计算各点到该条直线的距离,根据距离值设定阈值,进一步区分离群点和内点:如距离值小于阈值,则判定为内点,如距离值大于阈值,则视为离群点或者伪离群点。随后,抛出属于该条直线的内点,利用余下的点进行下一条直线的拟合。最后,以此循环迭代,直至最终拟合直线的个数达到预设值为止。

(2) 曲线型对缝。

针对曲线型对缝,采用空间 B 样条曲线拟合算法。空间 B 样条曲线是空间 B 样条基曲线的线性组合。B 样条曲线的定义方程为

$$P(t)=\sum_{i=0}^{n}P_iN_{i,k}(t) \tag{5-14}$$

其中,$P_i(i=0,1,\cdots,n)$ 为控制点,t 为节点矢量,$N_{i,k}(t)(i=0,1,\cdots,n)$ 为 k 阶 B 样条曲线基函数,其定义为

$$\left.\begin{aligned}N_{i,1}(t)&=\begin{cases}1,t_i\leqslant t\leqslant t_{i+1}\\0,t\leqslant t_i\text{ 或 }t\leqslant t_{i+1}\end{cases}\\N_{i,k}(t)&=\frac{t-t_i}{t_{i+k-1}-t_i}N_{i,k}(t)+\frac{t_{i+k}-t}{t_{i+k}-t_{i+1}}N_{i+1,k-1}(t),k\geqslant 2\end{aligned}\right\}(\text{设}\frac{0}{0}=0) \tag{5-15}$$

其具体含义为:欲确定第 i 个 k 阶 B 样条$N_{i,k}(t)$,需要区间$[t_i,t_{i+k}]$中的 $k+1$ 个节点做支撑;$n+1$ 个控制顶点$P_i(i=0,1,\cdots,n)$ 要用到 $n+1$ 个 k 阶 B 样条基$N_{i,k}(t)$。

给定控制顶点$P_i(i=0,1,\cdots,n)$ 及节点矢量 $\boldsymbol{T}=(t_0\quad t_1\quad\cdots\quad t_{n+k})$ 后,就可拟合出 k 阶 B 样条曲线。

拟合得到对缝结构的空间 B 样条曲线之后,需要在曲线上插值出测量点 $P(t)$。本方案采用 de Boor 算法(见图 5-7)。先将节点 t 固定在区间$[t_j,t_{j+1}](k-1\leqslant j\leqslant n)$ 上,根据 B 样条曲线定义公式,有

$$P(t)=\sum_{i=0}^{n}P_iN_{i,k}(t)=\sum_{i=j-k+1}^{j}P_iN_{i,k}(t)=\sum_{i=j-k+1}^{j}\left[\frac{t-t_i}{t_{i+k-1}}P_i+\frac{t_{i+k-1}-t}{t_{i+k-r}-t_i}P_{i-1}\right]N_{i,k-1}(t) \tag{5-16}$$

令

$$P_i^{[r]}(t)=\begin{cases} P_i, r=0; \\ \dfrac{t-t_i}{t_{i+k-r}-t_i}P_i^{[r-1]}(t)+\dfrac{t_{i+k-r}-t}{t_{i+k-r}-t_i}P_{i-1}^{[r-1]}(t), r=1,2,\cdots,k-1 \end{cases} \tag{5-17}$$

其中，$i=j-k+1,j-k+2,\cdots,j$。

$$P(t)=\sum_{i=j-k+1}^{j}P_iN_{i,k}(t)=\sum_{i=j-k+2}^{j}P_i^{[1]}(t)N_{i,k-1}(t) \tag{5-18}$$

反复应用此递推公式，可得

$$P(t)=P_j^{[k-1]}(t) \tag{5-19}$$

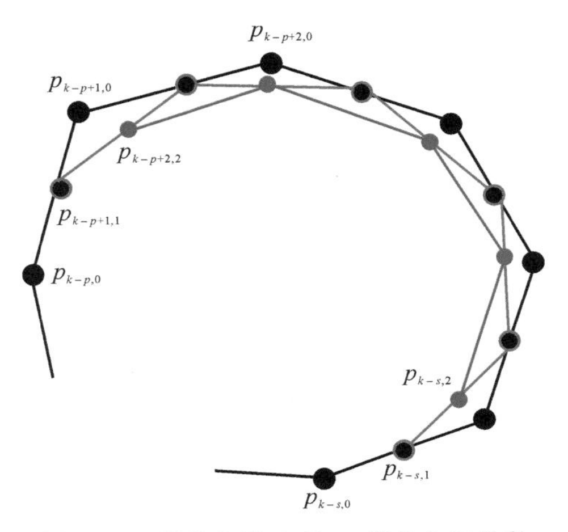

图5-7 样条曲线 de Boor 算法几何示意

拟合出间隙区域的直线/曲线参数方程之后，在测量点处对该直线/曲线进行微分，即可获得该测量点处的切向量；以该测量点及其切向量作为法向量确定出该测量点处的截面，将距离截面一定范围内的点投影到截面上；针对截面投影点云，根据阶差间隙计算模型（见图5-8）计算出该测量点处的阶差和间隙。

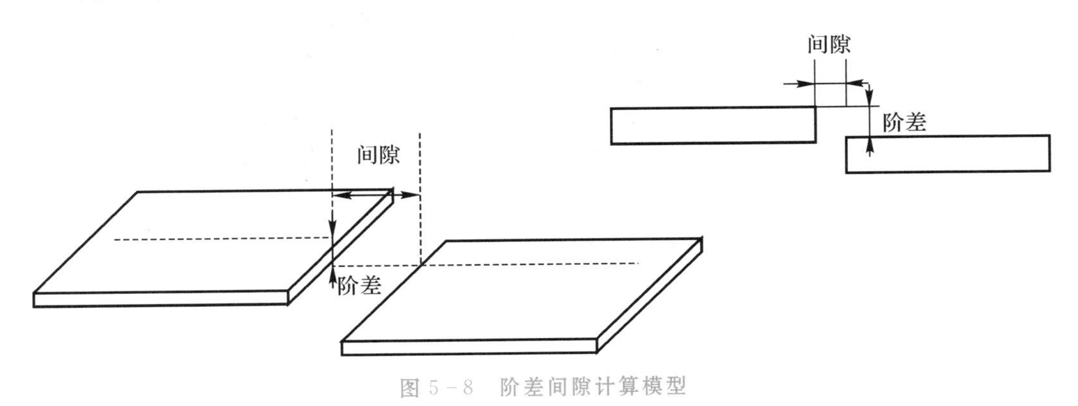

图5-8 阶差间隙计算模型

5.1.3 飞机装配精度测量装备

以多站位测量数据融合、对缝间隙阶差计算、单相机动态跟踪技术为核心，面向飞机机身、机翼部件复杂的装配现场环境，提出了多柔性机构组合测量技术，形成了部署灵活、自动化程度高、抗环境干扰能力强的飞机装配质量测量装备；研发了以AGV、升降柱、机械臂为基础载体的可移动式柔性测量系统，实现了飞机大型部件整体外形的测量；研发了以单相机为载体的动态跟踪测量系统，实现了飞机机翼活动构件（如前沿襟翼）的装配位姿测量；研发了滑轨式和手持式双模式对缝间隙阶差测量系统，实现了机翼翼面间隙阶差的测量。

5.1.3.1 可移动式柔性测量系统

以基于图优化的多站位数据融合配准技术为核心，结合多柔性机构系统集成技术，形成了具有高测量行程、全自动化的可移动式柔性测量系统（见图5-9）。其硬件模块主要包含执行模块、感知模块和测量模块。其中测量模块与其他模块相对独立，测量模块的数据传递精度不受执行误差影响。执行模块包括1台AGV小车，搭载2组升降柱、工业机械臂和云台。2组升降柱本体高度1 100 mm，提供1 900 mm的升降行程和500 kgf① 的负载能力。机械臂选型为库卡kr10R1420，其末端负载为10 kgf，机械臂工作半径1 420 mm。机械臂搭载激光扫描仪，当机械臂运动时，激光扫描仪打出激光线进行局部三维扫描。云台具有水平和俯仰两个角度的旋转能力，控制视觉跟踪仪的姿态。视觉跟踪仪通过对机械臂末端的激光扫描仪跟踪，获取位姿信息，之后将激光扫描仪的局部扫描数据拼接，得到全局测量数据。感知模块包括AGV前后两个激光雷达，激光雷达为AGV导航和避障提供感知数据。测量模块包括激光扫描仪和视觉跟踪仪，其选型为P42跟踪式扫描仪系统，其测量体积精度为0.044 mm+0.015 mm/m。可移动式测量系统的详细参数见表5-1。

图5-9 可移动式柔性测量系统

① 1 kgf=9.8 N。

表 5-1　可移动式测量系统的详细参数

参数名称	指标值
测量柔性空间大小(长×宽×高)	20 m×20 m×4.4 m
AGV 导航精度	不低于 10 mm
AGV 负载	2.5 t
测量体积精度	0.044 mm+0.015 mm/m
系统满载续航	不低于 3.5 h

5.1.3.2　动态跟踪测量系统

1. 硬件系统

在单相机实时位姿测量系统中，硬件系统主要包括光源、相机、镜头等，除了要对其进行选型，还要对相机进行防护加工、数据线加工以及加装控制器，以实现各硬件部分的连接等。硬件集成如图 5-10 所示，测量系统如图 5-11 所示。

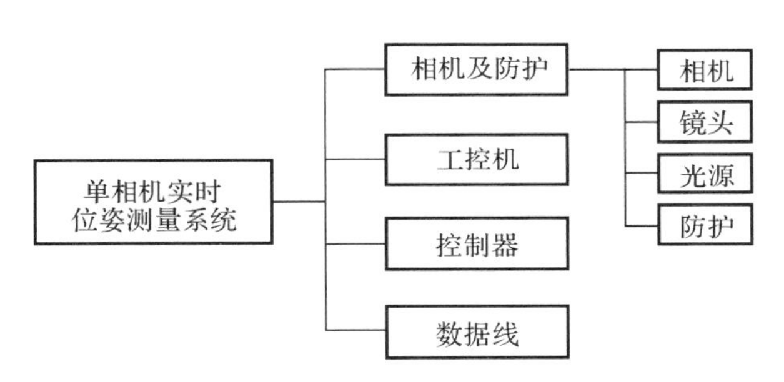

图 5-10　硬件集成示意图

图 5-11　单相机实时位姿测量系统实物图

基于单相机实时位姿测量系统的工作环境特点，为相机设计、加工了防护罩，如图5－12和图5－13所示。相机防护罩的作用主要有以下几点：

（1）相机防尘。由于单相机实时位姿测量系统可能在厂房等环境中工作，如有灰尘进入相机内部，则会影响图像的成像质量且减损相机寿命。防护罩则可以有效地防止工作环境中的灰尘落入相机。

（2）便于移动。使相机在变换摄影位置时更加方便、快捷，且可手持工作。

（3）便于固定。相机防护罩可通过转接板固定在脚架上，方便进行有固定相机要求的实验与工作。

（4）电磁兼容。由于相机在正常运行中可能对工作环境中的其他设备产生电磁干扰，加装防护罩可有效提高相机与其他设备的电磁兼容性。

（5）美观。整合了相机的数据线及电源线等，使整个系统更加协调、美观大方。

图5－12　相机防护装置(外观)

图5－13　相机防护装置(内部结构)

2. 软件系统

如图5-14所示，点击数据采集测量系统开始进行测量前准备，即系统进行初始化。此时可以通过交互界面设置相机参数，进行相机自动测光、测量等操作。

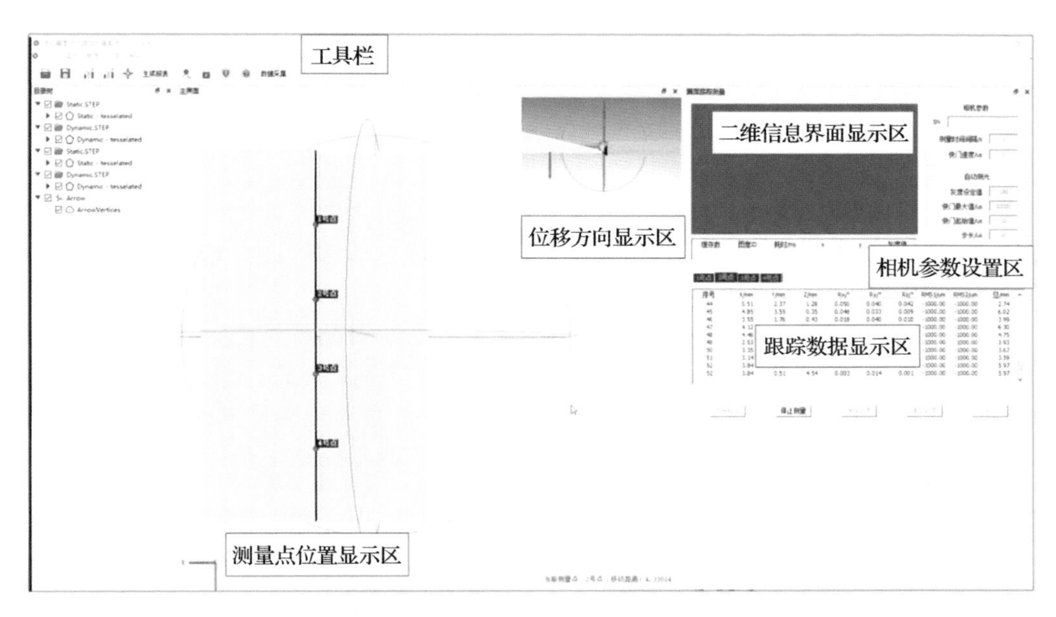

图5-14 程序主界面

(1)交互参数设置区。

在跟踪测量前，可以对硬件中的跟踪相机参数进行设置，如测量时间间隔、快门速度、自动测光等。相机参数一般采用默认参数，如果有特殊需求可以改变开门速度。本模块带有自动测量功能，在动态跟踪测量开始前，必须完成自动测光功能。

相机参数设置对话框界面主要包括以下几个因素：

1)相机。显示当前联机的所有相机，通过选择可切换当前操作的相机。

2)参数。对当前操作的相机进行参数设置，主要包括快门速度、亮度、对比度、增益等。其中，亮度、对比度和增益一般不作修改，只通过修改快门速度调整图像亮度。

3)自动测光。自动设置当前操作的相机的快门速度，该功能需要在相机视场范围内至少有1个编码标志。

灰度设定值：编码标志灰度阈值，当拍摄的编码标志灰度值大于(或等于)该值时，测光完成。

快门最大值：当快门达到该值时，编码标志灰度仍未达到灰度设定值，则测光失败，停止测光。

快门起始值：开始测光时的快门值。

步长：测光时快门值的每次改变量。

开始测光：点击该按钮开始测光，测光过程中再次点击则停止测光。

4)图像信息。显示当前照片拍摄的图像。当鼠标位于图像上时,可通过鼠标中间滚轮对图像进行缩放,并显示当前鼠标位置处的坐标值(x、y)和灰度值。

(2)测点过程可视化。

以某型号飞机前缘翼面装配位姿调整跟踪作为测量实例,其前缘翼面有四个测量点,如1号点、2号点、3号点和4号点。在四个测量点放四个标靶工装,用相机分别跟踪测量四个标靶点。当测量1号点时,1号点位置闪烁;当相机测量其他点时,会闪烁(提示)正在测量的位置。

5.1.3.3 对缝间隙阶差测量系统

本系统以自动化滑轨测量系统为主,以手持功能为辅,借助设备完成数据采集,将数据传输至手持工控数据处理装置。在工控设备上运行数据处理软件进行数据处理,并将结果直观地显示在屏幕上。

机翼对缝间隙阶差自动化测量系统主要分为硬件系统与软件系统。其中,硬件系统由自动化滑轨、线激光轮廓传感器、手持测量工装、手持工控平板组成,如图5-15所示;软件部分可以分为自动化测量模式与手持式测量模式。其中,自动化测量模式所需硬件由自动化滑轨、线激光轮廓传感器及手持工控平板组成,手持式测量模式由手持测量工装、线激光轮廓传感器及手持工控平板组成。

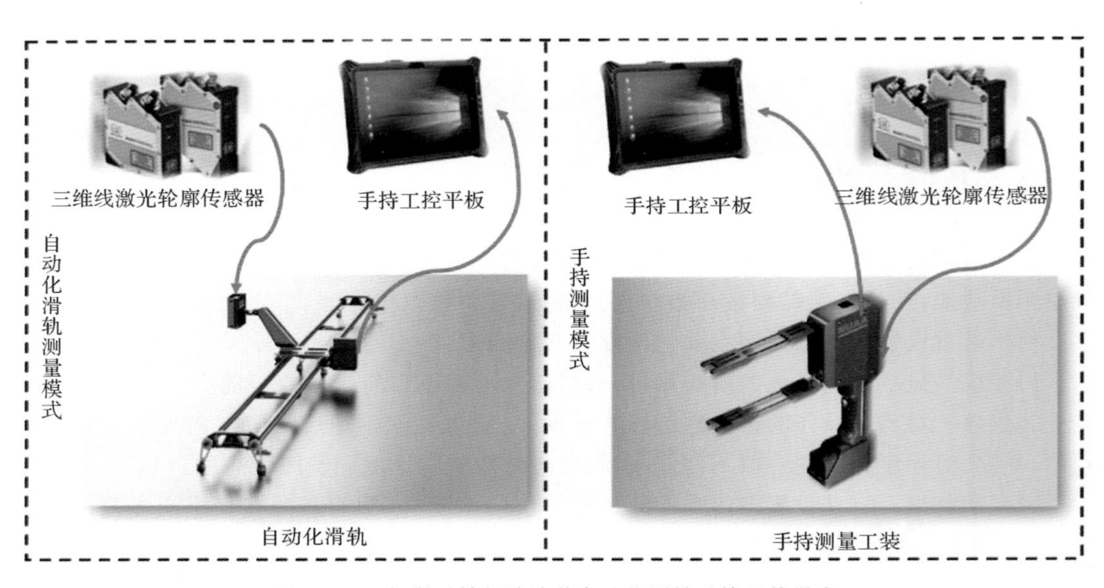

图5-15 机翼对缝间隙阶差自动化测量系统硬件组成

(1)自动化滑轨。

表5-2给出了自动化滑轨总体技术指标参数。自动化滑轨主要由底座支撑、导轨、运动平台以及各种电器元件组成。可通过夹持设备搭载线激光轮廓传感器对机翼表面对缝结构进行三维自动化扫描,获取数据进行分析测量。导轨主要由碳纤维材料制成,重量较轻,整体可便捷拆卸、折叠,方便、可移动。

表5-2 自动化滑轨总体技术指标参数

项目	技术指标要求
行程/质量	有效行程为2 300 mm;整体质量不大于5 kg(包括滑台、夹持装置、数据采集装置)
承载/爬坡角度	设备最大可承载5 kg;最大爬坡角度为30°
控制软件	1. 提供多端口设定,可根据设备情况选择不同端口接入控制; 2. 采用自主供电系统进行驱动,无需外加电源; 3. 通过自带变压模块供电系统可额外为数据采集装置供电; 4. 具有防撞功能,设有行程开关,能有效避免运行过程中滑台碰撞; 5. 设有可交互人机界面,方便操作
设计要求	1. 控制台、蓄电池、充电器等安装在设备内部(不突出设备外形尺寸); 2. 采用滑插式安装,方便拆卸维护; 3. 采用三节分级式结构,方便拆卸、折叠存放; 4. 采用轻量化处理,滑轨主体部分用碳纤维制成,大大降低了滑轨质量; 5. 采用防护设计,部件多使用圆角以防止滑轨对飞机表面损伤
表面处理	表面部件采用喷漆处理
绝缘	电机等自身具有绝缘措施

(2)手持式测量工装。

手持测量工装,采用3D打印技术制作配备三维线激光轮廓传感器。手持测量模式作为自动化滑轨测量模式的补充方式,通过搭载数据采集装置(激光轮廓传感器)进行数据采集,通过连接手持工控平板进行数据处理、分析及可视化。配置锂电池,有效供电时间超过2 h,电池采用可拆卸模块进行设计,能够快速、准确地实现电池的更换,同时配备两组电源,可以随时进行更换。工装上部设有指示灯窗,可随时观看数据采集装置的工作状态,并可以及时进行调整。

(3)线激光轮廓传感器。

三维线激光轮廓传感器参数见表5-3。

表5-3 三维线激光轮廓传感器参数

项目	参数
质量/kg	0.4
X方向精度(点/线)/μm	1 280
激光光源	蓝光
尺寸/mm	96×85×33
扫描频率/Hz	300
Z轴量程/mm	290
X轴量程/mm	143

(4)手持工控平板。

手持工控平板为系统核心部件之一,主要用于滑轨的控制、数据分析及可视化。手持工控平板采用轻量化设计,总体质量不超过 1.3 kg,并设有辅助装置,方便进行手持或悬挂;为满足当前及后续现场要求,设备设有多个接口,包括以太网接口、USB 接口、Type - C 接口等;为防止现场出现设备跌落及防水,采用防撞、防水设计,以有效避免一定程度的冲击及雨水。设备同时设有多种快捷键,方便现场进行相关操作。

5.1.3.4 应用案例

(1)可移动式柔性测量系统。

飞机机身大部件调姿对接是飞机装配的一个重要环节。为了实现机身部件的对接,需要对机身部件的对接特征点进行测量,随后基于对接特征点测量值,驱动调姿机构进行对接。现有的基于激光跟踪仪的测量技术,存在对接特征点位稀疏,而大尺寸的机身部件本身变形量大等缺点,基于稀疏的对接特征点位,难以保证机身部件调姿到位,从而导致对接后的机身部件蒙皮对缝间隙大、长桁轴线偏差大,影响飞机质量。为此提出了基于激光扫描获取到飞机机身对接截面数据,随后采用特征提取技术提取长桁端点的方法,实现对机身部件的高质量对接。机身对接特征长桁端点提取结果如图 5 - 16 所示。

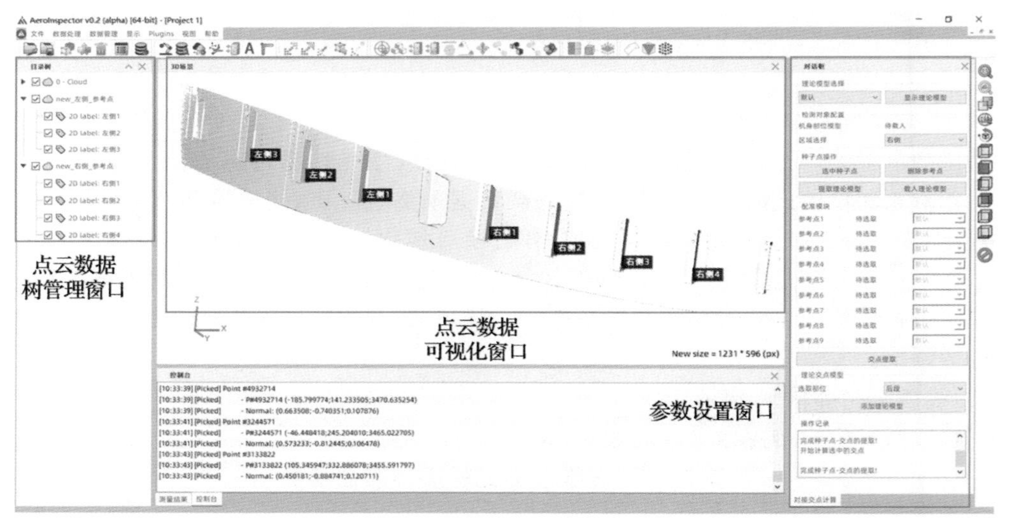

图 5 - 16 长桁端点提取软件结果界面

(2)活动翼面动态跟踪测量系统。

在飞机前缘活动翼面装配过程中,活动翼面闭合后和固定翼面之间的间隙要求为在 0～0.8 mm 之内,但装配间隙的调整只能在活动翼面打开状态下进行,目前在调节过程中对活动面姿态进行跟踪测量还没有一种可靠的高精度测量手段。而翼面角度和位移调整只能在翼面悬挂后通过人工反复进行,某飞机活动翼面为不规则曲面,该面打开后位姿微调,现有传统测量设备很难测定其变化。仅前缘缝翼零位线调节平均就需要 12 h。基于单相机的动态跟踪测量技术是为了指导人工调整活动翼面装配位姿而研究的。

单相机位姿跟踪测量技术，通过分解旋转矩阵的形式线性求解相机分别与参考目标、工作目标的旋转平移参数，再以相机坐标系为桥梁，直接建立位姿解算的线性公式。利用单相机解决活动翼面的位姿跟踪测量问题，在调整过程中可以准实时地显示装配调节量，从而从盲调变为可视化调整，提高调整效率。

如图 5-17 所示，本系统主要检测目标包括：

1)襟翼和扰流板之间的区域间隙。

该区域测量针对襟翼与扰流板装配完成后所产生的对缝间隙，包括左右两边各 6 块扰流板下表面与襟翼上表面之间的间隙测量。

2)扰流板与扰流板之间的区域阶差。

该区域测量针对扰流板装配后相邻扰流板之间的阶差，靠近翼根和翼尖的两块固定面与 1# 及 6# 扰流板之间的阶差。

3)滑轨盖板区域的间隙。

该区域测量针对滑轨盖板安装完成后左右各 16 块滑轨盖板(总计 32 块)，每块滑轨盖板包括滑轨盖板翼根侧间隙、滑轨盖板翼根侧间隙、滑轨盖板后边界间隙。

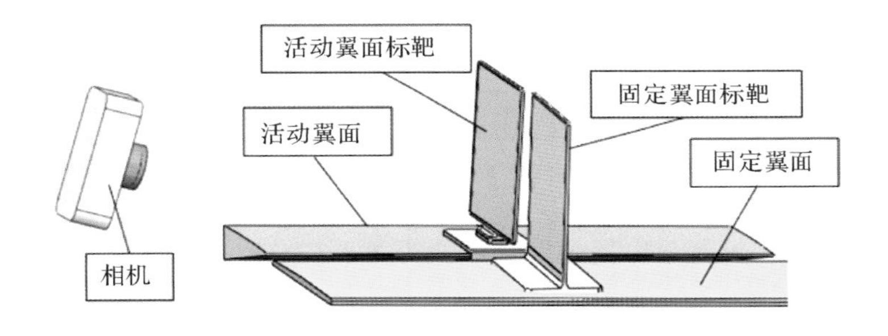

图 5-17　活动翼面跟踪测量现场分布图

针对三个区域的实施情况，采用手持测量模式与自动化滑轨测量模式相结合的方法，其中手持模式针对滑轨盖板区域间隙测量，自动化滑轨测量模式针对襟翼和扰流板之间区域间隙和扰流板与扰流板之间区域阶差测量。

根据现场工作流程，将总体设计方案分为两个部分：数据采集硬件系统与数据处理软件系统。

硬件系统采集数据有两种方式。一种是全自动滑轨搭载线激光进行数据采集，主要由电动滑轨、三维线激光轮廓传感器构成。电动滑轨的移动平台搭载三维线激光轮廓传感器，通过电机驱动带动平台移动同时进行点云数据采集。采集数据时，可将电动滑轨放置于机翼上，滑轨移动平台运动的同时，三维线激光轮廓传感器即可完成机翼表面对缝结构的三维信息采集。另一种是通过手持测量工装配合三维线激光轮廓传感器进行数据采集。两种方式采集的数据都通过以太网口将数据传输至手持工控平板。

数据处理软件系统由机翼对缝测量数据预处理和机翼对缝阶差间隙测量两个模块组成，负责对采集到的机翼对缝结构数据进行处理与可视化，并分析出对缝结构的间隙与阶差值。软件具体操作流程如图 5-18 所示。

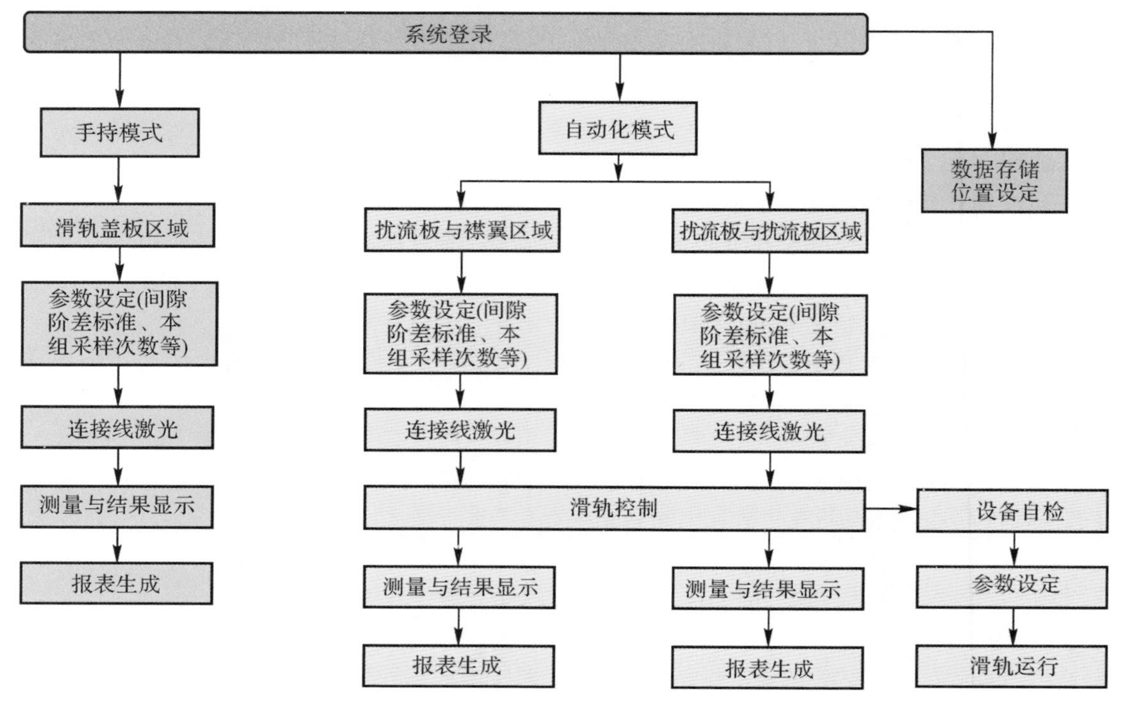

图 5-18 软件具体操作流程图

机翼对缝间隙阶差测量系统提供用户登录功能。正确输入账户密码即可完成登录(见图 5-19),账户或密码错误则会进行相应提示。登录软件后可进行密码修改,同时可根据设备使用情况对用户权限进行管理。管理员拥有对系统严格控制与管理的权限。

图 5-19 登录界面

本系统主要提供机翼对缝间隙阶差的数字化测量与显示,可以完成实时三维点云数据可视化与测量结果输出与显示,同时提供报表输出功能,用户完成测量后即可进行报表输出。用户选择测量区域后,根据工艺要求设定好间隙与阶差的标准范围,设定单次测量采样次数后连接上线激光。自动化测量模式下打开滑轨控制软件对软件进行控制，启动滑轨后点击测量按钮开始测量，手持模式下通过单次点击触发手持模式测量按钮进行测量。测量后，间隙和阶差的结果范围与合格百分比将会显示在工作界面上，若对当前测量结果有问题可直接重置结果重新开始测量。完成测量后进行报表输出，如图 5-20 所示。

图 5-20　机翼对缝间隙阶差测量系统工作界面

5.2　部件结构密封性能智能测试技术与装备

部件结构密封性能测试作为飞机部件装配非常重要的一环，随着飞机需求量的增加与飞机各项性能的提升，其作用也变得越发重要，航空工业对于部件结构密封性能测试的要求也变得越来越高。现阶段我国飞机部件结构密封性能测试环节以纯手工为主，对密封性能的检测主要依靠人工排查，智能检测技术及装备尚处于极度欠缺的状态，检测效果受主观因素影响极大。这不仅会限制飞机生产效率的提高，其带来的不确定性更是降低了飞机在服役过程中的可靠性。针对此类问题，本节从液压管路密封性能测试技术与装备、气体管路及部件密封性能测试技术与装备以及泄漏点智能测试及定位技术与装备等三个方面进行介绍，通过部件结构密封性能智能测试技术与装备，提高密封性能测试的效率及质量，进而提高整个飞机部装的质量。

5.2.1 液压管路密封性能测试技术与装备

管路系统的密封性能是飞机在各种气候条件和飞行状态下服役安全的重要保证，而管路系统中90%以上的“跑、冒、滴、漏”问题都发生在管路连接处。因此，对飞机管路尤其是接头处的密封性测试是飞机装配中必不可少的环节，其密封性能将直接影响飞机的服役性能与使用寿命。

根据不同的分类标准，管道泄漏检测技术有不同的种类。较为常用的分类依据是测量手段：利用硬件对管道泄漏产生的泄漏物进行检测的方法称为基于硬件的检测方法，利用软件对管道泄漏引起的压力、流量、声波等相关参数进行分析的方法统称为基于软件的检测方法。

常见的基于硬件的管道泄漏检测方法有光纤检漏法和电缆检测法；基于软件的管道泄漏检测方法分为基于模型的检测方法、基于信号处理的检测方法、基于机器学习的检测方法三类。随着管道泄漏检测技术的不断发展，生产中对管道泄漏检测的要求也越来越高，不仅要求管道泄漏检测的误报率和漏报率低，而且要能实时监测以防止意外和突发事件，还不能影响管道的正常运行。目前单一的检测方法已经不能满足这些要求，因此需要将多种泄漏检测方法结合使用，这就需要掌握每种检测方法的优缺点，以便达到不同方法优势互补的效果。下面就几种常见的管道泄漏检测方法的特点进行分析。

(1)光纤检漏法。

光纤检漏法(见图 5-21)是利用沿管线布置的光纤对泄漏物进行检测的方法，这是一种基于硬件的检测方法。根据检测指标的不同，它主要包括两种方法。一种是分布式光纤温度传感法。这种方法适用于热油管道的泄漏检测：当热油管道发生泄漏时，流出的油品会改变周围环境温度，分布式光纤温度传感器可以捕捉到温度变化而改变自身特性，进而可以检测出泄漏并对泄漏点进行定位。这种方法的不足是当油品温度接近环境温度时，检测准确率不高。另一种是分布式光纤振动传感法。由于管道内部流体的压力一般比环境压力高，因此管道发生泄漏时流体会冲出管道产生振动，分布式光纤振动传感器可以捕捉到振动而改变自身特性，以进行泄漏检测。

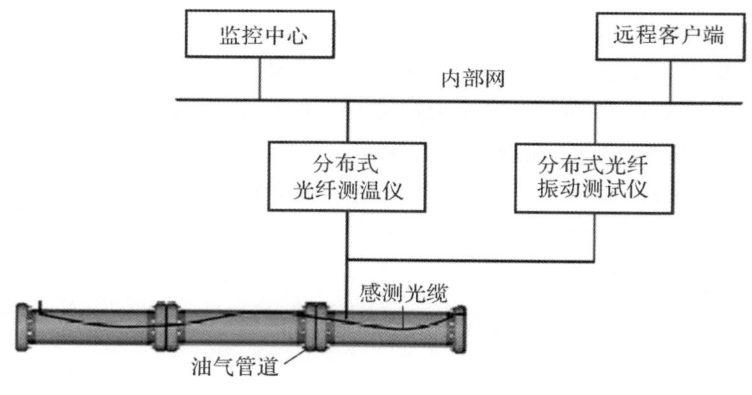

图 5-21 光纤检漏法原理图

光纤检漏法的优点是检测准确性高，可以实现长距离检测；缺点是需要沿整个管线铺设光纤，成本较高，难以在已建成管线上安装，只能用于新管线。

(2)电缆检漏法。

电缆检漏法是利用沿管线布置的电缆对泄漏物进行检测的方法。根据电缆材料的不同，它主要包括两种方法。一种是沿管道布置两芯电缆，在两芯之间附有可溶解于油气的绝缘性材料，一旦管道发生泄漏，外泄的油气就会把绝缘材料溶解，两芯电缆的阻抗就会发生变化，这时通过对阻抗的测量就可以检测泄漏并进行定位。另一种方法是选择能够被油气泄漏物浸透而不能被水浸透的电缆材料。由于被油气泄漏物浸透的电缆具有反射脉冲的特性，因此可以利用这一特性，在电缆一端发射脉冲，通过检测反射脉冲信号确定是否存在油气泄漏，利用脉冲信号的传播速度和检测到的时间差可以对泄漏点进行定位。

电缆检漏法的优点是操作简单，灵敏性较高，可以检测出较小的泄漏；缺点是电缆在检测中自身特性会发生不可逆的改变，无法重复使用，成本较高。

(3)基于模型的检测方法。

基于模型的检测方法(见图 5－22)根据管路以及流体的基本参数，利用流体的质量守恒方程、运动方程和能量守恒方程，再加上实际管道两端的压力流量数据等作为边界条件，建立管路模型，描述管道内流体流动，然后根据估计值与实测值的比较来进行泄漏检测。常见的方法有状态观测器法、系统辨识法、实时模型法、瞬变流检测法。

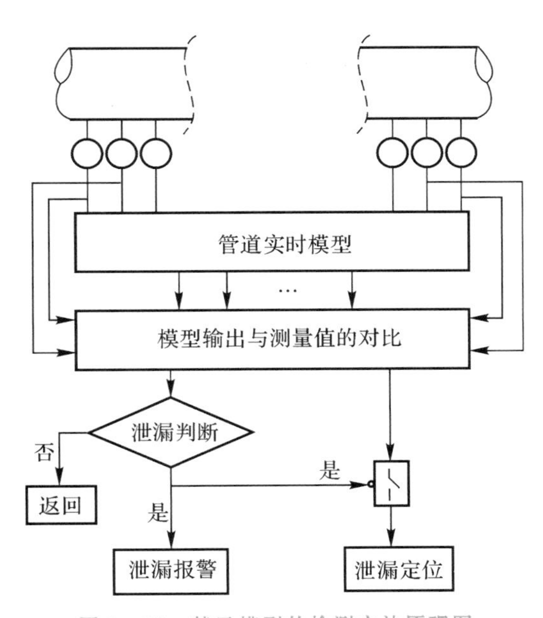

图 5－22　基于模型的检测方法原理图

基于模型的检测方法的优点在于成本低，不需要额外安装设备，对于新老管路都有较好的适用性；缺点是针对每条管路都需要建立一个精确的模型，当管路内流体性质或流动状态发生改变时，管路模型也需要重新建立，计算量大，误报率比较高。

(4)基于信号处理的检测方法。

基于信号处理的检测方法(见5-23)主要是通过对检测管道两端的压力和流量信号进行分析实现泄漏的检测和定位,不需要建立复杂的数学模型,具有更为广泛的应用价值。常用的信号包括流量信号、压力信号、负压波、压力梯度以及声波信号。

基于信号处理的检测方法的优点是成本较低、原理简单、适应性强,无需建立复杂的管道模型;缺点在于,当泄漏量较小时,信号的变化不明显,无法检测出发生的泄漏,而且容易受周围环境噪声的干扰,影响泄漏点的定位精度。

(5)基于机器学习的检测方法。

此检测方法是对管路运行参数(流量、压力等)进行特征提取,采用机器学习的方法对不同的特征进行识别,这是一种基于知识的检测方法。管路发生泄漏时,压力信号、流量信号、声波信号等会发生变化,对采集的压力信号、流量信号和声波信号进行特征提取,利用机器学习算法[如神经网络、支持向量机(见5-24)等]识别泄漏工况。

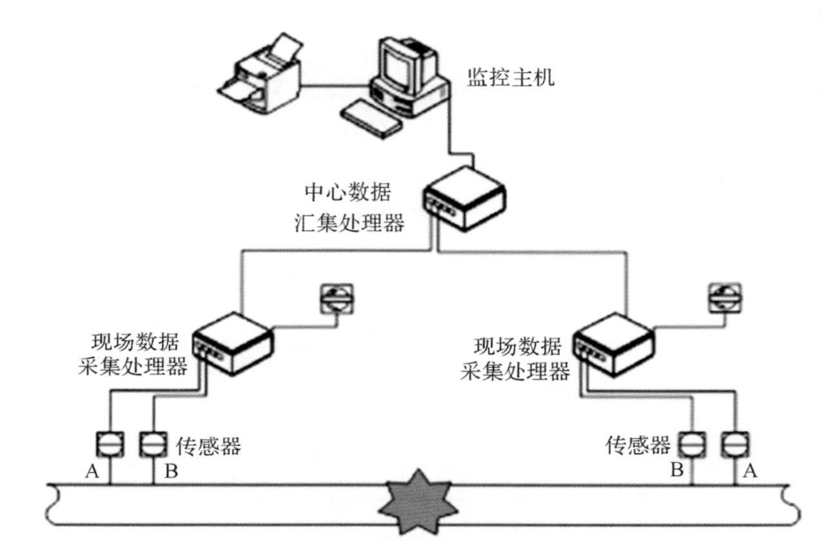

图5-23 基于信号处理的检测方法原理图

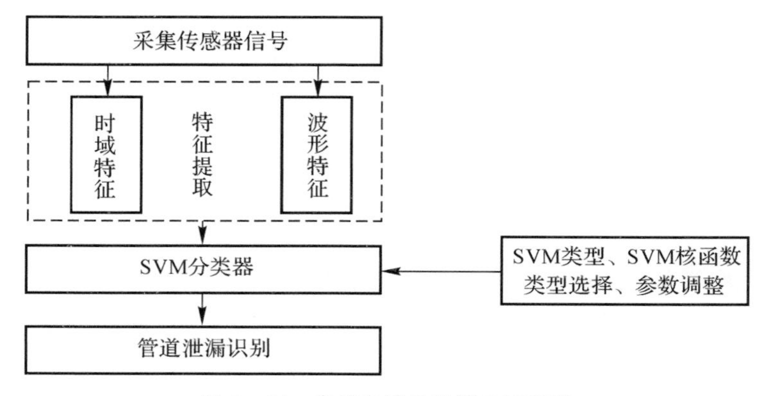

图5-24 支持向量机检测法流程图

此方法的优点是智能化水平较高，适应性强，漏报误报率较低；缺点是需要与其他泄漏检测方法结合，不能单独进行泄漏检测，而且需要采集大量的管路不同工况的运行数据进行机器学习训练。

以上的方法各有优劣，要根据管路的实际工作状况进行选择。目前管路泄漏检测指标主要有以下几个：

(1)实时性：能够在最短的时间内检测出管路发生了泄漏并定位泄漏点。

(2)灵敏性：能够检测定位出小泄漏量的泄漏情况。

(3)准确性：能够准确地检测出管路泄漏情况的发生，并且具有较低的误报警率、较高的可靠性和较小的定位误差。

(4)适应性：具有一定的通用性，能够适应不同工作环境的管路检测。

(5)维护性：当检测系统发生故障时，能够容易且快速地完成系统维护。

(6)经济性：在完成指定任务的前提下，在使用周期内的成本最低。

选取合适的方法并应用于液压管路泄漏定位，对液压管路安全及智能化的发展都有重要的意义。常用的液压管路密封性测试技术与装备如下所述。

5.2.1.1 机身清洗保压智能测试装备

1. 装备应用场景

机身液压管路负责执行飞机作动任务，主要分布于机身内部，大部分处于狭小密闭的机舱内部，且空间结构分布复杂。图 5－25 所示为被测对象布局图。

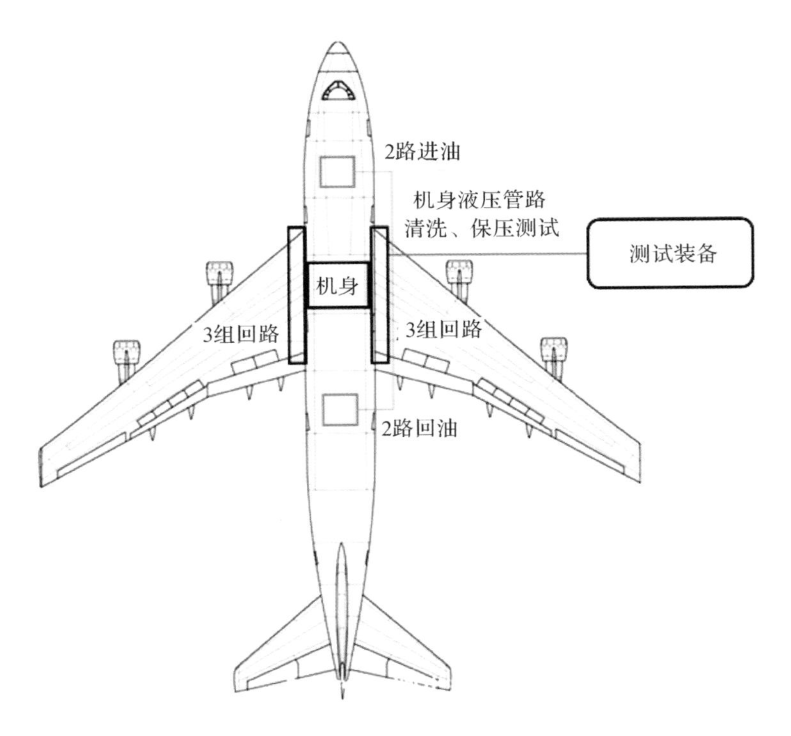

图 5－25 液压系统管路布局图

根据被测对象空间分布规划测试装备站位布局，设置测试装备为可移动式并安置于机身旁侧，与机身液压管路相连的装备接口置于装备的近机身侧，这样既减少了连接软管总长度，又降低了所需油量总体积。

测试装备与测试对象如图 5－26 所示。对机身液压管路进行测试，测试装备按照对应指标要求提供相应参数的物理量，配合完成测试工作。清洗保压模块指标如表 5－4 所示。

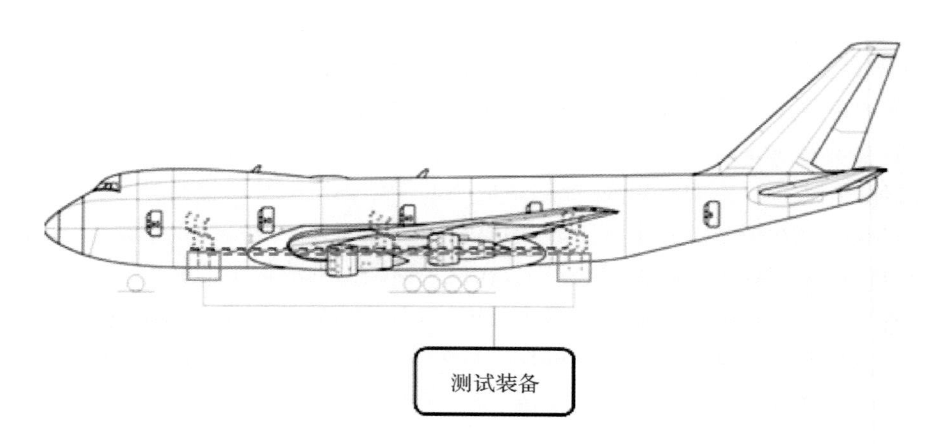

图 5－26　管路清洗保压测试装备站位布局

表 5－4　清洗保压模块指标

编号	指标范围	精度
QY	0.6 MPa	
Q1	0.1～0.3 MPa 稳压输出	检测精度 1%
Q2	0.1～0.3 MPa 稳压输出	
QB1	输出流量在 100 L/min 内无级可调，输出压力在 32 MPa 内无级可调	压力控制精度 1%；压力测试精度 0.2%；流量控制精度 2%；流量测试精度 1%
QB1′	具有五级标准油品检测能力，回油温度控制在 40～50 ℃	
QB2	输出流量在 100 L/min 内无级可调，输出压力在 32 MPa 内无级可调	
QB2′	具有五级标准油品检测能力，回油温度控制在 40～50 ℃	

2. 密封测试原理

基于模型法，首先将机身管路分组，通过工艺软管连接各组管路，进行气密试验，通过气液等效智能算法快速定位单个管接头并拧紧；其次进行清洗测试，一阶段达到 0～3 MPa，二阶段达到 4～6 MPa，油品经测试合格后，完成本组管路清洗测试；最后进行保压实验，一阶段进行 15 MPa 保压，合格后进行 28 MPa 保压测试，进行压力、流量信号的测试，理论上经过气密性测试且修复后无泄漏现象，则验证合格，泄压回油拆卸工艺软管。

3. 装备使用规范

机身液压管路工作流程主要包括清洗与保压 2 个过程。清洗阶段要求，在规定压力下流量可以调节且满足被测对象的最低流量要求，要求待测液压油温度控制在 50～80 ℃，同时待测对象油品应达到相应要求；保压阶段要求，待测液压油压力在一定范围内无级可调，并且能够保证压力稳定。

(1)清洗过程。初排故障后排尽管内压缩气体，将 Q1、Q2 管路拆下来；通过 QB1、QB2 将测试装备与机身待测管路分组相连；供油口与回油口之间的待测管路根据工艺方案进行内部短接并形成实验回路。试验过程中，一路管路串联不多于连续 5 种规格的导管。由测试装备提供液压介质，根据不同管径分组设置流量与压力参数，进行清洗测试；测试中监测回路温度、流量、压力和油品清洁度等参数值，以判断清洗实验是否合格。

(2)保压 1 阶段试验。清洗过程完成后进行密封性试验，清洗测试所用工艺软管不用拆卸，测试装备供油端及回油端也不进行拆卸，低压泵按表 5-5 的参数要求对不同分组管路进行供压，保持压力时检查管接头连接处(应无渗漏和变形)。密封性试验保压 15 min，若 15 min 之内压力控制在表 5-5，范围内则视为合格。

(3)保压 2 阶段试验。保压 1 阶段合格后进行保压 2 阶段试验。1 阶段测试所用工艺软管不用拆卸，测试装备供油端及回油端也不进行拆卸，利用控制阀调整供压泵，由低压泵切换到高压泵，为回路待测供压，保持压力时检查管接头连接处(应无渗漏和变形)。密封性试验保压 15 min，若 15 min 之内压力控制在表 5-5 范围内，则视为合格。

表 5-5　清洗保压工艺参数

油路编号	清洗(流量，压力)	保压 1 阶段压力/MPa	保压 2 阶段压力/MPa
JS-Y-1	23 L/min，(6±0.5) MPa	10	16
JS-Y-2	28 L/min，(6±0.5) MPa	21	32
JS-Y-3	23 L/min，(6±0.5) MPa	10	16
JS-Y-4	85 L/min，(0.4±0.5) MPa	1	1.5
JS-Y-5	40 L/min，(10±0.5) MPa	21	32
JS-Y-6	40 L/min，(6±0.5) MPa	21	32
JS-Y-7	62 L/min，0.5 MPa	0.5	1.5
JS-Y-8	45 L/min，(6±0.5) MPa	6	9
JS-Y-9	11 L/min，(6±0.5) MPa	20	32
JS-Y-10	62 L/min，(4±0.5) MPa	4	6
JS-Y-11	40 L/min，(6±0.5) MPa	21	32
JS-Y-12	23 L/min，(6±0.5) MPa	11	16
JS-Y-13	28 L/min，(6±0.5) MPa	21	32

续表

油路编号	清洗(流量,压力)	保压 1 阶段压力/MPa	保压 2 阶段压力/MPa
JS-Y-14	28 L/min,(6±0.5) MPa	21	32
JS-Y-15	23 L/min,(6±0.5) MPa	21	32
JS-Y-16	23 L/min,(6±0.6) MPa	21	32
JS-Y-17	23 L/min,(6±0.7) MPa	21	32

5.2.1.2 机身起落架收放智能测试装备

1. 装备使用场景

起落架收放功能测试装备,主要针对前起落架与机身起落架的收放功能进行作动测试,分布于机身前部与中部,前部 1 组、中部 6 组管路与测试装备连接。图 5-27 所示为被测对象布局图。

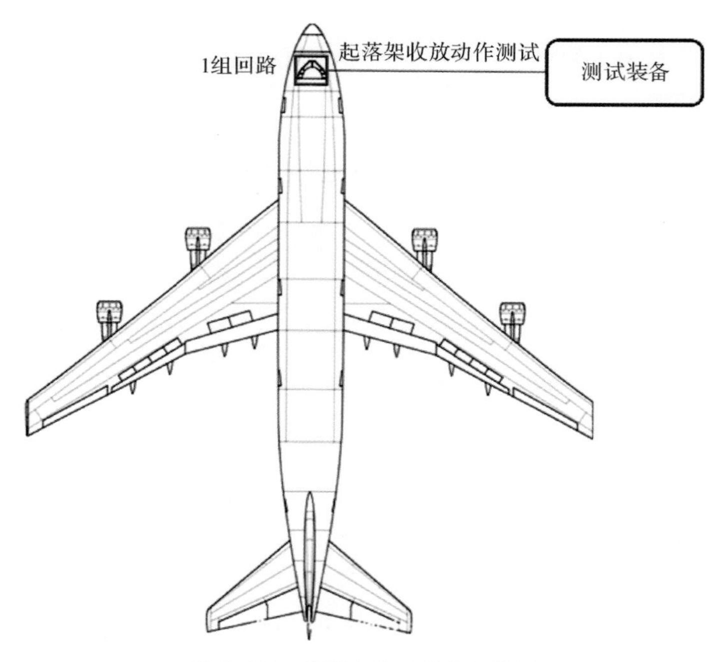

图 5-27 起落架收放管路布局图

如图 5-27 所示,根据被测对象空间分布规划测试装备站位布局,考虑到测试现场空间布局,起落架收放测试装备在机身下部连接软管。起落架收放测试装备安置于近机头侧,既减少了连接软管总长度,又降低了所需油量总体积。

测试装备和测试对象如图 5-28 所示。测试装备按照对应指标要求提供相应参数的物理量,配合完成测试工作。起落架收放测试装备指标如表 5-6 所示。

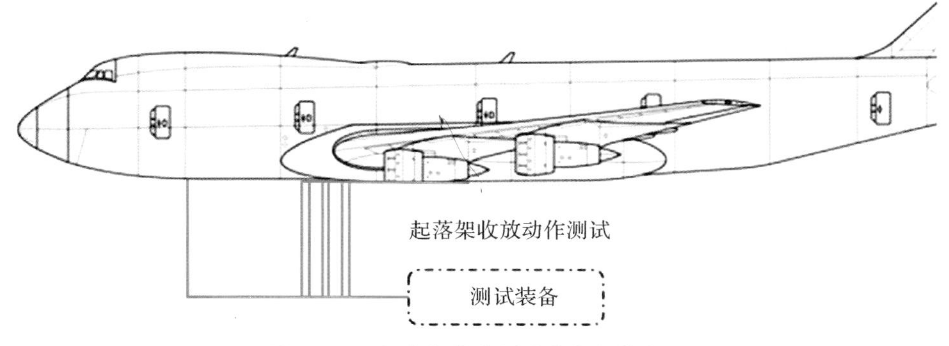

图 5-28　起落架收放测试装备部位布局

表 5-6　起落架收放测试装备开发需求

编号	指标范围	精度
QLJ1(′)	输出压力在 1～25 MPa 内无级可调	压力控制精度为 0.5 MPa
QLJ2(′)		
QLJ3(′)		
QLJ4(′)		
QLJ5(′)		
QLJ6(′)		
QLJ7(′)		

2. 密封测试原理

首先进行管路连接状态检测。测试前 1 接口通过软管连接到前起落架管路，2～7 接口连接到主起落架管路，依次连接左前、左中、左后、右前、右中及右后六组主起落架；连接完成后各接口依次以低压力、低流量进行管路连接状态检测，在装备中显示各接口压力状态，防止管路或连接软管出现装配失效或大泄漏情况。其次进行起落架单腿收放测试。连接状态确认后，进行前、主起落架单腿单独收放测试，依据工人选择的测试顺序，各接口依次供压，供压时装备控制接口缓慢平稳供压，同时输出稳定流量保证起落架平稳收起或放下。在进行一组起落架测试时，其余六组接口由装备控制锁定，对应管路由电磁阀控制关闭。最后进行多腿组合收放测试。如果有多腿同时收放测试需求，则要先在装备控制界面进行模式解锁，解锁后，装备可以控制多组接口同时开启供压，实现多腿同时收放。在单腿或多腿收放过程中，如果出现接口处压力异常、机构运动有卡滞等问题，则装备紧急停车并泄压。

3. 装备使用规范

起落架收放作动测试对 1 组前起落架与 6 组主起落架进行收放功能性测试，前、主起落架分别通过 1,6 组回路与测试装备相连。

前起落架进行收放前，将集成装备的1组供油口和回油口与起落架上收放作动筒及开锁作动筒的供油口与回油口进行连接并形成试验回路：将试验台起落架收放开关置于收上位置，使用液压泵给系统缓慢供压，完成前起落架的收起动作；将试验台起落架收放开关切换到放下位置，使用液压泵给系统缓慢供压，完成前起落架的放下动作。

主起落架进行收放前，将测试装备的6组供油口和回油口与主起落架上收放作动筒的供油口与回油口进行连接并形成试验回路，按照左前、左中、左后、右前、右中、右后的顺序依次进行收放试验。首先，关闭起落架收放管路左中和左后开关，保留左前开关为打开状态。将试验台起落架收放开关置于收上位置，使用液压泵给系统缓慢供压，完成左前主起落架的收起；将试验台起落架收放开关切换到放下位置，使用液压泵给系统缓慢供压，完成左前主起落架的放下。然后，关闭起落架收放管路左前和左后开关，保留左中为打开状态。将试验台起落架收放开关置于收上位置，使用液压泵给系统缓慢供压，完成左中主起落架的收起；将试验台起落架收放开关切换到放下位置，使用液压泵给系统缓慢供压，完成左中主起落架的放下。最后，关闭起落架收放管路左前和左中开关，保留左后为打开状态。将试验台起落架收放开关置于收上位置，使用液压泵给系统缓慢供压，完成左后主起落架的收起：将试验台起落架收放开关切换到放下位置，使用液压泵给系统缓慢供压，完成左后主起落架的放下。收放过程中，注意检查机构运动(应灵活、无卡滞)，如有干涉或有异常声音，立即停止供压，并泄压。采用相同方法对右前、右中、右后起落架进行收放试验。

5.2.1.3 机身后货舱门开合智能测试装备

1. 装备使用场景

机身后货舱门开合智能测试装备主要对机身尾部的后货舱门顺序开合功能进行测试，由9组管路与装备相连，提供液压介质进行开合功能测试。图5-29所示为被测对象布局图。

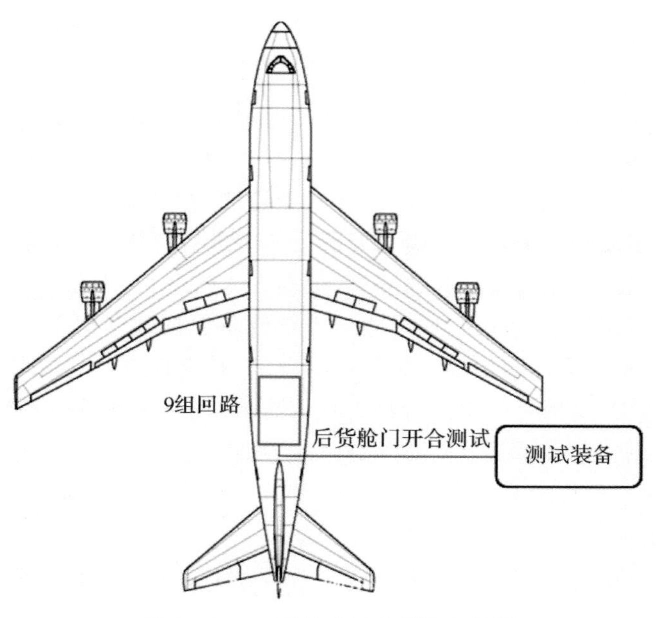

图5-29 后货舱门开合管路布局图

如图 5-29 所示，根据被测对象空间分布规划测试装备站位布局，由于机身尾部需连接 9 组管路，数量较多，且考虑到测试现场空间高度布局尾部管路连接位置较高，需要将装备部署在机身后段，并配置较长的软管。

测试装备和测试对象如图 5-30 所示。测试装备按照对应指标要求提供相应参数的物理量，配合完成测试工作。后货舱门开合测试装备指标如表 5-7 所示。

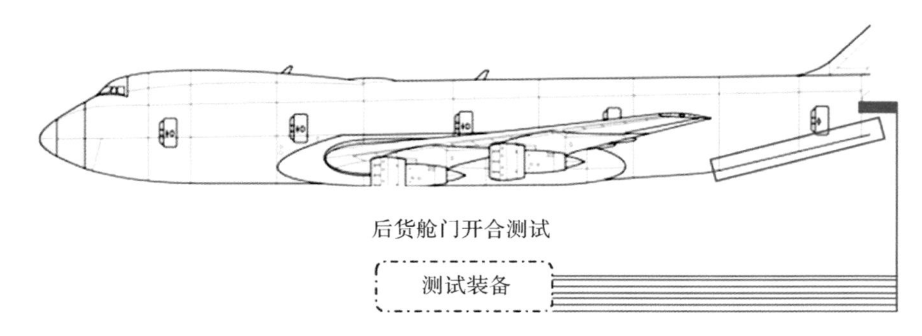

图 5-30　测试对象——后货舱门

表 5-7　后货舱门开合测试装备开发需求

编号	压力范围	精度
HH1(′)	压力在 1～25 MPa 内无级可调；流量输出为 50 L/min	控制精度为 0.5 MPa
HH2(′)		
HH3(′)		
HH4(′)		
HH5(′)		
HH6(′)		
HH7(′)		
HH8(′)		
HH9(′)		

2. 密封测试原理

首先进行管路连接状态检测。测试前各接口依次连接后货舱门的 9 组管路，对应连接 4 组门回路及 5 组锁回路，在装备中显示各接口压力状态，如果全部连接成功则装备无法启动工作。其次进行舱门、锁键复位。自动测试时为防止发生碰撞，在后货舱门型架及锁键旁安装激光传感器，依据激光传感器的测试数据反馈，显示当前门及锁的工作状态；依据当前状态结合舱门关闭流程，先将门、锁按照顺序依次复位，待五扇门均关闭后，再开始自动测试。最后进行舱门开合测试。测试过程中，通过布置在工装上以及锁位处的激光传感器判断当前门(或锁)的开启状态与开启程度,并在界面上显示当前门所处位置,在手动测试时如果发现距离过近,装备将自动报警,并将当前接口锁定,不再继续充压。

3. 装备使用规范

机身后货舱门开合测试按照表5-8规定工艺顺序进行。每一步操作完成后才允许进行下一步流程,机身后货舱门每个作动元件通过工艺软管与测试装备连接,共有18根工艺软管收束于机尾。

表5-8　后货舱门开合顺序

编号	名称	打开顺序	关闭顺序
JS-Y-25	中舱门关闭打开锁键管路	1	7
JS-Y-26	左、右侧舱门打开管路	2	6
JS-Y-27	中舱门打开管路	3	5
JS-Y-28	中舱门上锁管路	3	5
JS-Y-29	斜台打开锁键管路	4	4
JS-Y-30	斜台开锁管路	5	3
JS-Y-31	斜台打开管路	6	2
JS-Y-32	密封门开锁管路	7	1
JS-Y-33	密封门打开管路	7	1

当负责后货舱门开合的各个作动元件通过机尾软管与测试装备连接形成闭合回路后,测试准备提供对应压力对其进行开合测试,测试过程中通过流量识别、控制舱门开合程度。

测试由开启与关闭量过程组成。开启测试中:首先,打开中舱门关闭位置锁,将左右侧舱门打开,随后中舱门开启;其次,分别顺序开启斜台锁锁键与斜台锁,进而将斜台开启;最后,密封舱门打开。关闭测试与开启测试顺序相反。

5.2.2　气体管路及部件密封性能测试技术与装备

气体密封检测技术可用于测试指定密闭对象的密封性能,是气体泄漏检测领域的一个方向,部分相关制造行业将待测对象的密封性能作为保证产品质量和安全的重要依据。目前,国内外科研机构提出了多种气密性检测法,例如气泡检测法、差压检测法、流量检测法、氦质谱检测法、离子泵检测方法、声发射检测法、分布式光纤检测法、脉冲超声波检方法等等,针对待测管路特点及密封性能要求指标可以选择合适的检测方法进行测试。

(1)差压检测法的原理是,在待测工件和基准物内同时充入相同压力气体,调整至差压传感器隔膜两侧压力相等。观察差压传感器状态,如果待测工件气密性良好,那么差压传感器继续保持平衡状态;如果待测工件存在泄漏点,那么其内部的气体压力降低会打破,差压传感器两侧的压力差会使得其隔膜发生偏移,且压力差形成的速度可以体现泄漏率的大小。

(2)流量检测法的基本原理是,在管路出现泄漏后,在管路上端和下端测得的流量存在差值,在管路上、下端设置传感器并进行检测,如果两端流量差值超过允许值,则表示发生了泄漏。

(3)氦质谱检测法是,以氦气作为示踪气体,在密封的待测工件中注入空气和氦气混合物,保持压力一段时间后,进行检漏,利用氦质谱检测仪检测从漏孔中溢出的氦气,并同时捕捉泄漏点位置和泄漏点漏率大小。

(4)气泡检测法原理与差压检测法类似,待测对象和参照物的压力差会使得漏孔位置出现气泡,并且可以根据气泡位置和体积获取漏点位置和泄漏率。

(5)声发射检测法指利用声发射传感器接收待测对象泄漏点在有气体泄漏时发出的声信号,结合多传感器的空间布局和泄漏声信号信息,可以定位泄漏点位置并计算泄漏率。

(6)分布式光纤检测法指在待测管路类系统中布设光纤,利用光纤传感器来检测管道系统是否存在泄漏,其中的干涉法,以管路系统泄漏时漏点附近温度和压力变化作为主要观察参数,来实时监测管路密封状态。

以上几种方法存在各自的优缺点,针对航空管路系统的密封性测试过程,不同的测试过程和测试对象可以选择不同的测试方法进行检测。管路泄漏检测可以分为三个递进的层次,包括识别泄漏是否存在、确定泄漏点位置和标定泄漏程度。差压检测法,需要密封待测管路并接入测试设备进行充气和保压测试,适用于检测目标是否存在泄漏,而无法做到泄漏源的定位和泄漏率的计算。流量检测法同样可以检测待测管路段是否有泄漏存在,但是泄漏导致的流量变化缓慢,微小泄漏点引起的流量信号变化微弱,使得其检测能力受限。氦质谱检测法主要是针对明确存在泄漏的管路系统进行局部的漏点检测、定位以及漏率计算,适用于进行泄漏检测后的处理过程。气泡检测法和分布式光纤检测法,分别适用于单一的密闭容器和空间位置简单的管路系统,应用于航空管路密封检测则会存在管路复杂、检测方案设计困难、泄漏检测精度差的问题。声发射检测法针对存在泄漏点的管路部分进行漏点定位和根据声信号进行泄漏率的计算,和氦质谱检测法一样,适用于确定存在泄漏的管路系统。

5.2.2.1 航空管路气密智能测试系统

1. 装备应用场景

航空管路分为机翼气体系统管路和机身气体系统管路两大部分。机翼气体系统管路包括燃油系统管路和环控系统管路,机身气体系统管路包括氧气系统管路、燃油系统管路和环控系统管路。机翼燃油系统管路共有6组回路,包括发动机和辅助动力装置(APU)供油系统以及引射输油系统管路、地面压力加油和空中应急放油系统管路、油箱通气和惰化系统管路、反推液压油箱通气系统管路、引气处理子系统管路和灭火系统管路。机翼环控系统管路分为引气系统管路和防冰主供气系统管路。机翼气体系统管路如图5-31所示。机身氧气系统管路分布在货舱和下设备舱,有较多的分支和末端分流装置,管路直径较小。机身燃油系统管路分布在货舱内,管路直径较小且连接复杂。机身环控系统管路分布在机身货舱内,这部分管路形式复杂,总体尺寸较大。机身气体系统管路如图5-32所示。

机翼气体系统管路测试装备需要满足系统供压压力、稳压能力、压力测试准确度、系统自动化程度指标要求。压力测试准确度指标为 0.1 MPa，即密封系统压力与其测定的压力读数进行对比，其误差不大于 0.1 MPa。系统自动化程度指标为 85%，即方案实施后机翼部段装配所有能自动化检测的管路数量和所有管路数比值不小于 85%。测试效率提升指标为 30%，即方案实施后总检测时间减少的值与原总时间的比值不小于 30%。机身氧气系统管路的测试指标为不同分组的管路在不同的测试压力条件下 10 min 内压力不下降。机身燃油系统管路的测试指标为不同分组的管路在不同的测试压力条件下 15 min 内压力不下降。机身环控系统管路的测试指标为不同分组的管路在不同的测试压力条件下实时泄漏量小于一定值。

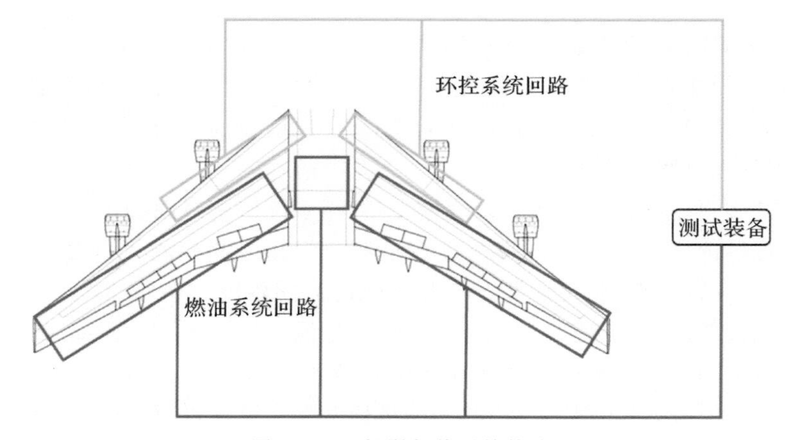

图 5-31　机翼气体系统管路

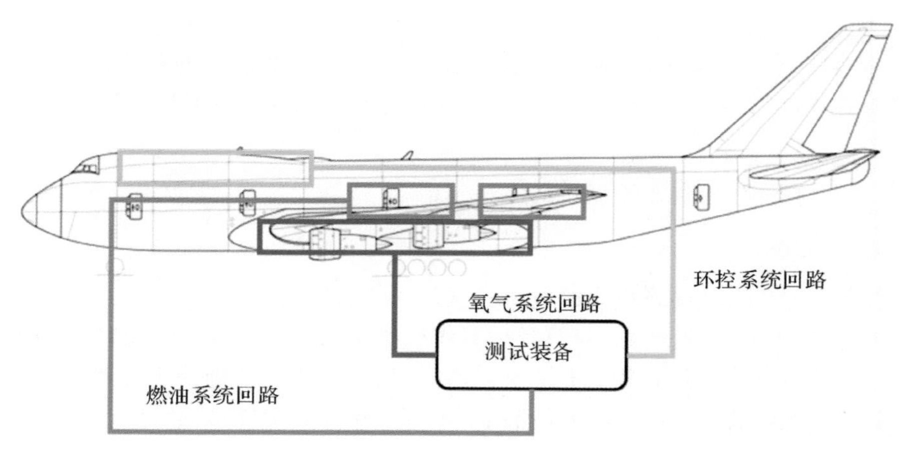

图 5-32　机身气体系统管路

航空管路的密封测试是，首先根据管路的结构形状、尺寸大小、安装定位、可靠性要求、接口形式及数量将各部位系统管路分为不同压力测试组；然后对不同的测试组充入不同压力值的气体，密封保压后根据不同的指标判断其合格与否，若不合格则需要进行漏点定位并修复管路重新测试，直到合格为止。

2. 密封测试原理

由于机身机翼各部位管路工作环境差别大，最终的测试方法也各有差异。机翼燃油、机身燃油、机身氧气这三个部位的管路采用差压法进行检测，机翼环控、机身环控这两个部位的管路采用流量法进行检测。先通入气体使管内压力达到对应的指标，压力稳定后再针对不同管路采用不同的检测方法进行检测。差压检测法检测一定时间下管路内是否出现压降，若压力下降不超过一定值则合格。流量检测法通过设备计算泄漏量，泄漏量小于一定值则合格，若不合格，则启动漏点智能定位模块进行管路漏点的定位并修复管路，直到合格为止。

3. 装备使用规范

(1)机翼燃油系统管路。

机翼燃油系统管路测试包括准备阶段、接口压力设定、压缩空气冲压、稳压与保压、测试、泄压与排气、漏点定位。管路内通入压缩空气，在压力达到设定值后，停止供气，密封并保压规定时间：若控制面板压力示值下降不超过标准值，则为合格；若所测试管路压力下降超标，则启动管路漏点定位模块进行漏点定位，并修复管路，重新测试直至合格。

(2)机翼环控系统管路。

机翼环控模块有以下基本功能需求：供压、调压、保压、卸压以及漏点定位。管路内通入压缩空气，在压力达到设定值后，停止供气，密封并保压规定时间。对于环控系统引气管路组，控制面板压力示值不小于 0.47 MPa(+0.05 MPa)视为合格。对于环控系统防冰主供气管路组，通过设备计算泄漏量，泄漏量不超过 100 kg/h 视为合格，若不合格，则启动管路漏点定位模块进行漏点定位，并修复管路，重新测试直至合格。

(3)机身氧气系统管路。

氧气系统管路测试共分为准备阶段、加压阶段(21 MPa 回路测试)、充压阶段、稳压与保压阶段、测试合格判定阶段、卸压与排气阶段。管路内通入氮气，在压力值达到设定值后停止供气，密封保压 10 min：10 min 内压力下降不超过允许值即为合格；若所测试管路压力下降，则修复管路，重新测试，直至合格为止。

(4)机身燃油系统管路。

机身燃油系统管路测试共分为准备阶段、加压阶段、充压阶段、稳压与保压阶段、测试合格判定阶段、卸压与排气阶段。管路内通入压缩空气，在压力值达到设定值后停止供气，密封保压 15 min：15 min 内压力下降不超过允许值即为合格；若所测试管路压力下降，则修复管路，重新测试，直至合格为止。

(5)机身环控系统管路。

机身环控模块有以下基本功能需求：供压、调压、保压、卸压以及漏点定位。管路内通入压缩空气，在压力值达到设定值后停止供气，密封保压 15 min；再通过测试设备的设定算法计算泄漏量，判断泄漏量是否超标。若被测试管路泄漏量超标，则泄漏信息会显示在人机交互界面中。

5.2.2.2 机翼整体油箱密封智能测试系统

1. 装备应用场景

本测试装备用于机翼整体油箱的密封测试及漏点定位。装备的应用场景如图 5-33 所示，机翼整体油箱位于左右翼与中央翼内，包括 6 个油箱区域：1 号油箱体积为 7 600 L，2 号油箱体积为 3 800 L，3 号油箱体积为 3 800 L，4 号油箱体积为 7 600 L，两个通气油箱体积均为 350 L。

机翼整体油箱测试装备需要满足系统供压压力、稳压能力、压力测试准确度、系统自动化程度指标。系统自动化程度指标为 85%，指由第三方测试机构统计机翼部段装配所进行自动化检测的系统数量 A 和所有系统数量 B，其比值 A/B 不小于 85%。测试效率提升指标为 30%，指总检测时间减少的值与原总时间的比值不小于 30%。

机翼整体油箱测试技术主要为氦质谱检漏法。氦质谱检漏法是以氦作为示漏气体，根据带电粒子在电磁场中的运动特点，检测漏孔冲出的氦，实现检漏。

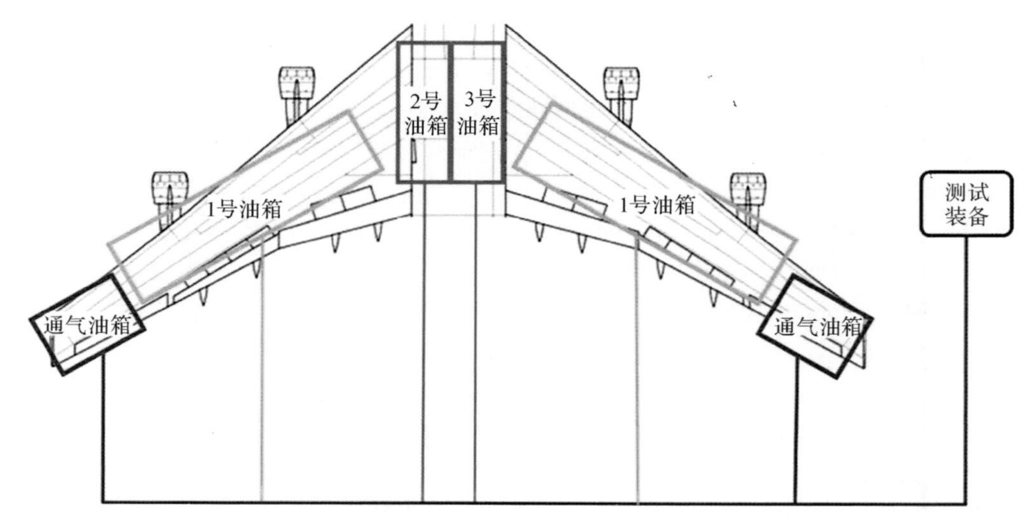

图 5－33　机翼油箱应用场景与布局

2. 密封测试原理

整体油箱密封性测试主要依靠示漏气体——氦，以氦在不平衡气压下进出漏孔而预示泄漏的产生和位置。

机翼整体油箱测试包括充气检查和氦质谱检查。充气检查过程采用静态保压，检测压力下降值以实现粗检和精检；氦质谱检查采用动态保压，检测泄漏率以判定油箱密封性。试验过程中，能够实现自动配气和充气过程动态显示。

在机翼上壁板装配完成后，先进行充气检查。充气检查分为一次测试和二次测试两次，一次测试为粗检，二次测试为精检。设置实验参数，封堵测试装备接口，进行安全检查，导入待测模型，测试装备充气口通过软管连接待测机翼油箱，排出油箱内空气，先后进行充气检查粗检与精检。若测试不合格，则油箱存在泄漏，进行漏点定位。

充气检查合格后进行氦质谱检查。调整测试装备的两个进气口，对整个机翼整体油箱充入一定体积比的空气氦气混合物，充压达到规定值后，保持一定时间(保证压降不大于某一值)。启动氦质谱仪，吸枪罩盒在翼面缓慢移动，如果油箱壁存在泄漏，示漏气体通过漏孔，吸枪吸入漏出的示漏气体并检测出来，检测设备进行提示，并判断漏孔位置及大小。氦质谱检测分为三步，首先通过直压检测法进行粗检，再通过差压检测法对其进行精检，最后通过最小漏率检测法进行泄漏位置检测。

3. 装备使用规范

首先设置试验参数，包括充气检查的粗检压力与精检压力，封堵测试装备接口，进行安全检查，再选择待测模型并导入，连接待测油箱，排出油箱内空气。

(1)一次充气测试。向待测油箱区域充入压缩空气(压力达到 41.23 kPa)，断开气源保压 5 min。压力下降至 21 kPa 则进行修补，若合格则进行下一步试验。

(2)二次充气测试。将压力重新升至 47 kPa，断开气源，保持 30 min。压力不下降，则进行修补，若合格则进行下一步试验。

(3)配气。调整测试装备的两个进气口，对机翼整体油箱充入体积比为 75%空气和 25%氦气的混合物。充压达到规定值，保持一定时间，保证压降不大于某一值。

(4)氦质谱仪检查。启动氦质谱仪，设定氦质谱仪最小漏率额定值为 1×10^{-6} Pa·m^3/s，用吸枪罩盒在翼面缓慢移动。如果油箱壁存在泄漏，示漏气体通过漏孔，吸枪吸入漏出的示漏气体并检测出来，检测设备进行提示，并判断漏孔位置及大小。

5.2.3　泄漏点智能测试及定位技术与装备

5.2.3.1　应用场景

1. 基于人工智能的管道泄漏点检测方法

人工智能中的模式识别技术是根据给定的训练样本，求解系统输入、输出之间的依赖关系，使之能够尽可能准确地预测系统的未知输出。因此，完全可将人工智能的模式识别技术应用到管道泄漏点的识别当中。可见模式识别方法的每一次发展都会为管道泄漏点的识别提供一条新的途径。常见的人工智能模式识别方法包括聚类分析法、近邻分类法及人工神经网络法等。在管道泄漏点检测中应用最多的人工智能方法是基于人工神经网络和基于支持向量机的泄漏点识别方法。

(1)基于人工神经网络的泄漏点识别方法。

人工神经网络(Artificial Neural Networks, ANN)由众多的神经元连接而成，具有自组织、自适应及自学习功能，其作为模式识别的重要方法，已成为管道泄漏点检测方法之一。在管道泄漏点检测中，ANN 可以通过学习已知的正常和异常数据建立模型，从而对未知数据进行判别。通常，将一些特征(如温度、压力、流量等)作为输入，ANN 输出一个二元值来表示管道是否存在泄漏点。ANN 的优点在于可以处理高维度、非线性和噪声数据，同时可以自适应地调整权重，提高分类准确度。

反向传播(Back Propagation, BP)算法是一种常用的人工神经网络监督式学习算法，它可以用来训练神经网络模型。BP 算法通过反向传播误差信号来调整神经元之间的权重，以最小化神经网络模型的输出误差。它是一种迭代算法，通过多次训练来优化模型。BP 算法的主要缺点是容易陷入局部最优解，因为神经网络的非线性结构会导致优化问题的非凸性。

为了解决这个问题，近年来学者们开始使用卷积神经网络(Convolutional Neural Networks，CNN)来处理管道泄漏点的检测数据。

CNN 是一种深度学习模型，具有卷积层和池化层等特殊的神经网络层结构。它可以自动学习和提取输入数据中的特征，而不需要人为地手动提取特征。相比传统的 ANN，CNN 可以更好地处理高维度和复杂的数据，同时具有更快的训练速度和更高的准确率。在管道泄漏点检测中，CNN 可以直接对传感器数据进行处理，输出管道是否存在泄漏点的预测结果。

(2)基于支持向量机的泄漏点识别方法。

传统的人工神经网络需要大量的样本，而支持向量机(Support Vector Machines，SVM)是基于小样本统计的理论，不需要庞大的数据量。此外，支持向量机是全局寻优，人工神经网络是局部寻优。

SVM 是一种监督式学习算法，用于管道泄漏点识别，其关键在于确定表示泄漏与否的特征参数。需要通过前期理论推导、数值模拟或试验研究等方法确定最佳特征参数组合(包括时间域、频域和小波变换特征等)。一旦确定了特征参数，SVM 就通过对样本数据进行学习和训练，构建分类模型，实现泄漏点识别。SVM 具有处理高维度、非线性和噪声数据的优点，并具有较高的分类准确度和泛化能力。

2. 声学相机

实际进行气体管路密封测试时，先进行泄漏识别以判断是否产生泄漏。常用的信号处理方法有小波分析、主分量分析、经验模型分解和变分模态分解等。采用声波法进行泄漏检测的关键在于捕捉泄漏信号的特征量并提取。使用声波传感器获取声波信号，提取声波信号特征量以判断管路是否发生泄漏。无泄漏时，声波传感器采集到的信号为背景噪声；有泄漏时，则泄漏声波信号和背景噪声都被采集，通过对比声波信号变化判断是否产生泄漏。此处考虑小漏点和大漏点两种泄漏情况。泄漏点信号能量依赖泄漏点尺寸和形状，不同尺寸和形状的泄漏点其声发射信号在不同频段能量分布不同，人们根据泄漏点尺寸和形状导致的泄漏信号特征，在密封测试时调整超声波传感器的频段获得泄漏源在不同频段的信号能量。

判断泄漏是否存在的过程结束后，若无泄漏产生，则测试结束；若存在泄漏，则需要开展泄漏点定位工作。管路气体泄漏噪声功率计算的漏点定位，先通过运用麦克风阵列声源定位算法对声信号建立预处理及信号模型，再实现麦克风阵列系统的搭建。这部分内容主要包括声信号特征识别、阵列信号模型基础原理认知、声信号获取、麦克风阵列声源定位算法选择和麦克风阵列设计。

管道气体泄漏时，漏孔内冲出的气体会形成湍流，在漏孔附近产生一定频率的声波。产生声波的频率与漏孔孔径相关，孔径足够小时，声波频率就超过 20 kHz，就会达到人耳无法接收的超声频段，可以使用超声波传感器捕捉泄漏的高频声信号来检测管道泄漏状况。管路气体泄漏产生的超声波信号频带较宽，泄漏产生的超声波声强随泄漏量增大而增强，控制超声波传感器的采集工作频率在 40～50 kHz 内。检测时选择固定的频率点，结合泄漏驻点压力 p 与泄漏孔口直径 D 来判断泄漏流量的大小。由超声波传感器测得信号计算得到某一频率点泄漏声强，由泄漏声强信号数据计算泄露孔雷诺数；根据泄漏特点和管路气体流速估算泄漏孔流速；根据雷诺数和泄漏孔流速估算泄露孔的力学平均直径；结合泄漏孔直径、泄露孔流速、气体温度、管路内外压强等可以计算得出气体泄漏率。

麦克风阵列是由空间中一定数量的麦克风按照设计方案排列组成的。使用麦克风阵列捕捉空间中声源信号时，对声源信号在每个阵元处的时间与空间信息都要进行记录并融合。阵列接收到的声源信号在处理过程中，可以增强目标声源信号，实现目标声源的定位，同时抑制环境噪声。

现有的阵列结构，按照排列方式可大致分为均匀型、随机型和按照一定规则的嵌套型；根据阵列分布维度，可分为一维线性（直线）、二维平面（简称“平面”）及三维立体麦克风阵列。直线阵列结构简单，阵元数量少，后续信号处理使用的算法复杂程度不高，但是在空间内定位区域有局限；三维立体麦克风阵列空间定位性能好，但是结构复杂，阵元数量多，对阵列布置空间要求较高；平面阵列空间定位性能优越，结构复杂程度适中，后续信号处理算法选择范围大。

将声源定位系统部署在管路系统附近空间，一旦管路发生泄漏，漏点处将作为声源发出信号，麦克风阵列进行信号采集，然后将采集到的信号数据导入 Matlab 中进行位置计算。

麦克风阵列声源定位算法主要有三个，分别是时延估计定位算法、波束形成算法以及超分辨率空间谱估计算法。其中，时延估计定位算法基于声音到达阵元的时间差来实现定位，具有计算量小、定位精度高等特点，可支持实时定位。基于到达时间差的声源定位属于两步定位方法，时延估计定位算法可分为时延估计及定位估计两个步骤。时延估计的目的是得到声源到达不同麦克风的距离差，并根据得到的距离差以及麦克风阵列的空间布局这三者间的物理关系，再结合恰当的几何求解方法或目标函数搜索算法来对声源在空间中的位置进行估计，即定位估计。

（1）时延估计：在封闭空间内，假设管路系统出现漏点并产生声波信号，声波到达空间中两相异位置的麦克风的时间差称为时延。常用于时延计算的方法有基本互相关方法、广义互相关方法和最小均方自适应时延估计方法等。广义互相关方法简单，追踪信号能力强，但是在强噪声和室内混响条件下其时延估计性能变差。相比之下，最小均方（Least Mean Square, LMS）自适应时延估计方法模型的建立考虑了室内混响，更适用于室内混响较强的工作场景。考虑到麦克风阵列实际应用场景混响噪声影响，选择 LMS 自适应时延估计方法来进行时间差的估计。在 LMS 自适应时延估计方法中，假设两麦克风采集信号，由于时间延迟的存在，两路信号将存在一定的差值，利用此差值来调整滤波器参数，通过迭代使得目标信号与输入信号间的均方误差最小，滤波器的参数即为两路麦克风之间的时间延迟。

（2）定位估计：在进行定位估计时，首先对基于时延估计的声源定位系统建模。将基于延时估计的声源定位问题转化为数学问题，即在已知麦克风阵列阵元位置和延时估计差值的情况下，求出声源位置坐标。

在完成系统建模后，需要选取合适的定位方法进行求解。根据判断误差最小的准则的不同，定位方法主要分为最大似然估计法和最小二乘法。考虑实际应用场景，采用最大似然估计法进行定位计算，该算法采用多次迭代运算的方式来逼近系统最优解。

时延算法主要是利用信号到达各阵元的时间延迟并结合阵元空间位置来计算出声源位置的，与声压信号强度无关。定位位置与实际位置存在一定误差，一般认为误差主要来自于三方面：信号采样率和采样精度、麦克风阵列设计、算法误差。定位误差可以通过提高采样精度、优化麦克风阵列设计进行完善。

飞机整体油箱是利用飞机机体结构通过密封装配形成的腔体，油箱寿命等同于飞机寿命，油箱发生泄漏后修补难度大且效果不显著，因此，需要严格进行飞机的密封检测来保证油箱密封质量。

目前国内航空航天系统采用的主要检测方法为差压检漏法和氦质谱检漏法。差压检漏法指取被检对象和基准物，将其冲压至同样的设计规定状态，通过比较一段时间后被检对象的压力变化值，来判断其密封性能。氦质谱检漏法是以氦作为示漏气体，根据带电粒子在电磁场中运动特点，检测漏孔冲出的氦，实现检漏。

5.2.3.2 测试原理

1. 基于超宽带定位技术的声学相机工作空间定位

超宽带(Ultra Wide Band，UWB)定位技术是一种创新型的无线通信技术，与传统通信技术有着显著区别。相对于传统通信技术需要使用载波进行数据传输，UWB 定位技术则采用发送和接收极窄脉冲的方式来传输数据，纳秒级甚至亚纳秒级的极窄脉冲可以映射出一个信息比特，而无需使用载波承载信息。据傅里叶时频变换规则，单周期 UWB 脉冲时域宽度越短，对应的频域带宽就越宽。如图 5－34 所示，这种纳秒级时域脉冲信号可以产生具有吉赫兹(GHz)量级的频域带宽。这种超宽带信号具有极高的时间分辨率，非常适合高精度定位。

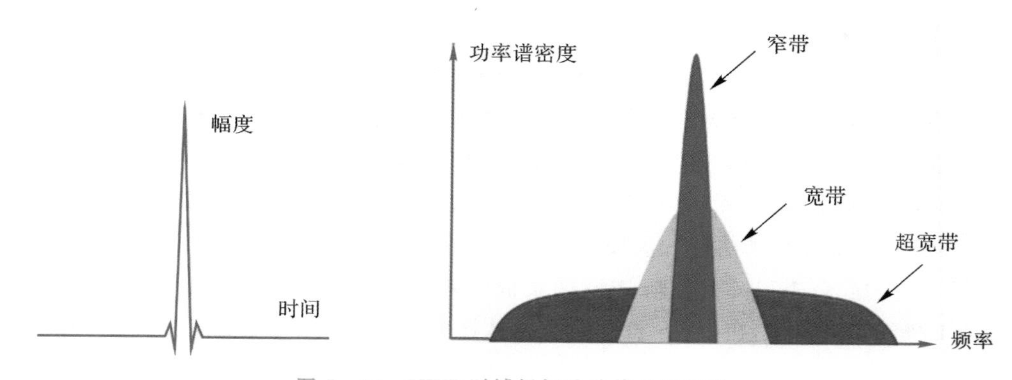

图 5－34 UWB 时域极短脉冲信号及频谱

在 UWB 位置计算中应用最广泛的是到达时间差(TDOA)法，即根据信号达到基站的时间差来进行定位。其原理如图 5－35 所示。

UWB 定位标签作为可移动的被定位目标，向周围发送纳秒级脉冲信号，固定安装在周围的 UWB 基站接收并测量脉冲信号的到达时刻等信息。通过滤波、滑动相关等运算，基站计算得到这些信息并将其作为 TDOA 定位算法的输入，物联网(Internet of Things，IoT)定位平台完成对标签的高精度位置计算，并封装设备管理、热力图、轨迹等多种实用功能，为应用侧提供服务。

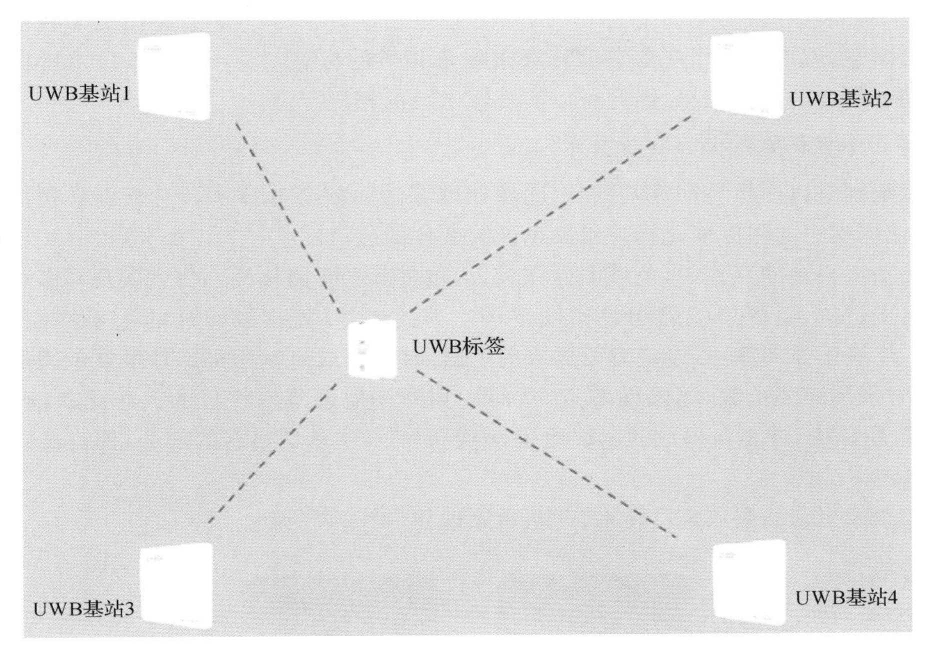

图 5-35　UWB 定位原理图

TDOA 要求基站之间保持时钟同步，UWB 基站同步精度非常高，可以达到 0.1 ns 以内。假设 UWB 基站之间的时钟是同步的，标签发送脉冲信号后，到达各个基站所需的时间是不一样的，如图 5-36 所示，分别是 $t_1 \sim t_4$。以基站 1 作为基准，可以求得其他基站 i 与基站 1 的距离差：

$$r_{i,1} = c \cdot (t_i - t_1) \tag{5-20}$$

其中，c 为光速。根据几何规律，平面内到两定点的距离差的绝对值为定长的点的轨迹为双曲线。在这里，两定点就是基站 i 与基站 1，$r_{i,1}$ 为定长的距离差，因此多条双曲线的交点就是定位位置。

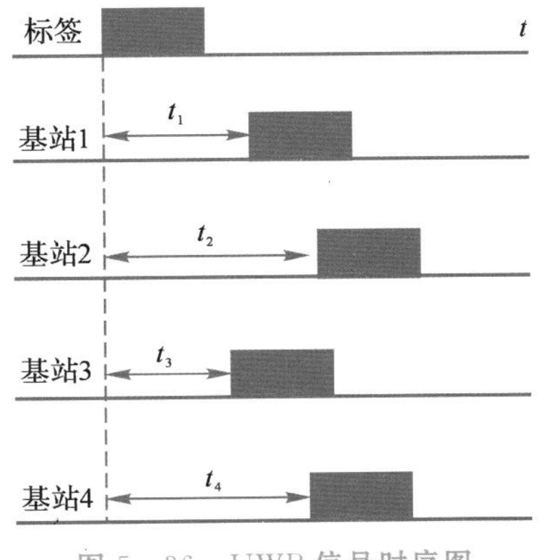

图 5-36　UWB 信号时序图

工人手持声学相机检测漏点位置，手腕部带有 UWB 定位标签。当工人移动相机时，UWB 定位标签会不断发射短脉冲信号，基站会记录这些信号。基于这些距离测量值和基站的位置信息，就可以使用三角定位算法来确定相机的位置。由于 UWB 技术可以提供高精度和高可靠性的定位结果，因此可以实现厘米级的相机定位。

2. 基于图像识别的漏点定位技术

图像识别是以图像特征为基础、以图像处理算法为核心的技术。对于声学相机采集到的图片，依据噪声的强度变化标注出颜色连续变化的色谱图。

直接拍摄得到的照片中，色谱图面积较大，包含多个管路接头。为了实现对多个接头中的可疑漏点定位，要尽可能缩小色谱图范围。为此，需要先提取照片的主要特征，即通过 OpenCV 模块化处理算法，设定需要提取的色谱阈值，获取声学相机照片中红色阈值最高的部分，同时采用滤波函数，消除噪声点，从而达到缩小搜索范围的目的。在此基础下，运用 Python 轮廓算法，计算所提取的色块面积，用矩形框标注色域最高的部分，即可确定核心漏点位置。

基于图像识别的漏点定位技术，其基本原理如图 5－37 所示。

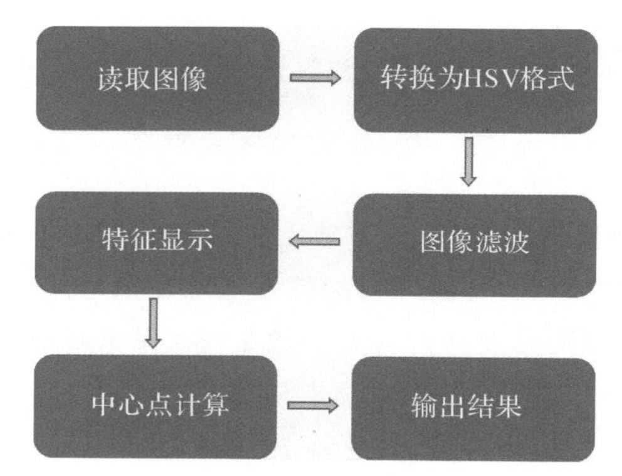

图 5－37　基于图像识别的漏点定位技术流程图

智能漏点定位算法模型结合了声学相机图像处理技术和复杂管路漏点智能判定算法。该算法模型首先利用声学相机对管路进行扫描，获取管路声学图像。然后，通过声学相机的信号处理和图像识别算法，将管路的声学图像转化为数字信号和数字图像。最后将数字信号输入复杂管路漏点的智能判定算法，通过概率分布特征模型进行处理，判定管路中是否存在漏点。如果存在漏点，则利用智能定位算法定位漏点的位置。实现该算法模型的具体步骤如下：

（1）漏点识别：首先，利用复杂管路漏点智能判定方法，检测出管路连接系统中的漏点，并获取漏点信息。

（2）初步定位：根据漏点信息和管道连接系统的拓扑结构，进行初步的漏点定位，确定漏点位置的可能区域。

（3）快速迭代：采用快速迭代算法，在漏点可能区域内迭代搜索漏点位置，从而实现漏点位置的快速定位。快速迭代算法可以通过不断更新搜索范围和缩小搜索范围的方式，快速定位漏点位置。

(4)定位优化:通过对快速迭代算法的不断优化,实现漏点位置的更精确定位。例如,可以采用多种优化算法,如粒子群算法、模拟退火算法等,来优化漏点位置的搜索过程。

漏点快速迭代定位技术可以大大提高漏点定位的准确性和效率,特别是在管道连接系统较为复杂或漏点位置不明显的情况下,具有显著优势。

5.3　飞机部件功能智能测试技术与装备

航空电缆系统是飞机的神经系统,连接着飞机电气、航电、通信和操纵等各系统,将电源动力、控制信号和数据信息输送、传递给飞机各系统。航空电缆系统电气环境复杂、潜在性故障多,许多空难事故和飞行器故障都直接或间接地与电缆系统有关。因此对整机电缆系统检测、保证飞机质量和飞行安全具有非常重要的意义。针对目前机翼电缆和飞控系统测试流程烦琐、数据无法互联互通,导致测试过程精度较低、效率慢,且无法满足机翼装配检测过程内容复杂、任务量大等需求的问题,依据线缆自动检测系统设计的技术要求,重点突破机翼电缆及活动翼面飞控系统自动测试技术。

5.3.1　机翼电缆检测技术与装备

机翼电缆检测装备可识别机翼电缆的导通关系表,智能识别设备网络连接关系并生成测试程序,实现机翼电缆电阻和绝缘特性的自动测量并生成测试报告。

5.3.1.1　应用场景

机翼电缆自动测试系统必须具备以下功能:

(1)部件装配及装配的线束不能有受损回路、短路、错接、多线共点连接和其他不正确的连接方式。

(2)在部件装配和装配线束上进行的连接器安装必须遵循设计要求,如电气性能和接地性能可靠。

(3)在部件装配和线缆装配中,保证线间屏蔽特性和绝缘特性良好。屏蔽特性和绝缘特性特指:线束和线缆网络中导线间绝缘性能良好,绝缘电阻满足设计要求;线束和线缆网络中导线与屏蔽层、连接器外壳、飞机机体间有良好的绝缘性能,且绝缘电阻满足设计要求;线束和线缆网络中导线的屏蔽层与连接器外壳保持良好的接触。

(4)机翼被测点达数千点,需完成机翼前后缘、中央翼盒、发动机挂架、翼尖等部位的线缆导通、电阻和绝缘检测。采用机翼电缆检测装备代替人工对机翼电缆进行检测,可提高检测效率与准确度。

5.3.1.2　装备组成

电缆检测装备的总体架构采用分布式布局,通过主控单元、分布式转接箱和转接模块将被测机翼电缆接入系统进行检测(见图5-38)。主控单元与分布式转接箱之间通过控制电缆进行串行连接。

机翼电缆通过转接模连接块直接与转接箱连接。测试人员要先将待测机翼电缆两端都接入测试系统中，再操作测试计算机运行自动测试程序，以完成机翼的线缆检测工作。检测装备工作时，可快速切换测试通道，将被测电缆引入主控单元内部的数字仪表进行测试。

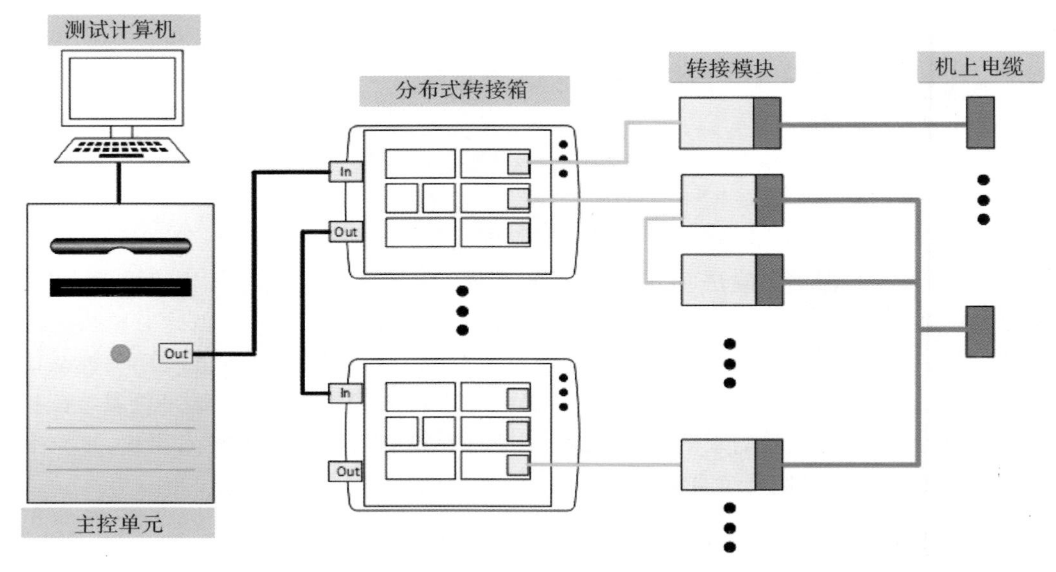

图 5-38 机翼电缆检测装备框架图

5.3.1.3 使用流程

测试系统工作的不同阶段都需要操作人员共同参与。操作人员登录系统，若已存在测试文件，只需给定待测飞机的机型和架次等信息，进入自动测试流程；若需更新测试文件，则可选择并上传测试文件到本地数据库中。当测试结果出现报错，系统将自动备份，操作人员可根据当前选定的测试任务选做二次测试。在输出的测试结果报告中，二次测试结果将覆盖首测测试结果并做标记，表明该结果由二次测试产生。机翼电缆检测装备使用流程如图 5-39 所示。

5.3.2 机翼活动翼面飞控系统测试技术与装备

飞机机翼尺寸大、活动翼面类型及数量多，在其安装调试过程中对活动翼面上下偏转角测量精度要求高。为解决传统活动翼面偏转测试中传感器安装平行度要求高、线缆长、人工操作复杂烦琐等问题，提高空间角度测量准确性和现场测试效率，设计并实现了基于无线倾角传感器的飞机活动翼面偏转测试系统。通过现场测试，发现该套系统能够满足实际工况需求，提升了角度校准精度，并显著提升了测试效率。

5.3.2.1 技术背景

现代飞机制造主要采用模块化装配技术，对全机各部件先在部装生产线完成模块化制造与设备安装测试，再在总装脉动生产线上完成大部件对接形成整机。对飞机而言，机翼负责提供巨大的升力，起到了最重要的承载功能。其翼面尺寸大、活动翼面种类与数量多、外形精度要求高，涉及的控制协调环节多，制造调试工作量大、安装调试流程复杂。因此对飞机机翼整体进行模块化装配是飞机实现数字化与智能化装配制造的关键环节之一，能够有效提高飞机制造水平、缩短装配周期、提升飞机产能。

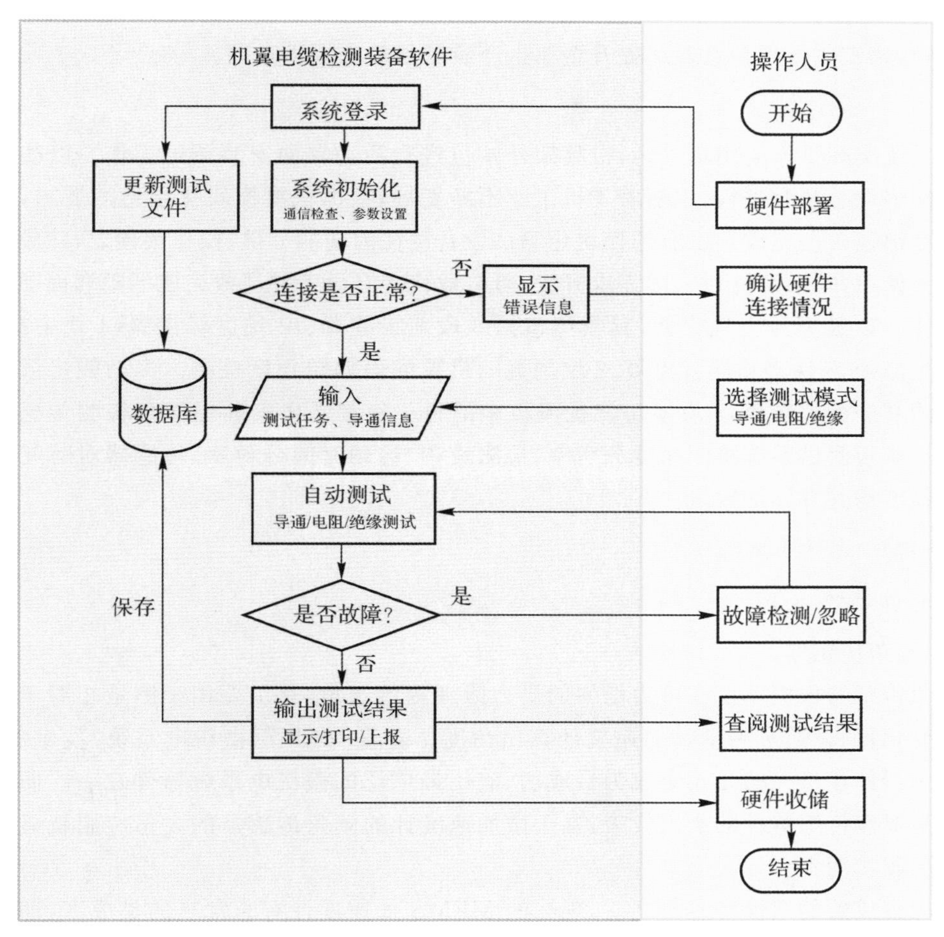

图 5－39　机翼电缆检测装备使用流程图

活动翼面偏转检测是机翼部装模块化装配的一个重要测试环节。机翼活动翼面是指飞机机翼上可通过操纵控制或随动控制的翼面，主要包括副翼、前缘缝翼、后缘襟翼、地面扰流板、多功能扰流板等。飞机在飞行过程中，可通过控制活动翼面改变空气动力，以适应当前飞行环境的飞行要求，因此机翼活动翼面的控制精度将直接影响到飞机在飞行过程中的飞行姿态和飞行质量，这也说明了活动翼面偏转角度检测工作的重要性。

在以往的传统方法中，大型机翼结构复杂、控制面多且大小形状各异，导致传感器设备安装工作烦琐，所需的机械夹具种类多、尺寸大，工人安装固定耗时费力，测试工作量大、准备时间长。随着我国对各类高性能飞行器需求的增长，企业的飞机制造任务也快速增长，目前生产线上需要一种快速、准确且能够反映生产制造过程的活动翼面自动化检测技术来提升生产线效率，并最终提高飞机产量和生产质量。本节结合企业实际生产需求，从测试流程准备、传感器设备安装、数据采集、数据传输、数据存储、软件人机交互等方面进行系统规划与梳理，介绍一种可以用于飞机活动翼面偏转角测试的软硬件系统。本系统将用于实际机翼活动翼面装配测试工作，作为飞机部件级装配智能化的环节之一，为构建透明化的生产线状态、精准感知数据平台且最终提升企业生产质量与效率提供基础。

5.3.2.2　应用场景

本系统实际工作应用场景为，机翼架外站位进行活动翼面安装调试工作。以往大部分此类工作多在总装时进行，现随着飞机工业不断发展，根据机翼模块化制造的要求，此类工作转为在部装阶段完成。原有的模块化测试设备往往因功能分散、操作烦琐、故障频出而得不到充分使用，本系统针对上述需求开发，可以取代现有设备并高效完成活动翼面舵面倾角测试工作。以某型号飞机为例，其具体包括 8 段前缘缝翼、12 块后缘襟翼(4 块主襟翼)、4 块地面扰流板、8 块多功能扰流板、2 块副翼的机翼舵面偏转角度检测。多功能扰流板中的只需检测其舵面偏转角，8 块多功能扰流板中的每一块都需要安装偏转角检测传感器。对多功能扰流板测试系统检测角度分辨率、检测量程、运动时间分辨率、传感器对时间和角度检测的精度均另有详细要求。

5.3.2.3　系统组成

1. 硬件系统

(1)倾角传感器。

倾角传感器根据单摆在重力场中的受力原理测量倾角，其主要用于测量相对于水平面的倾角变化量，再通过测量其加速度计算出角度。随着 MEMS(微机电系统)技术的发展，惯性传感器件在过去的几年中成为最成功、应用最广泛的微机电系统器件之一。而微加速度计就是惯性传感器件的杰出代表，基于微加速度计的倾角传感器的大量应用就显示了其优越的工程实用性。

作为最成熟的惯性传感器之一，现在的 MEMS 加速度计有非常高的集成度，即传感系统与接口线路集成在一个芯片上。倾角传感器可以调节输出频率，内置零位调整，并可以根据要求定制零位调整按钮，从而实现一定的角度置零功能(这对于要测量相对倾角的场合非常有用)，使用完毕后可以重新回归零位。倾角传感器在这种场合使用，只要将传感器固定在一定的平面，测量前使用零位按钮实现清零功能，传感器在此之后读出来的数据就是相对于该平面的相对倾角。

以国内某传感公司研制的某型无线倾角传感器为例，它采用 MEMS 技术，以数字形式输出，且性价比高。在非测量轴倾斜 50°内、测量轴测量范围±40°内，精度可达 0.1°，宽温工作；产品采用内置自动补偿和滤波算法，经过自校准程序，在很大程度上消除了由安装造成的误差；把静态重力场的变化转换为倾角变化，通过数字方式直接输出轴角数值。该产品长期稳定性高、温漂小、使用简单、抗外界干扰能力强，是舵面测量、翼面测量等需要消除安装误差时测量倾角的合适选择。该产品可胜任机翼活动翼面倾角测试的工作，其实物图如图 5-40 所示。

(2)工控机。

工控机采用国产标准的4U机架式设计的相关配置,即能保证在厂房对应温度的工业环境下长时间稳定运行。处理器、内存等相关配置需满足上位机软件的基本要求,按需要配置对应的显卡即可。拓展槽配置需要至少可以连接外设键盘、鼠标、显示器。具体配置可以自行根据实际情况选取。

图5-40 国内某型无线倾角传感器

(3)路由器。

现场路由器建议使用企业级路由器。通常其自带一个千兆LAN口和1个千兆WAN口,以及多个千兆WAN/LAN可变网口,支持多宽带混合接入,最高无线速率可达几千兆比特每秒。相比普通路由器,其采用工业级内置电源和多个高增益单频天线,信号覆盖面积广、可靠性高,能够在多设备、大空间、高负载环境下全天稳定运行。支持ARP防护、DDos/Dos防护等多种网络安全功能,支持无线接入点管理与认证等企业级软件功能,可有效保护数据安全。

2. 软件系统

(1)上位机软件。

在本系统中,上位机软件即为传感器上位机软件,用来向传感器发送指令,并从传感器处获取角度信息。在一般情况下,在机翼活动翼面倾角测试实际工况中,该上位机软件至少要包括登录管理、系统信息管理、传感器连接与设置、测试数据展示、测试数据保存及报告生成等功能模块。

(2)下位机软件。

在本系统中,下位机软件即为传感器下位机软件,用来接收指令,并向下驱动传感器硬件工作。一般情况下该软件由传感器制造厂家写入,如有与实际工况不匹配的情况可联系原厂家进行重新写入。

(3)系统整体架构。

系统整体架构如图5-41所示,系统从下至上分为设备层、接口层、协议层、控制层和界面交互层 5 部分。其中最上层可根据需要与外部信息集成管理系统对接，进一步完成测试数据的云端存储。

1)设备层。

设备层即倾角传感器自身。由于活动翼面数量较多，因此对传感器进行编号，给每个传感器赋予一个对应的设备地址，测试时在传感器外部贴上标签进行区分，同时在软件中对其内部编号进行相应的设置。传感器采用胶黏方式安装于待测活动翼面，与传统的划线找准位置、通过夹具固定安装相比，过程得到了简化，测试准备的效率有所提升。

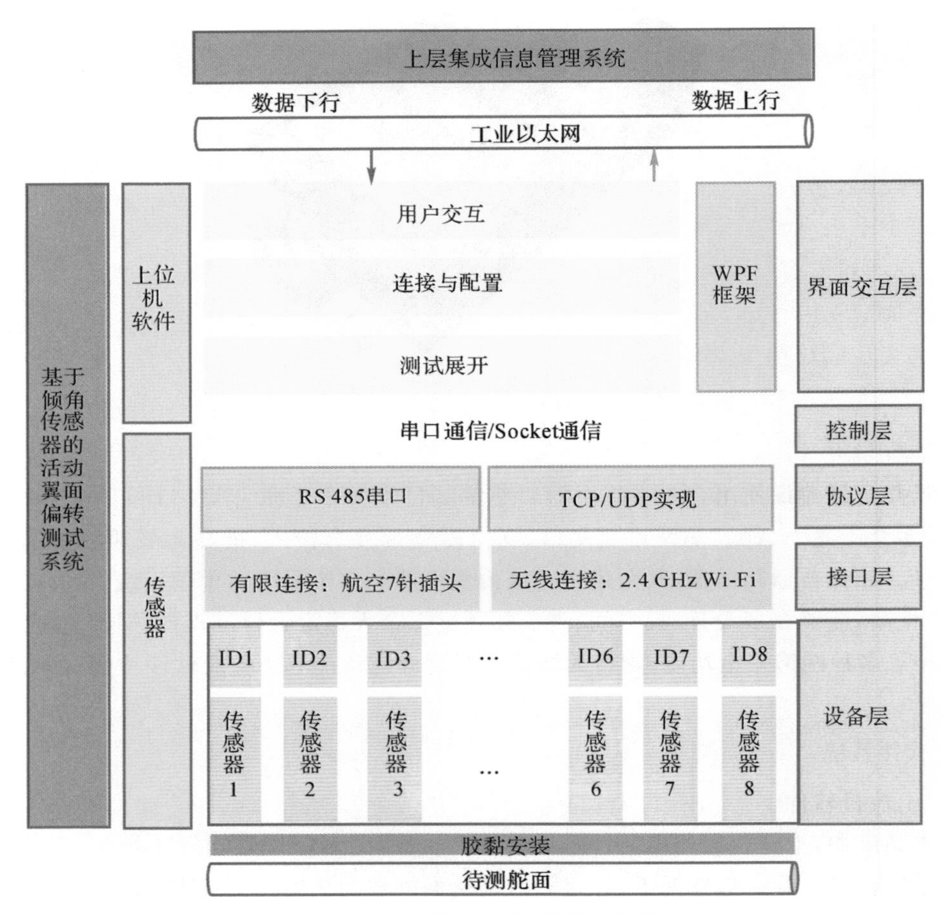

图 5－41　活动翼面测试系统整体架构图

2)接口层。

接口层包括有线连接与无线连接两部分。保留有线连接主要有两个目的：一是在无线连接作为主要功能的同时，有线连接作为备份功能，可以为系统提供功能与安全冗余，确保整体的可靠性进一步提升；二是对于一些面向连接要求的通信协议而言，在一开始通信接口处于关闭状态，待连接网络的参数信息因未建立连接而尚无法通过无线发送，因此需要通过有线串口进行初始化设置。首次设置完成后，无线网络参数信息存储于传感器内部，再次使用时即可自动调用来连接网络，对于无连接的协议则无上述要求。有线连接采用航空 7 针插头进行连接，无线连接采用 2.4 GHz Wi - Fi 进行连接。

3）协议层。

协议层包括自定义的传感器读写通信命令以及在此基础上的成熟网络通信或串口通信协议。其中读写命令是专用协议，详细给出了如何向传感器发送指令，对其进行设置以及按格式读取其输出的角度信息等数据，下文将详细介绍。串口协议采用 RS485 通信，对应于有线连接，网络协议采用 TCP/UDP，对应于无线连接，二者可同时输出，互不影响。

4）控制层。

控制层是系统模块化的重要组成部分，采用工控机提供一个控制中转服务以便于后续系统进行扩展或升级接入其他类型设备。控制层还涉及一部分的电气控制设计、电源选型及供电线路规划等工作，从硬件层面保证系统的安全。在数据传输方面，采用基于 TCP/IP 的 Socket 通信完成测试数据包的收发。考虑到本系统是整个车间大制造系统的一部分，因此可以将本系统产生的测试数据上传至装配制造集成数据管理系统。其接口也可放在本层，通过现场的工业以太网实现数据传输。

5）界面交互层。

软件交互层是为了便于现场操作人员使用而设计的，采用成熟的 WPF 框架（基于 Windows 的用户界面框架）开发，有简洁美观的人机界面。软件安装于现场工控机，配备合适的显示屏以方便站位操作工人实时查看测试数据。整个测试流程的开展以及系统完整功能的实现都依赖该软件，测试后期的数据处理、存储、输出及其他功能等可作为一个个单独模块添加。

5.3.2.4　应用过程

1. 配置及连接

在首次使用前，需要先在上位机软件中通过有线连接方式为所有传感器配置好对应的通信端口、IP 地址、数据传输周期及传感器地址等，并点击保存。在不改变 IP 地址的前提下，以后再次使用传感器时则无需此流程，配置只需通过无线连接。在使用胶黏方式完成传感器的翼面安装后，若采用有线连接则首先进行物理组网接线，然后上电配置；若采用无线组网，则直接上电配置。传感器的连接口各针功能如图 5 - 42 所示，RS485 接口有线连接示意图如图 5 - 43 所示。

2. 传感器校准

对轴角传感器进行校准时，通常按照如下步骤进行：

第一步：按照要求安装传感器后，观察传感器数据读取情况；初次打开传感器，建议放置 3 min 后再进行校准测试。

第二步：确定被测物的角度零位（0°），并在零位稳定被测物后，发送“开始用户校准”命令。

第三步：静置传感器，静置时间大于 10 s，静置完成，则返回“静置过程完成，需要转动被测物”命令。返回“静置过程完成，轴向错误，用户校准已停止”命令，则表示安装错误，需重新安装传感器。

第四步：转动被测物，转动角度建议大于10°(建议转动角速度大于1 °/s)，转动结束后，稳定在当前的位置，静置10 s。

第五步：返回“校准成功，用户校准已停止”命令，校准成功则可以直接进入测试模式。返回“校准失败，用户校准已停止”命令，建议重新回到初始位置，进行重新校准。

第六步：被测物转动回到初始被测物的角度零位，观察传感器测量轴角度输出，校准成功后，测量轴角度输出为零。

注意：第一步到第四步过程属于校准过程，校准过程中角度不可信，第五步显示校准完成后，得到当前的角度实际已为正确的角度值。

传感器在校准前稳定的初始位置为零位(0°)，校准完成后，显示的是当前时刻在初始零位基础上的角度值。如需查看角度零位(0°)，则转回初始位置即可。

校准完成后，测量轴输出的角度值是以被测物零位为相对坐标系得到的角度值。

航空插头接线定义				
线色功能	红色RED	黑色BLACK	绿色GREEN	黄色YELLOW
	1	3	4	5
	4.2 V	GND地	接收RX	发送TX

图5-42　航空插头各线定义

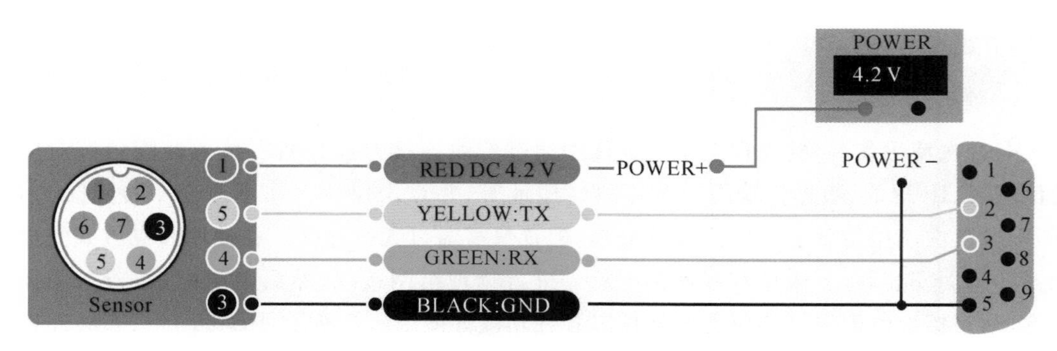

图5-43　传感器各针头连接示意图

3. 检测流程

合理编写上位机实现流程，根据上位机软件提示流程完成测试，得到测试数据和测试报告。

5.3.3　机翼机载系统集成测试系统

对于现有机载系统检测设备分散、种类多、检测精度低、故障率高，不能满足企业模块化生产需求等问题,需要过运用现代测试技术和可靠性设计技术,设计出具有较好通用性、拓展性和较高集成度的机翼机载系统测试数据集成管理软件。

集成系统的数据接口均可拓展,便于实现第三方模块的增加与后续设备升级,并实现与现场其他系统的数据传输、共享。集成系统可应用于以下几方面。

(1)机翼电缆模块化检测系统。

(2)机翼活动翼面测试系统。

(3)机翼管路气密智能测试燃油模块系统。

(4)机翼整体油箱密封试验智能测试系统。

(5)机翼管路气密智能测试环控模块系统。

机翼机载系统集成测试系统部署于工控网的云平台上,只要安装有浏览器的计算机即可访问。系统所集成的机翼电缆、机翼活动翼面等系统则部署于本地设备端,数据采集至本地后应实时同步至工控网云平台数据库,供集成测试系统读取。系统技术路线图如图 5-44 所示。

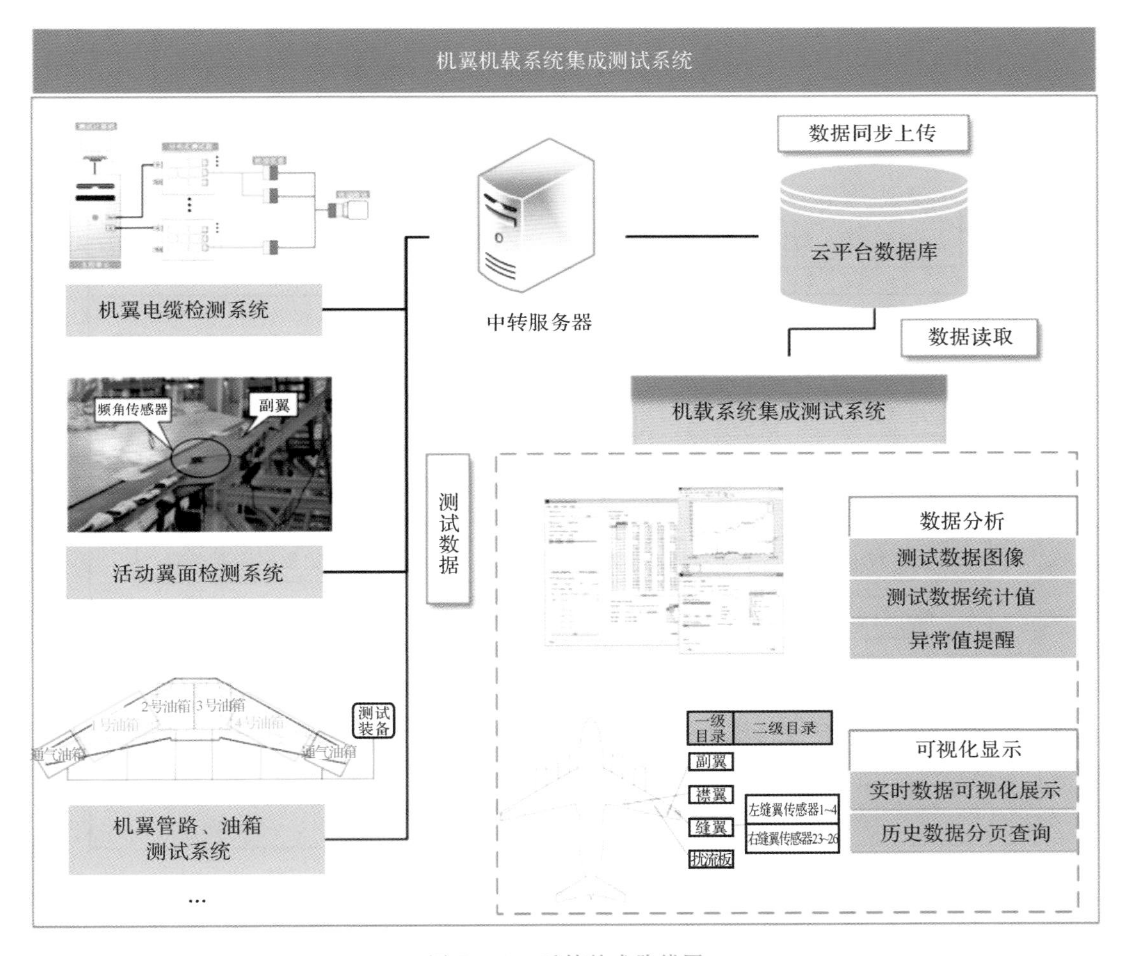

图 5-44　系统技术路线图

机翼机载系统集成测试系统为 B/S(浏览器/服务器)模式架构,建议采用 Java/JavaScript 语言编写;后端采用基于 SpringBoot 的微服务架构搭建,按照系统功能模块划分微服务;前端采用 vue.js 框架编写,结合 echarts 图表、Unity 3D 模型等进行 Web 页面可视化展示。一种可以实现的系统环境配置如表 5-9 所示,系统架构图如图 5-45 所示。

表 5-9　系统环境配置

服务器需求	版本
JDK	1.8
MySQL	5.7
Node.js	14.19.1
Springboot	2.6.6
SpringCloud	0.0.1-SNAPSHOT
Mybatis-plus	3.5.1
Maven	3.6.0

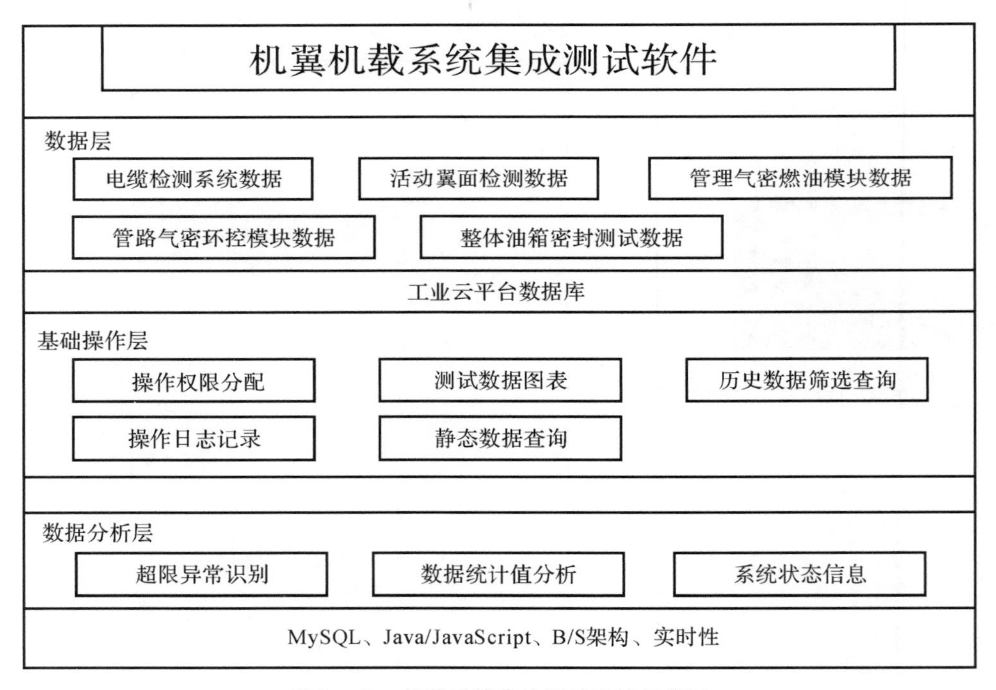

图 5-45　机载系统集成测试系统架构图

微服务架构(Microservice Architecture)是一种架构概念,旨在通过将功能分解到各个离散的服务中以实现对解决方案的解耦。传统的 Web 开发方式一般为单体式开发(Monolithic)，即将所有功能模块都以一个 War 包的形式打包在一个 Web 容器中部署运行。单体应用有维护难、效率低、扩展性差等缺点。而微服务架构则是将复杂的业务拆分成多个业务(每个业务是一个独立的微服务)，彻底地去耦合。每个微服务都是独立部署的，如果其中一个宕机了，不会影响整个系统，这样也方便功能变更时服务的部署；当流量增大后，可以将服务集群化部署，增强抗击高并发的能力。

上述的微服务架构落地，还需要一个实现的方案 SpringCloud。其包含注册中心 Eureka、网关 Zuul、远程调用方式 Feign 等组件，分别对应着微服务的注册发现、微服务网关、微服务间调用的功能。

机翼机载系统集成系统的微服务划分如图 5-46 所示，即按照功能模块来划分微服务，每个功能模块对应着各自的数据库。

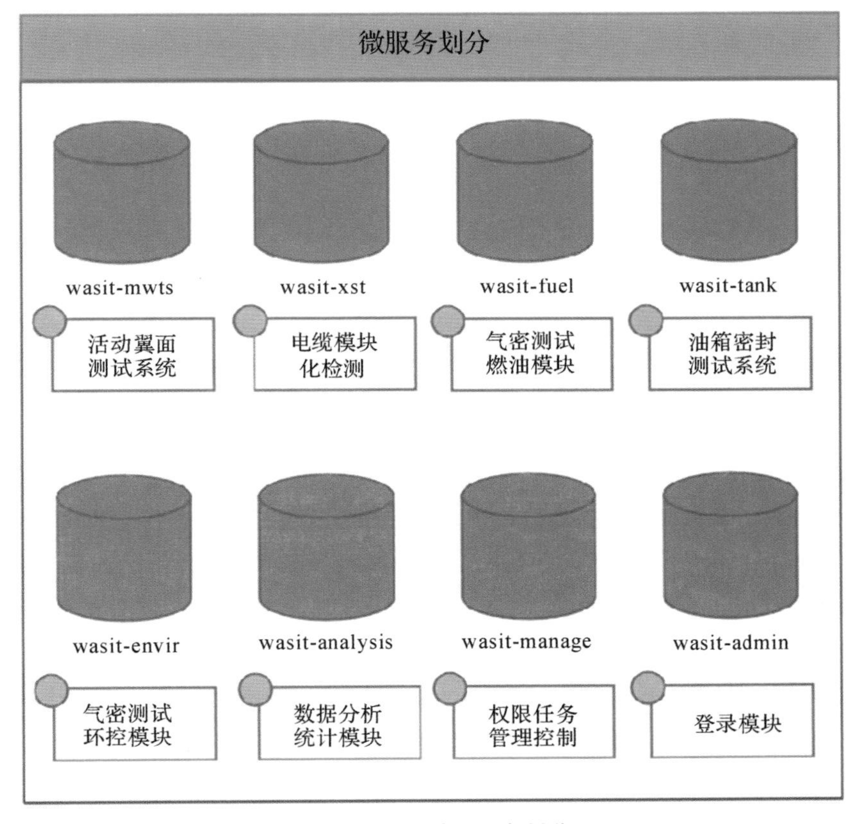

图 5-46　系统微服务划分

以上述系统架构进行搭建，再配以合适的前端框架进行布局。这里以 Vue 框架为例，得到的集成系统主页面如图 5-47 所示，各个系统图片即为各个系统入口，也可以从左侧导航栏进入各个系统的具体位置。

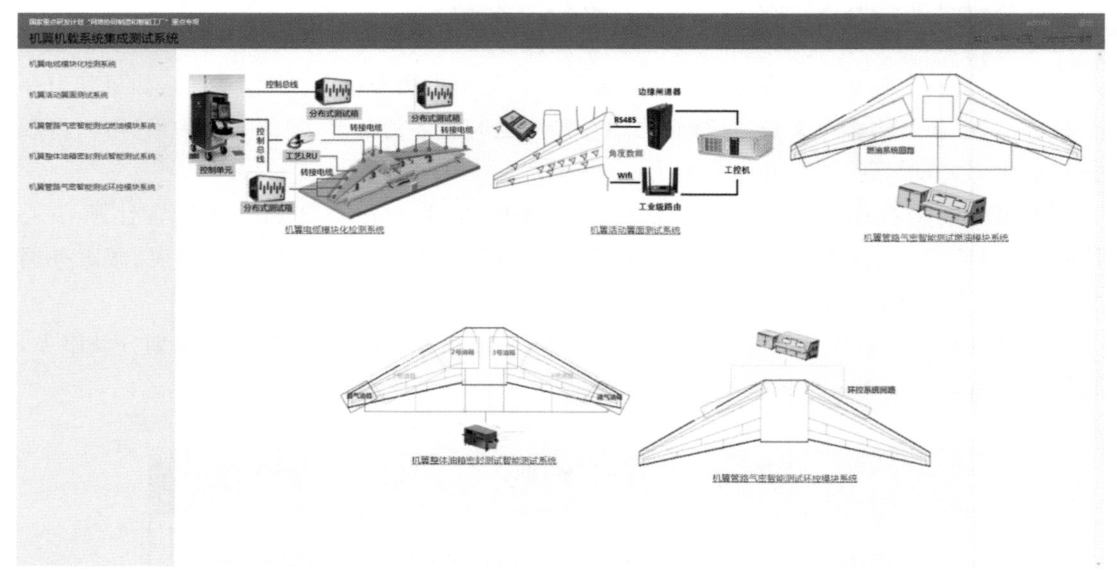

图 5-47　集成系统主页面

5.4　飞机部件装配辅助技术与装备

随着我国综合实力的发展，我国自动化装配技术已经应用于飞机部件的生产过程，能够实现大部分装配流程的机械化和自动化，即局部装配的自动化。而对无人工参与装配进行研究，是现代化装配的重点研究方向；装配全程自动化甚至智能化，更是现代化装配的发展趋势。目前，我国仍要致力于现代化机械装配自动化的推广应用，不断深入探索、学习和研究，提升自动化的水平。本节以从智能涂胶机器人、辅助装配人体外骨骼为例对目前飞机部件装配辅助技术进行介绍。飞机部件装配辅助技术与装备的应用，能够大幅提升飞机部件装配的效率及精度，并且降低人工成本，对于飞机装配而言具有重要的意义。

5.4.1　研究装配辅助技术与装备的意义

现代化装配过程就是在现代化机械生产制造的基础上，对产品进行自动加工的过程。装配工艺流程贯穿了产品从零部件到成件的全程，因此对装备辅助技术与设备的研究至关重要。

大多数企业在产品装配工艺过程中实现了机械化，以机械代替人工或者由人工控制机械进行装配。而且，世界上最为先进的装配工艺只需要极少数的工作人员进行相关的监测和管理，就几乎可以实现某些产品装配的全程机械化和自动化。由于有些精密配件必须由人工借助仪器去操作和安装，同时很多环节也需要人工去检验、校核和调整产品的装配状况，所以机械不能完全替代人工的情况不仅是技术发展的现状，也是飞机部件协调安装的现实局限。

总体上看，飞机部件的装配过程仍然离不开人工。就目前的技术、条件而言，现代化装配自动化并不是指所有产品装配过程都能实现全程自动化，而是指能够实现大部分装配流程的机械化和自动化。从而，提高了人工装配的生产效率；减少了工作人员的数量，减轻了岗位上工作人员的劳动强度；在一定程度上降低了生产成本。除了提高效率、节约成本之外，实现现代化装配还有着减少人工操作失误、利于装配过程管理等诸多优点。

随着这些年我国航空领域的蓬勃发展，飞机生产任务日益繁重。工人的劳动强度不断加大，飞机装配工人职业病频发，延长工人的技术寿命尤为重要。根据美国劳工部给出的数据，在工人中，背部、膝盖、肩部和胳膊的损伤被列为最常见的工伤，如工人的收入支出中有近 160 亿美元都花费在治疗背部损伤上。这些疾病发病率非常高，给企业带来了很重的负担，也给工人带来了痛苦。结合国内几家飞机主机厂的生产实际可知，工人的背部、膝盖、肩部和胳膊的损伤和疲劳日益严重。

工人举起双臂进行作业是装配车间常见的工况（见图 5-48）。从这个作业的受力情况看，工人除了要有正常作业所需的拧螺丝或者钻孔、铆接等的体力外，还需承受工具等的重量，持续这种工作姿态 3～5 min 就已经非常疲劳了。类似这个工况，在飞机的装配，特别是飞机的机身装配中，这种工作姿态更加常见。从而“机器代人，机器助人”成为提高生产效率、降低人力成本的有效途径。装配辅助技术与设备的研究开发及其在飞机装配中的使用显得特别有意义。

图 5-48　工人举起双臂进行作业

对自动化技术的引进和应用、创新和研究；使机械装配自动化和生产需求完美结合，加强对机械装配自动化相关技术和设备的完善，必要时要建立与之相关的配套技术和系统，如在设计研究上发展机械自动化配套技术，建立完备的理论研究体系；在应用上，创新发展或是组合创新，利用已有的基础和设备，通过信息技术、电子技术、CAD/CAM 等技术，发展投资少、见效快的小成本自动化技术。但是要注意技术的应用和实际需求相适应，最终的目的是提高效率、提高生产力、降低成本以及增加效益。

5.4.2　智能涂胶机器人

飞机装配过程涂胶操作是通过将胶液填充在有密封要求的区域（如蒙皮对缝、气密线上加强垫板等）的缝隙、漏气通道，阻断漏气路线以实现密封。它可以实现大面积结构密封，同时还具有防腐功能，因此在航空领域得到了广泛的应用。

最初飞机部件的涂胶是通过人工完成的，但是手工涂胶在生产效率和装配质量上都有天然极限：涂胶效果主要取决于工人水平，涂胶效率低，精准度不够好，无法保障较高的质量一致性。而飞机部件涂胶是保证结构气密性的最有效手段，对每个孔和缝隙处都必须进行注胶和涂胶密封；工作量大且对密封剂涂敷外观、质量的要求高。因此无论是从经济效率还是质量要求的角度来考虑，提高涂胶过程自动化程度，开发出飞机部件智能涂胶机器人，都是很有必要的。

下面先以自动填角密封技术和末端执行器的设计为重点进行说明，再对开发的智能涂胶机器人的试验涂胶效果进行测试。

5.4.2.1 自动填角密封技术研究

要想实现装配零件的自动填角密封，需要精准控制密封剂外形，这是由胶嘴形状和包括出胶速度、出胶量、胶嘴枪的移动速度等在内的多个工艺参数共同决定的。

由于市面上的 1/4NPT 螺纹胶嘴只能与筒口为英制螺纹的胶筒连接，而无法和筒口为公制螺纹的胶筒连接，因此需要设计出与公制螺纹相连接的新胶嘴。依据填角要求，设计的填角胶嘴如图 5-49 所示。螺纹规格为 1/4NPT，台阶厚度为 b，其用于和填角零件厚度匹配，$R7$ 圆弧缺口用于对密封剂进行整形。

出胶量通过控制伺服电机的转速和转矩控制活塞的推进距离实现，通过填角理论要求计算出胶体积，采用计量机构控制胶液流量，即可实现精准自动化填角。

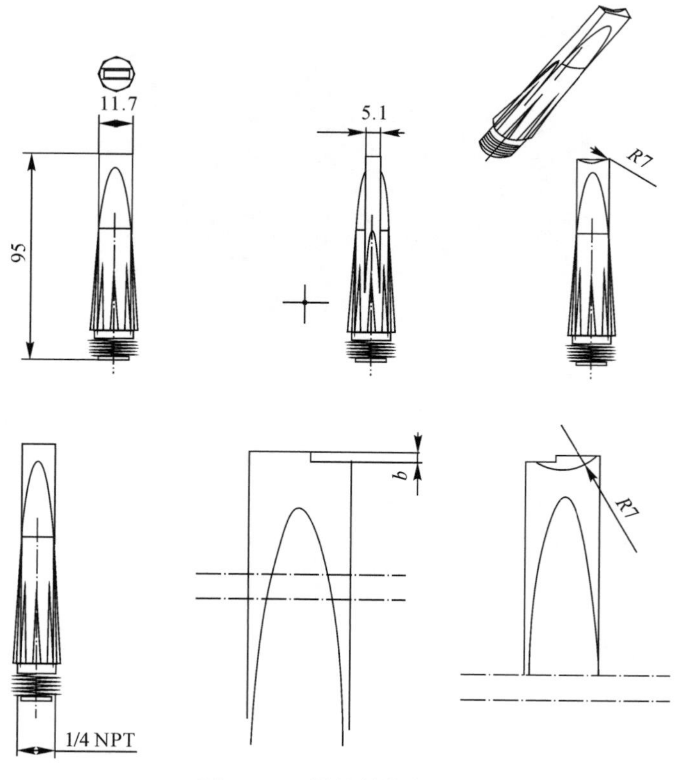

图 5-49 设计的填角胶嘴

5.4.2.2　末端执行器设计

自动化填角密封技术主要由涂胶机器人的末端执行器实现。末端执行器主要由控制系统、定量控制组件、清洗系统、注胶组件、填角质量检测组件五大模块组成,如图 5－50 所示。通过五大模块的精细配合可实现涂胶用量和涂胶位置的精准控制。

(1)控制系统的原理为控制器通过连接器内装的伺服放大器来控制定量装置,伺服放大器则通过控制电压来控制伺服电机的转速或转矩,伺服电机再根据控制电压来驱动丝杆,并由此规定胶料流量。

(2)定量控制组件用于计量密封胶料,按"先进/先出"的原理工作:先进入定量装置的胶料先流到工件上,会先被涂敷。因此可以大大避免胶料在胶料缸中变质,沉积,硬化。胶料流量和胶料压力可以通过伺服电机的转速和转矩控制活塞的推进距离实现。

(3)清洗系统主要通过灌装凡士林实现,长期不使用时,涂胶系统内注入凡士林,确保系统内胶体被排出。

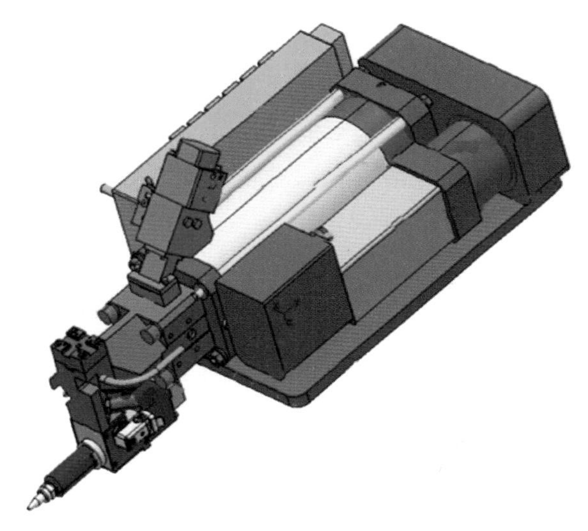

图 5－50　末端执行器

(4)注胶组件主要由集成式针阀、传感器及胶嘴等组成。添胶筒推送机构采用气压推入,系统具有压力检测及反馈的压力传感器,用于测量胶料缸中的胶料压力。与定量控制组件协同配合控制,将压力物理量转换成可以由控制器处理的输出信号。与定量控制组件协同配合控制胶料添加。胶头采用集成阀和集成式喷胶枪,通过各自的二位五通阀配合定量控制组件,来精确控制胶量的输出。

(5)填角质量检测组件是检查填角胶形的几何尺寸,系统采用高精度扫描传感器来实现工件位置的立体识别。通过高速相机检测发出激光线的方式,再利用三角测量法确定工件位置信息,如图 5－51 所示。

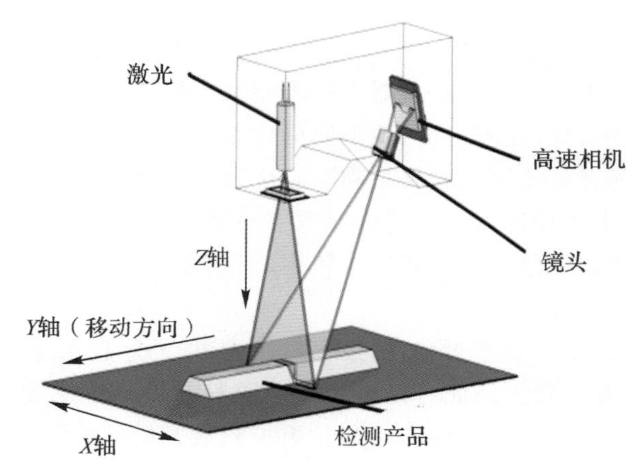

图 5-51　质量检测系统图

5.4.2.3　装备应用效果

图 5-52 为某型号飞机的壁板类组件中经典的蒙皮、长桁、框结构连接形式，图中红线标注的位置为需要自动填角密封的位置。将设计的涂胶末端执行器与机器人进行集成，得到智能涂胶机器人(见图 5-53)，参考该结构对涂胶机器人进行两根长桁的涂胶验证，如图 5-54 所示。试验过程中，仿照实际生产情况，安装试验件长桁时，与实际位置有一定偏差，以验证设备能否按照实际位置进行涂胶。

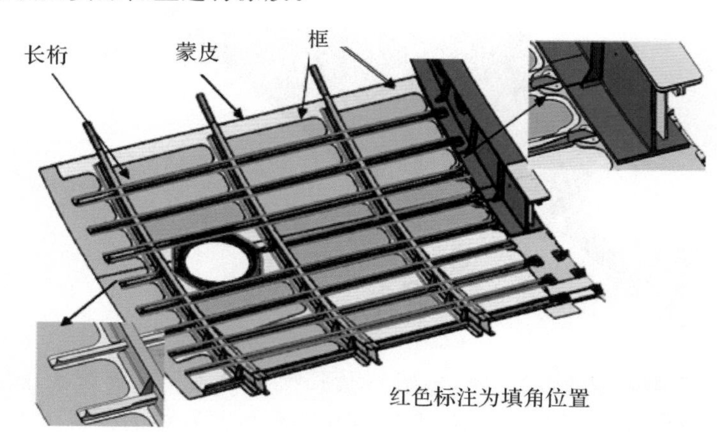

图 5-52　某型号飞机壁板结构

图 5-53　智能涂胶机器人

图 5-54　自动填角仿真

试验的具体实施过程如下：

(1)给定机器人 20 mm/s 的运行速度，飞机结构密封填角形状与参数的取值依据表 5-10。

表 5-10　飞机结构密封填角形状与参数表

形　状	尺　寸			
	b	*a*	*w*	*d*
	<4	2.5<a≤6	4～6	≥2
	≥4	—		

(2)轨迹试校：沿涂胶轨迹，每隔约 120 mm 设一个点，并记录到程序里。

(3)轨迹验证：程序从出胶下一步实施，以“零出胶”的方法验证轨迹符合性，对不符合要求的点位重新设置并重新进行轨迹验证，直至符合要求为止。

(4)涂胶：开启程序，进行自动化填角操作。

最终的自动化涂胶效果如图 5-55 所示。

经过观察和测量，对涂胶效果评价如下：胶面光顺、连续、均匀，无杂物、气泡等缺陷，胶形满足表 5-10 要求，即上搭接量为 2.5～6 mm，下搭接量为 4～6 mm，厚度不小于 2 mm。

由此可得出结论：涂胶质量合格。单个长桁的填角时间由人工填角的 3 min 缩短至自动化填角的 1 min，装配效率提升了 200%；节省了涂胶前贴胶带及涂胶后撕胶带和修形过程，装配效率得到极大提升；劳动强度降低，最大限度地减少了人力成本，杜绝了操作过程中胶料等有毒物质对人体的侵害。

图 5-55　自动化涂胶效果

5.4.3　辅助装配人体外骨骼

5.4.3.1　外骨骼装备简介

可穿戴外骨骼，或者称为助力外骨骼，实质是一种增强人体能力的可穿戴智能系统。随着智能控制技术的运用，其已经由最初的机械装置转为加载了信息耦合、移动计算等技术，并拥有诸多功能的可穿戴智能系统。

外骨骼机器人技术在国外发展得比较早。1963 年，美国陆军武器研究者谢尔盖·扎鲁德尼发表了一份报告，其中描述他设计的可穿戴机器外衣：它将使穿着者获得“绿巨人”式的力量。但是当时还不存在实现这个构想的技术。除了少数非军事设计外，真正超能外衣的前景渺茫。直到 2000 年，Darpa 开始了为期 7 年、投资 7 500 万美元的机械外骨骼研究计划。那时，少数机械外骨骼支持者（包括美国陆军上校杰克·奥布瑟克）认为技术终于追赶上了构想。从 1995 年起，奥布瑟克就协助推进外骨骼研究。他认为，随着感应器日益变小，功能更全面，处理器速度加快，他和其他支持者有理由相信机械外骨骼有可能成为现实。

这方面比较典型的产品有美国伯克利大学研发的 BLEEX，其通过外骨骼机构将背负的载荷力传递到地面，主要用于提高士兵越野负重能力，如图 5-56 所示。

日本筑波大学研制出了世界上第一套商业外骨骼助力机器人（HAL），其一次充电工作时间近 2 h 40 min，主要用于助力搬运领域，如图 5-57 所示。

国内外骨骼机器人技术的研究工作相对滞后。目前，研究比较成功的单位是海军航空工程学院，该学院在 2006 年就设计完成了第一代面向军事应用的骨骼服样机（命名为 NES－1），目前已推出第三代样机，初步具备了野外负重运动能力。

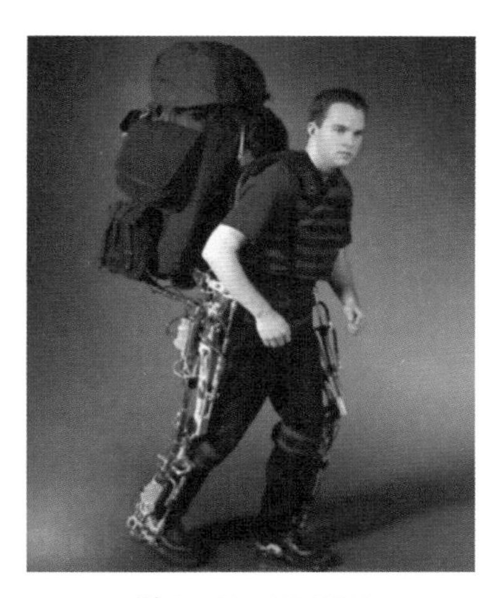

图 5－56　BLEEX

图 5－57　HAL

对于装配生产线上使用的助力外骨骼，目前国内外研发得都不多，主要有美国公司开发的一系列无动力外骨骼模块，分为肩部模块、背部模块、腿部模块，通过弹性关节装置对各个关节提供助力支撑。此外还有洛克希德·马丁公司开发的全身型的无动力外骨骼系统 Fortis，目前其主要运用于军舰生产领域。

5.4.3.2　人体外骨骼装备设计与应用

国内的飞机主机厂在 2017 年左右就开始关注可穿戴外骨骼的应用。飞机装配现场存在自动化程度低、工人劳动强度大、测量数据缺失等问题，严重制约着飞机生产的质量和产能。在此方面，主要针对飞机装配生产现场固定姿势和重复作业的工况问题，进行工人在部件模块化装配工艺中的操作姿态分析；结合人体力传递规律及各关节力学特性，确定需要助力的关节部位；针对不同的作业姿态规划相应的外骨骼模块配置方案。

在收集相关的实际操作工位数据后，进行了分析和设计。以肩关节外骨骼助力模块为例：

(1)分析手臂在抬举作业过程中肩关节的力学特性。

(2)根据肩关节的力学特性设计一款弹性关节装置，用于在向下抬放时储存人体重力势能，在向上升举时释放出机械能。在能量的存储和释放过程中实现肩关节负载的有效平衡，进而缓解肩周肌肉的疲劳。

(3)开发的肩关节外骨骼模块的穿戴系统，符合中国人的体格特点，能灵活调节穿戴尺寸。人机接触部位的设置符合力传递规律，贴合面材质柔软、易排汗、通透性好，长期穿戴不会对人体皮肤或者组织产生伤害。

(4)开发一套精巧的髋部外骨骼模块的具体结构，材质轻、强度大、运动可靠性高。

按照肩部、腰部、腿部、膝盖部分模块，进行制孔、连接紧固件、搬运重物等现场试穿验证活动。

肩部外骨骼现场试穿验证如图 5－58 所示。

(a) (b)

图 5－58 肩部外骨骼现场试穿验证

腰部外骨骼现场试穿验证如图 5－59 所示。

(a) (b)

图 5－59 腰部外骨骼现场试穿验证

腿部外骨骼现场试穿验证如图 5－60 所示。

(a)

(b)

图 5-60　腿部外骨骼现场试穿验证

膝盖部外骨骼现场试穿验证如图 5-61 所示。

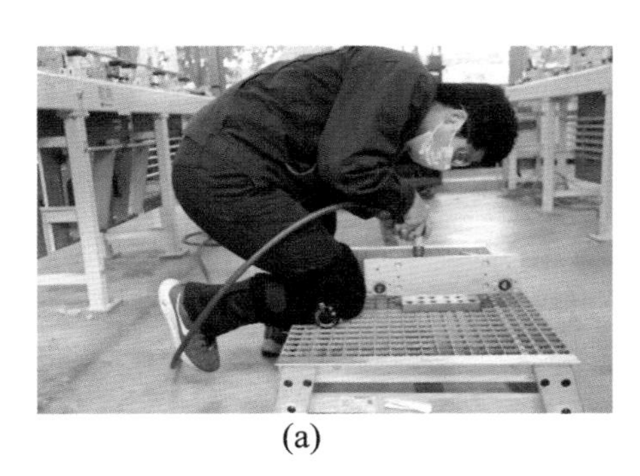
(a)

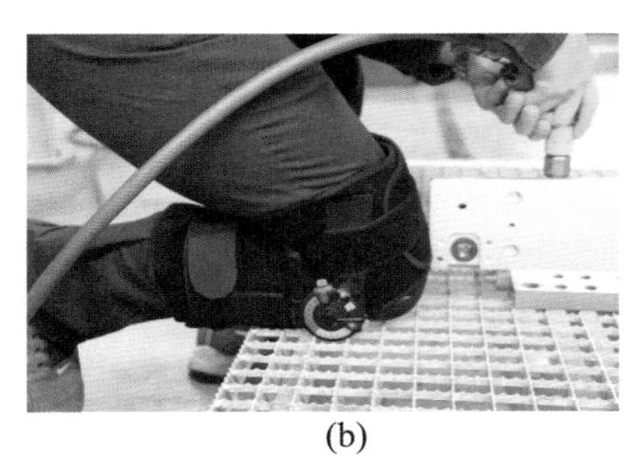
(b)

图 5-61　膝盖部外骨骼现场试穿验证

参考文献

[1]　汪俊，李红卫. 飞机大尺寸自动化柔性测量技术研究进展[J]. 南京航空航天大学学报，2020，52(3)：10.

[2]　王巍，王诚鑫. 大型客机机身对接技术研究[J]. 航空制造技术，2018，61(13)：5.

[3]　陈芝来.航空发动机管路连接件典型结构密封性能研究[D].上海：上海交通大学，2017.

[4]　王彦升，陈雷，葛烜铸，等.油气管道泄漏检测技术发展研究现状[J].山东工业技术，2013(10)：192-193.

[5]　王杰.基于小波变换的船舶管系泄漏检测定位系统研究[D].重庆：重庆交通大学，2012.

[6]　王玉莹. 基于麦克风阵列的声源定位新方法研究[D]. 杭州：浙江大学，2021.

[7]　叶春煦. 基于麦克风阵列的声源定位系统设计与实现[D]. 哈尔滨：哈尔滨工程大学，2018.

[8]　范进步. 飞机油箱密封检漏技术研究[J]. 装备制造技术，2018 (9)：185-188.

[9] 谢建超，潘晶晶，彭海珍，等. 无人机油箱自动气密检测技术研究[J]. 科学咨询，2017 (6)：33-35.
[10] 刘秦智，王哲. 民用飞机结构密封设计技术要求研究[J].航空标准化与质量，2017 (1)：4.
[11] 胡建国，吴石民. 中国航空结构胶接技术应用回顾及展望[C]//2001 北京国际粘接技术研讨会，2001.10.10，北京.北京：北京粘接学会，2001：374-385.
[12] 张卫攀，郭春英，甘志超，等. 智能涂胶机器人系统在航空工业中的应用[J].测控技术，2016，35(增刊)：468-470.
[13] HE K，GKIOXARI G，DOLLÁR P，et al. Mask R-CNN[J].IEEE Transactions on Pattern Analysis & Machine Intelligence，2017：2961-2969.

第6章　数据驱动的飞机部总装协同脉动生产线技术及应用

针对目前飞机航空线束制造自动化程度低、机载系统功能检测中存在手工检测效率低且存在人为差错、检测过程无法追溯等问题，应突破航空线束智能装配技术、飞机总装机载系统智能化分析与测试技术等关键技术，研发航空线束智能工艺设计、辅助装配、自动检测系统以及总装机载系统智能化分析、自动化测试装备，构建一套基于开放式架构的数字化检测管控平台，满足多构型、多状态飞机机载系统功能测试要求，以总装配阶段线束装配制造及各系统功能检测为应用对象，完成飞机总装的系统智能制造、测试关键技术、装备及应用，形成飞机线束制造及系统测试技术规范，为后续型号线缆制造及整机测试系统的研发提供技术支撑和应用示范。

6.1　飞机线束智能装配技术

以数据驱动的布线路径自动识别技术和智能布线光学导引技术为基础的飞机线束智能装配系统，以线束生产过程的数据信息化、智能化为核心目标，通过图版数字化显示、布线过程引导、信息跟随等关键技术，可以使用户摆脱纸质图版和工艺文件的束缚，高质量、高效率地完成布线任务，也为最终实现“线束生产透明车间”积累宝贵经验。

6.1.1　线束数字化信息建模与布线路径自动识别技术

线束信息的数字化信息建模是实现布线路径自动识别及数字化工艺引导的前提。线束数字化信息模型以线束工艺图为主要的数据来源，以线束的拓扑结构为骨架，在计算机中对线束构型、几何参数、电气连通信息、线束构件等基本信息实现全面表达，为光学引导布线系统实现布线导航、线束交检及装配信息智能推送提供基础。

6.1.1.1　线束构建的相关概念及组成

(1)线束工艺图。线束工艺图主要用于线束总成的现场布线，是线束生产过程中重要的工艺指导文件，也是建立线束数字化信息模型的基础，如图 6-1 所示。线束工艺图具有几何简单性，用多条直线段首尾相连表示两个电连接器间具有实际的电气连通关系。同时，线束工艺图还具有区域集聚性，图纸的中央区域通常为线束段聚集区，图纸的边缘区域通常为电连接器聚集区，电连接器及其相关的导线连接信息都集聚在一个有限的矩形区域内。

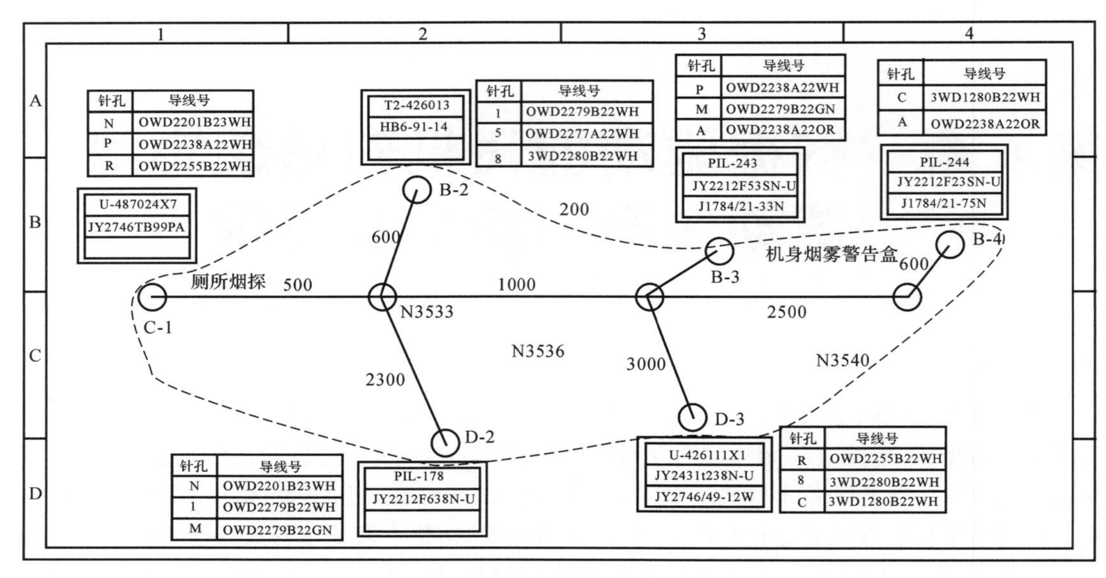

图 6-1　线束工艺图示例

(2)线束段。线束的整体构型在很大程度上受到线束段拓扑结构的影响。线束段中某个顶点的挪动或转动都会引起与之相连接的电连接器及其附着件的位置发生改变。同时线束段对开展各工艺流程的数字化引导起着至关重要的作用。一组导线的集合在线束工艺图中用一个线束段表示,多个线束段连接构成一条完整的布线路径。线束段如图 6-2 所示。

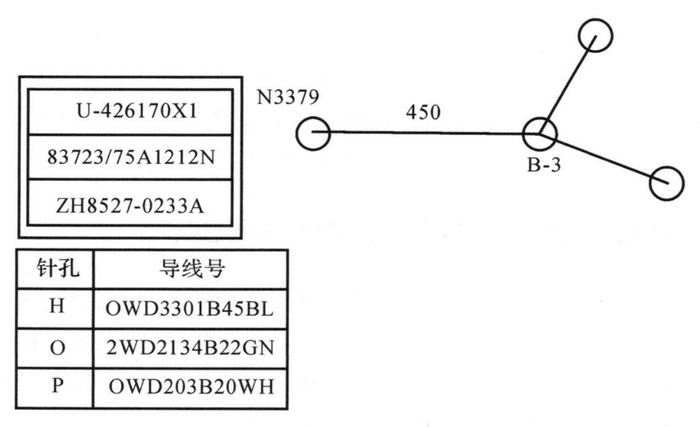

图 6-2　线束段示意图

(3)电连接器。电连接器包括接线端子、继电器盒等,它是连通各个电气元件的接口,通常用来接插导线。

(4)附着件。线束的附着件包括紧固件和包覆件两种类型。紧固件约束导线走向并固定线束构件位置。包覆件包括金属屏蔽网、尼龙护套、绒布等,可以增强线束的强度并保护线束不受外力损坏或电磁干扰。

6.1.1.2　线束数字化信息模型研究

1. 线束数字化信息模型表达

线束信息的数字化表达是实现数字化工艺引导的前提。线束数字化信息模型以线束工艺图为主要的数据来源。该模型通过特定的数据结构形式实现对线束信息的定量表达和描述，以自定义的数据形式存储于计算机中。构建线束数字化信息模型实际上是获取和存储线束关键工艺信息的过程。

2. 基于线束拓扑结构的数字化信息模型定义

线束的拓扑结构中包含线束构型特征最有效的数字化信息，如线束中导线的连通关系、线束间的分支结构等。任意两个线束段间的连通性都可以在线束的拓扑结构信息中充分反映，如果将线束的基本属性信息（如导线的线号、长度、颜色等）和线束的附属件信息（如电连接器型号、接插件孔位等）与线束的拓扑结构相关联，则可将其作为线束数字化信息模型的重要数据来源。提取线束工艺图中包含的工艺信息并进行分析。线束数字化信息模型为一个无向无环连通图，如图 6 - 3 所示。

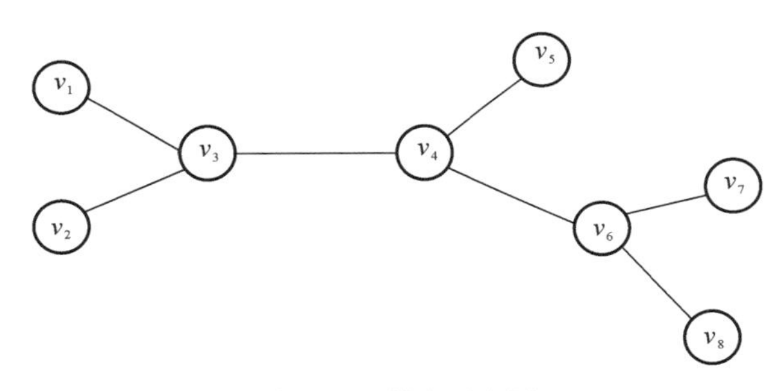

图 6 - 3　线束无向图

3. 线束数字化信息模型存储

建立线束无向图后，需要进一步研究图模型的存储问题。有 3 种常用的关于图的存储形式：邻接矩阵、邻接表、邻接多重表。对图 6 - 3 所示的线束无向图进行分析，可用下面的邻接矩阵：

$$
\boldsymbol{M}(\boldsymbol{G})=\begin{array}{c} \\ v_1\\ v_2\\ v_3\\ v_4\\ v_5\\ v_6\\ v_7\\ v_8 \end{array}\begin{array}{c} \begin{array}{cccccccc} v_1 & v_2 & v_3 & v_4 & v_5 & v_6 & v_7 & v_8 \end{array}\\ \begin{bmatrix} 0 & 0 & 1 & 0 & 0 & 0 & 0 & 0\\ 0 & 0 & 1 & 0 & 0 & 0 & 0 & 0\\ 1 & 1 & 0 & 1 & 0 & 0 & 0 & 0\\ 0 & 0 & 1 & 0 & 1 & 1 & 0 & 0\\ 0 & 0 & 0 & 1 & 0 & 0 & 0 & 0\\ 0 & 0 & 0 & 1 & 0 & 0 & 1 & 1\\ 0 & 0 & 0 & 0 & 0 & 1 & 0 & 0\\ 0 & 0 & 0 & 0 & 0 & 1 & 0 & 0 \end{bmatrix} \end{array} \tag{6-1}
$$

对 $\boldsymbol{M}(\boldsymbol{G})$ 求二次方得

$$
M^2(G)=\begin{array}{c} \\ v_1\\ v_2\\ v_3\\ v_4\\ v_5\\ v_6\\ v_7\\ v_8 \end{array}\begin{array}{c} \begin{array}{cccccccc} v_1 & v_2 & v_3 & v_4 & v_5 & v_6 & v_7 & v_8 \end{array}\\ \begin{bmatrix} 1 & 1 & 0 & 1 & 0 & 0 & 0 & 0\\ 1 & 1 & 0 & 1 & 0 & 0 & 0 & 0\\ 0 & 0 & 3 & 0 & 1 & 1 & 0 & 0\\ 1 & 1 & 0 & 3 & 0 & 0 & 1 & 1\\ 0 & 0 & 1 & 0 & 1 & 1 & 0 & 0\\ 0 & 0 & 1 & 0 & 1 & 3 & 0 & 0\\ 0 & 0 & 0 & 1 & 0 & 0 & 1 & 1\\ 0 & 0 & 0 & 1 & 0 & 0 & 1 & 1 \end{bmatrix} \end{array} \tag{6-2}
$$

对式(6-2)进行分析：由矩阵 $\boldsymbol{M}^2(\boldsymbol{G})$ 主对角线的非零元素可知，v_1、v_2、v_5、v_7、v_8 为端点，v_3、v_4、v_6 为拐点。通过分析每个顶点之间的回路数，可以有效地确定每个顶点与其所属的分支之间的连通性。然后分析线束段之间的连接关系和线束中分支存在的情况。线束各元素间的包含关系为邻接表的数据基础，对图中的 n 个顶点，每个顶点生成一个链表，顶点自身存储在链表的头节点中，与该顶点相邻的所有顶点用其余节点存储，如图 6-4 所示。

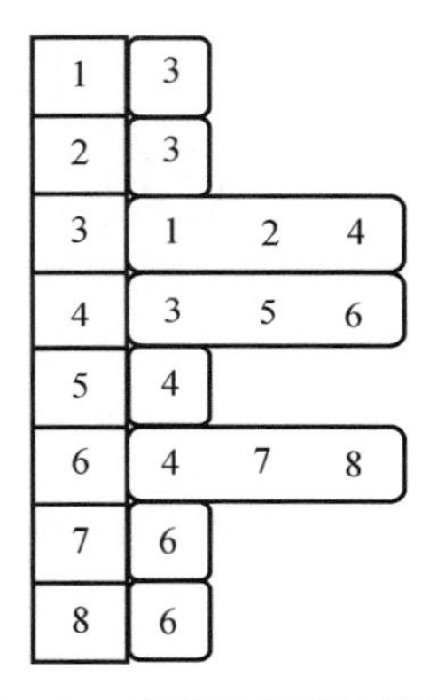

图 6-4　线束无向图的邻接表

6.1.1.3　线束分支理论模型

1. 分支树理论模型相关定义

分支树继承了线束数字化信息模型的无向图和一般多叉树的基本特征，是一种用来描述线束主干与分支层次的改进型非线性数据结构。分支树强调主干与分支间的从属关系。下面给出分支树层次结构的相关定义。

定义 6-1　分支树 BT 由线束数字化信息模型中的结点集合 V(在无向图中为顶点）和表示结点间连通关系的边集合 E 构成，其中 E 是由 V 中的子元素组成的有序无穷二元组，记作 $\mathrm{BT}=<V,E>$。

定义 6-2　根据图论的相关理论可知，某个结点的度用其连接的边的数量衡量。边界结点的度为 1，内联结点的度通常大于 1。在边界结点集合中存在的唯一元素是树的根结点，剩余元素称为树的叶子结点。

定义 6-3　从结点 m 出发最终到达结点 n 存在唯一不含重复边的边集合，称为 m 到 n 的唯一路径，记作 $P=(m, n)$。定义树的主干为：从任意的某个叶子结点 v_i 到根结点 v_{root} 形成的路径 $P(v_i, v_{root})$。在树的主干中，只存在两个度为 1 的结点，分别为根、叶子结点。任何可被定义为主干的路径称为待定主干，待定主干集由全部待定主干组成，最终被确定为分支树的主干只能是主干集中的唯一子元素。

定义 6-4　由分支树 BT 主干 T 上的结点 v 向外延展出的树形结构称为分支 Br，父树主干 M 的结点集与分支 Br 的结点集相交所得的唯一元素，被称为分支 Br 的根结点。

定义 6-5　分支能够继续拆分成主干与分支的组合，从父树角度出发，分支的主干称为父树的枝干。主干上连接的各个分支互为兄弟关系，主干与分支都是分支树的子树，皆具备分支树的基本特征。

定义 6-6　将一条边分割成若干子线段的点称为断点，断点集由边中所有的断点组成，被分割后的子边称为段。若一条边上有 m 个断点，此边被拆分成 $m+1$ 个段，各段的长度之和为边的长度。

2. 分支树层次结构划分

在分支树理论模型中，由全部结点及其连接的边形成的分支树称为1级分支树，$n+1$ 级分支树是由 n 级分支树派生出的子树，n 级分支树的分支称为 n 级分支，其主干是 n 级主干。对 1 级分支树进行结构划分，如图 6-5 所示。

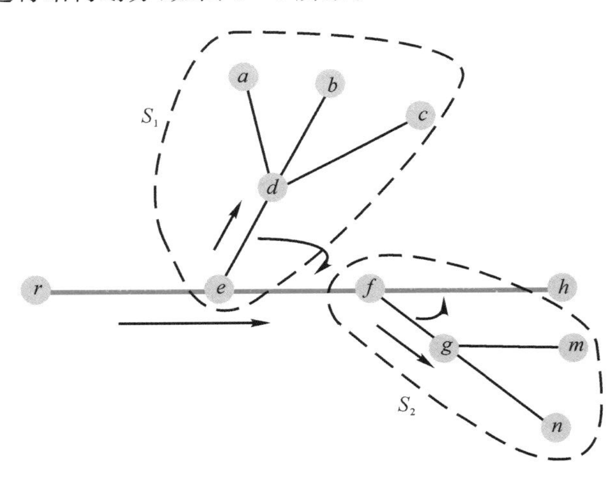

图 6-5　1 级分支树层次结构示意图

在图 6-5 中，r、e、f、h 依次为 0 阶、1 阶、2 阶、3 阶主干结点，a、b、c、d、e 及连接构成的边组合为 1 阶分支，同理 f、g、m、n 及连接的边形成 2 阶分支。边(r,e)称为第 0 阶主干边，由 e 出发到 f 构成的向量称为第 1 阶主干的方向向量。

6.1.1.4　布线路径自动识别技术研究

1. 线束工艺图资源解析

(1)图纸资源解析原理。

线束工艺图通过 AutoCAD 软件绘制完成，并使用 DWG 格式进行保存。基于对 DWG

文件组织结构的研究，利用 DWGdirect 函数库，对线束工艺图中的有效数据解析，根据实体编码对判断分类，存储相应的几何信息。读取相应实体并存储其属性流程，如图 6－6 所示。

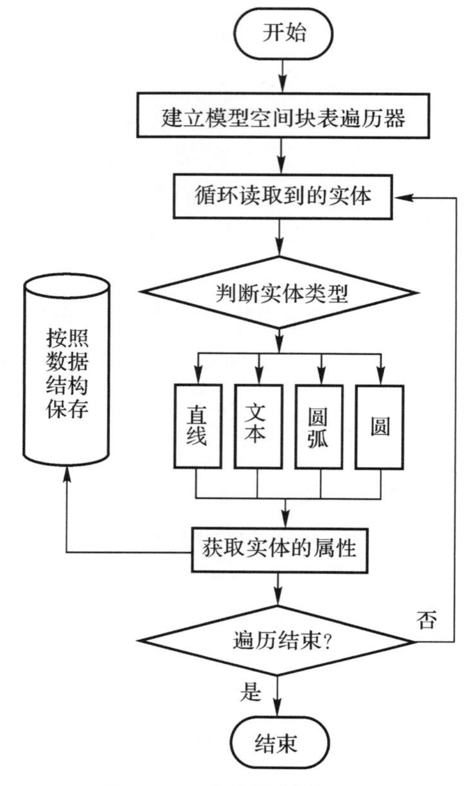

图 6－6　实体解析流程图

(2)图纸资源解析规则。

图纸资源解析是进行布线路径自动识别前的关键环节。根据导线路径的几何特征和布线工艺要求，建立一定的识图规则，依据规则从线束工艺图中对读取到的实体数据进行清晰分类，以提高布线路径自动识别方法的效率和准确性。

规则 1　为了表示导线敷设路径的起始、中途、终止等位置，用一个半径 $r=R$ 的黑边圆表示端点或拐点，其中 R 的值为线束设计单位与生产部门共同约定的固定数值。

规则 2　由于图中的顶点圆约束了导线敷设的路径，因此路径的走向是以顶点圆为参考的。一条完整的导线敷设路径由多个线束段首尾相接构成，所以把连接两个顶点圆的直线作为识别线束段的重要特征。

规则 3　读取线束工艺图中每个文本实体存储的字符串信息，与接线表导线的起始设备或终止设备信息进行内容一致性校验，相匹配的文本实体可作为端头文本实体。

规则 4　获取线实体的线端坐标与顶点圆实体的圆心坐标，计算两个坐标之间的距离，如果距离小于或等于位置容差 m，那就称线端与顶点圆绑定。

(3) 图纸资源解析过程。

1）提取所有的有效圆实体：读取线束图中的所有图形数据，依据规则 1 筛选所有表示顶点的圆实体，并将其存入顶点圆集合。此时，线束数字化信息模型中顶点集合 V 为所有符合条件的圆实体，有 $V=\{v_1, v_2, \cdots, v_i, \cdots, v_n\}(1 \leqslant i \leqslant n)$。

2）装配所有轨迹线：装配轨迹线的总体流程如图 6－7 所示。

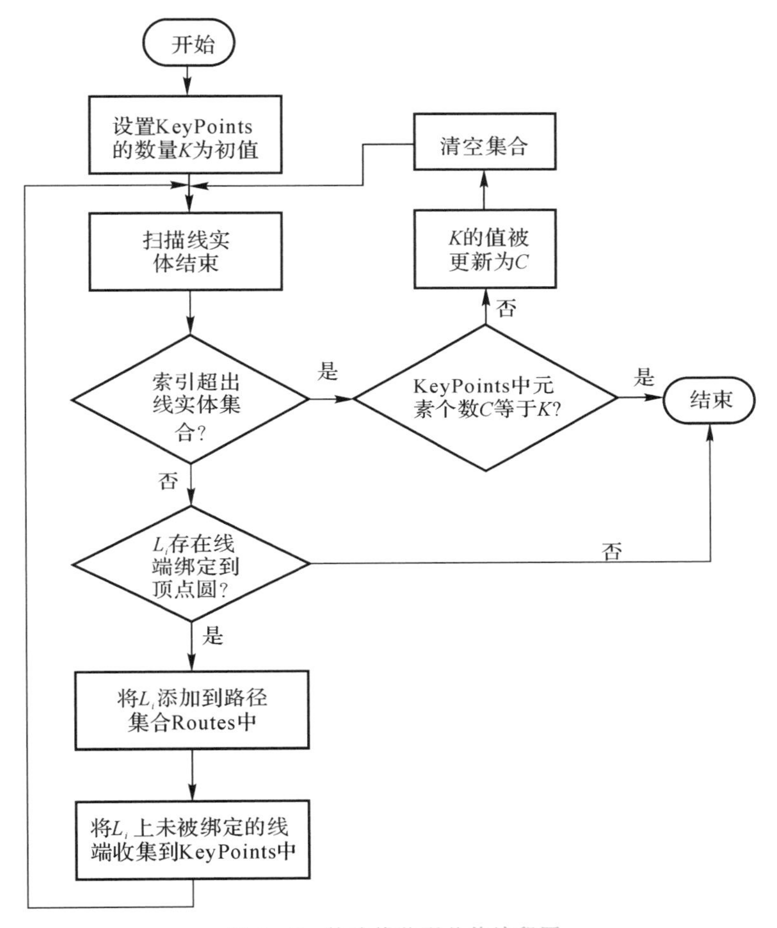

图 6－7　轨迹线装配总体流程图

3）分离拐点圆和端点圆。

Step1：扫描所有轨迹线的线端，并记录每个线端出现的次数；

Step2：封装只出现一次的线端，用集合 OnePoints 表示。

Step3：遍历顶点圆集合 KeyPoints 的全部元素。如果 KeyPoints 存在某个子元素与 OnePoints 中的某个线端匹配，则将该元素添加到端点圆集合 D；否则，添加到拐点圆集合 G。

2. 布线路径自动识别过程分析

在布线路径自动识别过程中，经常会进行轨迹线之间、轨迹线与端头文本实体之间的位置关系判断。给出如下定义：

定义 6-7 若两条线束段端点间的距离小于或等于规定的距离 d，则称线束段间存在链接关系。

定义 6-8 如果某个线束段的线端只与一条边存在链接关系，则称该线束段为叶子边。

定义 6-9 如果接线表或导线标签中的起始或终止设备号，与某个端点圆对应的文本实体匹配，那么有与该端点圆绑定的边作为某条布线路径的起始或终止线束段。

通过对布线路径自动识别的方法进行理论研究，并结合图 6-8 线束无向图模型进行详细说明。假设图中{e_3、e_4、e_5}为要搜索的导线敷设路径，首先设置轨迹间的连通关系；其次获取本条布线路径对应的起始和终止标签；最后设置搜索标志位使路径查找进入循环，当集合 E 中的元素都被访问，且不满足条件的叶子线皆被删除时，返回 E 中剩余元素，本次路径搜索结束。

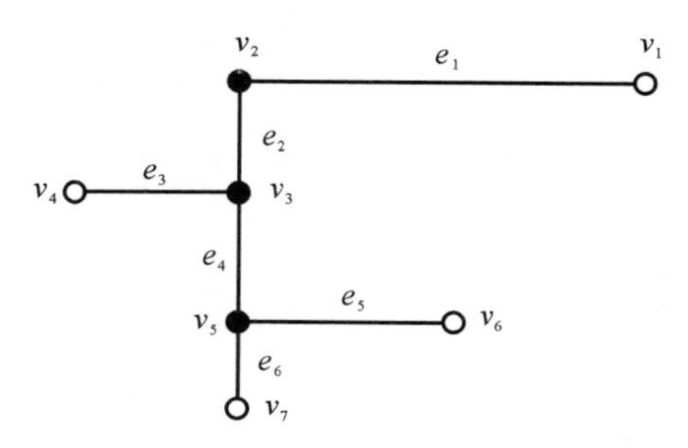

图 6-8 线束无向图模型

执行过程如下：

(1)设置轨迹线间的连通关系。

(2)基于叶子线特征裁剪算法的路径识别，执行流程如图 6-9 所示。

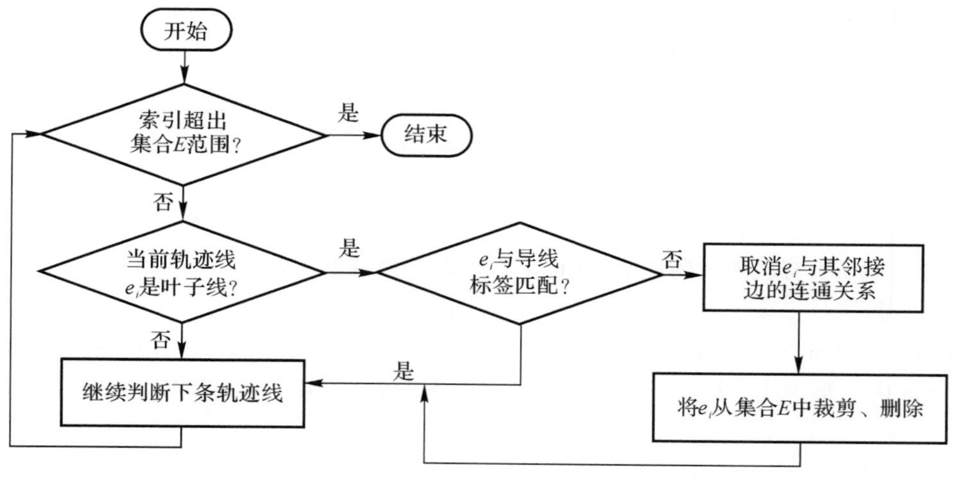

图 6-9 基于叶子线裁剪算法的路径识别流程图

6.1.1.5 基于谓词逻辑的线束自动布局设计及空间优化

谓词逻辑采用符号进行推理，这些符号适合在计算机中存储、计算和处理，所以将其应用于线束工艺图的分支树模型进行逻辑推理，会较容易地实现线束构型的自动布局设计。对于线束电子工装图版的自动布局优化，需要实现主干自动选取、自动布局设计并消除导线间的轨迹干涉、布局空间自动优化将轨迹闭合在规定的图框内三个主要目标。

1. 线束主干的自动选取

(1)“大体积优先”的主干选择策略。

为实现主干的最优选取，基于“大体积优先”的原则，参考下式进行主干的确定：

$$V(i)=\sum_{k=1}^{m}\sum_{j=1}^{n}l_j\varphi S_k \tag{6-3}$$

式中：$V(i)$ 表示第 i 条待选主干的体积；l_j 为构成主干路径的第 j 条边的长度，第 j 条边中第 k 条导线的端面积用 S_k 表示；$0\leqslant\varphi<1$，为调制因子。“大体积优先”策略是综合考虑直径与长度的评价机制。为突出在主干选取中直径的重要地位，引入导线的线端面积参与计算。

(2) 高级主干选取。

高级主干在分支树模型中的数量多，且在导线敷设时对最终的线束产品质量影响较小，因此设计了基于谓词逻辑的高级主干推理方法。根据分支树理论模型的相关定义和实际工程应用，设计了如表 6-1 所示的谓词表。

表 6-1 高级主干推理逻辑谓词

逻辑谓词	符号	参数	释义
NodeBelong(n,n_s)	NB	n 为结点，n_s 为结点集合	结点属于结点集
BranchTree(b,t)	BT	t 为树，b 为分支	分支属于分支树
TressTrunk(e_s,t)	TT	e_s 为边集，t 为树	边集是树的主干
NodesTree(n_s,t)	NT	n_s 为结点集合，t 为树	结点集属于树
TreeRoot(n,t)	TR	n 是结点，t 为树	结点是树的根
TreeLeaf(l,t)	TL	l 是叶子结点，t 为树	结点是树的叶子
NodesTreeTrunk(n_s,t)	NTT	n_s 为结点集合，t 为树	结点集合是主干结点集合
TreeRouteTrue(r,l,r_t)	TRT	r 为根结点，l 为叶子结点 r_t 为路径	两结点确定一条路径
TreeTrunkReady(p,t)	TTR	p 为路径，t 为树	路径是待定主干
TrunkReadyTrue(p_s,t)	TTRT	p_s 为待选主干集合，t 为树	属于待选主干集合
MaxChance(p,p_s)	MC	p 为待选主干，p_s 为待选主干集合	选取概率最高

1)推理选取分支根结点：

$$BT(t,b) \cap NTT(tn_s,t) \cap NT(n_s,b) \cap NB(n,n_s) \cap NB(n,tn_s) \rightarrow TreeRoot(n,b) \quad (6-4)$$

释义：如果树 t 的分支是 b，t 的主干结点集合是 tn_s，结点集 n_s 属于分支 b，结点 n 包含于 n_s，同时结点 n 也属于主干结点集合 tn_s，那么分支 b 的根就为结点 n。

2）推理选取待定主干：

$$TR(r,t) \cap TL(l,t) \cap TRT(r,l,r_t) \rightarrow TRT(r_t,t) \quad (6-5)$$

释义：如果 r 是树 t 的根结点，l 是 t 的叶子结点，根结点 r 到叶子结点的路径是 r_t，那么待选主干也是 r_t。

3）推理选取主干：

$$TTR(p,b) \cap TTRT(p_s,b) \cap MC(p,p_s) \rightarrow TT(p,b) \quad (6-6)$$

释义：如果 p 是树 b 的待选主干，p_s 是树的待选主干集合，且待选集合 p_s 决策概率最高的待定主干是 p，那么 p 是树 b 的主干。

2. 线束基本构型自动布局设计

(1)自动布局设计的基本规则。

线束基本构型自动布局需保证分支与主干、分支及其同级分支间不存在干涉，在满足角度要求的条件下，寻找分支与主干间的最优位置角。自动布局过程中需要满足的约束为：组成各级主干的边必须位于同一直线；最优位置角必须在规定的角度范围内，当最优角度无法落入规定角度范围时，此时的最优位置角为允许的最大角度值。

(2)线束构型自动布局推理设计。

在构型自动布局过程中，分支树结构会发生各种状态变化。当分支树为子树时，子树的边集存在覆盖或交叉的状态，称为交覆态；从父树的角度出发，如果其子树作为父树的分支，且与父树主干按照最优位置角保持合理的相对位置关系，则称分支处于稳定态；如果分支树中的主干边位于同一直线，且其分支皆处于稳定态，那么称整个分支树为最终态。为采用谓词逻辑对分支树的状态推理和构型布局，设计了表 6-2 所示的逻辑谓词表。

表 6-2　自动布局推理逻辑谓词

逻辑谓词	符号	参数	释义
Own(x,t)	O	x 为子树、主干、边或段，t 为树	属于
OverLap(x,y)	OL	x 和 y 可以为树、主干、边、段	交覆态
StableState(t)	SS	t 为树	稳定态
FinalState(t)	FS	t 为树	最终态
PositionAngle(a,t)	PA	a 是位置角，t 为树	是位置角
Meet(min,a,max)	M	a 为位置角，min 为允许最小角度，max 为最大角度	位置角范围
LegalAngle(a,t)	LA	a 为位置角，t 为树	位置角合理

各状态核心推理逻辑如下：

1)交覆态推理：

$$(\exists x)(\exists y)[O(\mathrm{dt},x)\cap O(\mathrm{ft},y)\cap OL(x,y)]\rightarrow \mathrm{OL}(\mathrm{dt},\mathrm{ft}) \tag{6-7}$$

释义：边 x 属于树 dt，边 y 属于树 ft，如果存在边 x 与 y 都处于交覆状态，那么称树 dt 与 ft 都处于交覆状态。

2）最终态推理：

$$(\forall \mathrm{st})[\mathrm{OL}(m,t)\cap \mathrm{OL}(\mathrm{st},t)\cap \mathrm{SS}(m)\cap \mathrm{SS}(\mathrm{st})]\rightarrow \mathrm{FS}(t) \tag{6-8}$$

释义：如果主干 m 属于树 t，st 为树 t 的子树，主干 m 处于稳定态，同时任意的子树 st 皆处于稳定态，那么树 t 处于最终态。

3）位置角合法性推理：

$$(\forall \mathrm{dt})[O(\mathrm{st},t)\cap O(m,t)\cap O(\mathrm{dt},t)\cap \mathrm{FS}(\mathrm{st})\cap \mathrm{PA}(a,\mathrm{st})\cap M(\min,a,\max)\cap \mathrm{SS}(\mathrm{st})\cap \mathrm{SS}(m)\cap \neg\sim \mathrm{OL}(\mathrm{st},\mathrm{dt})\cap\sim \mathrm{OL}(\mathrm{st},m)]\rightarrow \mathrm{LA}(a,t) \tag{6-9}$$

释义：如果子树 st，dt 和主干 m 均属于分支树 t，st 处于最终态，st 的位置角是 a，a 在位置角容许范围之内，主干 m、子树 st 处于稳定态，st 与 m 不产生干涉，且与任何处于稳定态的 dt 均不干涉，则当前位置角合理。

（3）线束布局空间自动化。

线束构型进行自动布局后，通常会存在部分边超出图版边框的情况，因此需要进行布局空间优化。空间优化的方式是插入断点，将插入断点之后的线段与主干方向平行摆放，减少空间占用。为解决理论上插入断点数量不限而导致优化过程无法终止的问题，引入轨道的概念。在主干附近的上、下空间内划分出若干虚拟等高轨道，允许插入断点的位置就是边与轨道的交点。插入断点后旋转与断点相连的段，使之与轨道重合的过程称为入轨。入轨后，通过合法性校验的最低轨道称为最优轨道，寻找各级分支树的最优轨道就是线束进行空间优化的过程。

1）空间优化的基本原则。

进行空间优化时需要满足如下约束：断点只能安插在主干的 0 阶边上；进行入轨之后禁止出现交覆状态；如果最佳轨道在可选轨道列表中不存在，那么最优轨道为容许的最高轨道。

2）线束布局空间优化推理。

在空间优化推理过程中，分支树会具备如下状态：分支树分支按照最佳轨道完成入轨动作，构型处于最终态且被锁定，则分支处于定轨态；分支树所有分支处于定轨态，则分支树处于闭合态，没有分支的分支树初始状态为闭合态。通过设计表 6－3 所示的逻辑谓词表，来表示空间优化过程中分支树的状态和逻辑推理过程。

表 6－3　空间优化推理逻辑谓词

逻辑谓词	符号	参数	释义
InOrbitState(t)	IOS	t 为树	处于定轨态
InCompressState(t)	ICS	t 为树	处于闭合态
IsKneePoint(p,t)	IKP	p 为断点，t 为树	是断点
KneePointLegal(p,t)	KPL	p 为断点，t 为树	断点合理

核心推理逻辑如下：

(a)闭合态推理：

$$(\forall \mathrm{st})[O(\mathrm{st},t) \cap \mathrm{IOS}(\mathrm{st})] \rightarrow \mathrm{ICS}(t) \tag{6-10}$$

释义：如果树 t 中的任意子树 st 处于定轨态，那么树 t 处于闭合态。

(b) 断点合理性推理：

$$\begin{gathered}(\forall \mathrm{nt})[O(\mathrm{mt},t) \cap O(m,t) \cap O(\mathrm{nt},t) \cap \mathrm{ICS}(\mathrm{mt}) \cap \mathrm{IKP}(p,\mathrm{mt}) \cap \\ \mathrm{IOS}(\mathrm{nt}) \cap \neg \sim \mathrm{OL}(\mathrm{mt},\mathrm{nt})] \cap \neg \sim \mathrm{OL}(\mathrm{mt},m) \rightarrow \mathrm{KPL}(p,\mathrm{mt})\end{gathered} \tag{6-11}$$

释义：如果子树 mt、nt 和主干 m 均属于分支树 t，mt 处于闭合态，p 是子树 mt 的断点，dt 与 m 不处于交覆状态，且与任意处于定轨状态的 nt 不相交，则当前断点合理。

6.1.2 线束生产数字化工艺引导系统

线束生产数字化工艺引导系统通过计算机自动识别布线路径，并进行实时的动态高亮显示，帮助生产人员快速锁定导线敷设轨迹，引导工人完成布线任务。对每根导线的布放路径以及导线敷设状态进行提示，实现布线引导过程的数字化追踪。此外，本系统能够得到屏蔽、端接等工艺流程的图文交互式数字化引导方案，用于指导现场操作，提高线束装配质量。

6.1.2.1 系统应用基础模块设计

1. 光学导引布线工作台

光学导引布线工作台的整体尺寸(长×宽×高)是 30 m×0.9 m×0.8 m。整体结构如图 6－10 所示。

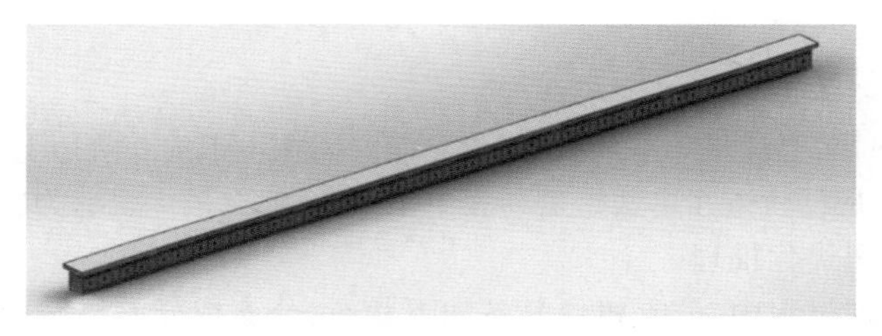

图 6－10 布线工作台整体三维模型

在开展线束生产工作时，工人需要按照线束电子工装图版上显示的线束分支处摆放支撑件，在物理空间内约束导线的敷设路径。支撑件由真空吸盘和支撑柱组成，它的工作原理是通过底部的真空吸盘将整体吸附固定在台面上，吸盘附带安装内螺纹，特制的源头、源尾、拐点柱通过自身外螺纹与吸盘配合固定。

2. 工艺引导显示设备

工艺引导显示设备主要由多块窄边大尺寸高清液晶屏拼接构成，实现对线束电子工装图版和工艺引导信息的高清数字化显示，且能实现线束图在布线工作台上的等比例显示。

(1)大尺寸高分辨率液晶屏拼接要求。

工艺引导显示设备采用大屏拼接显示控制技术以实现对大尺寸复杂线束图纸等比例显

示的支持，可实现对多路信号的采集输入，实现图像以屏幕为单位，满足复制显示、单独显示、组合拼接显示等多种显示需求。同时还应满足如下要求：

1）系统可拓展性：为适应不同尺寸规模线束工装图版的等比例显示，大屏拼接显示单元应具备快速拓展显示单元的能力，且能对不同的拼接显示方案进行快速设置和应用。

2）接缝误差补偿：光学导引布线工作台是由多个单元拼接形成的，在对线束工艺图版等比例放样时，应尽可能减小或消除屏幕接缝的影响，以提升线束图的尺寸精度。

3）高可靠性：由于线束产品的高质量要求，对工艺引导显示单元的安装使用也有较高要求，如较长的使用寿命、较好的散热性能、较高的稳定性等，并能在极端工况下连续长时间工作。

（2）液晶屏拼接缝隙处理。

由于设计和工艺方面的限制，液晶屏存在的黑色边框部分，在拼接大屏上直接显示未经处理的线束工装图版，会造成线束长度不准确，并对后续的布线、端接等工艺产生影响。

1）接缝误差分析。

假定单个液晶屏的横向边框宽度为 x，如果在两个屏拼接成的引导显示设备上显示一张图纸，则显示的长度比真实的物理长度多 $2x$。因此，应尽量减少甚至消除屏幕接缝对线束长度的影响。

2）接缝误差处理。

（a）软件重绘位置补偿。

软件显示调整是指系统在调用绘图句柄资源对线束图纸进行重绘显示时，软件系统首先锁定图版中跨缝显示的图形实体，将该实体分为两个或多个部分组合绘制，调整绘制参数以去除接缝的影响。

（ⅰ）跨缝直线位置补偿。

软件系统对直线进行重绘显示时，根据直线与接缝的位置关系，将一段直线进行切割分段绘制，切割后的第二段直线经过接缝显示后，两段直线仍然是共线的关系。设某段直线理论上的起点坐标为 (x_1, y_1)，终点坐标为 (x_2, y_2)，$x_1 \neq x_2$ 且 $y_1 \neq y_2$，如图 6－11 所示。

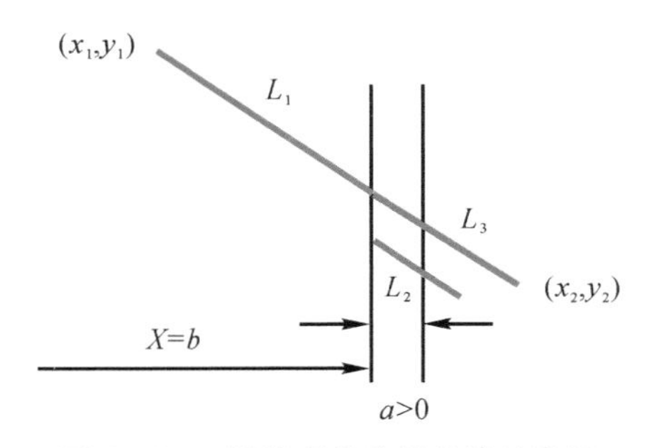

图 6－11　跨缝直线位置补偿示意图

直线 L_1 的两个端点的坐标分别为 (X_1, Y_1) 和 (X_1', Y_1')，则有

$$\left.\begin{aligned} X_1 &= x_1 \\ Y_1 &= y_1 \end{aligned}\right\} \tag{6-12}$$

$$\left.\begin{aligned} X_1' &= b \\ Y_1' &= y_1 + \frac{(y_2 - y_1)}{(x_2 - x_1)}(b - x_1) \end{aligned}\right\} \tag{6-13}$$

直线 L_2 的两个端点的坐标分别为(X_2,Y_2) 和(X_2',Y_2'),则有

$$\left.\begin{aligned} X_2 &= b \\ Y_2 &= y_1 + \frac{(y_2 - y_1)}{(x_2 - x_1)}(b + a - x_1) \end{aligned}\right\} \tag{6-14}$$

$$\left.\begin{aligned} X_2' &= x_2 - b \\ Y_2' &= y_2 \end{aligned}\right\} \tag{6-15}$$

(ⅱ)跨缝圆弧位置补偿。

系统对图纸中的圆弧进行重绘时,软件根据圆弧与接缝的位置关系,将一个完整的圆弧分为两部分进行绘制:第二段圆弧经过跨缝显示后与第一段圆弧同圆心重合。设某段圆弧的理论圆心坐标为(x_0,y_0),半径为 R,起始角为 α,终止角为 β ,如图 6-12 所示。

那么理论上圆弧的起始和结束点的坐标(x_1,y_1) 和(x_2,y_2) 为

$$\left.\begin{aligned} x_1 &= x_0 + R\cos\alpha \\ y_1 &= y_0 + R\sin\alpha \\ x_2 &= x_0 + R\cos\beta \\ y_2 &= y_0 + R\sin\beta \end{aligned}\right\} \tag{6-16}$$

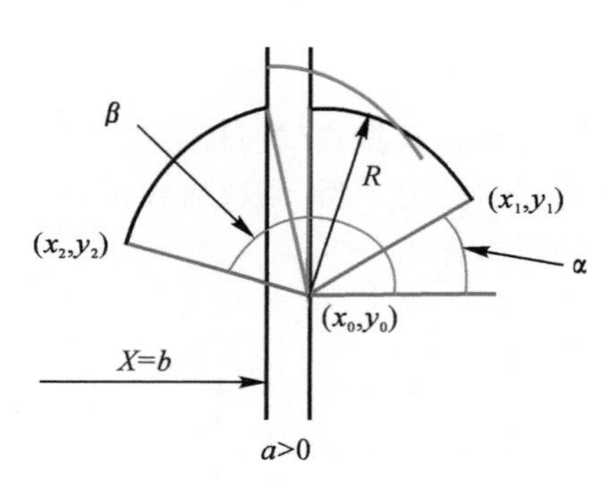

图 6-12　跨缝圆弧位置补偿示意图

第一段圆弧:圆心坐标(x_1',y_1')、半径 R_1'、起始角 α_1'、终止角 β_1' 可由下式求出:

$$\left.\begin{aligned} x_1' &= x - a \\ y_1' &= y_0 \\ R_1' &= R \\ \alpha_1' &= \alpha \\ \beta_1' &= 180^\circ - \arccos\frac{|b + a - x_0|}{R} \end{aligned}\right\} \tag{6-17}$$

第二段圆弧：圆心坐标(x_2', y_2')、半径R_2'、起始角α_2'、终止角β_2'可由下式求出：

$$\left.\begin{aligned} x_2' &= x_0 \\ y_2' &= y_0 \\ R_2' &= R \\ \alpha_2' &= 180° - \arccos\frac{|b - x_0|}{R} \\ \beta_2' &= \beta \end{aligned}\right\} \tag{6-18}$$

(b) 平移系数补偿调整。

当线束工装图版在布线工作台上显示时，以图版边框的左上角点M作为图纸校正的基准点。

设置平移系数t：假定两个液晶屏形成的接缝为W (mm)。设第一张图版的基准点M在屏幕坐标系中的坐标值为(M_x, M_y)，与基准点M共线且与接缝相交的点为$N(N_x, N_y)$，则有$M_y = N_y$。根据下式可求出接缝宽度W对应的像素w，此时平移系数为t的值为$(N_x - M_x + w)$。

$$w = (W/25.4) \times \text{DPI} \tag{6-19}$$

式中：W为两液晶屏接缝宽度(mm)；25.4 为常数，表示 1 in 的物理长度 25.4 mm；DPI 为每英寸的像素个数；w为接缝宽度对应的像素个数。

在第二块液晶屏上输出相同的线束工装图版，将平移系数t代入图纸平移方法中，图版沿X轴负方向平移t个像素点。经过两张图版的融合显示，完全消除了接缝宽度对线束尺寸的影响，如图 6-13 所示。

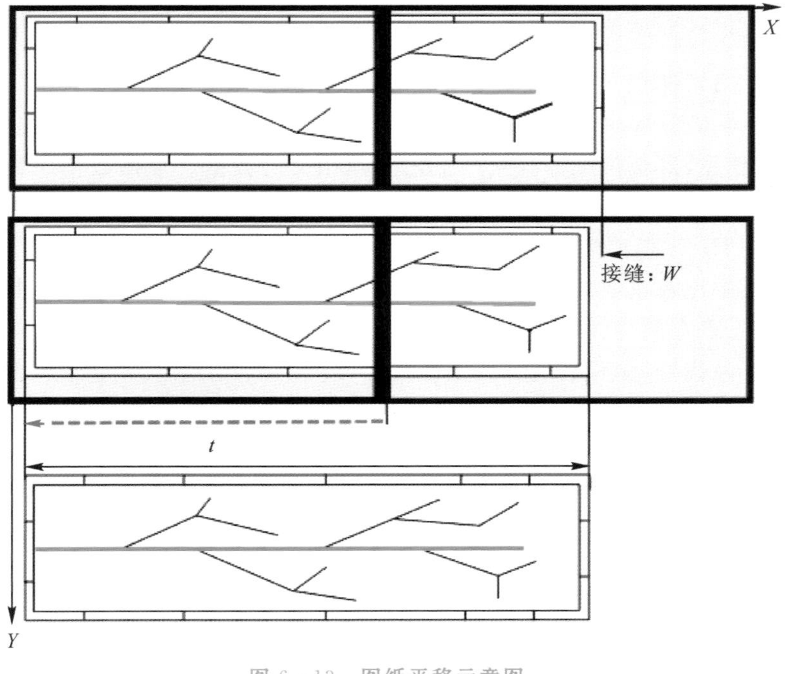

图 6-13　图纸平移示意图

3. 人机交互方案

通过设计人机交互信息查询方法，识别导线的关键信息，并使用扫码器获取导线标签，实现人机交互。导线标识条形码的数据格式设计规则为：

XXXXX|XXXXXXXXXXXX|XXXXXXXXXXXXXXXX|XXXXXXXXXXXXXXXX

a *b* *c* *d*

其中：*a* 代表图号，5 位；*b* 代表导线编号，12 位；*c* 代表首连接点信息，11 位；*d* 代表尾连接点信息，11 位。

表示导线条形码的字符串长度是一定的，用“@”分割字符串的各组成部分。严格区分字符串内容的大小写，当规定位数超出字符串内容长度时用“＊”补充。条形码示例如图 6－14 所示。

图 6－14 条形码示例

该条形码的数据内容为：“016412@0WD2051C24BL@U－633003＋X2＊@S3－601603＋X2”。根据条形码设计规则可知图号为“016412”，导线编号为“0WD2051C24BL”，首连接点为“U－633003＋X2”，尾连接点“S3－601603＋X2”。

6.1.2.2 系统数据库设计

通用数据库通常储存一般标准件和成品零部件，如导线、热缩管、防波套、焊锡套管等材料信息。专用工艺数据库中存储的是以导线为关键信息进行管理的生产工艺数据，通常有布线信息、端接信息、屏蔽信息等与生产工艺流程相关的数据。根据数据库设计的原则、方法和各数据在业务活动中的流转情况，设计出现实世界向信息世界转换的概念模型，通常用图 6－15 所示的 E－R 模型图（Entity－Relationship Model，实体-联系模型）来表示。

此处介绍其中比较重要的三个表格：线束信息表、线束图形属性表、电连接器属性表。

（1）线束信息表存储与线束相关的常规信息，并具有线束产品目录表的功能，属性设计为型号、名称、产品代号、图号、工艺员、工艺文件、线束工艺图地址，主键是产品代号。

（2）线束图形属性表存储线束工艺图中相关图元实体的信息，属性设计为产品代号、起始设备号、终止设备号、句柄、句柄数量。起始设备号、终止设备号为主键，用来确定一条导线的敷设路径。产品代号作为线束图形的外键，使得线束信息与线束图形互联。

（3）电连接器属性表设计为产品代号、名称、连接器号、接插件型号，电连接器通过产品代号与线束信息相关联。

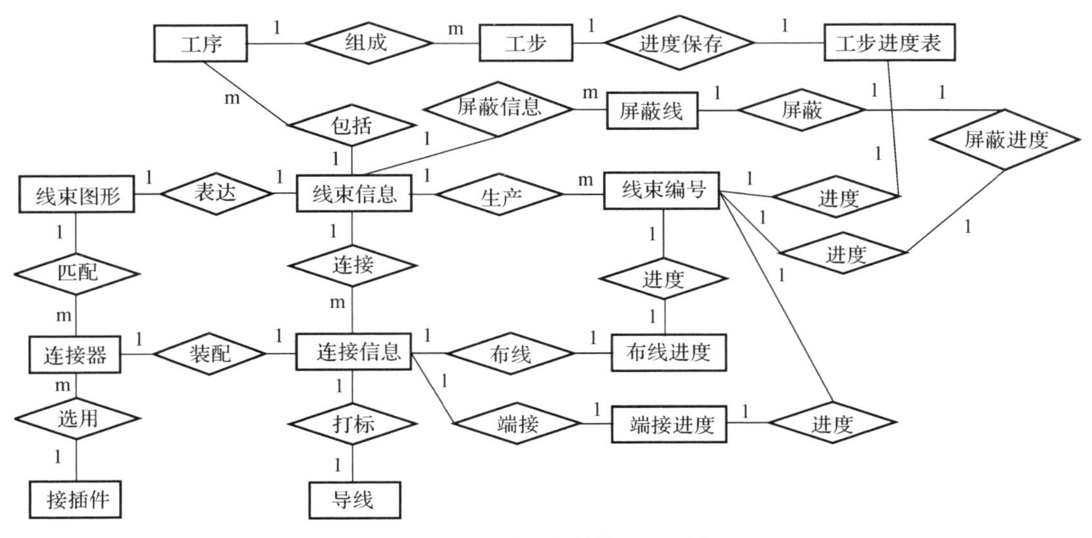

图6-15 数据库整体E-R图

一对一用1表示；多对多用m表示。

6.1.2.3 基础信息管理

(1)基础信息配置。

基础信息配置的主要功能分为两部分:人机交互设备通信和图形显示参数设置。通信单元的基础信息配置实现显示控制单元与扫码器之间的正常通信。图形显示参数的配置主要是设置显示窗体控件的参数,确定系统图形缩放、平移参数,进而实现线束电子工装图版的等比例显示,以及导线标签的生成。

(2)用户管理。

用户管理模块实现日常的用户信息维护和用户权限校验。在登录界面上,用户输入用户名和密码,系统将输入的用户信息与用户角色信息数据库中的数据进行匹配。如果用户名和密码均正确,系统将根据用户名查询该用户角色级别,设置其系统权限,并进入相关主界面;当用户名或密码错误时,进行警告提示,若用户在登录时出现三次错误,系统将记录该事件,并暂时锁定该用户。

6.1.2.4 光学导引布线工作台及布线工艺引导

(1)布线工艺引导。

布线数字化工艺引导的执行流程如图6-16所示。

(2)线束光学导引布线工作台。

根据线束生产数字化工艺引导系统的总体设计方案、体系结构以及运行模式,搭建了以光学布线导引工作台为主体的原型系统。该工作台以铝合金型材为主,经过测试,工作台的承载能力≥80 kg/m^2,适合长时间连续作业。工作台实物如图6-17所示。采用65 in的超窄边液晶屏拼接成线束各生产工艺环节的操作台面,外表面铺设有高强度钢化玻璃。

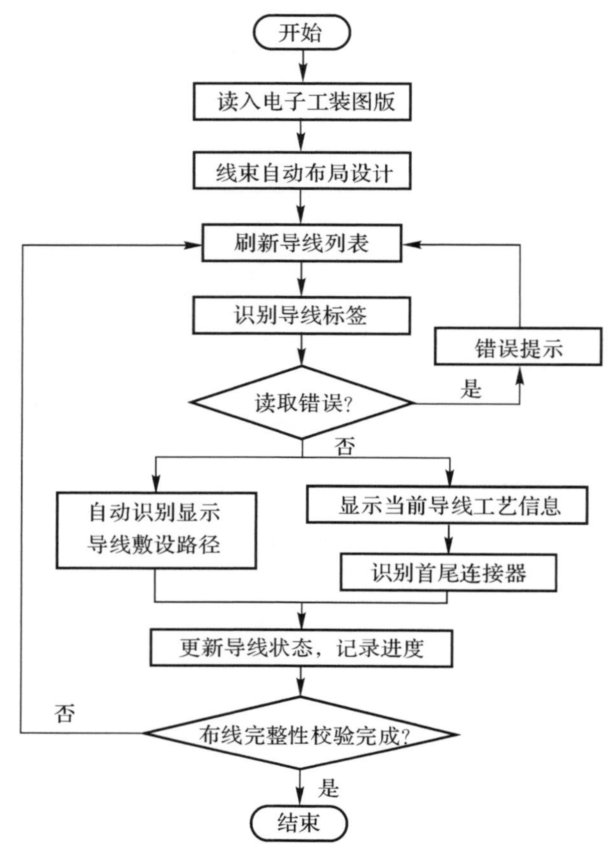

图 6-16　布线数字化工艺引导流程图

图 6-17　线束光学导引布线工作台

6.1.2.5 线束自动绑扎及绑扎工艺引导

(1)总体设计思路。

全自动线束绑扎机以当前生产和设备布局为牵引,充分结合厂内生产条件,并兼顾未来同类型产品的线束绑扎要求,做到精密、小巧,便于人工操作全自动线束绑扎。

(2)系统整体结构。

全自动线束绑扎机主要组成部分为绕线机构、走线机构、限位机构、推板机构、导轨机构、推线机构、刀槽装配体、电机机构、刀具机构、导向滑块机构、绝缘子机构、拉线机构、架线手机构和装配体外壳,如图 6-18 和图 6-19 所示。

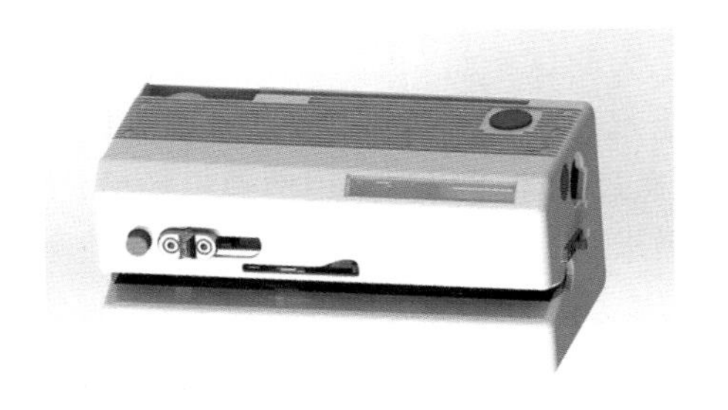

图 6-18 全自动线束绑扎机外观图

图 6-19 全自动线束绑扎机内部图

6.1.2.6 线束自动端接及端接工艺引导

在航空线束领域中,主要采用压接的方法进行端接处理。压接技术是在常温下,用压接工具或设备对两个特定的金属表面施加一定的压力,使金属结合部产生恰当的塑性变形而产生可靠的电气连接,具有很好的机械强度、优良的电气性能和耐环境性。

(1)端接孔位动态自适应提示。

扫描导线标签获取连接器型号及对接的插孔号;插孔位置坐标信息由系统依据导线端接的插孔号从数据库中读取;在电连接器示意图找到相对应的插孔,并绘制有色圆点进行标识,以实现良好的人机交互,对端接工艺进行数字化提示。

(2)端接进度显示方案。

在端接期间,使用差异化显示方案在线显示电连接器不同插孔的端接状态。通过识别插孔处不同颜色的圆点可以实时掌握端接工艺进度。

(3)端接信息数字化提示。

端接孔位的数字化提示以单个连接器为单位,采用图文结合的方式显示压接工艺引导示意图、端接点位顺序、状态(正端接、未开始、已完成)、端接工具等信息。

6.2 飞机总装机载系统智能化分析与测试技术

飞机总装配阶段机载系统功能检测是通过试验和检测获取对象的光、电、机械、理化等各类参数,并感知其特性、功能信息的过程,需要实现对产品状态和特性的获取、传输、分析、处理、显示等任务,涉及多项测试技术,试验内容及测试所需的设备及系统较多,在研究和发展信息采集、处理、分析工作的理论与方法的同时,也需要革新测试依赖的设备和手段。现代数字化测试技术极大地丰富和扩展了测试技术的内涵和应用领域,但同时也带来了工作量激增、操作复杂度高以及测试人员管理、培训任务重等问题。因此需要完成技术的跨领域融合,推动系统测试技术朝着集成化、程序化、少人化的方向发展是必然的趋势。本节将从飞机总装系统智能化集成测试总体架构设计、混合异构信号集成化感知技术、基于过程管控的飞机系统功能程序化自动检测技术、机器人在环自动化测试技术四个方面,对飞机总装机载系统的智能化分析与测试进行介绍。

6.2.1 飞机总装系统智能化集成测试总体架构设计

飞机总装机载系统程序化自动测试面向飞机三大测试系统(机电、航电、飞控),各系统程序化自动测试架构均以飞机总装机载系统智能化测试平台为依托,整合通用测试用例编辑环境、开放式模块化测试设备管理等核心功能。通过创建通用测试用例编辑环境,工艺人员可以按照规范在线编辑测试用例文件,并根据需求组合生成测试流程,便于管理测试用例,减少人为编写测试用例可能产生的错误。通过建立开放式模块化测试设备管理,整合各个测试设备资源,利用混合异构信号集中化感知技术,将飞机上各种混合异构信号进行集中管控,实现对不同的测试用例快速、准确地传输所需激励,并实时采集反馈信号进行结果分析比对,完成机载系统测试网络化的高效管理。通过应用基于过程管控的飞机系统功能程序化自动检测技术,由结果控制转为智能化全过程控制,准确高效地协助完成测试任务。

飞机总装机载系统程序化自动测试架构满足多种机型、构型飞机测试需求,通过通用测试用例编辑环境,将设计技术条件的每个执行步骤转化为测试用例,并统计各系统测试项目所需设备条件、飞机状态及环境要求,形成各类可调用方法及可调用对象,生成测试用例的审签文件。根据不同机型、构型增减测试功能,进行三种飞机测试项目梳理及通用机型系统测试流程标准化。通过开放式、模块化的测试设备集成平台,设置多接口、通用化、可移植、可扩展的要求,满足地面测试设备集中化管理及调用,实现多种机型、构型飞机的测试项目统一规划。

平台设计包含测试流程管理,测试用例的在线编辑、在线审签、自动执行,以及测试结果的记录、查询、报告、分析等功能。同时支持对多个测试设备,包括机器人、工业相机等的监控和调用,将来还可以和云平台上的测试模型进行通信。

由于平台架构庞大,业务流程复杂,涉及的硬件种类数量众多,将平台软件的功能进行模块化,每项主要功能作为单独模块部署在整体框架之上,功能模块之间采用消息总线进行通信,力求最小程度地耦合,以降低将来功能扩展的成本和风险。平台采用浏览器/服务器(B/S)结构,用户前端设备(PC 或 PAD)只需要安装主流的浏览器即可。

6.2.1.1 系统总体分析

飞机总装系统在线测试平台(Final Assembly System Testing Online Platform, FAS-TOP)主要用来数字化管理飞机的总装测试过程,主要功能包括测试方案管理、测试任务建立、测试流程执行、测试数据记录、测试结果分析等。平台还需要与相关现场测试设备进行交互,主要设备包括外部测量设备、激励设备、工业相机、机器人等。

目前飞机总装测试过程通过工人手工测试并且手工记录测试结果。飞机总装系统数字化测试平台通过技术手段实现如下功能：

（1）对测试流程进行规范化管理。

（2）对测试执行过程进行记录。

（3）对执行过程的数据进行查询和分析。

（4）部分自动执行，远程控制。

（5）安全执行，故障警报，错误易排查。

（6）项目的两个阶段。

第一阶段，实现测试的数字化，即通过测试流程的管理，实现测试流程的规范化、测试过程的可追溯性，可以导出测试结果报告等。

第二阶段，通过模拟驾驶舱和机械手远程操作控制实现部分自动化测试，包括设备的远程控制，自动执行一些操作和数据采集，降低人力工作强度，提高执行效率。自动化测试的前提是设备的稳定性和安全性。

6.2.1.2　系统总体方案

平台可部署在内部局域以太网环境，平台架构采用 B/S 形式，即中心服务器部署模式，客户端通过浏览器进行远程访问和操作。

在实际使用中，本系统支持私有云部署和本地化部署。接入公司网络的设备均需使用 10 M/100 M/1 000 M 自适应以太网接口，并提供通过该接口进行有关信息交互所需的全部许可及授权；需在设备中敷设设备与甲方公司各业务系统进行信息交互所需的网络线缆，线缆长度需预留至设备安装位置附近的网络接入点，线缆规格及标准按照公司要求执行。整个测试系统的硬件连接图如图 6-20 所示。

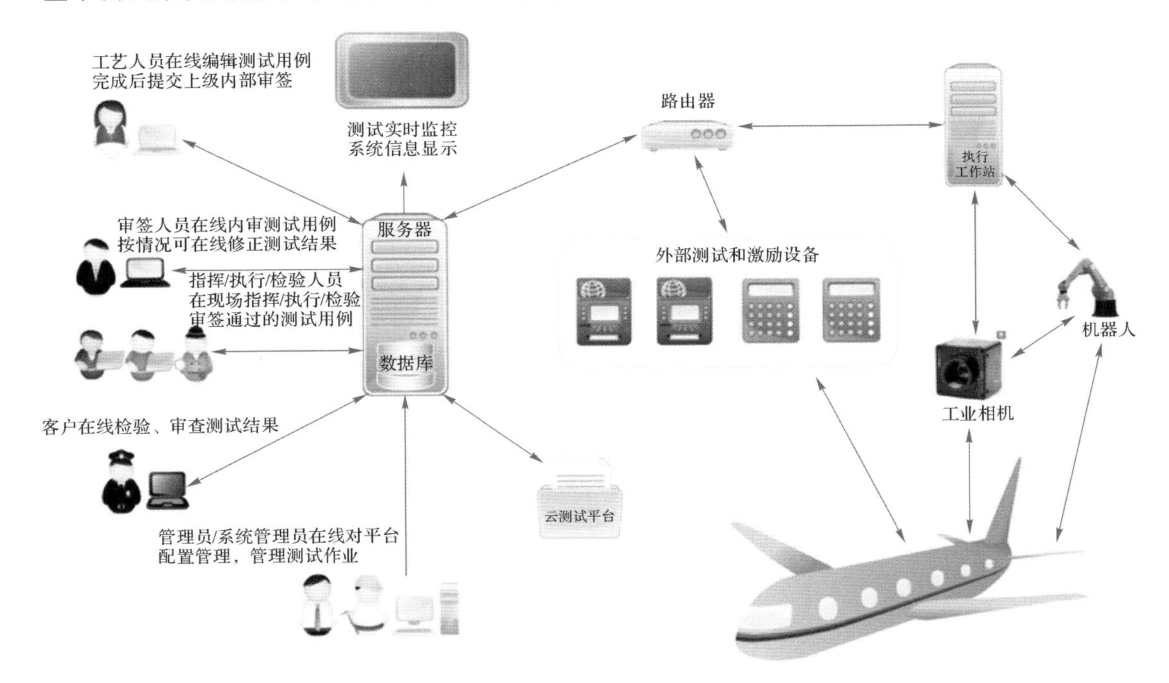

图 6-20　测试系统硬件连接图

6.2.1.3 系统层次划分

基于上述的平台工作流程对系统进行层次划分，总共为 6 个业务层次，如图 6－21 所示。每个业务层次进行数据建模，制定交互协议。构建一套层次分明、能互相协作的系统。

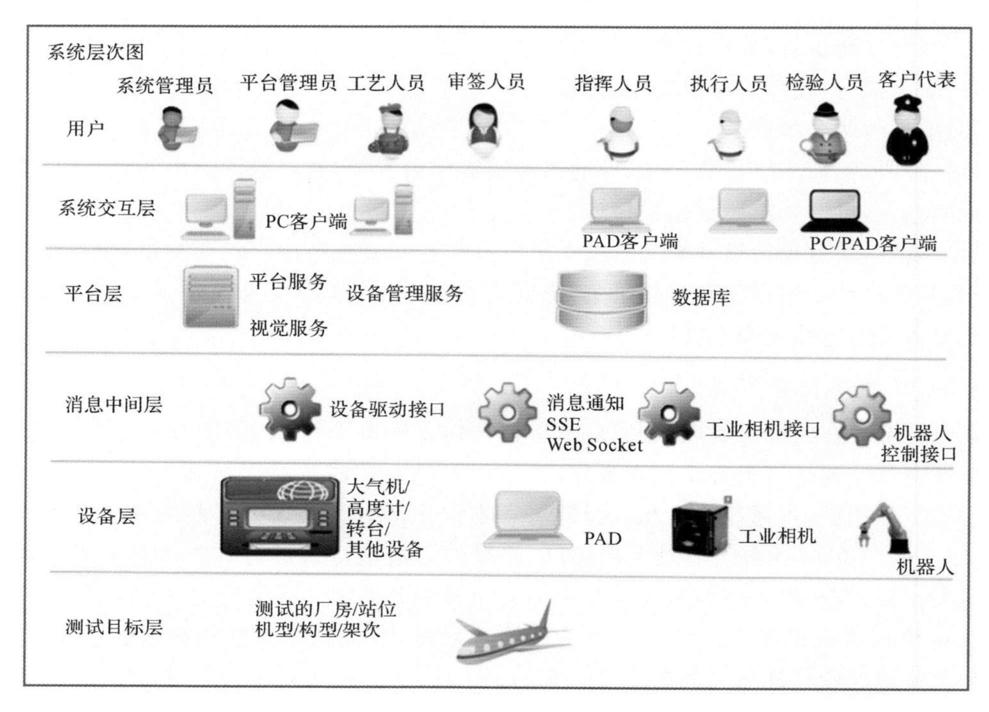

图 6－21　数字化测试系统层次划分

6.2.1.4 测试系统现场布局图

测试系统现场布局的初步设计如图 6－22 所示。

6.2.2 混合异构信号集中化感知技术

飞机上的信号类型包括声、光、电等多模信号。飞机总装机载系统智能化分析、测试系统是建立在基于过程管控的测试体系，对整个测试过程进行记录和监控基础上的，测试结果通过事先输入的标准进行比对确定。原有测试方式只是通过人对上述信号进行观察，对于超出评判标准的结果通过人工的方式进行判定，无法保证测试结果的可靠性以及测试效率。本节将通过对多源异构设备集中管控、图像采集与识别、语音采集与识别等技术进行介绍，明确针对飞机测试过程中产生的包括声、光、电等信号的集中化感知技术的主要内容。

6.2.2.1 多源异构设备集中管控技术

飞机平台上的设备通过设备控制服务（DCS）集成测试平台进行管理，并通过飞机激励系统进行测试。针对不同种类的测试设备，有不同的通信方式、不同的功能测试设备。

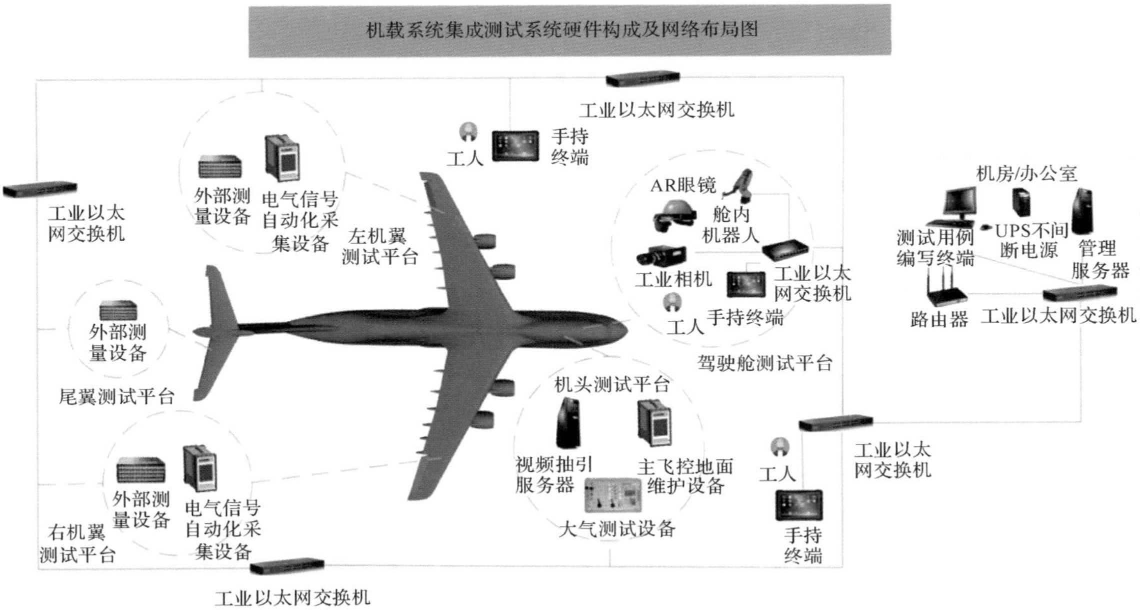

机载系统集成测试系统硬件构成及网络布局图

图 6－22　飞机数字化测试系统现场布局图

1. 系统组成

设备资源管理系统由数字化检测软件、指令客户端、设备控制管理核心服务、设备驱动程序等组成，如图 6－23 所示。

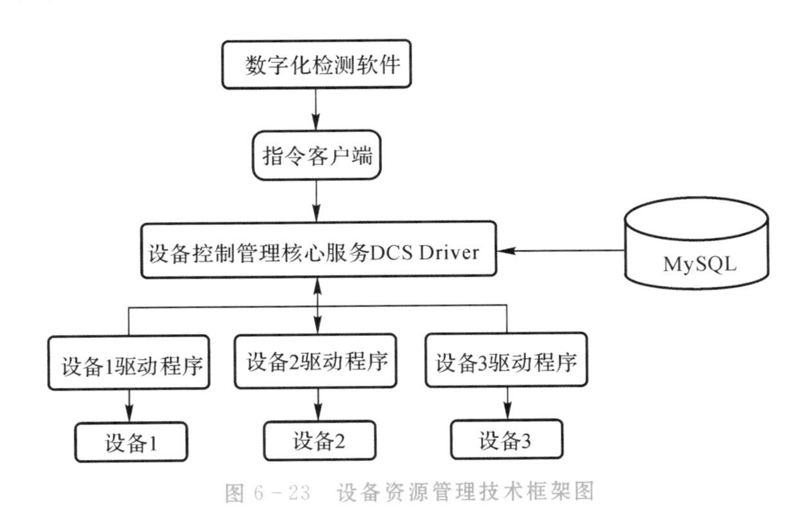

图 6－23　设备资源管理技术框架图

(1)指令客户端，是测试平台系统与设备控制服务器(DCS Server)进行交互所使用的服务。

(2)设备控制服务器(DCS Server)，是设备资源管理的核心模块，分为设备管理控制服务、指令接收服务和守卫服务三部分。设备管理控制服务负责监听设备驱动器的连接；指令接收服务负责监听测试平台发送的指令报文；守卫服务主要用以定时访问数据库计算步骤使用设备的时长。

(3)设备驱动，启动后与 DCS 设备控制服务 Socket 建立长连接(Tcp 连接)，DCS 定时给 Socket 发送心跳报文。

2. 通信方式

通信方式主要指工业现场不同模块之间的通信方式，采用的主要是 EtherCAT 总线通信和串口通信。

(1)EtherCAT 总线通信。EtherCAT 是一种开源的实时以太网现场总线通信协议，具有灵活的拓扑结构，可以满足星型、环型、分布式多种网络结构的要求，数据传输速率快，同步性好。EtherCAT 采用主从模式数据通信，利用标准的 IEEE802.3 以太网帧传递，兼容商用以太网，并且协议对标准以太网透明。数据帧格式如图 6-24 所示。

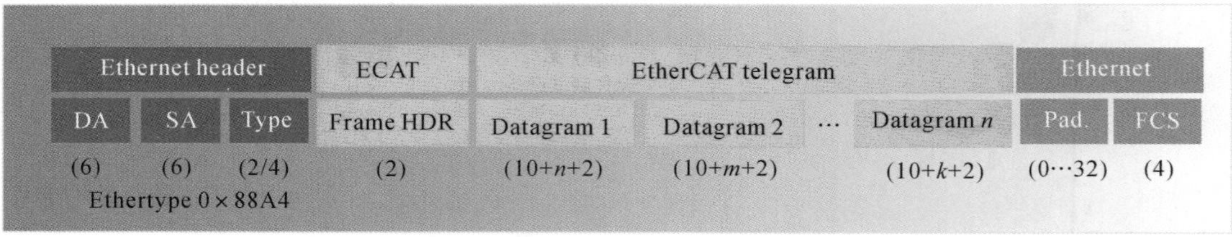

Ethernet header			ECAT	EtherCAT telegram				Ethernet	
DA	SA	Type	Frame HDR	Datagram 1	Datagram 2	…	Datagram *n*	Pad.	FCS
(6)	(6)	(2/4)	(2)	(10+*n*+2)	(10+*m*+2)		(10+*k*+2)	(0…32)	(4)
Ethertype 0×88A4									

图 6-24　EtherCAT 数据帧

飞控系统自动测试系统采用分布式的测控方案，整个系统通过以太网进行连接。硬件系统总体结构如图 6-25 所示。

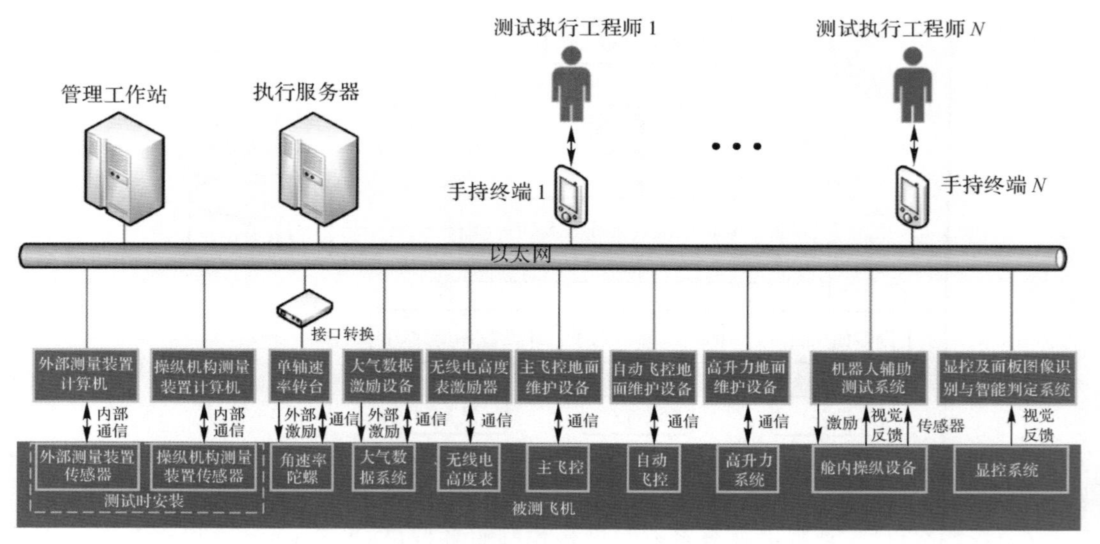

图 6-25　基于网络的分布式测控系统连接图

将检测设备、管理工作站、执行服务器、手持终端通过以太网接口接入工业以太网，所有的检测信息都通过以太网传输。分立的测控单元在现场采集测试数据并通过 EtherCAT 通信协议进行数据交换，执行服务器作为 EtherCAT 主站发布测控命令并接收从站发送的测试数据。分立式的测控设备内部通信细节对以太网屏蔽，所以在进行测控时只需要关注具体的测控任务而不需要考虑测控设备内部的执行逻辑，有利于模块化的系统开发和功能扩展。

（2）串口通信。

串口通信是指外设和计算机间通过数据信号线 、地线、控制线等按比特进行传输数据的一种通信方式。常见的串口通信方式为 RS232 和 RS485，如图 6 - 26 所示。

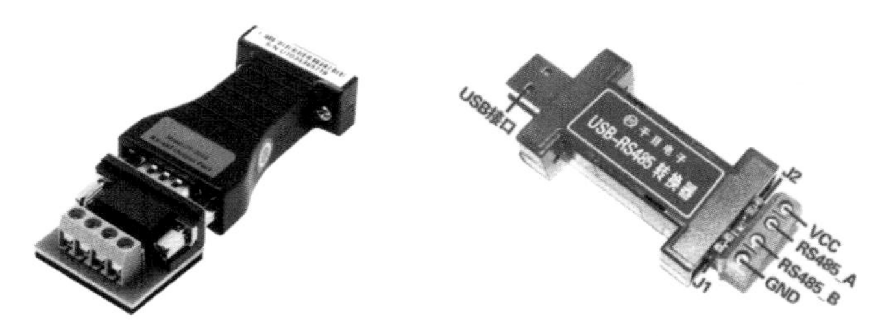

图 6 - 26　RS232（左）和 RS485（右）

3. 测试设备硬件连接

测试系统平台服务器通过以太网接口接入整个以太局域网，现场各种测试设备经过外部的接口改造，将各种形式的接口（如 RS232、422、485 等）转换为以太网接口，接入以太局域网，使用 TCP/IP 协议进行通信。

为了兼容高速大数据量的场合，使用工业千兆以太网进行组网。为保证连接可靠性，采用航空插头 RJ45 型（见图 6 - 27）进行连接，对于现有设备上的以太网接口，在连接设备一端采用符合设备接口的接头，在另一端采用航空插头进行可靠连接。

图 6 - 27　航空 RJ45 型插头

4. 不同设备的管理和控制

对于不同设备，系统进行设备管理时的控制和管理方式也不同。

（1）主飞控系统地面维护设备。

主飞控系统地面维护设备实现对主飞控系统数据信息的获取和监测，在完成主飞控系统检测时可以通过总线向飞控系统发送飞行前或维护自检测指令；安装飞控系统地面维护自检测（MBIT）测试软件，由地勤人员通过维护菜单操作键启动系统测试。使用的接口计算机为上翻式加固便携机，具有一个以太网口，安装一个网关设备进行协议转换后与执行服务器通信。

（2）自动飞控系统地面维护设备。

自动飞控系统地面维护设备实现对自动飞控系统数据信息的获取和监测。执行服务器通过以太网接口给自动飞控地面维护设备发送自动飞控测试任务,自动飞控地面维护设备执行测试任务并将测试结果实时上传至服务器。使用的接口计算机为 GPS－800B 下翻式固便携机,可扩展出网口,在安装一个网关设备进行协议转换后与执行服务器通信。

(3)仿真信号注入设备。

仿真信号注入设备包括速率陀螺仿真信号注入设备和单轴速率转台仿真信号注入设备。速率陀螺仿真设备具有一个以太网口,在安装一个网关设备进行协议转换后与执行服务器通信。单轴速率转台的远程控制接口为 RS422 接口,经过 RS422 转 RJ45 接口,并作串口协议与以太网接口的协议转换。传输数据满足以太网传输协议,可接入执行服务器的以太网络接收控制指令上传检测数据。

(4)惯导激励设备。

惯导激励设备的主要功能是在惯性坐标系中模拟飞机飞行时的状态,可以通过给予的激励得到飞机在惯性坐标系中的速度、偏航角以及位置等信息。惯导激励设备具有一个以太网口,安装一个网关设备进行协议转换后与执行服务器通信。惯导激励设备网络通信遵守 TCP/IP 协议。该设备集成到飞控系统半实物仿真测试平台。

(5)轮载信号模拟器。

通过轮载信号模拟器,在 PDCU 工作接口接入不同电感值的电感,模拟轮载传感器的接近及远离信号以模拟飞机接地及空中状态。其具有一个以太网口,安装一个网关设备进行协议转换后与执行服务器通信。防滑刹车检测器网络通信遵守 TCP/IP 协议,该设备集成到飞控系统半实物仿真测试平台上。

6.2.2.2　图像采集与识别技术

1. 图像采集与识别系统需求分析

图像采集与识别系统搭建基于以太网的平台架构,使用工业相机获取驾驶舱内显控屏信息,完成机电、航电系统声光电信号的集中管控和画面页的智能识别,完成图像采集与识别系统设计、开发、调试,与集成测试平台协同完成对测试过程中测试结果的判读。

2. 视觉系统总体方案设计

综合需求分析,采用的布局方案如图 6－28 所示。图像采集与识别系统由相机集成工装、末端执行器集成相机、视觉系统工作站三部分组成。

相机集成工装用于将显控板识别相机、中央操纵面板识别相机、网络摄像机、后期可扩展的 3D 相机、相机配置所用工业交换机等设备进行集成,基于工装两端设计的快速装夹装置实现多相机整体快速拆装。相机集成工装安装在驾驶舱后端设备柜顶部两端支架上,高度约为 1 850～1 900 mm,能有效避开技术人员、机器人工作空间,不妨碍人员移动与机器人操作,降低了镜头被遮挡的风险。

末端执行器集成相机安装于机器人末端执行器夹具工装上,使视觉系统在采集操作面板与显控板图像时可根据作业需求自主调整视场,避免镜头遮挡问题。同时,工业机器人利用示教信息或视觉系统提供的粗定位信息运动接近目标待检区域时,利用末端执行器集成相机对待操作目标精确定位,获取目标物体的三维位姿信息,对目标或末端执行器期望的三维空间位姿信息进行重构，进而辅助指导末端执行器完成指定动作。

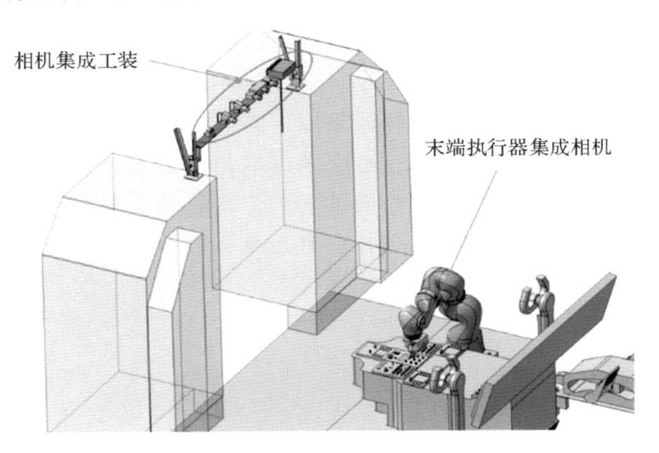

图6-28　视觉系统舱内布局示意图

视觉系统工作站是图像采集与识别系统的核心，它负责控制整个视觉系统各个模块的运行，触发视觉传感器采集图像数据，完成图像处理和识别运算，并通过Web服务接口实现FASTOP平台服务器的指令接收、结果上传、设备信息管理与数据交互等功能。视觉系统工作站根据总装平台现场环境进行调整，可配置于驾驶舱附近工位平台。

图像采集与识别系统的网络结构如图6-29所示。FASTOP平台服务器、视觉系统工作站以及各视觉传感器基于以太网平台架构进行指令下达与数据交互。各类视觉传感器以GigE千兆网输出采集到的图像，传输效率高、信号稳定，允许在长距离上用标准线缆进行快速图像传输，符合飞机总装生产线环境要求。

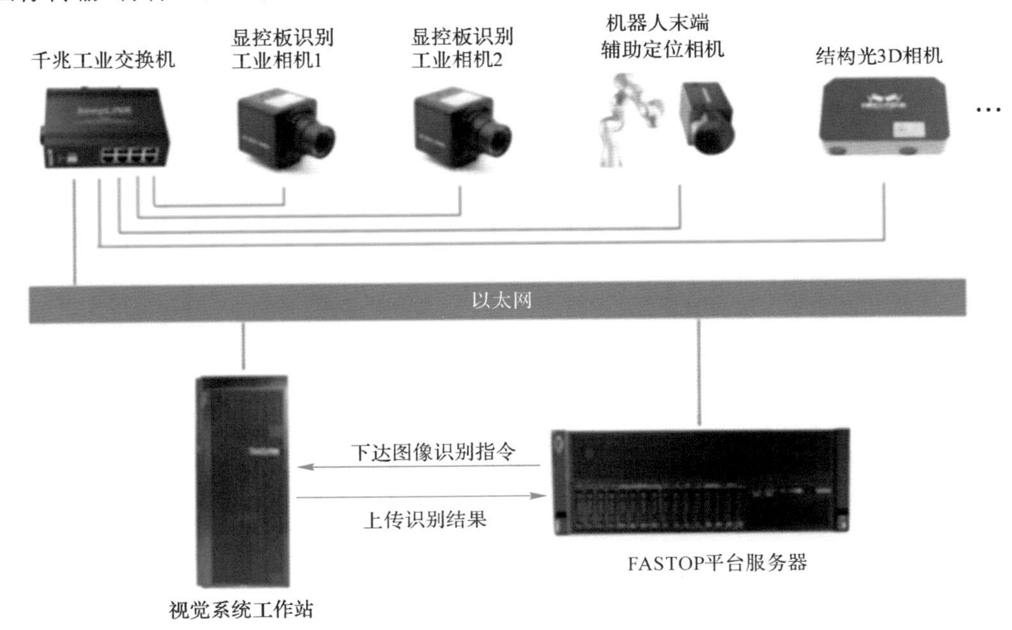

图6-29　图像采集与识别系统的网络结构示意图

3. 显控板页面识别算法设计

显控板显示页面识别的整体方案如图 6－30 所示。针对主飞控画面页的显控板页面识别过程如下：首先，视觉工作站接收 FASTOP 平台服务器指令，触发工业相机自动采集待识别区域图像，视觉系统对输入图像进行特征提取，与基准图像的特征向量进行特征匹配，实现页面区域定位；其次，基于仿射校正变换，准确提取出标准尺寸的待识别页面；再次，针对该页面已知的区域位置定位待识别目标，通过区域分割将待识别目标分割出来；最后，将分割好的待识别目标通过对应模型进行识别，主要涉及页面特征提取、页面特征匹配定位、页面矫正、目标定位与分割以及目标识别等关键技术。

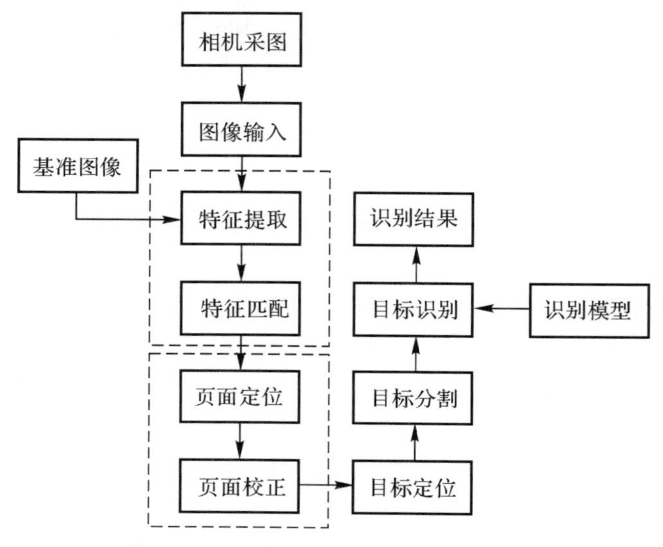

图 6－30　显控板显示页面识别整体方案

4. 图像采集与识别系统服务接口

图像采集与识别系统工作站部署 RestApi，工作站与 FASTOP 服务器通过指定 url 进行指令下达与数据交换，通过工业相机或技术人员手持终端拍摄原始图片也可进行数据传输，并存储于工作站本地。交互数据包括识别指令、测试步骤信息、图像数据、图像自动识别结果等。目前，共计 5 个 RestApi。

6.2.2.3　语音采集与识别技术

1. 语音采集与识别系统需求分析

语音测试系统系统搭建基于以太网的平台架构，使用音频识别设备将获取的音频信号变换成电信号，再传至识别系统的输入端，完成航电系统语音信号的采集、分析和识别，完成语音采集与识别系统设计、开发、调试，与集成测试平台协同完成对测试过程中测试结果的判读。

2. 语音系统总体方案设计

根据需求将音频识别设备分别布置在左驾驶侧、右驾驶侧、第三机组和货舱的音频接口处，如图 6-31 所示。

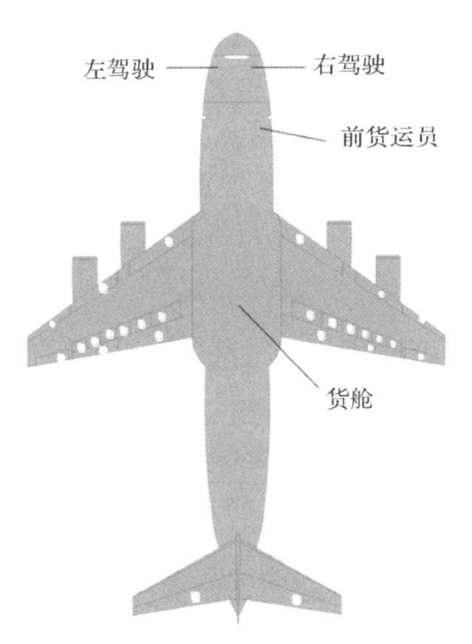

图 6-31 语音系统布局示意图

语音系统的网络结构如图 6-32 所示。将网络结构分为通信语音网络和警示语音网络。针对通信功能：测试过程开始时，发送端计算机播放一段特定的标准合成音频，通过机载音频线将该段语音传输到目标舱位，并通过外接扬声器播放该段语音，同时接收端计算机通过麦克风录制该段语音，采用识别算法分析出该段语音的内容，将识别结果上传至服务器。若是检查机内广播功能，可通过麦克风录制扬声器发出的声音，传回计算机，也可通过操作面板上的 AUX 接口直接采用音频线进行信号传输。针对告警音的识别，当扬声器发出报警声时，舱内麦克风捕捉到此音频，通过音频线传回计算机/终端进行告警音分类与识别。

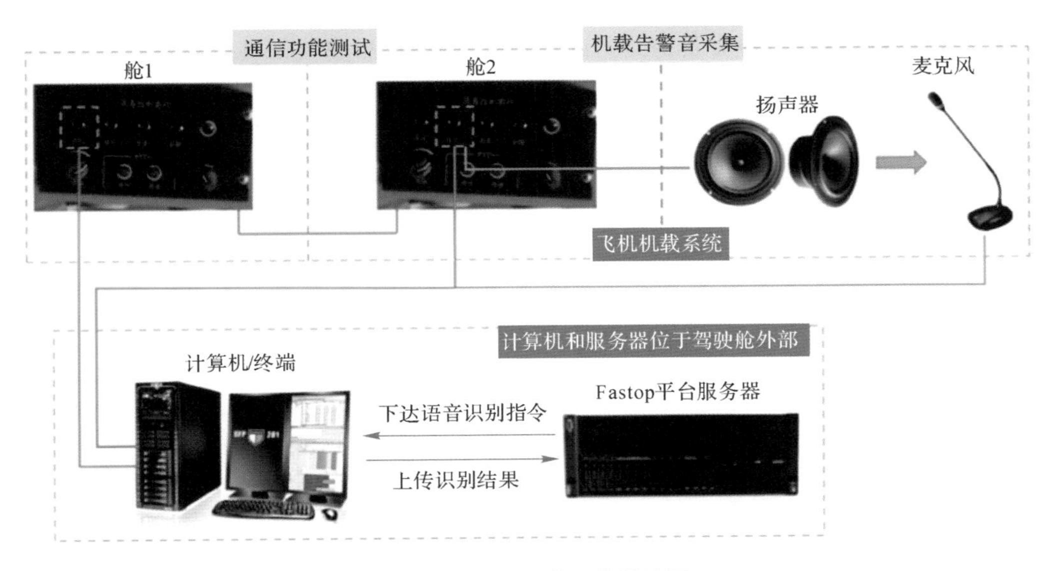

图 6-32 语音系统网络结构图

3. 机载告警音识别方案

机载告警音识别系统的总体设计方案如图 6-33 所示。识别流程如下:对获取的语音数据集进行特征参数提取,将特征参数输入机器学习模型、卷积神经网络中进行训练,分别得到告警音分类和语音识别两种模型。在测试过程中,由计算机程序控制麦克风录制告警音,进行语音去噪、静音分割以及高频信号预加重处理,对处理后的语音进行特征参数提取,将其输入预训练模型中进行分类或识别,在与告警音知识库进行比对后输出结果。

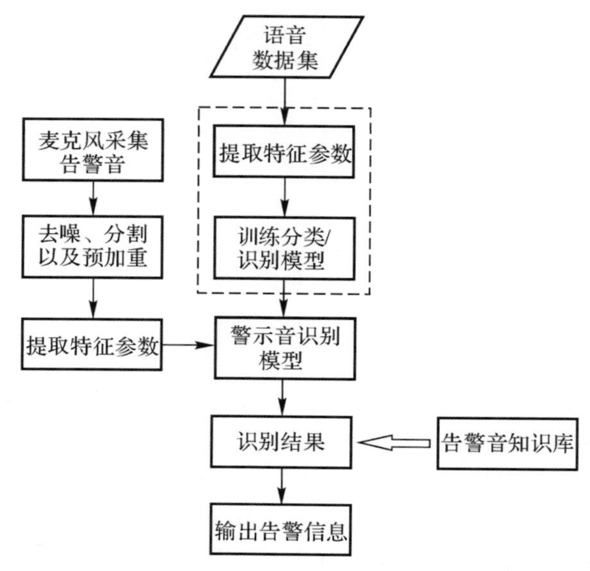

图 6-33 机载告警音识别系统的总体设计方案

4. 通信/广播设备功能测试

机载通信语音测试的主要目的是测试左右驾驶舱、货舱和第三机组等位置之间的通信设备功能是否正常。通过计算机发送、接收语音信号构建测试环路,以智能测试取代原有的人工收发信号的测试方案,便于留存测试记录。测试流程如图 6-34 所示。

5. 氧气系统特殊噪声识别方案

可提前采集氧气系统中氧气减压器、氧气调节器、系统管路等明显气流泄漏声音,测试时将待测音频与采集音频的波形图进行相关度分析,输出相关度系数。若该系数高于某个值,则说明有特殊噪声;否则,则没有。

6. 语音采集与识别系统服务接口

语言采集与识别系统工作站部署 RestApi,工作站与 FASTOP 服务器通过指定 url 进行指令下达与数据交换,通过音频识别设备,或音频线直连音频接口,进行音频数据传输,存储于工作站本地。交互数据包括识别指令、测试步骤信息、音频数据、音频自动识别结果等。目前,共计 5 个 RestApi。

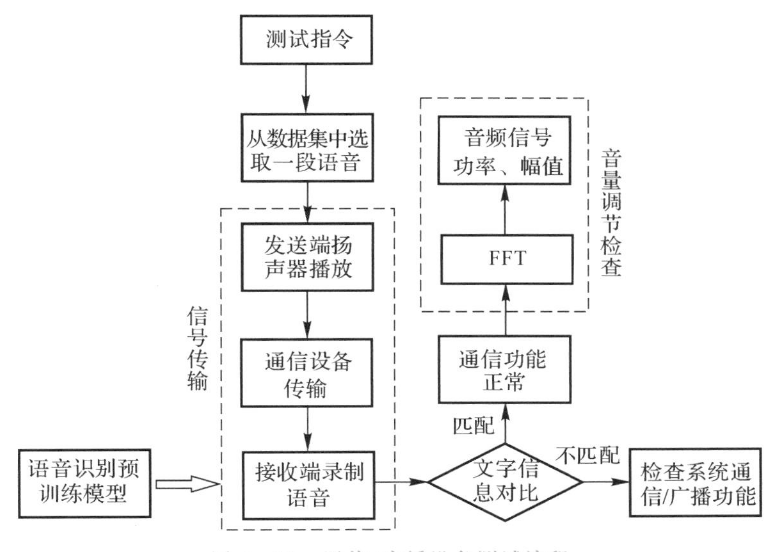

图 6-34　通信/广播设备测试流程

注:FFT 代表快速傅里叶变换。

6.2.3　基于过程管控的飞机系统功能程序化自动检测技术

针对现阶段飞机系统功能调试存在的重复试验项目多、检测过程不能实现全流程质量监控以及人工检测存在的错检、漏检问题,通过研究飞机系统功能程序化自动检测技术,对现有航电、机电、飞控系统通电技术条件进行结构化转换,将通电技术条件逐项转换成条目化测试脚本,通过软件控制实现功能检测程序化自动执行。从传统人工发送指令为主导的测试模式向计算机按照预定程序自动完成控制指令发送的模式转变,完成航电、机电、飞控系统功能检测从结果验证到过程控制的转变。本小节将从测试软件架构设计、软件功能设计两方面对飞机系统功能程序化自动检测进行介绍。

6.2.3.1　测试软件架构设计

1. 系统服务划分

飞机总装机载系统智能化集成测试平台的软件系统架构如图 6-35 所示。软件系统拆分为三大模块,其中工艺模块部署于园区网内,云端模块和边缘服务模块部署在工业网内。平台采用 B/S 架构,对外采用 Chrome 等浏览器进行访问。内部会分化出设备访问接口以及图像分析等接口。

2. 项目环境

软件运行环境如表 6-4 所示,服务器端软件运行在 Ubuntu18.04 操作系统下,客户端通过浏览器登录软件,支持 Windows7、Android 等系统。服务器端软件需要 Nginx、JDK8、MySQL 等环境支持。

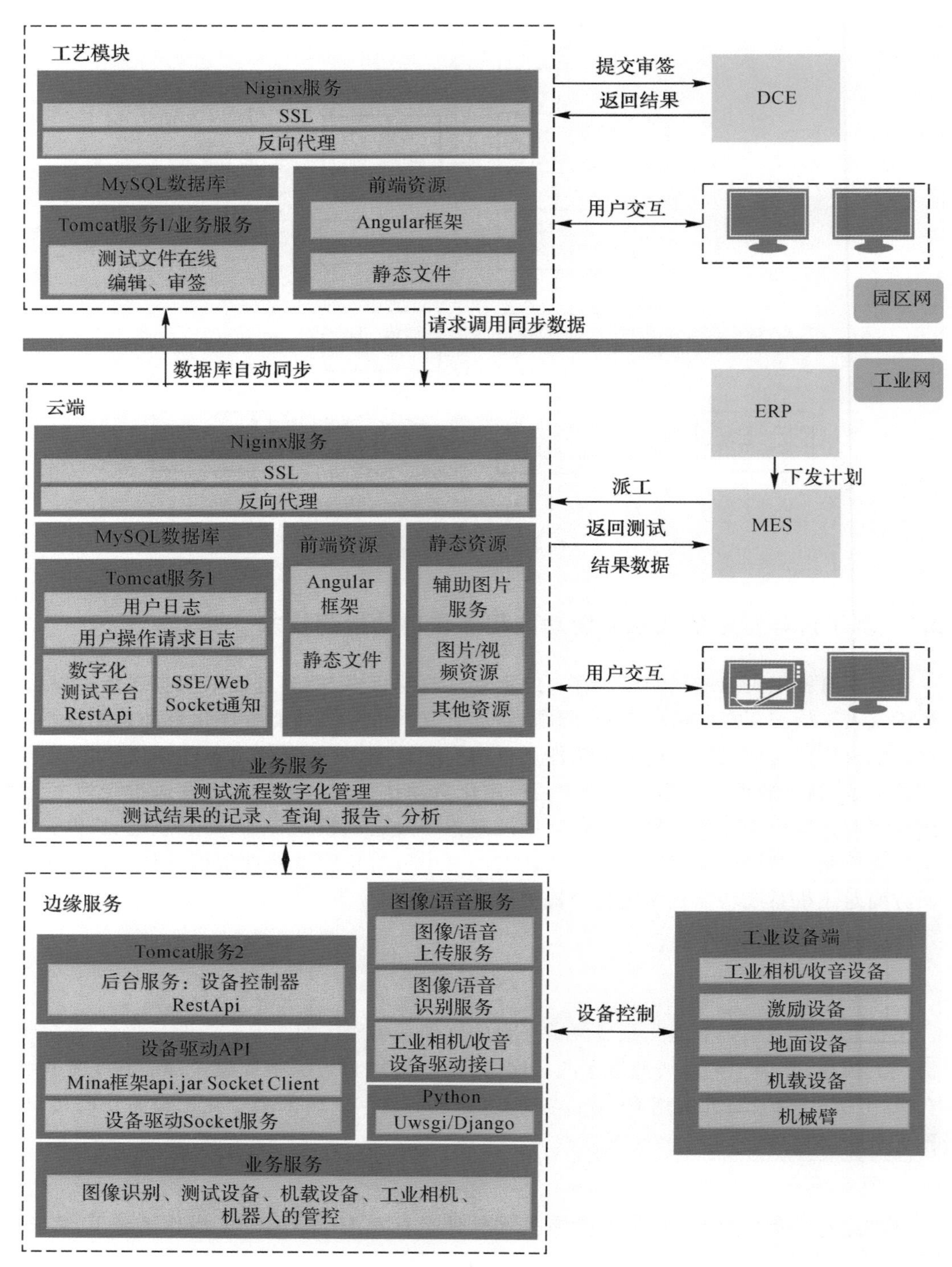

图 6－35　系统服务划分

注:SSL 为安全套接字层;SSE 为服务器发送事件

表 6－4　软件运行环境

	服务器	服务器(云资源)	PC 客户端	移动客户端
操作系统	Ubuntu Server 18.04.2	Ubuntu Server 18.04.2	Windows7	Android
基础软件/硬件	Nginx、JDK8、MYSQL、Python3	Kubernetes 集群	Google Chrome v77＋、Firfox	工业 PAD,长宽比为 16∶11,分辨率为 1024×768,MR 眼镜

3. 物理部署图

整个测试平台分为图 6－36 所示的园区网、工控网、本地部署三大部分。

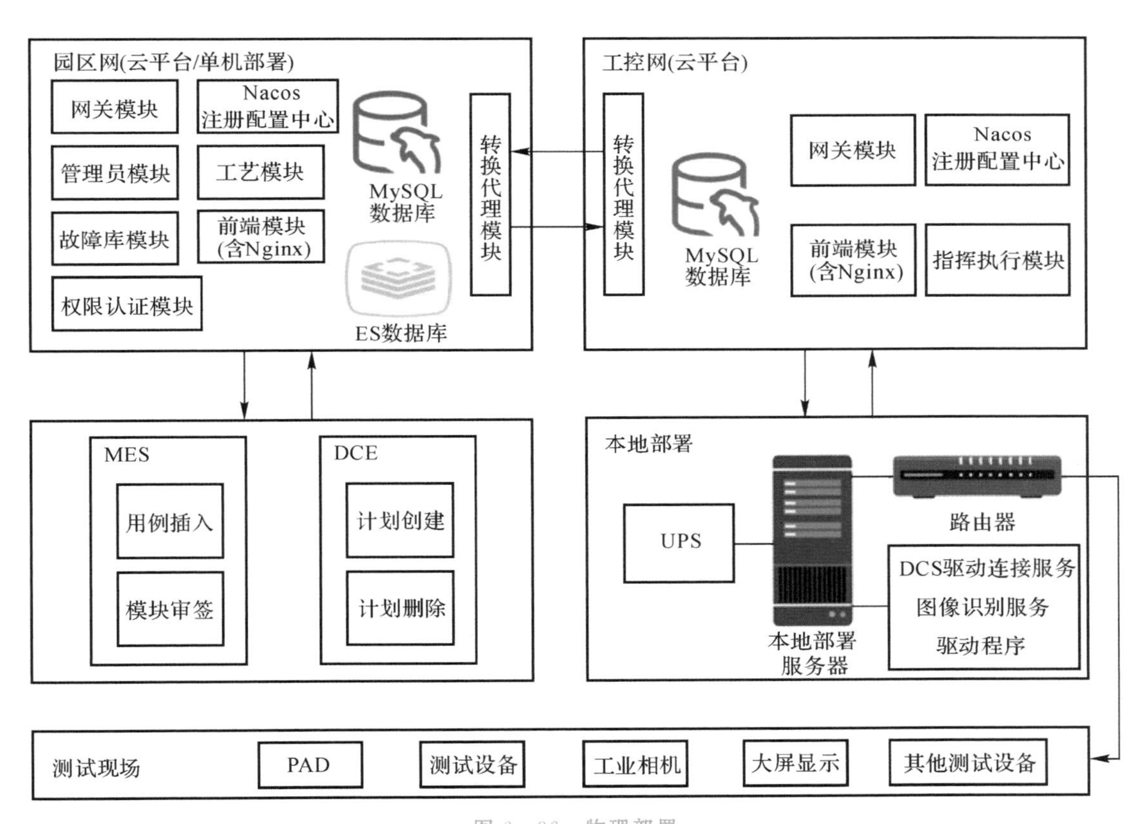

图 6－36　物理部署

4. 功能清单

软件功能清单如图 6－37 所示。

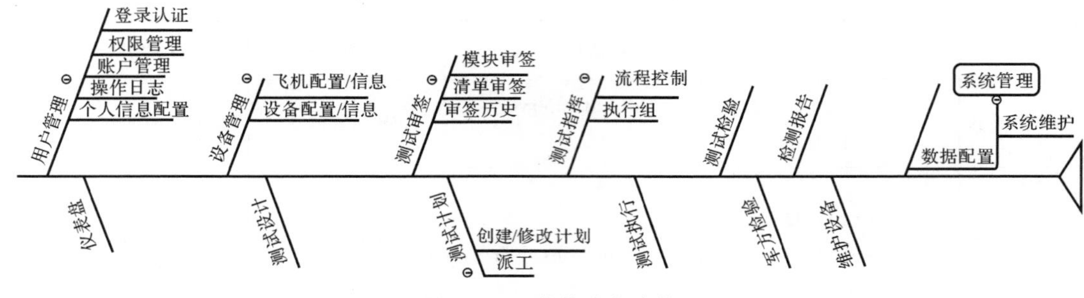

图 6－37　软件功能清单

6.2.3.2　软件功能设计

1. 数据库设计

(1)数据领域模型。

根据之前的需求分析,需要建立用户信息管理域、权限配置域、飞机架次域、设备域、拓扑位置域、测试模块域、测试流程(测试集)域、测试计划域、测试执行域、故障诊断域的数据关联模型。

(2)数据依赖关系。

数据库数据依赖关系如图 6－38 所示,每种机型可以设置不同构型,不同构型可以设置不同专业,专业下设子系统,按照子系统划分不同的模块库,模块中含有不同测试用例,以测试用例中的最小执行单元为测试步骤,由测试步骤关联系统中集成的测试设备以及相关测试判据。

2. 用户操作界面及功能设计

(1)测试设计。

具有工艺权限的人员主要负责测试流程(测试模块、测试清单)的编辑,而测试流程包括若干测试步骤:模块库查看、模块新增与修改、步骤新增与修改;升版操作;清单库展示、清单的新增与修改、更新单的创建;模块与清单审签以及其他功能。

(2)测试审签。

审签权限分为五种:校对、审核、质审、审查、批准。审签人员负责对新增或修改的模块或清单进行审签。

1)审签人员选择工艺人员提交审签的模块或清单。

2)在审签列表里显示提交审签的所有模块,在清单审签中显示提交审签的所有清单,根据人员权限显示不同状态的模块或清单。

3)如果审签人员对这些修改/新加/删除的模块进行审签,且所有的审签流程均通过,则会形成一个稳定版本。

4)审签人员的审签粒度为模块级别,即审签人员可以逐个对模块进行审签,也可以批量进行审签。

5)审签人员可以查看自己的审签历史。

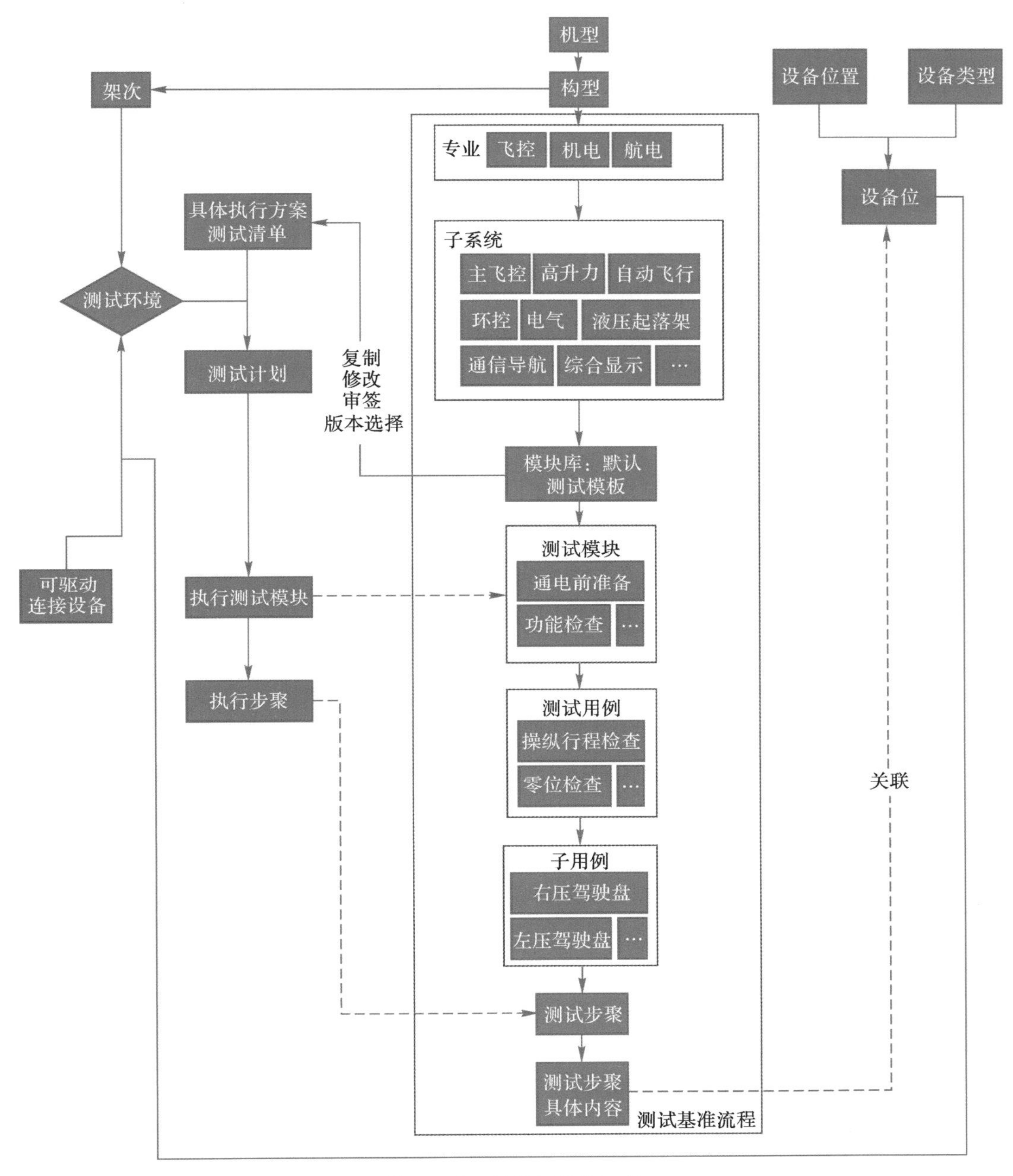

图6-38　数据依赖关系图

(3)测试计划。

测试计划管理包括测试计划创建、显示等，由平台管理、计划员操作。

工艺人员将清单提交审签，并通过审签流程；计划员通过审签通过的清单，创建测试计划。

(4)计划分派。

1)派工人员可以对当前存有的飞机信息进行查看;

2)派工人员可以对新创建的测试计划进行派工操作,将计划分派给指定的指挥人员,同时,派工人员可以对以往分发的计划进行查看。

(5)测试指挥。

指挥人员通过选择测试计划进行测试。指挥人员负责控制步骤的进行,例如开始和结束测试步骤。对于自动执行,指挥人员需要增加紧急停止按钮以保证执行可控。

指挥人员负责控制一个测试任务的执行情况。

1)选择测试计划,并开始该计划或者完成该计划。

2)指挥人员选择一个功能开始执行。

3)执行该步骤后可以进行拍照、识别、输入数据等。

4)对于包含设备指令的步骤,点击按钮可以自动依次向下执行,再次点击可以停止自动执行;在自动执行过程中,如果出现异常、结果超出预期等情况,将自动停止执行,交由人工判断。

(6)测试执行。

执行人员通过 PAD 接收指挥人员的指令,按照 PAD 上显示的步骤执行。测试执行时可以在测试过程中进行操作反馈、拍摄照片、填写结果等。

(7)测试检验。

检验人员根据执行的情况进行检验并给出执行结果和执行意见。如果结果不合格需要重新执行并检验。

检验类似于指挥,但不用跟随实时执行。可以通过 PAD 或者 PC 进行检验,也可以对已经完成的测试进行检验并给出建议:

1)检验通过,选择一个计划会获取该计划下的模块列表以及状态信息。

2)进入该测试模块。对于已经完成测试的用例,可以进行检验,对于未完成的用例,可以选择查看所有的检测数据。

3)对于军检模块,在检验人员检验完成后,需要提交至客户进行检验,客户检验通过后,方能结束测试计划。

6.2.4 机器人在环自动化测试技术

随着对飞机安全性、可靠性、执行任务的多样性要求的提出,系统综合化、集成化程度越来越高,系统功能、交联关系越来越复杂,在总装阶段对整机系统综合测试,要求更加深入,内容更加全面,测试任务也更加复杂繁重。然而整机系统的测试,还停留在以分立式、人工测试为主的状态,无法获取系统闭环数据,测试效率和准确性不高、测试覆盖不足,造成数据分析、测试结论容易出现多义性。

本小节提出的机器人在环自动化测试技术是,将机器人布置在飞机驾驶舱内,使用机器人代替人去完成飞机总装测试的各项操作,并通过机器人自身携带的传感器获取测试数据的技术。

6.2.4.1　机器人在环辅助操纵技术

本小节通过对模拟驾驶舱的搭建，机器人夹指的设计，中控台、顶控板以及操纵手柄的操作模拟进行介绍，明确机器人在环辅助操纵技术的主要内容。

模拟驾驶舱是用于等尺寸还原飞机驾驶舱结构和布局，提供有操作力感的操作机构及实时显示界面的模拟装置。将机器人放置在模拟驾驶舱中，操作模拟驾驶舱的操纵机构（按钮开关、方向盘、驾驶柱等）进行相关实验；视觉识别系统搭建在模拟驾驶舱中，对模拟驾驶舱中的模拟实时显示界面进行识别实验。整体模拟驾驶舱分为框架结构、操纵机构、负荷加载机构及信息显示仿真装置四部分。模拟驾驶舱整体结构及组成如图 6－39 所示。

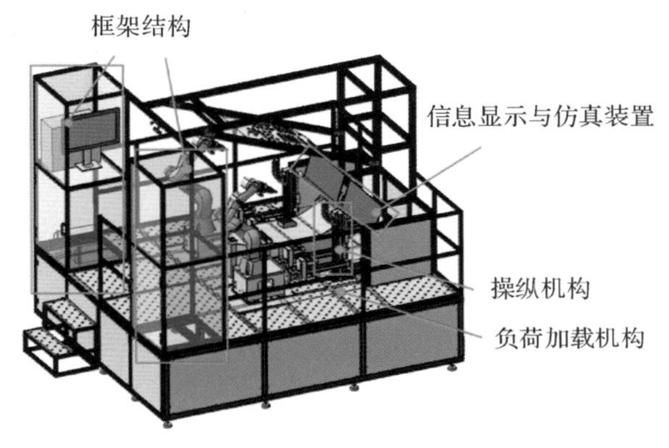

图 6－39　模拟驾驶舱整体结构及组成

为完成对驾驶机构及按钮等的精确操作控制，设计了机器人夹指。如图 6－40 所示，从前到后设计为三段式结构：最前一段用于拔压断路器，中间一段用于操作各种按钮，最后一段用于转动方向盘、推拉驾驶柱和操纵手柄。此外，夹指的最前面用来按压、点动按钮。夹指后半段材质是铝，提供大操作力；前半段材质是尼龙，提供对按钮的操作保护。

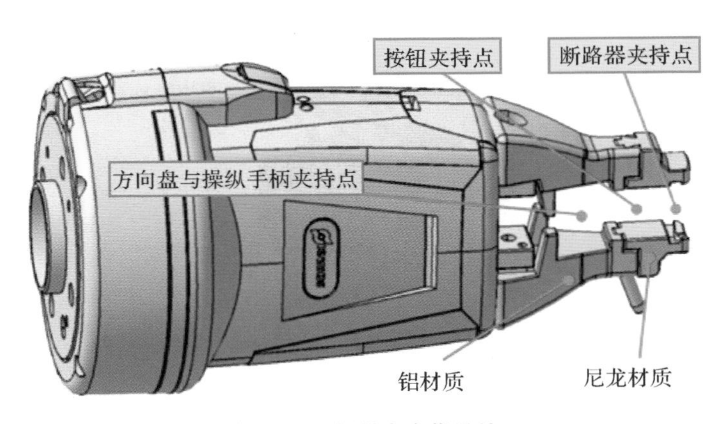

图 6－40　机器人夹指设计

机器人操作中控台按钮和顶控板按钮如图 6 - 41 所示。对于操作而言,需要能适应多样化的按钮,这方面通过夹指的分层设计实现。对于中控台和顶控板的按钮定位问题,分别建立中控台基坐标系和顶控板基坐标系,其上的各种按钮记录为在其基坐标系中的相对位置。采用 MySQL 数据库记录各个按钮的位置、按钮种类、当前挡位、两挡之间的角度关系信息。当机器人接收到需要操作某一个按钮的指令后,就会查询数据库得到按钮信息,从而完成精确操作。

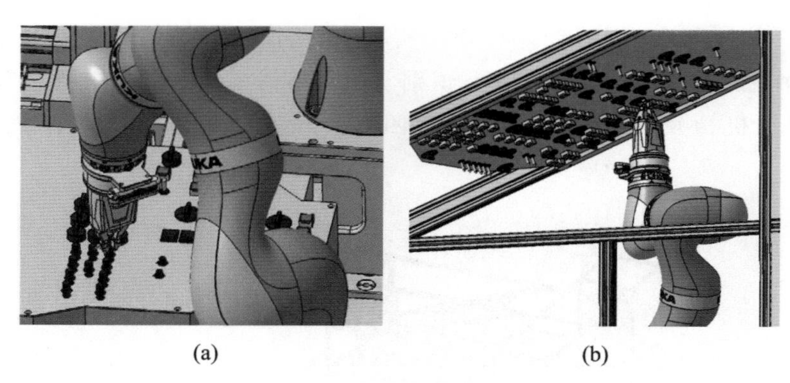

图 6 - 41　机器人操作按钮

(a)操作中控台按钮;(b)操作顶控板按钮

对于飞机驾驶舱中控台前方的配平手柄和减速手柄,由于其形状不规则,所以在其上分别制作了夹取工装。工装为方形结构,末端有延伸平台,用于卡在机器人夹指的方形块中;左侧配平手柄下方的加载机构是两侧的弹簧,卸力后手柄会恢复到中间位置;右侧的减速手柄,除了下方加载机构能够提供两个挡位之间的移动阻力外,在手柄径向还有一个弹簧提供拔起的恢复力,机器人操作减速手柄需要先拔起手柄,转动到需要的挡位,然后再放下手柄(见图 6 - 42)。

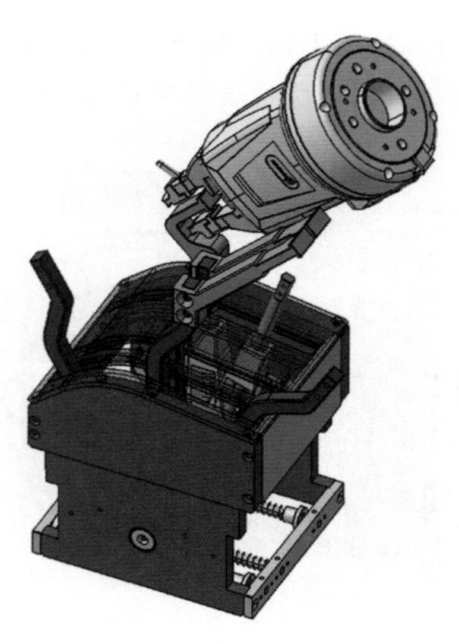

图 6 - 42　操作操纵手柄

为了实现模拟舱内机器人自动化测试，设计了自动测试控制系统（Automatic Testing Control System，ATCS）用以模拟驾驶舱总装测试系统控制，实现飞机总装过程中对协作机器人与电动缸的指令发送，并接收测试数据。根据指令发送方式，将 ATCS 分为手动总装测试界面和 FASTOP 系统测试界面，二者通过“测试指令来源”下拉框实现一键切换。图 6－43 显示了 ATCS 系统的界面，主要分为功能模块、操纵曲线、紧急按钮、已进行操作显示和状态栏。

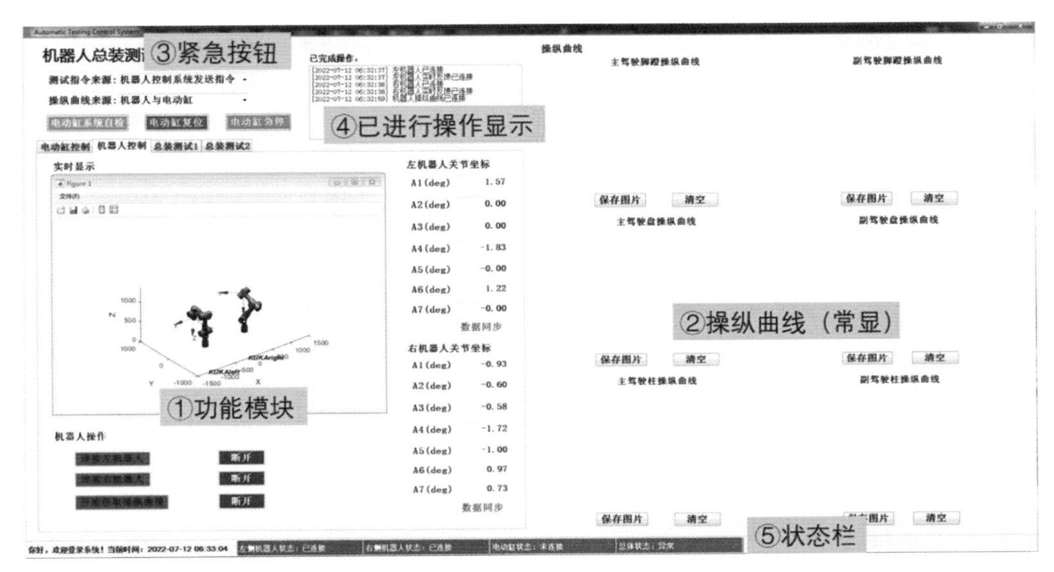

图 6－43　ATCS 总体界面

功能模块界面包含四页，用于测试人员的主要操作。操纵曲线界面（见图 6－44）用于实时显示主副驾驶盘、驾驶柱和脚蹬的力-位移曲线。紧急按钮位于 ATCS 界面的左上侧，用于手动操作和 FASTOP 指令发送的切换、系统（包括机器人和电动缸）的急停等紧急的操作。已进行操作显示界面位于紧急按钮的右侧，对于已执行的关键步骤，会在文本框里显示，方便操作人员核对已执行的操作以及接下来需要进行哪些操作。状态栏显示左侧机器人、右侧机器人和电动缸的连接情况与运行是否正常，只有所有设备都运行正常，最右侧的总体状态才会显示“正常”。

6.2.4.2　双协作机器人同步控制技术

机器人运动学建模包括正运动学建模和逆运动学，由于实际操作中大多是知道操作点的笛卡儿位置（即世界坐标系中的 x、y、z 坐标），需要反解出机器人的各关节角度从而控制机器人运动，因此需要运动学建模。选用的机器人型号是 KUKA iiwa14，已知机器人的 D－H 参数如表 6－5 所示。

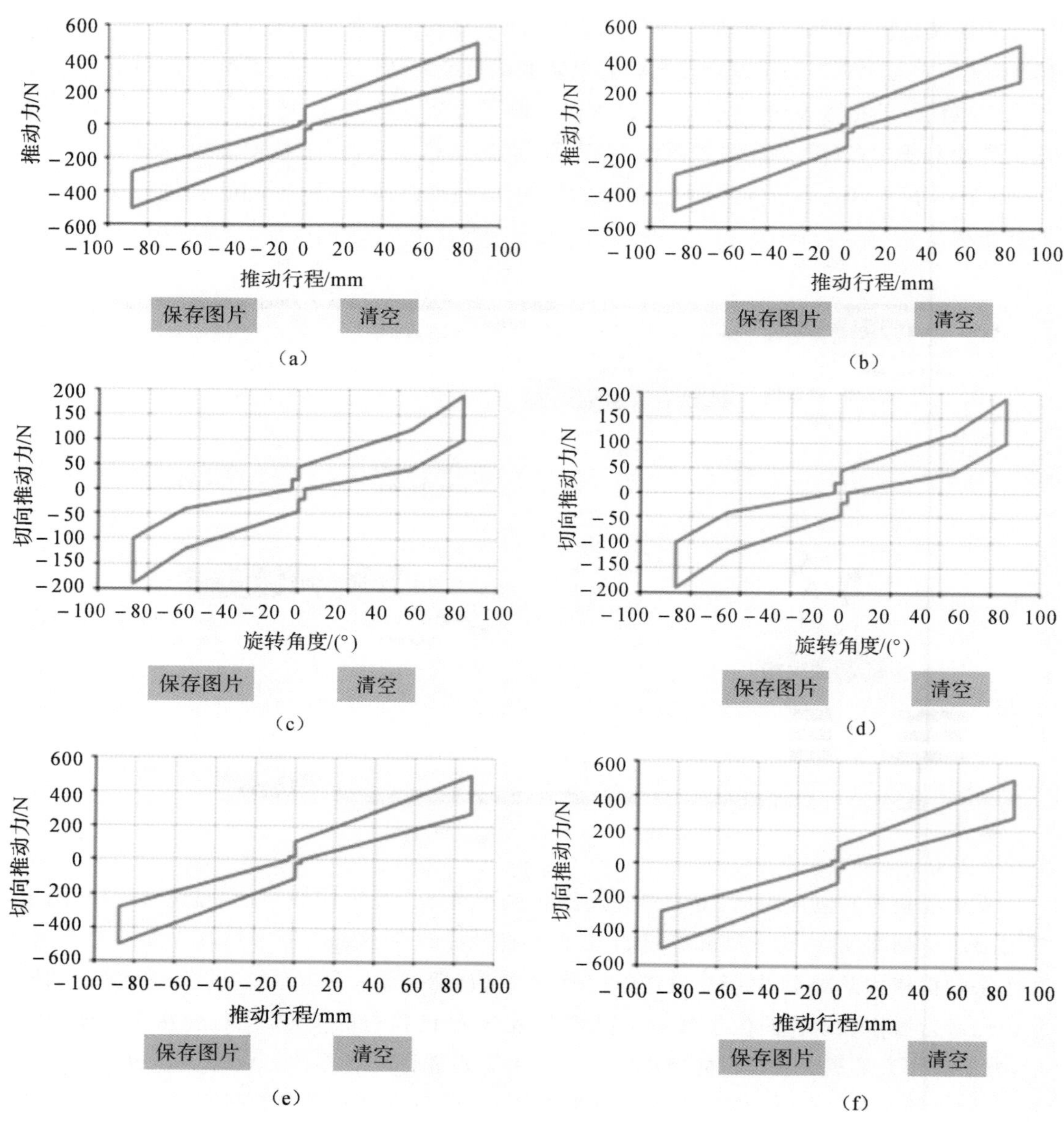

图 6-44　操纵曲线

(a)主驾驶脚蹬操纵曲线；(b)副驾驶脚蹬操纵曲线；(c)主驾驶盘操纵曲线；(d)副驾驶盘操纵曲线；(e)主驾驶柱操纵曲线；(f)副驾驶柱操纵曲线

表 6-5　KUKA iiwa14 的 D-H 参数表

序号 i	a_i/mm	α_i	d_i/mm	θ_i	关节范围
1	0	−90°	340	θ_1	±170°
2	0	90°	0	θ_2	±120°

续表

序号 i	a_i/mm	α_i	d_i/mm	θ_i	关节范围
3	0	90°	400	θ_3	±170°
4	0	−90°	0	θ_4	±120°
5	0	−90°	400	θ_5	±170°
6	0	90°	0	θ_6	±120°
7	0	0	152	θ_7	±175°

注：i 为机器人关节序号，a_i 代表 z_{i-1} 和 z_i 轴沿着 x_i 轴方向的距离，α_i 代表 z_{i-1} 和 z_i 轴沿着 x_i 轴方向的夹角，d_i 代表 x_{i-1} 和 x_i 轴沿着 z_{i-1} 轴方向的距离，θ_i 代表 x_{i-1} 和 x_i 轴沿着 z_i 轴方向的夹角。

下面介绍基于D－H法进行运动学建模的过程。

首先确定一个基坐标系。如果第一个关节是旋转关节，则基坐标系的 z 轴是它的旋转轴；如果第一个关节是移动关节，则基坐标系的 z_0 轴就沿着它的移动轴方向。然后以第 i 个关节的旋转轴或移动方向定义第 $i-1$ 个坐标系的 z_{i-1} 轴，如果机器人的所有关节数量为 n，则 $i=1,2,\cdots,n$。完成对全部 n 个 z 轴的定义之后，接下来要为每个关节定义 x_i 轴，$i=1,2,\cdots,n$ 它必须沿着 z_{i-1} 轴和 z_i 轴的公垂线方向，必须同时与 z_{i-1} 轴和 z_i 轴相连接。所有的 x 轴确定之后，有：

关节角 θ 定义为连杆 z 绕 z_{i-1} 轴，从 x_{i-1} 轴到 x_i 轴的角度；

关节偏置距离 d 定义为沿着 z_{i-1} 轴，从 x_{i-1} 轴到 x_i 轴的距离；

连杆扭转角 α 定义为绕着 x_i 轴，从 z_{i-1} 轴到 z_i 轴的角度；

连杆长度 a 定义为沿着 x_i 轴，从 z_{i-1} 轴到 z_i 轴的距离。

以上坐标系的建立过程确保了机器人的每个连杆有且只有一个永远与之相关的坐标系，即坐标系 i 就是连杆 i 的参考系。

将表6－5中的参数/变量代入则可得到此机器人的所有一步齐次变换。然后可以进一步确定坐标系 i 和坐标系 j 之间的齐次变换关系机器人手部坐标系(7)到基坐标系(0)的齐次变换：

$$\boldsymbol{A}_0^7=\boldsymbol{A}_0^1\boldsymbol{A}_1^2\boldsymbol{A}_2^3\boldsymbol{A}_3^4\boldsymbol{A}_4^5\boldsymbol{A}_5^6\boldsymbol{A}_6^7 \tag{6-20}$$

令 $\boldsymbol{A}_0^7=\boldsymbol{F}_{4\times4}(\boldsymbol{q})$ 代表机器人手部坐标系，其与给定的任务坐标系 $\boldsymbol{H}_0^{\text{task}}$ 相匹配。逆运动学(I－K)方法是求解下面 4×4 矩阵方程在内的所有的三角方程，以求解出 $\theta_0\sim\theta_7$ 及 d 在内的所有值：

$$\boldsymbol{A}_0^7=\boldsymbol{F}_{4\times4}(\boldsymbol{q})=\boldsymbol{H}_0^{\text{task}} \tag{6-21}$$

相反，如果 $\boldsymbol{q}$ 中所有的关节位置都给定了，将它们代入 $\boldsymbol{A}_0^7$ 中以确定任务坐标系 $\boldsymbol{H}_0^{\text{task}}$，这个过程称为运动学(F－K)正解。

根据D－H模型参数可以得到机器人的运动学模型，如图6－45所示。本节选用的KUKA iiwa机器人的肩部(R_1、R_2、R_3 三个关节)与腕部(R_5、R_6、R_7 三个关节)均可以等效为一个球副，肘部 R_4 为一个旋转关节，属于SRS(Spherial － Roll － Spherial)构型，其优势在于运动学求解简单。

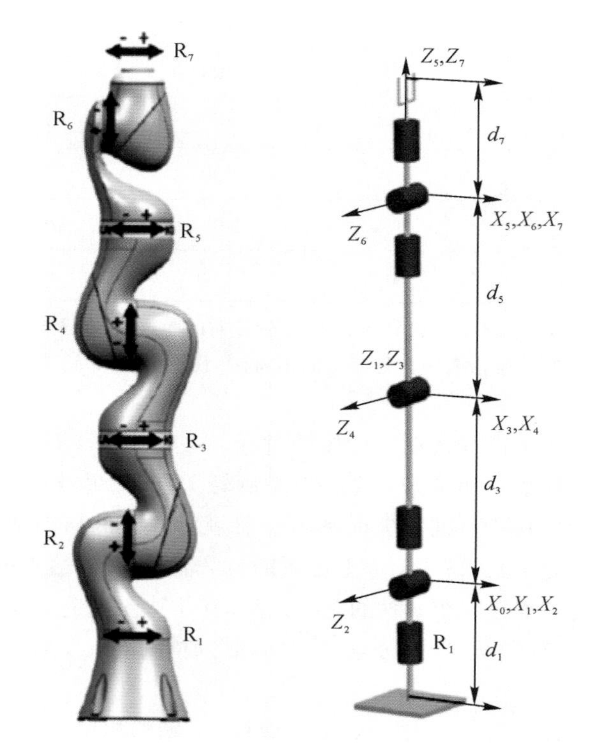

图 6 - 45　机器人运动学模型

现在可以很容易地采用一个 4×4 的齐次变换矩阵来唯一地表示轨迹的起点或者终点。如果 $\boldsymbol{H}_0^1$ 表示起点相对于基础坐标系的位置和方向，$\boldsymbol{H}_0^2$ 表示终点相对于基础坐标系的位置和方向，那么可用

$$\boldsymbol{H}_1^2=\boldsymbol{H}_1^0\boldsymbol{H}_0^2=(\boldsymbol{H}_0^1)^{-1}\boldsymbol{H}_0^2 \tag{6-22}$$

来表示坐标系 1 和坐标系 2 间位置和方向的差。

为了将轨迹分为 N 个均匀的采样点，需要将位置和方向分开考虑，这是因为它们的性质不同，前者是加法性质的，后者是乘法性质的。

对于位置部分，如果轨迹是一条直线，可能会发现 $\boldsymbol{H}_0^1$ 和 $\boldsymbol{H}_0^2$ 的最后一列是不同的，即 $p_{1(0)}^2=p_0^2-p_0^1$；然后确定采样间隔 $\Delta p_0=p_{1(0)}^2/N$；最后，在第 i 个采样步骤，机械手相对于基础坐标系的位置向量由下式确定：

$$p_0^{(i)}=p_0^1+i\cdot\Delta p_0+\frac{i}{N}(p_0^2-p_0^1) \tag{6-23}$$

其中，$p_0^{(i)}$ 开始于 $i=0$ 的 p_0^1 点，结束于 $i=N$ 的 p_0^2 点。

对于方向部分，首先需要找到坐标系 1 和坐标系 2 方向上的差，即 $\boldsymbol{R}_1^2=\boldsymbol{R}_1^0\boldsymbol{R}_0^2$。其次利用 $k-\phi$ 过程，将 $\boldsymbol{R}_1^2$ 转化成为等效的 k 和 ϕ，并进一步将角度 ϕ 分成 N 等份，即 $\Delta\phi=\phi/N$。最后利用正向变换用相同的单元变量 k 和不同角度的 $i\Delta\phi=\left(\frac{i}{N}\right)\phi$ 确定 $\boldsymbol{R}_1^{(i)}$。因此在轨迹上的

第 i 个采样点上，机器人手部坐标系相对于基坐标系的方向由下式给出：

$$\boldsymbol{R}_0^{(i)}=\boldsymbol{R}_0^1\boldsymbol{R}_1^{(i)} \tag{6-24}$$

将 $\boldsymbol{p}_0^{(i)}$ 和 $\boldsymbol{R}_0^{(i)}$ 组合并变换为齐次矩阵 $\boldsymbol{H}_0^{(i)}$，再通过逆运动学(I-K)求解包括 4×4 矩阵方程在内的所有的三角方程以求解出 $\theta_0\sim\theta_7$，从而控制机器人运动。

对于双机器人的运动学建模，需要统一坐标系。由于两个机器人都处于模拟舱场景中，所以用左侧机器人的基坐标系作为场景的总坐标系，将右侧机器人的末端坐标系也转化到以左机器人基坐标系为基准的框架下。

双机器人建模如图 6-46 所示。

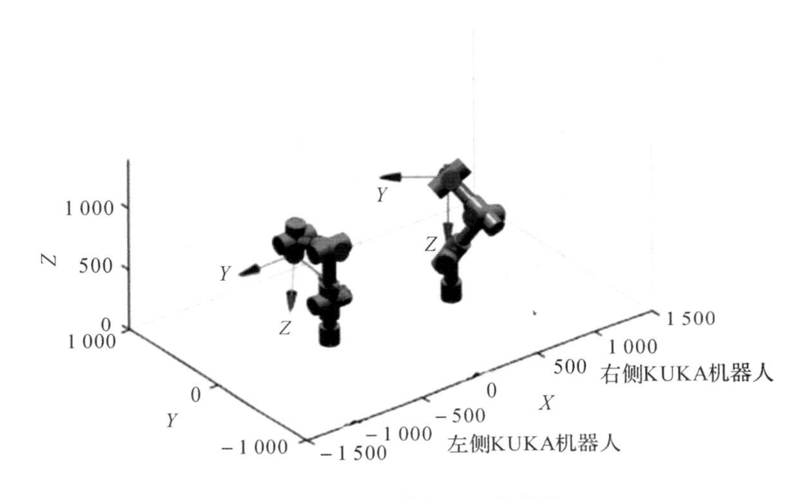

图 6-46　双机器人运动学模型

对于总装测试中的测试，建立了上位机程序(见图 6-47)与左右侧机器人进行 TCP/IP 通信，用上位机程序给机器人发送具体的运动指令，机器人收到并做完后会回复给上位机“ok”，表示已经做完了运动，这时上位机才能够发送下一条指令。

测试任务中的测试步骤一般都是左右侧机器人分别完成的。比如左侧机器人转动完方向盘后，后侧机器人才会去转动方向盘；对于操作按钮也是这样，只有一台机器人在运动。因此使用这种上位机发送运动指令的模式可以很好地完成测试步骤的功能，且可视化良好。

对于测试流程中需要的双机器人同时转动方向盘的测试用例，如果两个机器人分开控制，那么两个没有联系的闭环控制必将导致机器人运动不同步，操作方向盘失败，因此需要保证两侧机器人的绝对同步。

采用右侧副驾驶机器人跟踪左侧主驾驶机器人的控制策略，在这个任务中，上位机给左侧机器人和右侧机器人都发送转动方向盘的指令，且右侧机器人跟踪左侧机器人。这样，在运动过程中，右侧机器人不断通过 TCP 通信获得左侧机器人的实际位置，然后通过微分伺服运动模式跟上左侧机器人。

图 6-47　上位机程序

6.2.4.3　舱内机器人安全控制技术

要提高机器人在飞机上完成自动化测试的速度与数据记录效率，首先需要考虑机器人的操作精确度和运动安全性。上述需求对应机器人眼在手上的应用和机器人眼在手外的应用。两种应用都应该选择 3D 相机，具体的相机布置如图 6-48(a)所示。

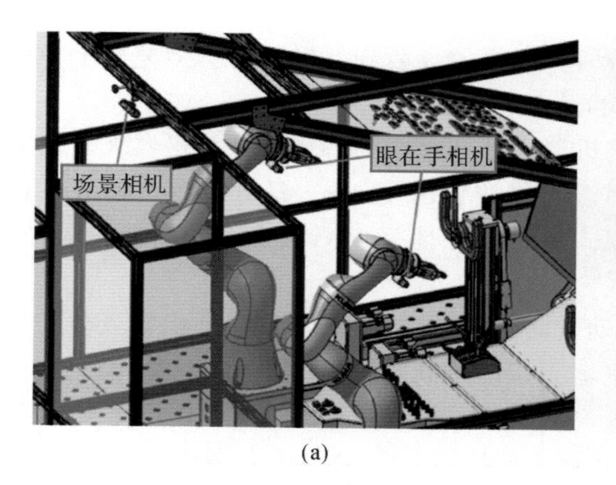

(a)

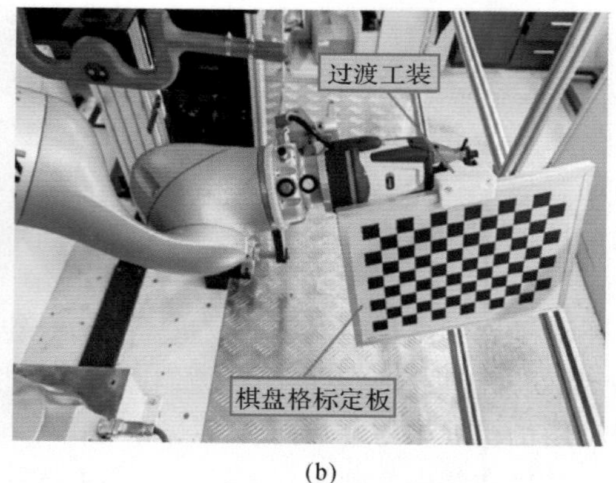

(b)

图 6-48　驾驶舱相机布置(a)和标定板安装(b)

使用相机前，需要先标定相机的内参和外参，标定的作用是近似地估算出转换矩阵和失真系数。采用棋盘标定，只需要两个平面，用黑白格子相交的角点来标记。标定板安装如图 6-48(b)所示，使用 GP290 棋盘格标定板，其上是 12×9 的棋盘格。在上方用 3D 打印技术加工了一个抓取把，用于机器人夹取。

在进行标定时，为了确保有足够高的精度，采用多组图像进行内外参矩阵的计算。在采集图像时尽量保证标定板占据相机视角的 2/3，并且标定板在相机视角中为横置状态。记录坐标时需要记录 X、Y、Z、A、B、C 六个值，一键式自动标定则可以避免人工记录的烦琐。

通过手眼标定计算得到相机坐标系和机器人末端坐标系的转化关系。首先当机器人需要做某一项任务时，机器人停在操作点附近，眼在手相机（见图 6-49）拍到局部场景中的物体并完成定位。然后将该点的坐标通过手眼标定矩阵转化为机器人末端坐标系的相对坐标。最后将该运动差量发送给机器人，完成最后的操作。

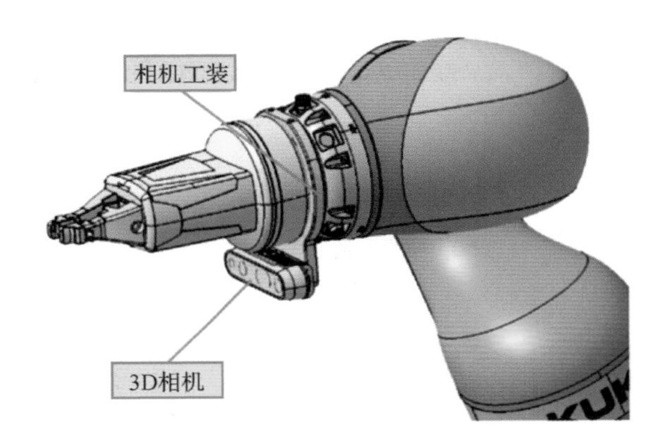

图 6-49　眼在手相机安装

完成相机标定后需要对机器人安装位置误差进行检测。机器人每次安装位置会有偏差，会导致测试时点位置出现错误，所以需要在测试开始之前进行偏差调整，并修改数据库中按钮位置以及机器人程序中的操作点位信息。目前采用眼在手的方式分别进行标定，左、右机器人分别对中控板上的定位二维码进行拍照获取其坐标，以此坐标计算安装位置的偏差量和右机器人相对左机器人的坐标位置。

完成上述标定及计算转换即可排除由安装位置误差导致机器人测试出现问题的情况。

对于精细的操作（比如方向盘回正不准确、按钮挡位和位置的最终判断）需要再次确认操作位置，这时同样采用眼在手相机进行识别。在每个测试操作开始之前，机器人都会通过相机来确认按钮的精确坐标以及当前挡位信息。具体过程如下：

机器人根据数据库中的位置信息运动到目标按钮上方，然后拍摄当前目标区域图。对拍摄到的图像进行灰度化处理，然后进行图像配准，即根据参考图像，将采集到的图像调整为合适的视角。通过对参考图像和待配准图像进行特征提取，得到特征点和特征描述子，利用特征描述子进行特征匹配，选择最佳的 4 组以上不共线的对应点求解出单应性矩阵。SIFT 特征匹配结果如图 6-50 所示。

用随机采样一致性算法求解单应性矩阵 $\boldsymbol{H}$（3×3），并对倾斜视角的图像进行透视变换。数据库中按钮的目标坐标信息先经过相机外参矩阵变换到相机坐标系，再经过透视变换矩阵变换到配准后的图像中，对二者进行比对找到目标按钮并提取其感兴趣区域（ROI）。

同时将目标按钮的中心坐标经过上述变换的逆变换，返回到相机坐标系下，再结合深度信息，获取相机坐标系下的目标点位的精确三维坐标信息，再经过外参矩阵的逆矩阵变换到机器人 Tool 坐标系下，实现对目标点位坐标的精确调整(见图 6－51)。

图 6－50　SIFT 特征匹配结果

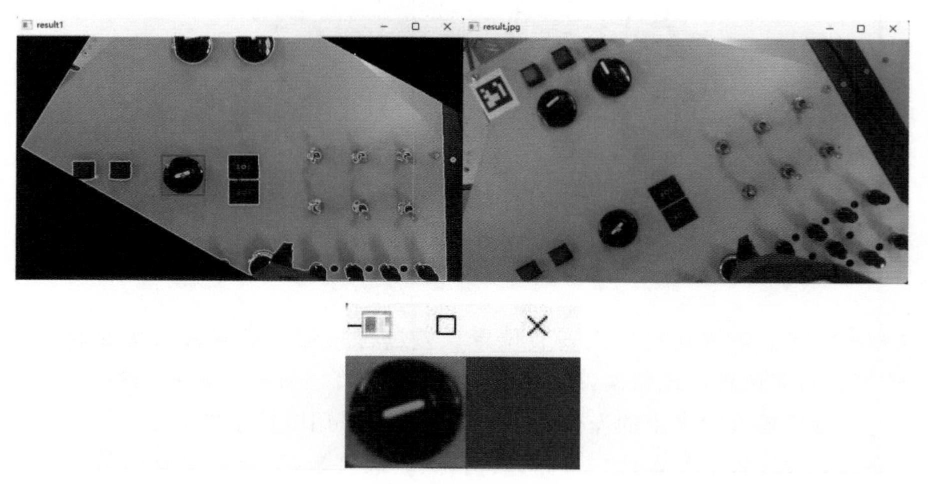

图 6－51　目标按钮位置检测与切割

对提取出来的目标按钮进行挡位识别(见图 6－52)，经过二值化以及特征筛选找到按钮挡位识别特征，以旋钮为例，找到其旋钮上的白条，并计算其角度，判别挡位。然后将挡位反馈给机器人，实现手眼的协调。

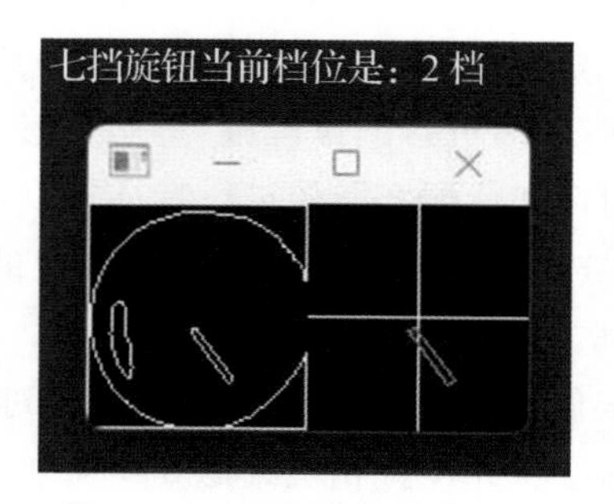

图 6－52　目标按钮挡位识别

机器人运动安全性要求如图 6-53 所示，场景相机安装在模拟舱后方的横梁上，通过对拍摄场景的点云检测保证机器人运动场景的安全性。

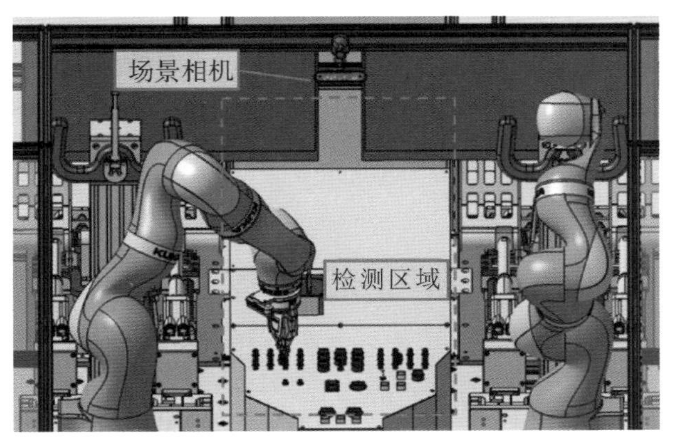

图 6-53　场景相机的安装与检测

场景相机拍摄到的驾驶舱点云图如图 6-54 所示。在相机拍摄到的空间中，选取图 6-54 中 8 个点组成的区域作为研究对象，实时截取这个空间的点云进行研究。

图 6-54　驾驶舱点云图

场景相机每 0.2 s 检测一次待检测场景的点云信息。如图 6-55 所示，其中左侧空点云模式有 2 000 个点，右侧当物体进入后有 60 000 多点，可见点数差异还是很明显的，可以用目标检测场景中点的数量作为有无物体进入的判据。程序中一旦检测到的点数多于 4 000 个，就会给机器人发送不能运动的指令。

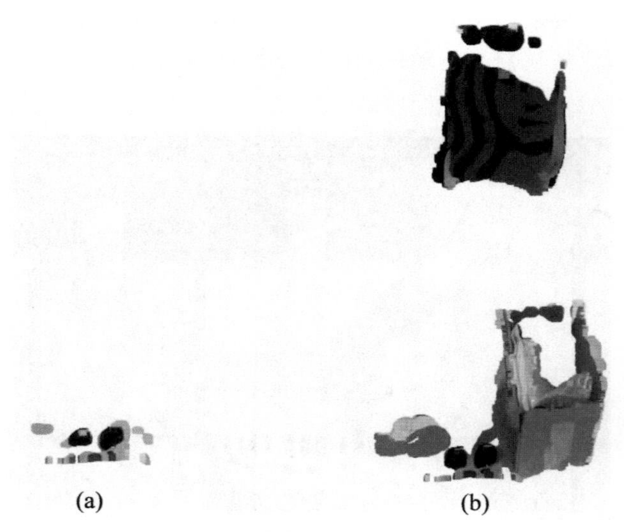

(a) (b)

图 6-55 有无物体的模拟舱点云
(a)空点云模式；(b)场景中出现物体

6.3 数据驱动的飞机部总装协同脉动生产线应用示范

在数据驱动的装配产线管控网络下，统筹飞机装配数据资源，实现从工艺设备到系统测试全过程的互联互通。在突破线束智能制造和总装机载系统集成测试平台关键技术的基础上，进行线束智能工艺设计系统和机载设备集成化测试系统应用试验，实现飞机总装脉动生产线示范应用。

6.3.1 线束智能工艺与光学引导布线应用

6.3.1.1 线束智能工艺设计系统应用

(1)布线工作台设计。

由于布线工作台的整体结构尺寸较大，为减轻加工或运输的难度，将整个布线工作台拆分成 20 个单体，每个单体的长为 1.5 m，宽度和高度不变。最后再将每个台架单体拼接成一个整体，提高运输和安装的便捷性。布线工作台架体是工艺引导设备稳定工作的结构基础，架体是由铝合金型材搭建的桁架结构，结构稳定、刚度高，适合长期固定使用。布线工作台主要结构分为 3 层，自上而下依次为液晶屏、布线及通风层、工具柜层，如图 6-56 所示。

(2)显示设备选型。

在调研了许多大屏幕拼接解决方案提供商之后，最终计划采用某公司提供的拼接屏幕解决方案，显示设备选用液晶显示面板。显示单元设备参数如表 6-6 所示。

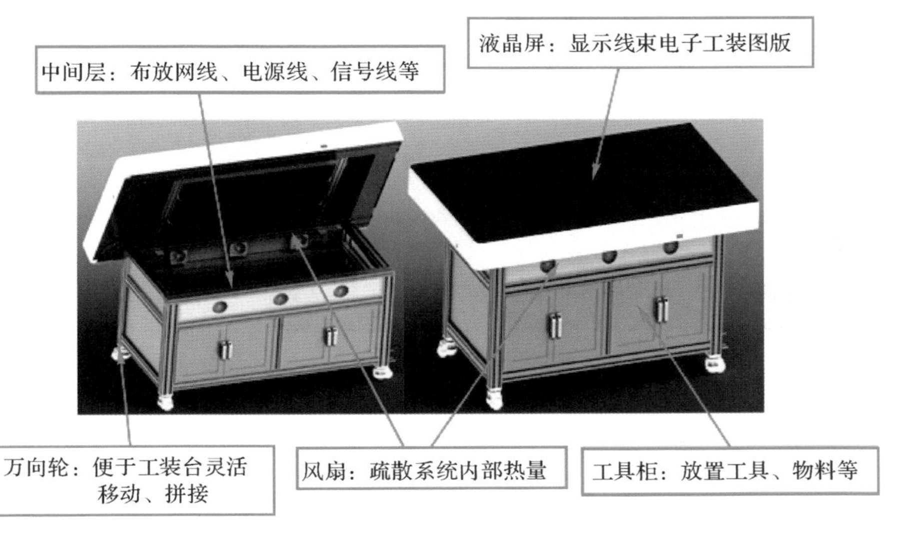

图 6－56　布线工作台三维模型

表 6－6　显示设备主要参数

参数属性	技术参数	参数属性	技术参数
外观尺寸	1 440 mm(H)×816 mm	可视角度	178°
屏幕分辨率	1 920×1 080	对角线尺寸	65 in
色饱和度	技术参数	点距	0.535 5 mm×0.535 5 mm
亮度	500 cd/m^2	重量	16 kg
对比度	5 000∶1	显示色彩	8 bit,16.7 m
响应时间	8 ms	物理拼缝	3.5 mm
输入接口	VGA、HDMI、DVI	控制接口	RS232,红外遥控

显示屏的度量单位是像素，理论上的显示误差用 1 像素点的点距大小表征，显示精度的大小与具体的设备相关。选定的显示设备误差为 0.535 5 mm。线束工装图版中端点、拐点以及其关键工艺位置的坐标误差不超过 1.6 mm。

6.3.1.2　光学布线引导系统应用

(1)图纸载入。

如图 6－57 所示，在项目管理选项下，点击载入项目按钮，弹出当前已经在系统注册的图纸列表窗口。选择要载入的图纸之后，经过软件系统在后台对图纸资源进行解析，将二维线束图纸加载到窗口中央黑色显示区域，系统将对 DWG 格式的线束图资源进行提取之后生成的与导线相关的数据展示在右侧表格。

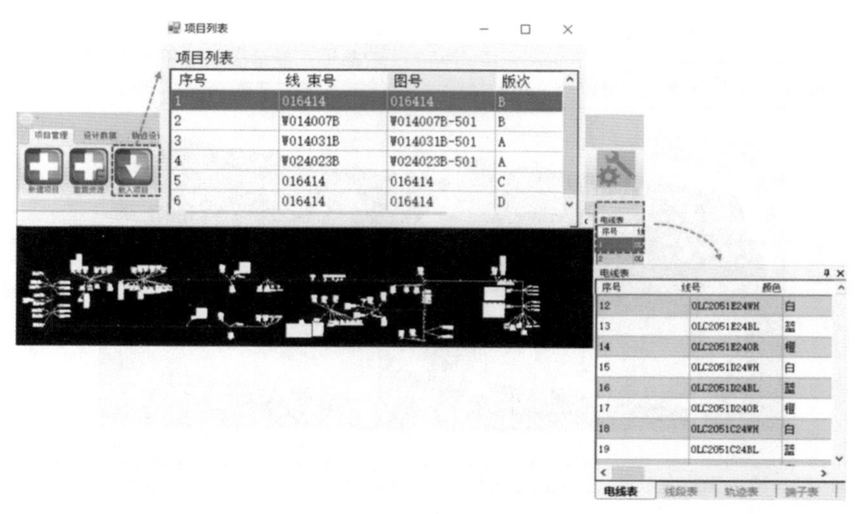

图 6-57 图纸资源解析

(2)布线路径自动识别。

用户使用布线路径自动识别功能时,通过扫码器识别导线条形码标签或用鼠标点击轨迹表中的导线敷设信息,轨迹表中一般包括导线线号、轨迹起点设备号、轨迹终点设备号等数据。系统根据布线路径自动识别方法在视图区将搜索结果生成红色的参考路径,引导工人进行导线敷设。具体的布线路径自动识别界面如图 6-58 所示。

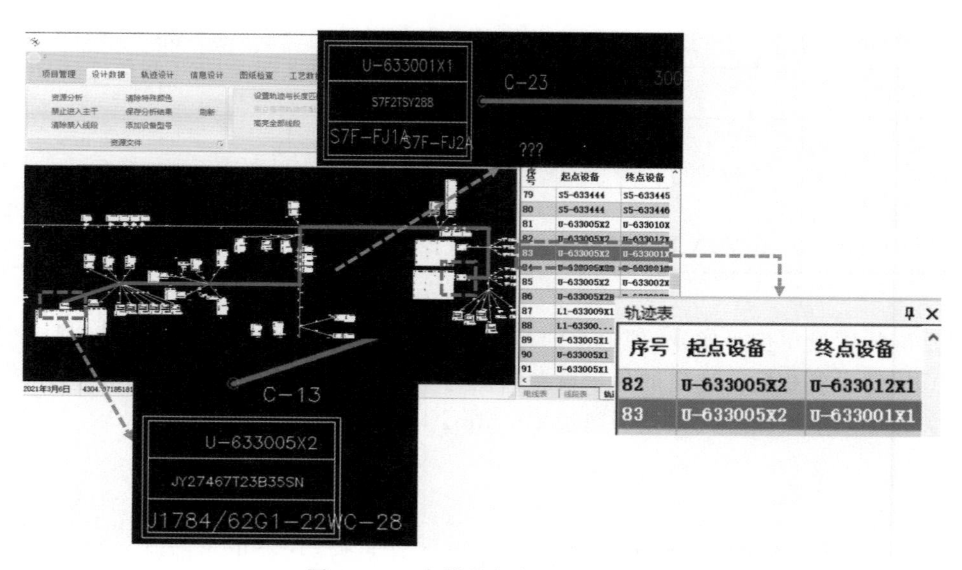

图 6-58 布线路径自动识别界面

(3)线束自动布局设计。

线束图纸自身具有复杂的拓扑结构,点击启动布局按钮,系统将根据线束自动布局设计技术重新在后台生成易于工人理解和操作的线束树形结构。具体的功能界面如图 6－59 所示。

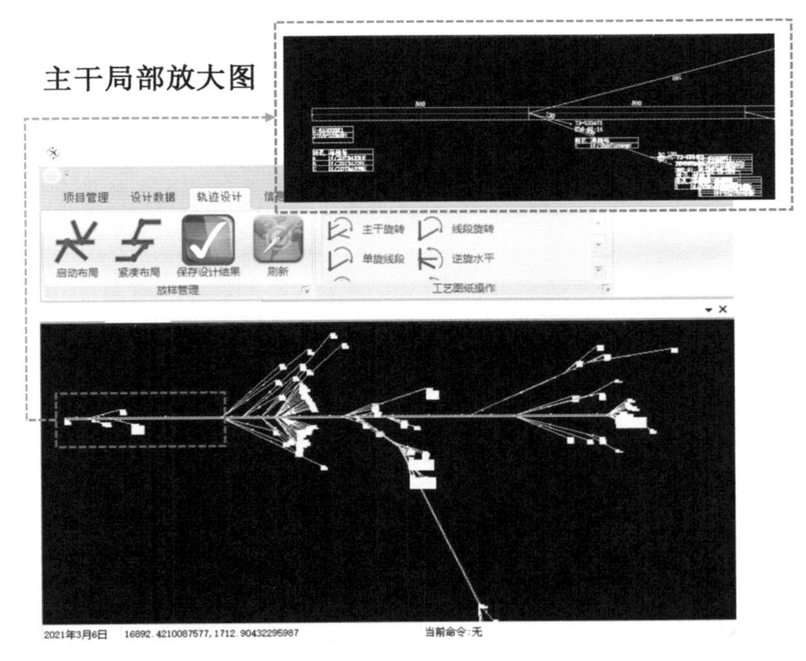

图 6－59　线束自动布局应用图

工艺图最终要显示在液晶拼接大屏上，以对各项生产工艺的开展进行高清、准确的数字化引导。为避免工艺图放样之后出现导线轨迹间互相干涉、部分导线超出显示容器的情况，需要根据线束尺寸规模定制图版边框和外辖线。最后点击紧凑布局，系统将根据线束空间优化算法，破除轨迹干涉，生成最优布局，如图 6－60 所示。

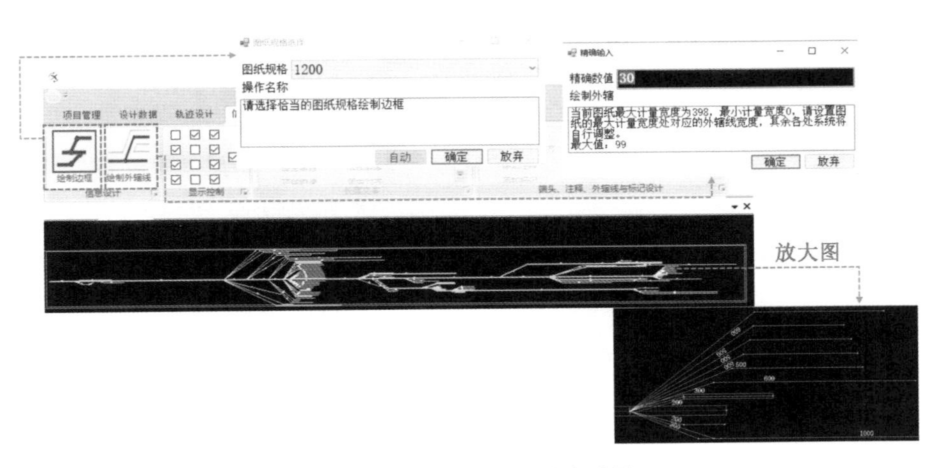

图 6－60　线束空间优化生成图

6.3.1.3 基于自动执行的线束快速装配与检测系统

(1)屏蔽模块实例。

屏蔽线相关信息通过数据接口存储在数据库中，线束生产人员通过屏蔽引导模块访问数据库信息，以获取工艺引导信息。扫描屏蔽导线标签，系统验证导线信息后，将在屏蔽信息表中以红色背景显示当前屏蔽线，并将其加载到操作内容文本框中。屏蔽完成后，确认、存储进度并更新屏蔽状态，以便系统可以追踪制造状态。已完成屏蔽处理的数据行变为绿色背景，如图 6 - 61 所示。重复上述步骤直至该连接器的所有屏蔽线被处理完成，退出。

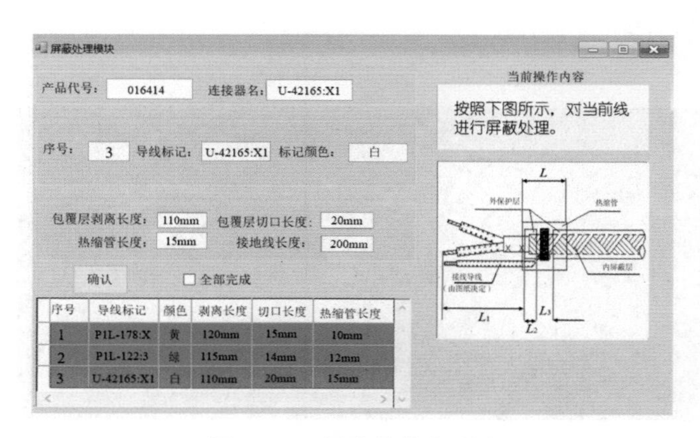

图 6 - 61 屏蔽模块应用图

(2)端接模块实例。

识别导线标签并查询相关数据库后，在端接界面显示该导线相关信息，在信息表中用红色背景标识当前导线信息，并实时更新下一条未接点位数据。在端接信息表中分别用蓝色、白色代表已处理和未处理的点位，在电连接器图片中用红色圆点代表当前正在端接的插孔，用蓝色代表已经端接的插孔。在全部端接完成后，勾选全部完成，点击确定，进行一下工序。具体实现结果如图 6 - 62 所示。

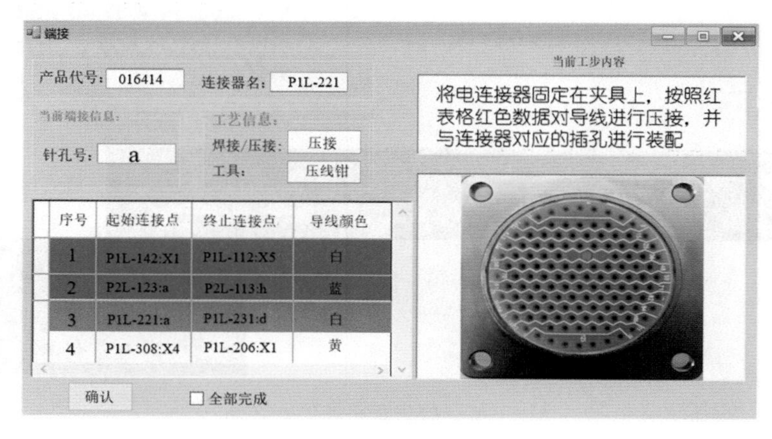

图 6 - 62 端接模块应用图

6.3.2　飞控系统智能化集成测试技术应用验证

6.3.2.1　平台架构部署

(1)平台组成。

机载测试平台由测试用例规划生成系统、飞机测试任务提示系统、飞机自动测试软件系统和飞机系统测试硬件平台四部分组成。

(2)总体布局。

测试平台将飞控系统总装测试由功能性测试向飞行全过程监控转变，拓展测试范围，提升自动化测试覆盖率。其架构部署图如图 6-63 所示。

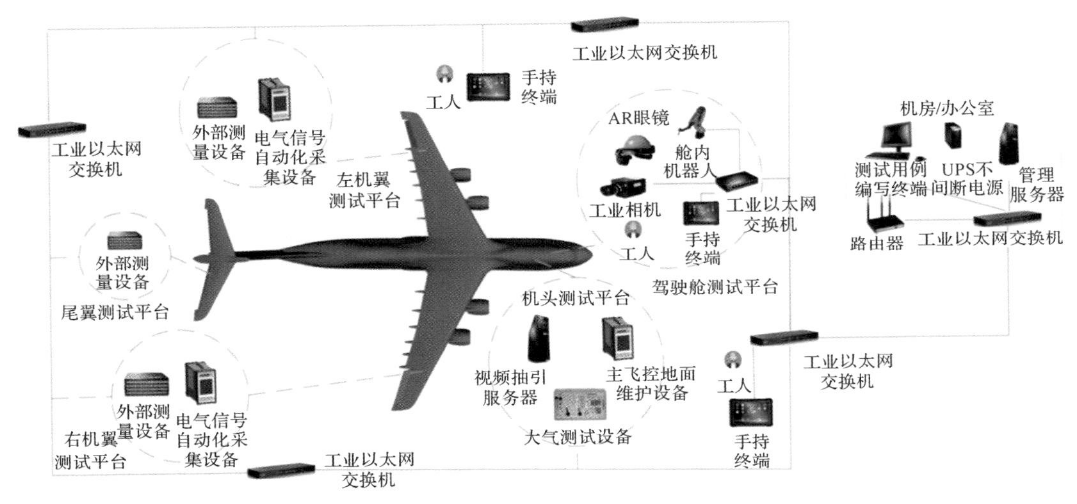

图 6-63　平台架构部署图

(3)业务架构。

该平台的业务架构可划分为技术架构层、数据架构层和应用架构层三大部分，各部分包含的模块和功能如下：

1)技术架构层。飞控系统机载测试平台构建整套闭环测试体系，属于开放式测试网络及软/硬件架构，通过以太网传输实现多信号的集中化感知和处理。

2)数据架构层。系统涉及多个层级、不同环节、不同来源的数据交互与集成，对输入/输出数据、维护/激励设备的收发数据、飞机自身与外部传感器的反馈数据以及测试任务节点等数据进行统筹规划与管理。

3)应用架构层。应用架构层主要为系统软件客户端，通过远程访问登录部署在服务器中的软件程序，可调用各接口实现测试功能，完成测试目标任务。

6.3.2.2　测试软件应用验证

测试软件需要具有工艺权限的人员负责测试流程(测试模块、测试清单)的编辑，能够实现测试审签、计划的创建和派工、指挥、执行和检验等功能。部分功能页面如图 6-64～图 6-68 所示。

图 6－64　测试模块设计页面示意图

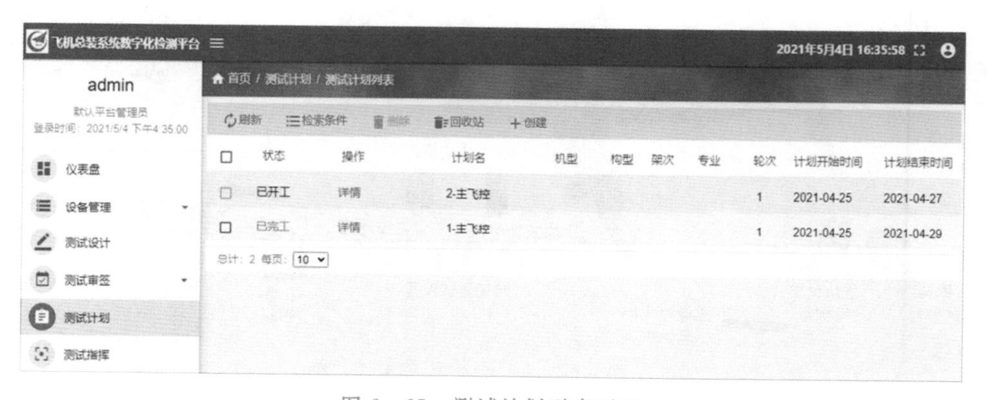

图 6－65　测试计划列表页面

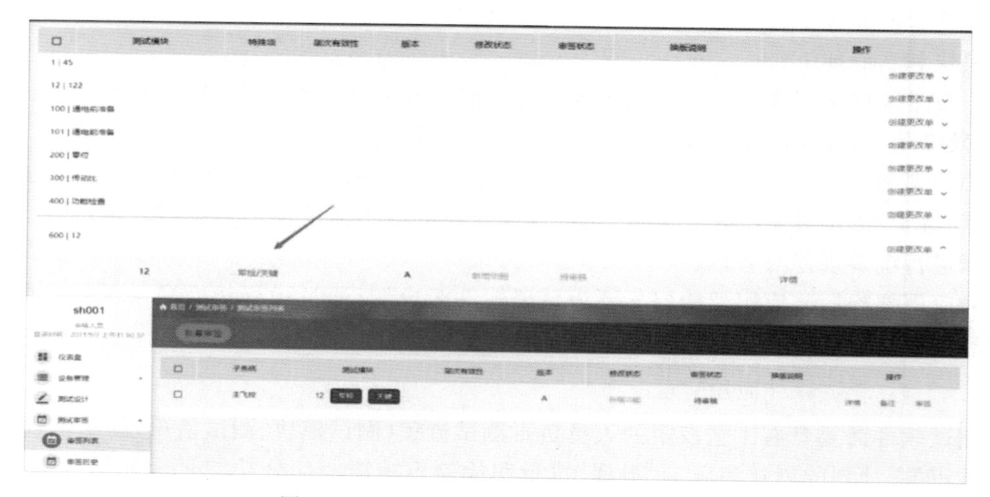

图 6－66　模块审签人员页面(军检/关键)

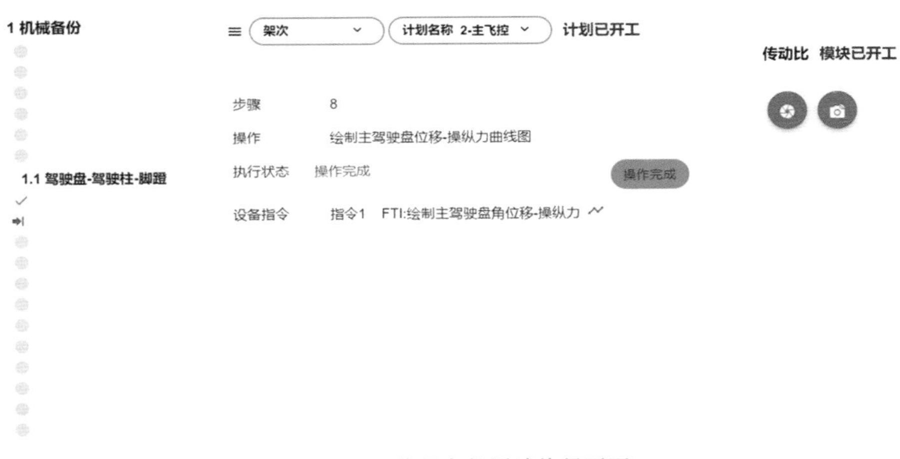

图 6-67　执行人员测试执行页面

2-主飞控　计划已开工　返回

传动比　模块已开工

步骤	检测内容	期望值	实测值	操作
28	分析主驾驶盘-左副翼极性	正常		
29	分析主驾驶盘-右副翼极性	正常		
30	分析副驾驶盘-左副翼极性	正常		
31	分析副驾驶盘-右副翼极性	正常		
32	分析主驾驶柱-左外升降舵极性	正常		
33	分析主驾驶柱-左内升降舵极性	正常		
34	分析主驾驶柱-右内升降舵极性	正常		
35	分析主驾驶柱-右外升降舵极性	正常		
36	分析副驾驶柱-左外升降舵极性	正常		
37	分析副驾驶柱-左内升降舵极性	正常		

上一用例　下一用例

图 6-68　检验人员查看测试功能页面

6.3.2.3　智能化数据采集技术应用验证

智能化数据采集技术通过集成设备与软件系统通信，通过 TCP 协议传输测试数据，将测试数据返回设备驱动，由驱动对数据进行处理并传至软件集成测试系统进行展示和存储，如图 6-69 所示。

6.3.2.4　测试程序自动执行引擎应用验证

单击测试指挥界面自动执行按钮（见图 6-70），开启测试步骤自动执行功能。工艺人员可以随时查看自动执行步骤状态及结果。

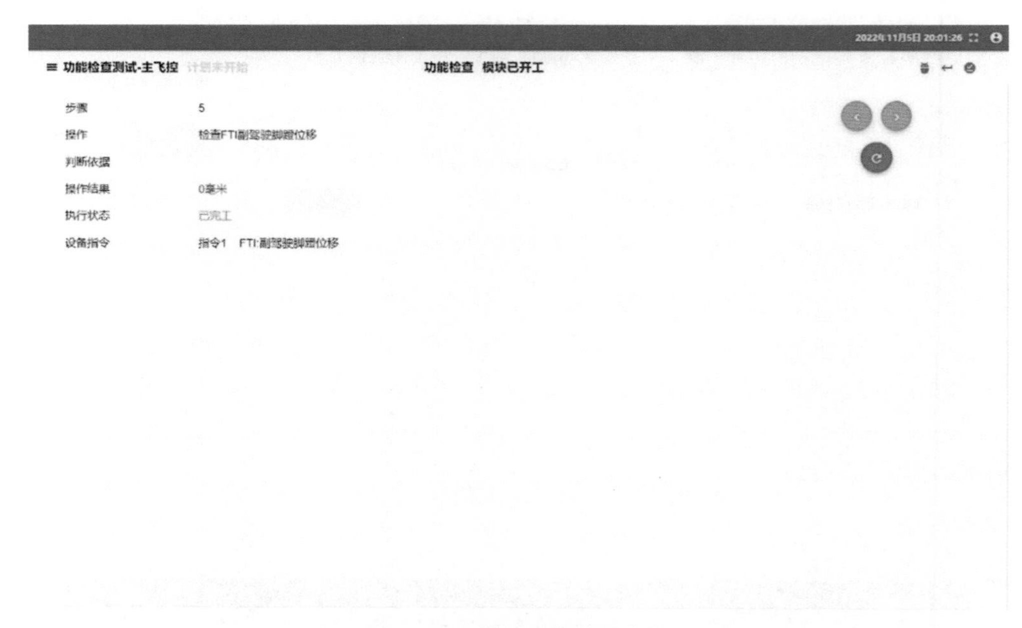

图 6-69 测试系统数据采集

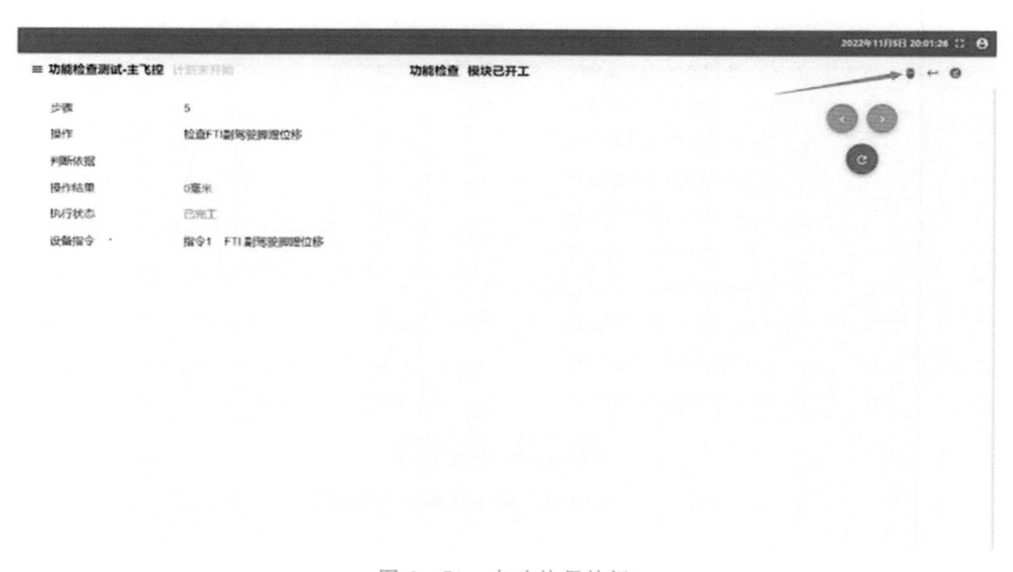

图 6-70 自动执行按钮

参 考 文 献

[1] 刘佳顺. 复杂产品中的线缆自动布局设计与装配路径规划技术[D].北京:北京理工大学,2016.
[2] 刘潇. 复杂产品中的线缆自动布局设计技术研究[D].北京:北京理工大学,2015.

[3]　尚炜，宁汝新，刘检华，等.一种以拓扑结构信息为骨架的线缆数字化模型[J].计算机集成制造系统，2012，18(12)：2588－2594.
[4]　韩冰.航天产品电缆数字化布局设计研究[D].哈尔滨：哈尔滨工业大学，2014.
[5]　万明民，顾景文.AutoCAD 图形数据格式的分析[J].工程图学学报，2004(1)：34－36.
[6]　王建建，何枫.基于类间相似方向数的二叉树支持向量机[J].统计与决策，2018，34(4)：15－19.
[7]　ISHAKIAN V，SWEHA R，BESTAVROS A. AngelCast：cloud－based peer－assisted live streaming using optimized multi－tree construction[J]. Computer Communications，2017，111：14－18.
[8]　CHEN X B，WANG W H. Method of inserting barcodes in DWG files based on ActiveX automation technology[J]. Advanced Materials Research，2014，3140(915/916)：1346－1349.

附录　常用缩略词

缩略词	英文全称	中文全称
AGV	Automated Guided Vehicle	自动导引运输车
ANN	Artificial Neural Networks	人工神经网络
API	Application Programming Interface	应用程序接口
AR	Augmented Reality	增强现实
AS/RS	Automated Storage and Retrieval System	自动存取库系统
ATCS	Automatic Testing Control System	自动化测试控制系统
AUX	Auxiliary	音频输入接口
B/S	Browser/Server	浏览器/服务器
BA	Bundle Adjustment	光束法平差
BP	Back Propagation	反向传播
CAD/CAM	Computer Aided Design/ Computer Aided Manufacturing	计算机辅助设计/计算机辅助制造
CAPP	Computer Aided Process Planning	计算机辅助工艺规划
CDC	Change Data Capture	变更数据捕获
CDH	Cloudera Hadoop	Cloudera 公司的 Hadoop 发行版本
CFAN	Coarse - to - Fine Autoencoder Networks	由粗到细的自编码网络
CFRP	Composite Fiber Reinforced Polymers	碳纤维增强树脂基复合材料
CI/CD	Continuous Interation/Continuous Delivery Continuous Deployment	持续集成、持续交付和持续部署
CNN	Convolutional Neural Networks	卷积神经网络
CS	Control System	控制系统

CSS3	Cascading Style Sheets 3	层叠样式表 3
CTE	Cross Track Error	偏离航迹误差
DBMS	DataBase Management System	数据库依赖数据库管理系统
DCE	Data Communication Equipment	数据通信设备
DCS	Distributed Control System	分布式控制系统
DCS	Device Control Service	设备控制服务
DCS Server	Device Control Service Server	设备控制服务器
DPS	Digital Picking System	电子标签挑选系统
ERP	Enterprise Resource Planning	企业资源计划
EtherCAT	Ethernet for Control Automation Technology	控制自动化技术以太网
ETL	Extract Transform Load	抽取、转换、加载
FASTOP	Final Assembly System Testing Online Platform	飞机总装系统在线测试平台
FCN	Fully Convolutional Network	全卷积网络
F - K	Forward - Kinematics	正向运动学
GPS	Global Positioning System	全球定位系统
GPU	Graphics Processing Unit	图形处理器
Hadoop	Hadoop	一个适合大数据的分布式存储和计算平台，名称来源于开发者儿子的玩具大象的名字，无实际意义
HTML5	Hyper Text Markup Language 5	超文本标记语言 5
HTTP	Hyper Text Transfer Protocol	超文本传输时协议
IaaS	Infrastructure as a Service	基础设施即服务
ICP	Iterative Closest Point	迭代最近点
ICS	Integrated Control System	集成控制系统
ID	Identity Document	身份识别号
IEEE	Institute of Electrical and Electronics Engineers	电气和电子工程师学会
IGPS	Intelligent Global Pooling Systems	室内全球定位系统
I - K	Inverse - Kinematics	逆运动学

IMU	Inertial Measurement Unit	惯性测量单元
IT	Information Technology	信息技术
J2EE	Java 2 Platform Enterprise Edition	Java 2 开发企业级应用的工业标准
JDK	Java Development Kit	Java 开发工具包
JS	JavaScript	脚本语言
LDC	Lateral Dynamic Controller	横向动态控制器
LMS	Least Mean Square	最小均方
MAA	Measurement Aided Assembly	测量辅助装配
MBD	Model Based Definition	基于模型的定义
MBIT	Maintenance Built In Test	维护自检测
MBOM	Manufacturing Bill Of Materials	制造物料清单
MEMS	Micro – Electro – Mechanical System	微机电系统
MES	Manufacturing Execution System	制造执行系统
MPC	Model Predictive Control	模型预测控制
MRP	Material Requirements Planning	物料需求计划
NDT	Normal Distribution Transform	正态分布变换
NoSQL	Not only SQL	非关系型数据库
NPT	National(American) Pipe Thread	美国国标锥管螺纹
OPC UA	Object Linking and Embedding for Process Control Unified Architecture	基于过程控制的对象链接和嵌入式统一架构
ORB	Oriented FAST and Rotated BRIEF	方向性快速和旋转型二进制独立基本特征点
PaaS	Platform as a Service	平台即服务
PBOM	Process Bill Of Material	工艺物料清单
PC	Personal Computer	个人电脑
PCA	Principal Component Analysis	主成分分析
PDCU	Power Distribution Control Unit	动力域控制单元
PDM	Product Data Management	产品数据管理
PID	Proportional – Integral – Derivative	比例、积分、微分控制器

PLC	Programmable Logic Controller	可编程逻辑控制器
PLM	Product Lifecycle Management	产品全生命周期管理
POD		晶圆传送盒
PPF	Point Pair Features	点对特征
PRM	Probabilistic Road Map	概率路线图
RCNN	Regions with CNN features	一种用于目标检测的卷积神经网络
REST	Representational State Transfer	表述性状态转移
REST Api	RESTful Api	REST 风格的 Api
RFCN	Region - based Fully Convolutional Networks	一种用于目标检测的深度学习模型
RFID	Radio Frequency Identification	射频识别
RGB	Red,Green,Blue	红绿蓝
RGBD	RGB - Depth	RGB 彩色图像和深度图像的三维视觉传感技术
RJ45	Registered Jack 45	注册插孔 45
ROI	Region Of Interest	感兴趣区域
RRT	Rapidly - exploring Random Trees	快速探索随机树
RS232	Recommend Standard 232	推荐标准 232
RS485	Recommend Standard 485	推荐标准 485
RTSP	Real - Time Stream Protocol	实时流传输协议
SA	Spatial Analyzer	空间分析仪
SaaS	Software as a Service	软件即服务
SAPI	SpeechAPI	语音开发引擎
SC	Stanley Controller	斯坦利控制器
SCM	Supply Chain Management	供应链管理
SIFT	Scale Invariant Feature Transform	尺度不变特征变换
SLAM	Simultaneous Localization And Mapping	大场景同时定位与建图
SPP Net	Spatial Pyramid Pooling Net	空间金字塔池化网络
SQL	Structured Query Language	结构化查询语言

SRS	Spherial - Roll - Spherial	SRS 构型(一种机械臂关节分布构型)
SS	Selective Search	选择性搜索算法
SSE	Server Send Event	服务器推送事件
SSL	Secure Socket Layer	安全套接层
SVD	Singular Value Decomposition	奇异值分解
SVM	Support Vector Machines	支持向量机
TCP	Transmission Control Protocol	传输控制协议
TCP/IP	Transmission Control Protocol/Internet Protocol	传输控制协议/网际协议
TDOA	Time Difference Of Arrival	到达时间差
t - SNE	t - distributed Stochastic Neighbor Embedding	t 分布和随机近邻嵌入
UMAP	Uniform Manifold Approximation Projection	统一流形逼近与投影
UPS	Uninterruptible Power Supply	不间断电源
UWB	Ultra Wide Band	超宽带
VO	Visual Odometry	视觉里程计
VR	Virtual Reality	虚拟现实
WCS	Warehouse Control System	仓库控制系统
WMS	Warehouse Management System	仓库管理系统
WPF	Windows Presentation Foundation	基于 Windows 的用户界面框架
XBOM	X Bill Of Materials	X 物料清单